中国室内环境与健康研究进展报告

2015 — 2017

RESEARCH ADVANCE REPORT OF
INDOOR ENVIRONMENT AND HEALTH IN CHINA

中国环境科学学会室内环境与健康分会　组织编写
李景广　主　编
刘　聪　副主编

中国建筑工业出版社

图书在版编目（CIP）数据

中国室内环境与健康研究进展报告 2015—2017；中国环境科学学会室内环境与健康分会组织编写；李景广主编．—北京：中国建筑工业出版社．2017.12

ISBN 978-7-112-21393-1

Ⅰ．①中… Ⅱ．①中… ②李… Ⅲ．①室内环境-关系-健康-研究报告-中国 Ⅳ．①X503.1

中国版本图书馆 CIP 数据核字（2017）第 259652 号

责任编辑：齐庆梅 张文胜

责任校对：王 瑞 李欣慰

中国室内环境与健康研究进展报告

2015—2017

RESEARCH ADVANCE REPORT OF

INDOOR ENVIRONMENT AND HEALTH IN CHINA

中国环境科学学会室内环境与健康分会 组织编写

李景广 主 编

刘 聪 副主编

*

中国建筑工业出版社出版、发行（北京海淀三里河路 9 号）

各地新华书店、建筑书店经销

北京红光制版公司制版

北京建筑工业印刷厂印刷

*

开本：787×1092 毫米 1/16 印张：25¼ 字数：432 千字

2017 年 12 月第一版 2017 年 12 月第一次印刷

定价：**68.00** 元

ISBN 978-7-112-21393-1

（31109）

顾问委员会

（按拼音为序）

编 写 委 员 会

作者介绍与编写分工

前言

田德祥（教授）北京大学（tdx@pku. edu. cn）

第 1 章　我国居民家用燃料使用情况

段小丽（教授）北京科技大学（jasmine@ustb. edu. cn）

王贝贝（博士后）中国环境科学研究院（ wangbeibei723@163. com）

赵秀阁（副研究员）中国环境科学研究院（wangbeibei723@163. com）

曹素珍（讲师）北京科技大学（love-lmd@163. com）

第 2 章　我国居民室内外活动时间研究

段小丽（教授）北京科技大学（jasmine@ustb. edu. cn）

王贝贝（博士后）中国环境科学研究院（wangbeibei723@163. com）

赵秀阁（副研究员）中国环境科学研究院（wangbeibei723@163. com）

曹素珍（讲师）北京科技大学（love-lmd@163. com）

第 3 章　建筑室内挥发性有机物污染控制研究

樊　娜（高级工程师）上海市建筑科学研究院（集团）有限公司（4674044@qq. com）

邵晓亮（讲师）北京科技大学（shaoxl@ustb. edu. cn）

徐海霞（工程师）上海市建筑科学研究院（集团）有限公司（haixiaxu _ jky@163. com）

李旻雯（工程师）上海市建筑科学研究院（集团）有限公司（skymick83@sina. cn）

莫金汉（副教授）清华大学（mojinhan@tsinghua. edu. cn）

何鲁敏（教授级高级工程师）北京亚都科技股份有限公司（helm@yadu. com）

张寅平（教授）清华大学（zhangyp@tsinghua. edu. cn）

李景广（教授级高级工程师）上海市建筑科学研究院（集团）有限公司（lijingguang@vip. sina. com）

第4章 室内SVOC传输机理及源汇特性检测方法研究

曹建平（博士）清华大学（cjp17@vt. edu）

张寅平（教授）清华大学（zhangyp@tsinghua. edu. cn）

第5章 建筑室内$PM_{2.5}$污染控制研究

王清勤（教授级高级工程师）中国建筑科学研究院（wangqq@cabr. com. cn）

赵　力（教授级高工）中国建筑科学研究院（zhaolicabr@163. com）

邵晓亮（讲师）北京科技大学（shaoxl@ustb. edu. cn）

路　宾（教授级高级工程师）中国建筑科学研究院（lubin 229@vip. sina. com）

沈恒根（教授）东华大学（shenhg@126. com）

冯　昕（研究员）中国建筑科学研究院（xfengjbai@hotmail. com）

李国柱（博士）中国建筑科学研究院（liguozhu50@163. com）

仇丽娉（博士）中国建筑科学研究院（qiuliping220@163. com）

李先庭（教授）清华大学（xtingli@tsinghua. edu. cn）

第6章 建筑室内空气质量综合控制

韩继红（教授级高级工程师）上海市建筑科学研究院（集团）有限公司（hjhsribs@vip. sina. com）

李百战（教授）重庆大学（baizhanli@cqu. edu. cn）

丁　勇（教授）重庆大学（dingyongqq@163. com）

徐海霞（工程师）上海市建筑科学研究院（集团）有限公司（haixiaxu@163. com）

朱　春（高级工程师）上海市建筑科学研究院（集团）有限公司（zhuchuncn@163. com）

黄　衍（工程师）上海市建筑科学研究院（集团）有限公司（superhuangyan@sina. com）

喻　伟（副教授）重庆大学（yuweixscq@126. com）

李景广（教授级高级工程师）上海市建筑科学研究院（集团）有限公司（lijingguang@vip. sina. com）

附录 2　我国建筑室内空气质量现行和在编主要标准

李昱雯（工程师）上海市建筑科学研究院（集团）有限公司
（skymick83@sina. cn）

前　　言

干净空气是人类的基本需求。由于人们80%以上的时间在室内度过，室内空气质量对人的健康至关重要。近年来，我国建筑环境污染问题越来越突出，因建筑材料、建筑设备、生活用品、人员行为等产生的室内环境污染直接导致哮喘、过敏等多种疾病，直接影响人员的生命健康和生活质量，室内环境污染目前已成为一个社会迫切需求、百姓特别关心、政府非常关注的热点问题。由于我国目前室内环境污染问题依然严峻，其解决对于改善人们生活质量、健康水平等民生问题，推动建筑、建材等相关产业健康发展，实现我国城镇化与城市的可持续发展等具有重大意义。鉴于此，“十二五”期间，国家组织了“建筑室内健康环境控制与改善关键技术研究与示范（2012BAJ02B00）”等项目的研究，包括有效控制典型污染、初步控制新型污染 、综合控制示范推广三个主要任务，具体包括：

主要任务一、有效控制典型污染。通过建筑材料、家具污染物散发评价体系、室内空气质量、装饰装修设计等关键技术的突破，实现规模化推广应用，系统解决目前建筑材料和家具等污染源控制中出现的“错判误判”、建筑材料和建筑工程污染控制环节分离等瓶颈问题，从而实现“新装修建筑避免典型污染物超标”；重点开发低能耗、高效率、工程应用性强的室内环境污染治理产品和系统解决方案，系统建立室内空气净化产品设计技术、实际应用效果检测监测技术。

主要任务二、初步控制新型污染。研发室内新型或复合污染检测、监测设备和技术，测试我国建筑环境该类污染源特性，初步建立我国SVOC等新型或复合污染标识和限量指标体系，研发若干项关键控制技术和产品并实现初步示范应用，解决目前新型污染在我国处于起步阶段时存在的检测监测技术缺乏、基础数据不足等难题。

主要任务三、综合控制示范推广。建立涵盖建筑规划设计、施工验收、运营管理等全寿命周期空气质量综合保障技术体系，并因地制宜地应用于我国上海、重庆等地区，实现“室内空气质量综合保障技术的工程化、规模化应用”。

经过5年的研究攻关，目前在建筑室内挥发性有机物污染控制、半挥发性有机物污染控制以及$PM_{2.5}$污染控制等方面取得了一定的研究进展。本书主要收集了在此期间相关性较强的部分研究成果，一方面为关心和从事“室内环境与健康”的广大技术人员提供相关信息；另一方面期望为国家和行业制定相关政策提供依据。

本书除署名作者外，还有很多同志做出了很大贡献，学会宋瑞金、戴自祝，同济大学高军教授等负责了本书部分书稿材料的收集和处理工作。在此，分会衷心地对他们表示感谢！

田德祥及编写委员会

目　录

第 1 章　我国居民家用燃料使用情况

根据世界卫生组织最近发布的全球疾病负担研究成果，2013 年我国家庭（农村为主）固体燃料燃烧等因素导致的室内空气污染对我国居民全死因死亡的贡献率为 8.8%[1-3]。室内空气污染严重危害我国居民的健康，同时室内固体燃料燃烧也是区域室外大气污染的重要来源。由于家庭灶具燃烧效率低，且无任何排放控制设施，因此会大量排放各种空气污染物，从而成为一次颗粒物（$PM_{2.5}$）、一氧化碳、黑炭、有机碳、多环芳烃等污染物的重要排放源。所以室内燃料的使用与区域空气质量、气候变化和人群健康息息相关。本章在“中国人群环境暴露行为模式研究”的基础上介绍了我国居民做饭和取暖的燃料使用情况，并分析其影响因素。

我国居民的家用燃料情况主要来源于“中国人群环境暴露行为模式研究”，该研究通过多阶段分层整群随机抽样，选取了我国 31 个省、自治区、直辖市（不包括香港、澳门特别行政区和台湾省）的 159 个县/区、636 个乡镇/街道、1908 个村/居委会的 18 岁及以上常住居民 91527 人作为调查对象，最终获得有效样本量 91121 人，经检验，样本具有全国代表性。该研究通过面对面询问的方式调查了我国居民室内外活动时间，以及做饭和取暖使用的燃料类型情况[4]。

1.1 我国居民做饭燃料使用情况

调查研究的结果表明，我国44.8%的家庭日常做饭采用气体燃料，32.1%、11.7%和11.3%的家庭做饭时分别采用生物质、太阳能/电和煤为燃料[4]，如图1-1所示。由于家庭经济水平、燃料的可获得性以及做饭习惯的差异，我国城乡地区家庭日常做饭使用燃料的类型有较大的差异。在我国农村地区，固体燃料是农村家庭日常做饭所使用的主要燃料类型，其中生物质燃料占47.6%，煤炭占13.5%；而我国城市地区家庭日常做饭主要以清洁能源为主，其中气体燃料占65.8%，太阳/电能占13.6%。虽然在我国大部分城市地区禁止使用煤炭，但从调查来看，我国仍然有部分的城市家庭（20.3%，相当于1.445亿人）日常做饭使用煤和其他固体燃料。

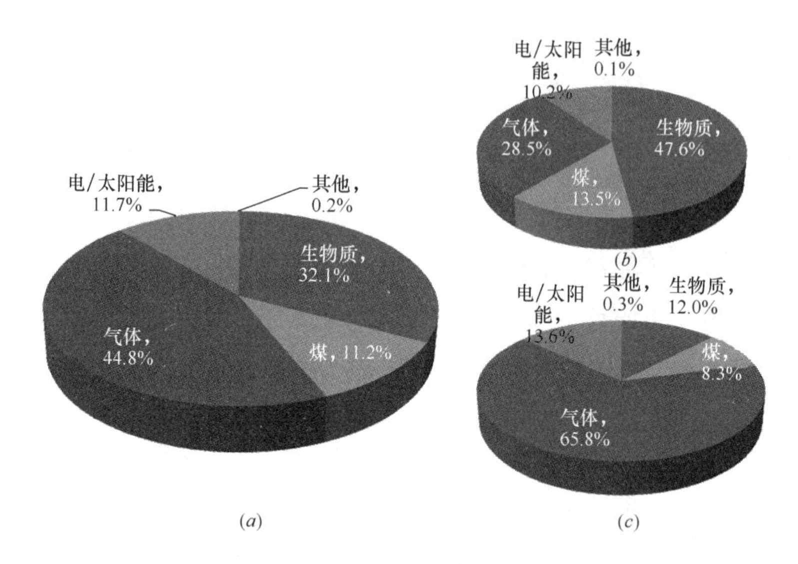

图1-1 我国居民做饭燃料使用情况

(*a*) 合计；(*b*) 农村地区；(*c*) 城市地区

根据世界卫生组织对我国1991～2006年家庭做饭使用燃料类型的研究和2012年中国人群环境暴露相关的行为模式研究调查，我国城市和农村地区过去20年做饭燃料的变化情况，如图1-2所示[5-13]。从图中可以看出，我国城乡家庭在过去20年做饭燃料使用情况发生了明显的变化，非固体燃料的家庭使用比例从1991年

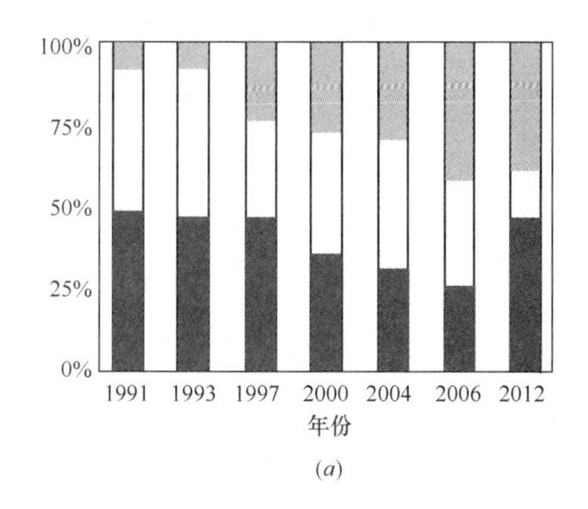

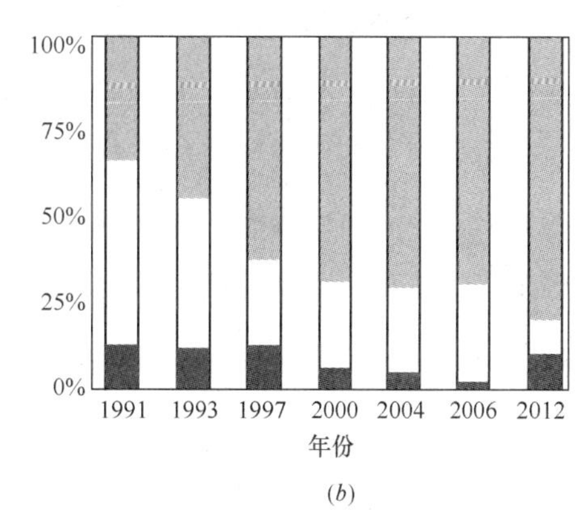

图 1-2　我国城市和农村地区过去 20 年做饭燃料的变化情况

(a) 农村；(b) 城市

注：深色：生物质燃料；白色：煤；浅色：非固体燃料；纵坐标：固体燃料使用的人数比例（%）。

的 15.2% 增加到 2012 年的 56.5%；同时，农村家庭固体燃料的使用比例从 1991 年的 93.5%降至 2012 年的 61.2%，城市家庭从 66.3%降至 20.3%。使用煤炭的家庭比例无论是城市还是农村地区从 1991 年至 2012 年持续降低。生物质燃料的家庭使用比例从 1991 年至 2006 年持续降低，但在 2012 年有较大的回升。例如：在 1991 年近 50%的农村家庭日常做饭主要使用生物质燃料，2006 年降至 26.1%，但是 2012 年，又回升至 47.6%。这主要是随着新的清洁/可再生能源技术的发展[14,15]，国家政策鼓励人们使用炭中性的生物质燃料来替换化石燃料，因此居民选择生物质燃料作为重要的燃料来源。此外，在过去的 5 年，由于煤炭供应量的降低以及工业发展对煤炭需求的不断增长，导致煤炭的价格上涨。因此，生物质燃料对用户来说也是一个更加经济实惠的选择。值得关注的是，虽然我国居民日常做饭使用固体燃料的比例从 1991 年到 2012 年持续降低，但是由于我国总人口每年在持续大幅度地增长（从 1991 年的 11.6 亿人增长到 2012 年的 13.5 亿人），所以使用固体燃料的实际人口数仍然是很大的[16-18]，这意味着我国人群暴露于固体燃料燃烧产生的大量有害污染物中，可能存在疾病发展的高风险。

由于燃料储备及其可获得性、做饭习惯以及家庭经济状况的差异，我国不同省份居民做饭固体燃料的使用情况也存在着较大的差异（见表 1-1）。我国经济相对发达的省市，如上海、北京、天津和江苏，日常做饭使用非固体燃料的家庭比例较高，这四个省份采用气体燃料的比例分别为：93.5%、88.9%、78.3%和72.6%；而我国西部省份，如甘肃、云南、贵州和青海，做饭使用气体燃料的家庭比例较低。固体燃料的使用类型与当地的燃料供应量存在密切的关系，如山西省是我国最大的煤炭储备省，山西省居民日常做饭以煤炭为主，占45.4%，而我国的西藏和新疆地区，大部分为游牧民，以及位于我国北方的吉林、辽宁和黑龙江地区，森林资源非常丰富，这些地区的家庭日常做饭以生物质燃料为主，使用比例占50%以上。

各省份的燃料使用情况存在一定的城乡差异。城市居民日常做饭主要采用非固体燃料，特别是气体燃料，在大部分城市家庭，超过50%的家庭以气体燃料为主。在云南、青海、贵州和甘肃，低于30%的家庭使用气体燃料。甘肃地区家庭日常做饭主要使用生物质燃料（34.0%）和煤炭（19.3%），而在云南、青海和贵州地区，家庭日常做饭以太阳能/电为主，分别占58.0%、79.5% 和 60.1%。在农村地区，各省之间固体燃料和非固体燃料的使用存在较大的差异，例如，北京农村家庭主要以气体燃料为主，占82.7%；在宁夏，69.5%的家庭采用太阳能/电。总体来看，位于我国东部地区的省份，如广东、福建、浙江、江苏、山东和天津以非固体燃料为主，占55.3%～72.5%，其他地区以固体燃料为主。

我国各省份居民家庭做饭燃料的使用情况　　表1-1

地区		生物质（%）	煤（%）	太阳能/电（%）	气体（%）	其他（%）
安徽	合计	39.2	5.3	3.9	51.5	0.0
	城市	20.6	2.3	4.1	72.8	0.1
	农村	50.6	7.1	3.8	38.4	0.0
北京	合计	2.2	3.8	4.5	88.9	0.6
	城市	0.6	3.1	4.7	91.3	0.4
	农村	6.5	5.8	4.0	82.7	1.1
福建	合计	18.7	1.1	18.2	61.7	0.3
	城市	8.8	0.6	17.0	73.1	0.6
	农村	28.5	1.7	19.3	50.5	0.1
甘肃	合计	59.5	19.0	8.7	12.8	0.1
	城市	34.0	19.3	23.6	23.1	0.1
	农村	68.0	18.8	3.8	9.4	0.1

续表

地区		生物质(%)	煤(%)	太阳能/电(%)	气体(%)	其他(%)
广东	合计	18.1	8.2	11.8	62.0	0.0
	城市	8.9	5.2	17.1	68.8	0.0
	农村	28.1	11.4	6.0	54.5	0.0
广西	合计	46.5	2.7	6.9	43.7	0.2
	城市	23.4	2.7	7.8	65.7	0.4
	农村	55.6	2.8	6.6	35.0	0.0
贵州	合计	12.9	31.0	45.0	10.3	0.8
	城市	2.4	18.2	60.1	18.2	1.0
	农村	23.0	43.5	30.3	2.6	0.7
海南	合计	40.4	3.7	3.8	51.7	0.4
	城市	22.2	1.7	5.1	71.0	0.0
	农村	47.9	4.5	3.2	43.9	0.6
河北	合计	14.8	21.2	10.3	53.5	0.2
	城市	5.5	10.9	4.7	78.6	0.3
	农村	23.1	30.3	15.4	31.2	0.0
河南	合计	32.6	24.7	9.1	33.6	0.0
	城市	10.4	28.4	11.3	49.7	0.2
	农村	41.4	23.3	8.2	27.2	0.0
黑龙江	合计	51.4	10.3	14.8	23.5	0.0
	城市	9.8	15.3	22.1	52.8	0.1
	农村	76.5	7.3	10.3	5.9	0.0
湖北	合计	24.0	10.4	2.0	62.8	0.8
	城市	15.2	9.1	2.8	71.6	1.2
	农村	39.6	12.6	0.6	47.2	0.0
湖南	合计	30.2	26.8	3.8	39.1	0.1
	城市	0.8	28.5	3.1	67.3	0.4
	农村	41.8	26.1	4.1	27.9	0.1
吉林	合计	59.5	2.3	4.9	33.2	0.1
	城市	35.4	4.4	8.2	51.9	0.1
	农村	82.4	0.3	1.7	15.5	0.0

续表

地区		生物质（%）	煤（%）	太阳能/电（%）	气体（%）	其他（%）
江苏	合计	17.6	1.6	8.1	72.6	0.2
	城市	9.0	2.0	8.3	80.6	0.2
	农村	35.7	0.7	7.9	55.7	0.0
江西	合计	28.7	16.6	15.4	39.2	0.1
	城市	12.0	11.5	16.3	60.0	0.1
	农村	46.7	22.0	14.4	16.8	0.1
辽宁	合计	60.4	3.7	7.5	28.3	0.1
	城市	17.9	5.4	8.5	67.9	0.3
	农村	75.8	3.1	7.2	13.9	0.0
内蒙古	合计	54.1	8.1	8.1	29.7	0.0
	城市	9.3	11.5	15.1	64.1	0.0
	农村	85.5	5.7	3.2	5.7	0.0
宁夏	合计	1.7	3.4	33.0	61.5	0.5
	城市	1.8	3.6	29.0	65.1	0.5
	农村	0.7	1.8	69.5	28.1	0.0
青海	合计	10.3	20.2	59.0	10.5	0.1
	城市	0.1	5.9	79.5	14.5	0.1
	农村	33.5	52.9	12.3	1.3	0.0
山东	合计	24.0	4.0	6.1	65.5	0.4
	城市	9.9	3.9	3.8	82.2	0.3
	农村	40.0	4.1	8.6	46.7	0.6
山西	合计	14.1	45.4	20.6	19.7	0.1
	城市	0.9	14.3	29.0	55.4	0.5
	农村	19.7	58.6	17.1	4.6	0.0
陕西	合计	46.0	10.2	14.9	28.7	0.2
	城市	16.0	12.1	21.5	50.1	0.3
	农村	70.5	8.7	9.4	11.1	0.2
上海	合计	0.3	3.2	1.6	93.5	1.4
	城市	0.3	3.2	1.6	93.5	1.4
	农村	—	—	—	—	—

续表

地区		生物质(%)	煤(%)	太阳能/电(%)	气体(%)	其他(%)
四川	合计	36.7	10.6	22.4	30.3	0.1
	城市	17.0	11.1	25.0	46.7	0.2
	农村	47.9	10.3	20.9	21.0	0.0
天津	合计	21.2	0.2	0.3	78.3	0.1
	城市	17.5	0.3	0.3	81.7	0.1
	农村	27.4	0.0	72.5	0.0	0.1
西藏	合计	69.5	0.9	0.1	29.5	0.0
	城市	4.2	1.8	0.2	93.7	0.2
	农村	88.3	0.6	0.0	11.1	0.0
新疆	合计	69.7	12.5	0.2	17.6	0.0
	城市	33.7	15.9	0.5	50.0	0.0
	农村	88.0	10.9	0.1	1.1	0.0
云南	合计	46.7	6.1	39.5	7.6	0.2
	城市	24.9	4.8	58.0	12.4	0.0
	农村	55.7	6.6	31.9	5.6	0.2
浙江	合计	29.0	1.9	3.0	66.0	0.1
	城市	10.8	2.1	0.6	86.4	0.1
	农村	37.8	1.8	4.1	56.2	0.1
重庆	合计	38.9	3.5	16.5	40.9	0.2
	城市	11.8	2.3	17.1	68.4	0.4
	农村	66.6	4.7	16.0	12.8	0.0

注：不包括香港、澳门和台湾。

1.2 我国居民做饭条件

我国有92.3%的居民做饭时使用独立厨房，其中城市地区居民使用独立厨房的比例（95.3%）略高于农村地区（90.1%）。我国有37.8%的居民做饭时使用排气装置，其中城市地区居民做饭时使用排气装置的比例（63.6%）远高于农村（17.9%）。我国有36.9%的居民做饭时既使用独立厨房又使用排气装置，城市地区居民比例为62.6%，远高于农村地区的17.1%，见图1-3。

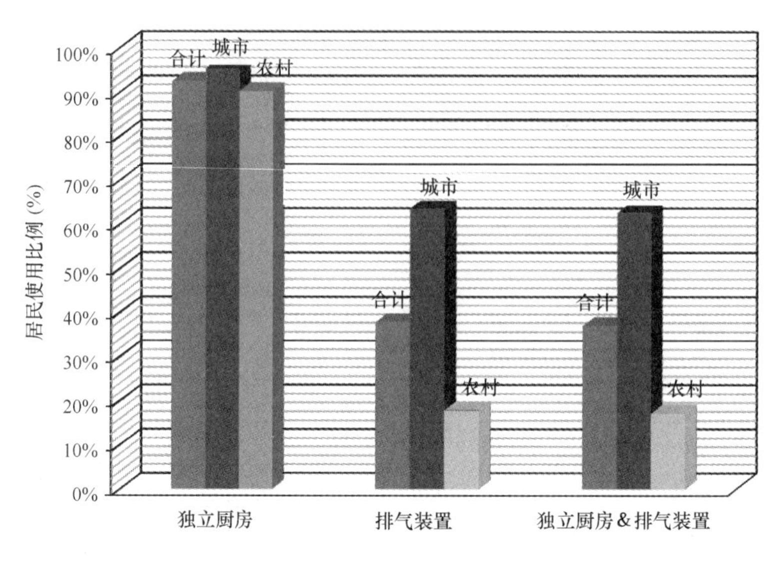

图1-3 我国居民做饭时厨房通风情况

由于经济条件、个人做饭习惯等差异，我国各省居民做饭时厨房的通风情况存在一定的差异，如表1-2所示。我国各省50％以上的居民做饭时使用独立的厨房，68％省份的居民做饭使用独立厨房的比例高于90％，如：辽宁为98.8％和黑龙江为99.7％，西藏、新疆和山西地区做饭时使用独立厨房的比例低于其他省份；在经济发达的北京、上海和浙江地区居民做饭时使用排气装置的比例高于其他省份，并且这些地方既使用独立厨房又使用排气装置的比例也高于其他省份；西藏地区使用排气装置的比例最低。

我国各省份居民做饭时厨房通风情况 **表1-2**

省份	做饭时使用排气装置			独立厨房			独立厨房＆排气装置		
	合计	城市	农村	合计	城市	农村	合计	城市	农村
北京	79.8	87.4	60.0	95.1	96.3	91.8	78.6	86.5	58.1
天津	51.3	58.8	38.8	88.8	91.6	84.1	49.5	57.5	36.3
河北	46.4	74.3	21.6	85.8	94.4	78.2	45.6	73.3	21.0
山西	31.2	59.7	19.0	62.8	87.0	52.5	24.1	58.3	9.6
内蒙古	42.5	81.2	15.4	96.3	97.6	95.4	41.9	81.1	14.5
辽宁	34.7	66.3	23.2	98.8	98.4	98.9	34.2	65.4	22.9
吉林	29.3	50.7	8.9	95.3	91.7	98.7	27.6	47.6	8.7

续表

省份	做饭时使用排气装置			独立厨房			独立厨房 & 排气装置		
	合计	城市	农村	合计	城市	农村	合计	城市	农村
黑龙江	33.4	70.2	11.2	99.7	99.5	99.7	33.3	70.1	11.1
上海	73.7	73.7	—	89.3	89.3	—	70.6	70.6	—
江苏	51.3	67.4	17.0	97.3	97.3	97.2	50.8	66.8	16.9
浙江	59.6	82.0	48.8	96.9	97.1	96.8	58.5	80.5	47.9
安徽	22.7	47.3	7.5	96.8	97.1	96.6	22.2	46.1	7.5
福建	50.2	65.4	35.1	94.3	96.0	92.5	49.5	64.4	34.7
江西	33.1	58.3	6.0	97.6	97.8	97.4	32.5	57.8	5.4
山东	50.7	70.3	28.7	93.8	96.3	91.1	49.9	69.3	28.1
河南	22.1	53.3	9.7	95.3	97.6	94.4	21.9	52.9	9.6
湖北	50.7	65.3	25.1	96.1	96.1	96.0	49.9	64.2	24.9
湖南	36.2	83.1	17.6	97.2	98.3	96.8	35.9	82.5	17.5
广东	57.7	76.1	37.6	96.4	95.8	97.1	56.4	74.4	36.8
广西	19.5	52.9	6.9	90.6	95.8	88.6	19.1	52.2	6.6
海南	10.4	32.4	1.5	97.3	95.4	98.1	10.4	32.4	1.5
重庆	33.6	59.6	6.9	97.5	97.4	97.6	33.3	59.2	6.7
四川	20.7	40.1	9.6	91.4	95.2	89.2	20.4	39.9	9.3
贵州	35.5	58.5	13.3	92.1	94.7	89.6	35.1	57.8	13.0
云南	20.7	34.8	14.9	80.5	88.2	77.4	20.4	33.9	14.7
西藏	7.9	32.7	0.7	51.7	72.0	45.8	7.1	30.5	0.4
陕西	28.5	50.4	10.6	77.3	93.9	63.6	27.4	49.3	9.5
甘肃	15.4	37.1	8.3	96.9	98.6	96.4	15.2	36.4	8.2
青海	66.1	87.7	17.2	81.2	93.6	53.4	63.0	87.3	8.0
宁夏	56.5	61.8	8.0	87.5	88.7	76.9	55.9	61.1	8.0
新疆	17.6	47.8	2.2	69.8	83.1	63.1	17.0	46.8	1.9

注：不包括香港、澳门和台湾。

1.3 我国居民室内取暖燃料使用情况

我国34.1%的家庭不供暖；10.3%家庭采用集中供暖方式，8.9%家庭采用自供暖（特指采用的燃料类型为清洁的天然气和煤气）的方式，即在自己家中采用天然气、煤气等清洁能源，将热水或蒸汽通过管道传输到各房间中，用暖气片的方式取暖；16.7%的家庭采用煤取暖；15.6%的家庭采用电取暖；12.8%的家庭采用生物质燃料取暖，如图1-4所示。

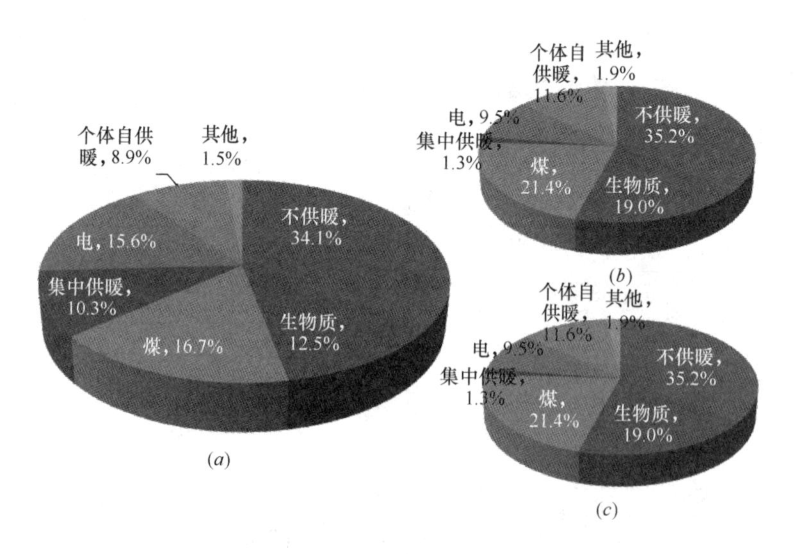

图1-4 我国居民采暖燃料使用情况

(a) 合计；(b) 农村地区；(c) 城市地区

城乡居民供暖使用的燃料类型存在一定的差异。在农村地区，由于基础设施条件的不完善，仅有极少部分农村家庭采用集中供暖的方式进行取暖，大部分农村家庭仍然以固体燃料作为供暖的主要燃料方式，其中使用煤的家庭占21.5%，生物质燃料占19.0 %；而在城市地区，近22.0%的家庭采用集中供暖的方式取暖，大部分家庭以太阳能/电为主要供暖燃料，占23.6%，采用煤的占10.5%。

我国各省份居民供暖所用的燃料情况见表1-3。由于气候条件的差异，我国北方地区冬季供暖是很常见的，而南方地区33.8%～98.3%的家庭冬季不供暖。在我国的小部分省份，如：宁夏（59.5%）、青海（44.8%）、山东（33.2%）、黑龙江（32.9%）、北京（35.1%）和河北（30.9%），超过30%的家庭采用集中供暖的方式取暖。而在我国的大部分地区，家庭仍然以电、气体或固体燃料作为取暖的主要方式。在我国东部和东南部经济发展相对发达的省份以及北方平原地区，家庭取暖主要以非固体燃料为主，而西部省份主要以固体燃料为主。

在我国，城市居民采用集中供暖方式取暖的家庭比例高于农村居民；湖南、湖北、安徽、江西、江苏和上海地区，家庭取暖以电和自供暖方式为主，分别占85.1%、39.4%、34.4%、53.5%、46.7%和64.2%；甘肃、贵州、吉林、山西和陕西，以固体燃料为主。在农村地区，采用集中供暖方式取暖的家庭较少，不到10%；在天津、黑龙江、北京和辽宁地区，农村家庭以家庭自供暖为主，分别占87.9%、74.4%、66.8%和60.6%；在我国的其他省份，如西藏、青海和宁夏，95%以上的农村家庭以煤为供暖的主要燃料。

我国各省份农村地区家庭采暖燃料使用情况　　表1-3

地区		生物质（%）	煤（%）	电（%）	集中供暖（%）	自供暖（%）	不供暖（%）	其他（%）
安徽	合计	4.4	1.8	22.4	0.3	1.0	69.8	0.3
	城市	7.6	0.6	34.4	0.3	0.8	55.8	0.5
	农村	2.4	2.6	15.1	0.3	1.1	78.4	0.1
北京	合计	1.0	15.2	14.1	35.1	33.2	1.0	0.3
	城市	0.6	13.6	16.0	48.5	20.2	1.0	0.1
	农村	2.1	19.4	9.3	0.6	66.8	1.0	0.8
福建	合计	0.2	0.1	4.3	0.0	0.3	95.1	0.1
	城市	0.2	0.0	4.0	0.0	0.1	95.5	0.2
	农村	0.3	0.1	4.6	0.0	0.5	94.6	0.0
甘肃	合计	1.1	86.5	0.0	9.6	1.5	1.4	0.0
	城市	0.3	74.0	0.1	22.4	2.6	0.7	0.0
	农村	1.3	90.7	0.0	5.3	1.1	1.6	0.0
广东	合计	4.2	0.1	8.8	0.1	0.1	86.0	0.8
	城市	2.0	0.0	9.8	0.0	0.2	86.6	1.4
	农村	6.6	0.2	7.6	0.1	0.0	85.4	0.1
广西	合计	32.9	2.3	11.4	0.1	1.3	50.8	1.1
	城市	8.9	2.9	25.5	0.2	0.5	61.3	0.7
	农村	42.0	2.1	6.1	0.1	1.6	46.8	1.3

续表

地区		生物质（%）	煤（%）	电（%）	集中供暖（%）	自供暖（%）	不供暖（%）	其他（%）
贵州	合计	17.2	55.0	24.0	0.0	2.3	0.4	1.2
	城市	5.4	54.2	39.3	0.0	0.4	0.4	0.3
	农村	28.8	55.9	9.0	0.0	4.1	0.3	1.9
海南	合计	0.4	0.0	1.0	0.0	0.1	98.3	0.2
	城市	0.2	0.0	0.9	0.0	0.0	98.7	0.3
	农村	0.6	0.0	1.0	0.0	0.1	98.2	0.2
河北	合计	5.2	40.9	1.1	30.9	21.6	0.4	0.0
	城市	1.5	21.3	0.8	64.1	12.2	0.2	0.0
	农村	8.4	58.2	1.3	1.5	30.0	0.5	0.0
河南	合计	4.8	27.3	14.6	4.2	1.8	47.2	0.0
	城市	2.5	23.6	25.5	12.9	2.3	33.2	0.1
	农村	5.7	28.8	10.3	0.7	1.7	52.8	0.0
黑龙江	合计	9.3	4.8	0.0	32.9	53.0	0.0	0.0
	城市	3.2	3.3	0.1	75.9	17.5	0.0	0.0
	农村	13.0	5.7	0.0	6.8	74.4	0.0	0.0
湖北	合计	10.1	0.9	29.0	0.2	0.9	58.6	0.4
	城市	2.5	0.7	39.5	0.3	0.5	56.0	0.5
	农村	23.3	1.2	10.6	0.0	1.4	63.3	0.2
湖南	合计	39.1	6.2	47.7	0.2	0.2	2.2	4.5
	城市	6.2	5.1	85.1	0.5	0.4	2.5	0.2
	农村	52.0	6.6	33.0	0.1	0.1	2.1	6.1
吉林	合计	54.9	9.8	0.0	27.9	7.4	0.0	0.0
	城市	37.1	10.5	0.0	49.2	3.1	0.0	0.0
	农村	71.7	9.1	0.0	7.7	11.4	0.1	0.0
江苏	合计	0.1	1.6	42.7	0.6	0.3	54.1	0.6
	城市	0.1	2.4	46.7	0.9	0.5	48.9	0.7
	农村	0.2	0.1	34.3	0.0	0.0	65.0	0.4
江西	合计	12.1	13.3	41.3	0.0	0.8	18.0	14.4
	城市	4.5	6.1	53.5	0.0	0.5	23.2	12.2
	农村	20.3	21.1	28.2	0.1	1.1	12.5	16.8

续表

地区		生物质（%）	煤（%）	电（%）	集中供暖（%）	自供暖（%）	不供暖（%）	其他（%）
辽宁	合计	19.4	7.9	0.1	17.4	50.7	2.5	2.0
	城市	10.7	5.1	0.1	59.8	23.6	0.7	0.1
	农村	22.5	8.9	0.1	2.0	60.6	3.2	2.7
内蒙古	合计	20.8	20.9	0.0	28.0	30.2	0.0	0.0
	城市	0.6	13.4	0.0	65.1	20.9	0.1	0.0
	农村	35.0	26.2	0.0	2.0	36.8	0.0	0.0
宁夏	合计	0.0	34.4	0.6	59.5	5.5	0.0	0.1
	城市	0.0	27.9	0.6	65.5	6.0	0.0	0.0
	农村	0.0	95.0	0.0	4.1	0.0	0.0	0.9
青海	合计	0.4	36.1	1.0	44.8	17.2	0.1	0.3
	城市	0.1	10.1	1.4	64.3	23.8	0.2	0.2
	农村	0.9	95.0	0.0	0.9	2.5	0.0	0.7
山东	合计	3.2	41.1	3.5	33.2	10.1	8.8	0.1
	城市	2.0	21.5	4.6	58.1	7.1	6.6	0.0
	农村	4.6	63.3	2.2	5.1	13.4	11.3	0.1
山西	合计	5.1	65.2	0.8	18.7	10.0	0.2	0.0
	城市	0.8	27.7	0.8	59.2	11.5	0.2	0.0
	农村	6.9	81.2	0.7	1.5	9.4	0.3	0.0
陕西	合计	28.8	42.3	8.3	13.2	5.9	1.1	0.5
	城市	22.6	25.3	12.1	28.5	10.6	0.9	0.1
	农村	33.9	56.2	5.1	0.6	2.1	1.2	0.8
上海	合计	0.0	0.0	64.2	0.0	1.2	33.8	0.8
	城市	0.0	0.0	64.2	0.0	1.2	33.8	0.8
	农村	0.0	0.0	0.0	0.0	0.0	0.0	100.0
四川	合计	14.1	4.1	20.6	0.8	0.6	58.1	1.8
	城市	4.2	3.3	38.6	0.2	0.2	50.3	3.3
	农村	19.8	4.5	10.4	1.1	0.8	62.5	0.9
天津	合计	4.4	8.7	1.1	28.8	55.6	1.3	0.0
	城市	7.1	8.2	1.5	46.0	36.1	1.1	0.0
	农村	0.0	9.7	0.5	0.5	87.9	1.5	0.0

续表

地区		生物质（%）	煤（%）	电（%）	集中供暖（%）	自供暖（%）	不供暖（%）	其他（%）
西藏	合计	81.8	1.4	7.6	0.0	0.1	8.0	1.2
	城市	29.9	4.0	32.8	0.0	0.2	32.5	0.5
	农村	96.8	0.7	0.3	0.0	0.0	0.9	1.4
新疆	合计	29.6	45.5	0.0	16.1	8.8	0.0	0.0
	城市	11.6	28.6	0.0	47.3	12.5	0.0	0.0
	农村	38.8	54.0	0.0	0.2	7.0	0.0	0.0
云南	合计	27.4	2.3	15.5	0.1	2.6	46.8	5.3
	城市	19.6	2.1	23.2	0.2	3.1	46.2	5.7
	农村	30.7	2.4	12.3	0.0	2.4	47.1	5.1
浙江	合计	2.6	0.7	28.2	0.1	0.5	59.1	8.8
	城市	0.9	0.3	49.0	0.3	0.0	45.8	3.7
	农村	3.4	1.0	18.3	0.0	0.7	65.4	11.2
重庆	合计	27.3	0.3	19.5	0.0	0.2	52.5	0.3
	城市	6.1	0.5	33.5	0.0	0.1	59.2	0.6
	农村	49.0	0.2	5.2	0.0	0.2	45.6	0.0

注：不包括香港、澳门和台湾。

1.4 我国居民室内燃料使用的影响因素

家庭燃料的使用情况受经济水平的影响[5,19]。我国城市地区家庭燃料的使用情况与经济水平之间的关系见图1-5。从图中可以明显看出，采用气体燃料的家庭比例与人均收入呈显著正相关（$p<0.05$），而采用固体燃料的家庭比例与人均收入呈显著负相关（$p<0.05$）。

家庭燃料的使用情况还受环境温度和相对湿度的影响。环境的温度和相对湿度决定着家庭是否需要取暖。采用清洁燃料取暖的家庭比例 CLF（如集中供暖或家庭自供暖）与环境温度 T 呈负相关，与经济水平 GDP 呈正相关（$CLF = 40.9 - 3.18\,T + GDP$，$R^2=0.68$，$p<0.001$）。这表明在较冷的地区，更多的高收入家庭选择采用清洁燃料取暖。正如预期的那样，随着 GDP 的增加，采用生物质和煤作为燃料供暖的家庭比例下降。采用固体燃料供暖的家庭比例与环境温度的关系并

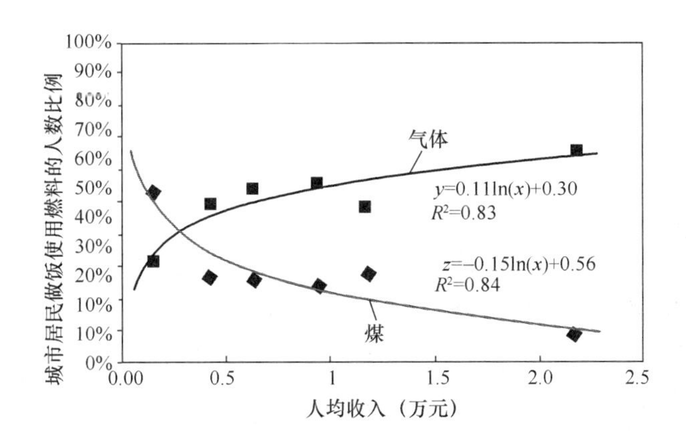

图 1-5 城市家庭煤和气体燃料使用情况与经济水平的关系

不显著，这说明固体燃料更受能源储存量的影响，而与温度无关。而采用电取暖的家庭比例与环境温度呈正相关，这是因为在我国南方，由于缺乏集中供暖设备，大多数家庭采用电取暖。

此外，通过对我国农村家庭做饭和取暖采用固体燃料的情况进行比较分析，发现其存在显著的相关性（$r=0.751$，$p=1.34\times10^{-6}$），如图 1-6 所示。即采用固体燃料做饭的家庭，取暖时也采用固体燃料。宁夏地区是个例外，该地区有 72%的家庭做饭采用清洁燃料（69.5%的家庭采用电/太阳能，28.1%的家庭采用气体燃料），但 95%的家庭取暖采用煤作燃料。

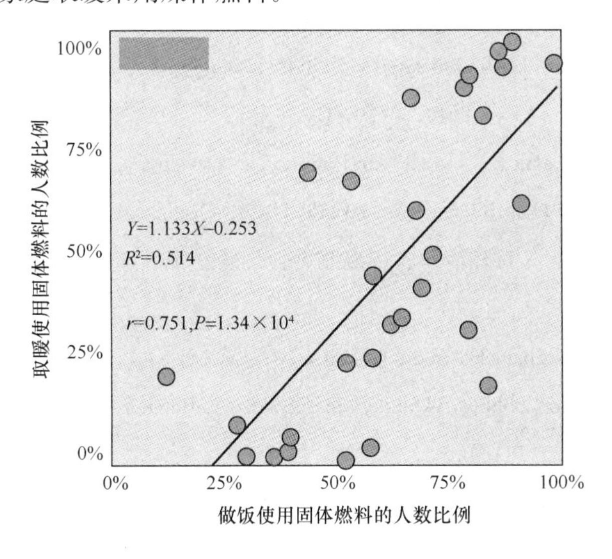

图 1-6 我国农村家庭做饭和取暖固体燃料的相关性

1.5 小 结

(1) 2012年，我国44.8%、32.1%、11.7%和11.3%的家庭日常做饭分别使用气体、生物质、电和煤作为主要燃料，不同的省市和城乡之间燃料使用情况存在差异。农村地区家庭做饭主要使用固体燃料，而城市家庭以清洁燃料为主。

(2) 2012年，我国10.3%的家庭冬季采用集中供暖的方式取暖，16.7%、15.6%和12.8%家庭分别采用煤、电和生物质燃料取暖。城乡之间存在差异，农村家庭主要以燃烧传统固体燃料取暖，城市居民主要用电和集中供暖。

(3) 家庭燃料的使用情况受经济水平的影响，固体燃料的使用比例与家庭经济水平呈反比。

本章参考文献

[1] Lim SS, Vos T, Flaxman AD, Danaei G, et al. A comparative risk assessment of burden of disease and injury attributable to 67 risk factors and risk factor clusters in 21 regions, 1990-2010: a systematic analysis for the Global Burden of Disease Study 2010. Lancet, 2012, 380: 2224-60.

[2] Pope DP, Mishra V, Thompson L, Siddiqui AR, Rehfuess EA, Weber M, et al. Risk of low birth weight and stillbirth associated with indoor air pollution from solid fuel use in developing countries. Epidemiol Rev, 2010;32:70-81.

[3] Bruce NP-PR, Albalak R. Indoor Air Pollution in Developing Countries: A Major Environmental and Public Health Challenge. World Health Organization, 2000. p. 1078-92.

[4] 环境保护部. 中国人群环境暴露行为模式研究报告(成人卷)2014. 北京：中国科学出版社，2014.

[5] Bonjour S, Adair-Rohani H, Wolf J, Bruce NG, Mehta S, Pruss-Ustun A, et al. Solid Fuel Use for Household Cooking: Country and Regional Estimates for 1980-2010. Environ Health Perspect, 2013, 121:784-90.

[6] Roy A, Chapman RS, Hu W, Wei F, Liu X, Zhang J. Indoor air pollution and lung function growth among children in four Chinese cities. Indoor Air, 2012, 22: 3-11.

[7] Reid BC, Ghazarian AA, DeMarini DM, Sapkota A, Jack D, Lan Q, et al. Research opportu-

nities for cancer associated with indoor air pollution from solid-fuel combustion. Environ Health Perspect,2012, 120: 1495-8.

[8] Rehfuess E, Mehta S, Pruss-Ustun A. Assessing household solid fuel use: multiple implications for the Millennium Development Goals. Environ Health Perspect,2006, 114: 373-8.

[9] Nandasena S, Wickremasinghe AR, Sathiakumar N. Biomass fuel use for cooking in Sri Lanka: analysis of data from national demographic health surveys. Am J Ind Med,2012, 55: 1122-8.

[10] Galea KS, Hurley JF,Cowie H, Shafrir AL, Sanchez Jimenez A, Semple S, et al. Using PM2.5 concentrations to estimate the health burden from solid fuel combustion, with application to Irish and Scottish homes. Environ Health,2013, 19:12-50. Doi:10.1186 /1476-069x-12-50.

[11] Shen G, Zhang Y, Wei S, Chen Y, Yang C, Lin P, et al. Indoor/outdoor pollution level and personal inhalation exposure of polycyclic aromatic hydrocarbons through biomass fuelled cooking. Air Qual Atmos Health 2014. http://dx. doi. org/ 10. 1007/s11869 -014-0262-y.

[12] Duan X, Wang B, Zhao X, Shen G, Xia Z, Huang N, et al. Personal inhalation exposure to polycyclic aromatic hydrocarbons in urban and rural residents in a typical northern city in China. Indoor Air,2014, 24(5): 464-473.

[13] Duan XL, Jiang Y, Wang BB, et al. Household fuel use for cooking and heating in China: Results from the first Chinese Environmental Exposure-Related Human Activity Patterns Survey (CEERHAPS). Applied Energy,2014, 136: 692-703.

[14] Chang J, Leung DY, Wu CZ, Yuan ZH. A review on the energy production consumption and prospect of renewable energy in China. Renew Sustain Energy Rev,2003;7:453-68.

[15] Shen GF, Xue M. Comparison of carbon monoxide and particulate matter emissions from residential burnings of pelletized biofuels and traditional solid fuels. Energy Fuels,2014, 28: 3933-9.

[16] Zhang J, Smith KR. Household air pollution from coal and biomass fuels in China: measurements, health impacts and interventions. Environ HealthPerspect,2007, 115:848-55.

[17] Shen G, Yang Y, Wang W, Tao S, Zhu C, Min Y, et al. Emission factors of particulate matter and elemental carbon for crop residues and coals burned in typical household stoves in China. Environ Sci Technol,2010, 44:7157-62.

[18] Shen G, Wang W, Yang Y, Ding J, Xue M, Min Y, et al. Emissions of PAHs from indoor

crop residue burning in a typical rural stove: emission factors, size distributions and gas-particle partitioning. Environ Sci Technol, 2011, 45:1206-12.

[19] Venkataramani AS, Fried BJ. Effect of worldwide oil price fluctuations on biomass fuel use and child respiratory health: evidence from Guatemala. Am J Public Health, 2011, 101: 1668-74.

第2章　我国居民室内外活动时间研究

人的生存需要呼吸空气，从空气中摄取氧气，与此同时，空气中的有毒有害污染物也会随之进入人体内，对人体健康产生不良影响[1-3]。根据场所，人对空气介质的暴露可以分为室内暴露和室外暴露两部分。虽然室内外空气存在交换，但人与室外环境空气的暴露主要是由于其在室外的活动停留而引起的。人体对空气污染物的暴露剂量计算见式（2-1）：

$$ADD = \frac{(C_{in} \times t_{in} + C_{out} \times t_{Out}) \times IR \times EF \times ED}{BW \times AT} \tag{2-1}$$

式中　ADD——污染物的日均暴露剂量，mg/（kg·d）；

C_{in}——室内空气污染物浓度，mg/m^3；

C_{out}——室外空气污染物浓度，mg/m^3；

IR——呼吸量，m^3/d；

t_{in}——室内活动时间，h/d；

t_{Out}——室外活动时间，h/d；

EF——暴露频率，d/a；

ED——暴露持续时间，a；

BW——体重，kg；

AT——平均暴露时间，h。

可见，室内外活动时间直接影响人体对空气污染物的暴露剂量，是环境污染健康风险中的重要暴露参数之一[4,5]。人在室内外的活动时间与地区、季节、性别、年龄、职业等都有一定的关系，美国、韩国和日本等发布的暴露参数手册中将室内外活动时间作为最主要的参数之一。本章主要介绍我国人群的室内外活动时间研究成果。

室内活动时间指在家中、工作单位、学校、商场、娱乐场所等封闭室内空间停留的时间。室外活动时间指除在家中、工作单位、学校、商场、娱乐场所等封闭室内空间停留时间之外的时间，包括户外健身（如散步、跑步、器械运动等）、休闲（如逛公园等）或者从事务农、商业活动、室外工作等生产、生活活动的时间。室内外活动时间是活动模式参数中的一类，是估算人体对空气污染物暴露健康风险评价的重要参数，直接影响它们对环境污染物的暴露频次、暴露时间及暴露程度。室内外活动时间受气候条件、文化水平、经济水平、性别、年龄、兴趣爱好及个人习惯等影响。

2.1 我国成人的室内外活动时间

我国成人的室内外活动时间数据主要来源于“中国人群环境暴露行为模式研究”。关于该研究的具体情况详见第1章的介绍[1]。该研究通过问卷调查的方式获得了调查对象的室内外活动时间。

2.1.1 室外活动时间

我国成人平均室外活动时间为253min/d。我国成人的室外活动时间存在着显著的性别、年龄、城乡和季节差异，从表2-1可以看出：我国男性居民的室外活动时间平均比女性高出10%～20%；随着年龄的增长，居民室外活动的时间逐渐增加，在45～59岁达到最高值，然后开始逐渐下降，80岁以上人群的室外活动时间最短；农村居民的室外活动时间显著高于城市，这与农村居民长期在室外从事田间劳作，而城市居民大多在室内工作有一定的关系；成人夏季的室外活动时间高于春秋季，冬季最低。

我国成人的室外活动时间 **表2-1**

		室外活动时间（min/d）					
		均值	P5	P25	P50	P75	P95
合计		253	51	129	221	354	545
季节	春秋季	259	50	120	223	361	570
	夏季	295	55	150	260	420	630
	冬季	199	30	87	152	274	510
性别	男	267	53	135	236	377	561
	女	239	50	121	209	330	525
年龄	18～44岁	253	53	128	219	356	548
	45～59岁	264	56	136	235	369	559
	60～79岁	241	48	124	210	330	530
	80岁以上	180	19	80	150	240	463
城乡	城市	219	42	106	180	298	523
	农村	279	60	150	255	385	555

注：P指百分位数值。

我国东中西部和六大片区的城乡居民室外活动时间分布情况见图 2-1 和图 2-2。从图中可以看出，我国农村居民的室外活动时间均高于城市居民，我国居民的室外活动时间存在着显著的地区差异。若将我国按东中西部来划分：西部地区＞中部地区＞东部地区；若按片区来划分：西北地区的室外活动时间最长，东北地区的室外活动时间最短，这与东北地区天气寒冷有一定的关系。

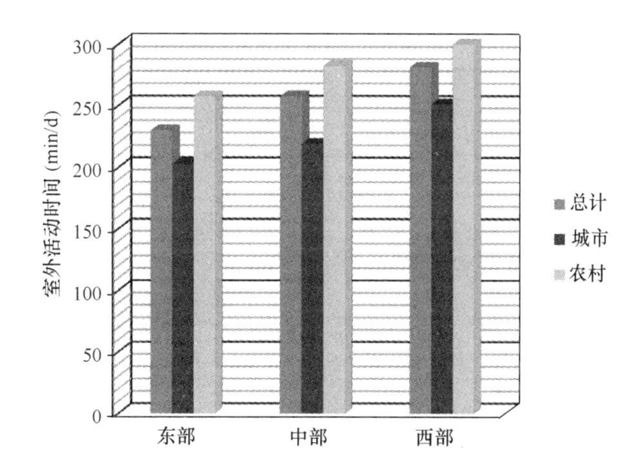

图 2-1 我国东中西部地区居民室外活动时间分布

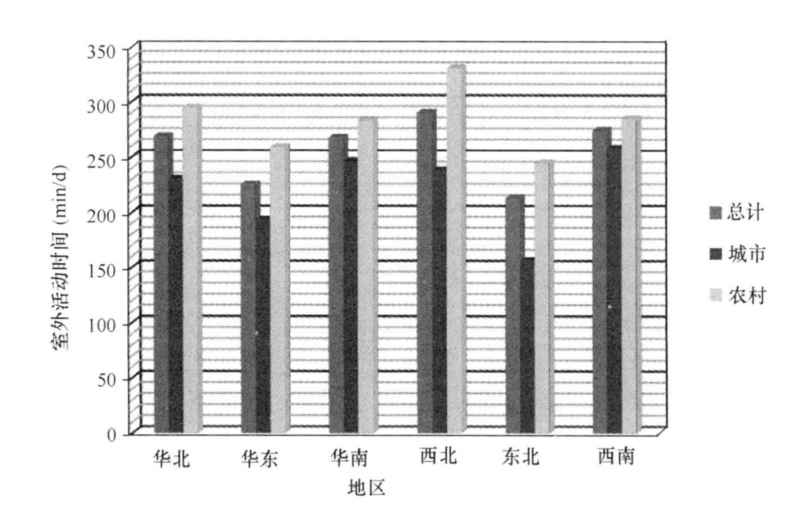

图 2-2 我国不同片区居民室外活动的时间分布

我国各省市城乡居民的室外活动时间见表 2-2。从表中可以看出，海南省居民的室外活动时间最长，为 359min/d，吉林省居民的室外活动时间最短，为 163

min/d，这与海南地区常年气温较高，而吉林地区气温低存在一定的关系。从表中也可看出，我国各省农村居民的室外活动时间均高于城市居民，特别是黑龙江和青海地区居民，农村居民室外活动时间是城市居民的1.8倍。

我国各省份城乡居民的室外活动时间 表 2-2

省份	室外活动时间（min/d）			省份	室外活动时间（min/d）		
	城乡	城市	农村		城乡	城市	农村
总计	253	219	279	河南	324	281	341
北京	232	224	252	湖北	274	243	328
天津	248	233	273	湖南	230	210	237
河北	231	211	249	广东	254	248	260
山西	240	197	259	广西	308	294	313
内蒙古	253	203	288	海南	359	296	385
辽宁	226	172	245	重庆	221	224	217
吉林	163	139	186	四川	279	286	274
黑龙江	234	158	280	贵州	245	207	282
上海	181	181	—	云南	320	299	328
江苏	213	190	263	西藏	353	269	377
浙江	235	199	252	陕西	297	260	327
安徽	251	211	276	甘肃	348	312	361
福建	220	204	237	青海	213	170	309
江西	259	235	284	宁夏	205	201	243
山东	209	171	252	新疆	296	259	315

注：不包括香港、澳门和台湾。

2.1.2 室内活动时间

调查研究发现，我国成人平均室内活动时间为1167min/d，如表2-3所示。同时可以看出，我国成人的室内活动时间与性别、年龄、城乡和季节存在着显著的差异。我国男性居民的室内活动时间低于女性；随着年龄的增长，居民的室内活动时间逐渐降低，在45～59岁达到最低值，然后开始逐渐增加，80岁以上人群的室内活动时间最长；城市居民的室内活动时间高于农村地区；居民的冬季室内活动时间高于其他季节。

我国居民室内活动时间 表 2-3

类别		室内活动时间（min/d）					
		均值	P5	P25	P50	P75	P95
合计		1167	876	1065	1200	1290	1373
季节	春秋季	1140	840	1080	1200	1320	1380
	夏季	1140	780	1020	1140	1260	1380
	冬季	1200	900	1140	1260	1320	1380
性别	男	1152	855	1043	1185	1283	1370
	女	1183	900	1095	1215	1300	1377
年龄	18～44 岁	1167	875	1065	1201	1292	1372
	45～59 岁	1157	866	1051	1185	1285	1370
	60～79 岁	1178	900	1086	1203	1295	1380
	80 岁及以上	1228	945	1164	1260	1331	1398
城乡	城市	1198	900	1120	1239	1313	1380
	农村	1142	865	1035	1165	1269	1364

我国东中西部和六大片区的城乡居民室内活动时间分布情况分别见图 2-3 和图 2-4。从图中可以看出，我国各地区城市居民的室内活动时间均高于农村居民，我国居民的室内活动时间存在地区差异。若将我国按东中西部来划分：东部地区>中部地区>西部地区；若按片区来划分：东北和华东地区居民的室内活动时间最长，西北地区的室内活动时间最短。

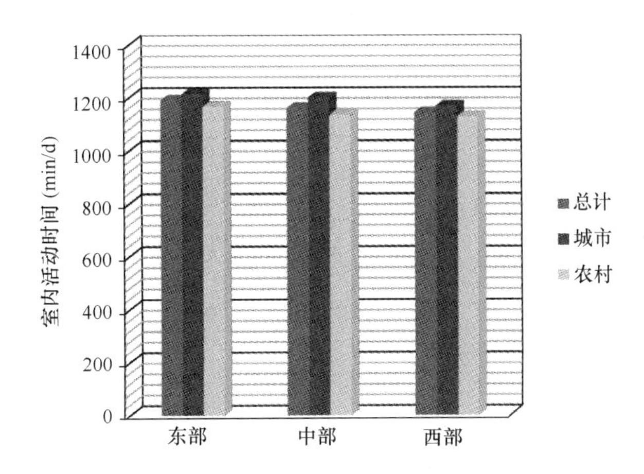

图 2-3　我国东中西地区居民室内活动时间分布

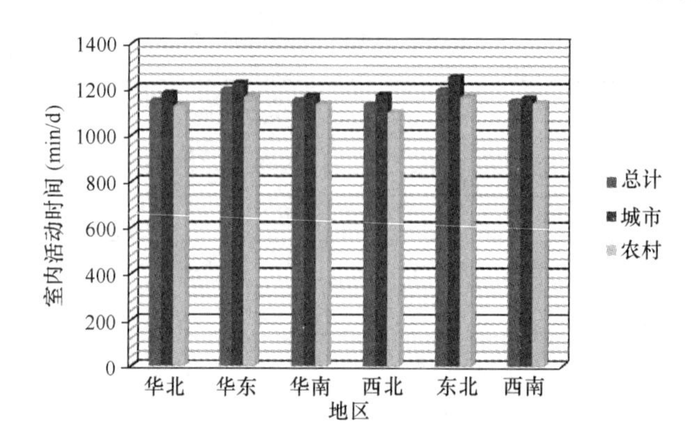

图 2-4 我国不同片区居民室内活动时间分布

我国各省份城乡居民的室内活动时间见表 2-4。吉林省居民的室内活动时间最长，为 1253min/d，海南省居民的室内活动时间最短，为 1073min/d，这与海南省常年气温较高，而吉林省气温低存在一定的关系。从表中也可看出，我国各省份城市居民的室内活动时间均高于农村居民，但是差别不大。

我国各省份城乡居民的室内活动时间 **表 2-4**

省份	室内活动时间（min/d）			省份	室内活动时间（min/d）		
	城乡	城市	农村		城乡	城市	农村
总计	1167	1198	1142	河南	1102	1147	1083
北京	1185	1188	1176	湖北	1151	1179	1102
天津	1142	1167	1076	湖南	1187	1210	1175
河北	1187	1199	1175	广东	1163	1166	1159
山西	1181	1221	1164	广西	1120	1130	1117
内蒙古	1168	1207	1144	海南	1073	1132	1049
辽宁	1187	1230	1172	重庆	1220	1198	1247
吉林	1253	1276	1222	四川	1143	1135	1148
黑龙江	1179	1257	1129	贵州	1170	1204	1133
上海	1241	1241	—	云南	1101	1125	1090
江苏	1211	1232	1166	西藏	1046	1148	1016
浙江	1190	1221	1174	陕西	1132	1167	1103
安徽	1168	1209	1142	甘肃	1079	1111	1069
福建	1205	1219	1191	青海	1191	1231	1087
江西	1165	1191	1136	宁夏	1207	1211	1178
山东	1210	1243	1173	新疆	1131	1158	1118

注：不包括香港、澳门和台湾。

2.1.3 室内外活动时间的影响因素

室内外活动时间受气温、职业和住宅类型等因素的影响，在评估不同人群的健康风险时，要结合该人群的实际自身特征，并选择最接近人群实际暴露的暴露参数。

（1）气温

室内外的活动时间呈现出季节、地区的差异，这与气温有关。随着气温的升高，人们在室外活动的时间增加而在室内活动的时间相应减少。从季节差异来看，随着季节温度的变化，室外活动时间为：夏季＞春秋季＞冬季，从地区温度的差异来看，寒冷的东北地区居民的室外活动时间最短。

（2）职业

室外活动时间与职业有显著的关系（$p<0.005$），按照职业来划分，露天场所的街边小贩室外活动时间最长，为 335.7min/d，其次是牧民（329.7min/d）、农民（299.1min/d）、工人（275.0min/d）、司机（260.3min/d）、渔民（247.8min/d）、道路交通执勤交警（247.0min/d）、家庭主妇（203.9min/d）、医务工作人员（193.5min/d）、离退休人员（190.0min/d）、学生（183.6min/d）、教师（183.4min/d）、办公室人员（176.5min/d）、其他人员（202.5min/d）。

不同类型的工人室外活动时间存在差异，其中，建筑工人为 349.4min/d，道路清扫工人为 333.9min/d，放射性物质行业工人为 299.5min/d，有色金属冶炼或再生行业工人为 220.7min/d，垃圾焚烧厂工人为 222.6min/d，危险废物（包括电子废物）行业工人为 222.5min/d，皮革、毛皮、羽毛及其制品和制鞋业工人为 212.0min/d，石油、石化、炼焦、焦化行业工人为 208.8min/d，造纸或印染行业工人为 195.7min/d，有机酸碱、肥料、农药制造业工人为 196.5min/d，高速路收费站工人为 186.8min/d，火力发电厂工人为 182.0min/d。

（3）居住条件

不同居住条件的居民室内外活动时间存在一定的差异，居住在平房和独栋楼房的居民的室外活动时间（分别为 278min/d 和 273min/d）明显高于居住在单元楼房的居民，相应的室内活动时间（分别为 1142min/d 和 1148min/d）比单元楼房居民（1226min/d）低。我国城市居民有 48％的人居住在单元楼房，而农村有近 97％的人居住在平房。因此，表2-3中显示的农村地区室外空气综合暴露系数高于城市地区，其原因是居住在平房便于户外活动。

2.1.4 与国外的比较

将我国成人的室内外活动时间与国外暴露参数手册中的成人推荐值进行比较，结果见表2-5。从表中可以看出，我国居民的室内外活动时间与其他国家存在较大差异。我国居民平均室内活动时间低于澳大利亚和韩国，高于美国和日本；室外活动时间要远高于美国、日本、韩国和澳大利亚，大概是美国、日本和韩国的3～4倍[6-9]。这可能与不同国家的地理气候条件、居民的经济水平和生活方式不同有关。

我国居民的室内外活动时间与国外的比较 **表2-5**

室内外活动时间(min/d)	中国	美国	澳大利亚	韩国	日本
室内	1167	1140	1200	1281	948
室外	253	90	180	76.2	72

2.2 我国儿童的室内外活动时间

我国儿童的室内外活动时间数据主要来源于“中国儿童环境暴露行为模式研究”[1]。“中国儿童环境暴露行为模式研究”由环境保护部科技标准司于2013～2014年委托中国环境科学研究院完成。研究通过多阶段分层整群随机抽样，考虑地区、城乡、性别和年龄差异，抽取了我国30个省（区、市）的55个县/区、165个乡镇/街道和316所学校的75519名0～17岁儿童（根据联合国《儿童权利公约》，指18岁以下的人）作为调查对象，最终获得的有效样本量为75490人，经检验，样本具有全国代表性。研究采取面对面问卷调查方法获取了调查对象的室内外活动情况。

2.2.1 室内活动时间

我国儿童的室内活动时间随年龄增长呈现出先降低而后增加的趋势，见表2-

6，其中0～6个月儿童平均每天的室内活动时间最长；从性别分布看，同年龄段女童室内活动时间总体高于男童；从城乡分布看，同年龄段城市儿童室内活动时间略高于农村地区；从地区分布看，同年龄段东北地区儿童的室内活动时间最长，华南地区最短。我国30个省份城乡儿童的室内活动时间见表2-7。

我国儿童室内活动时间 **表 2-6**

年龄	室内活动时间（min/d）										
	城乡			性别		片区					
	合计	城市	农村	男	女	华北	华东	华南	西北	东北	西南
0～<3月	1390	1399	1384	1392	1389	1408	1394	1365	1409	1438	1376
3～<6月	1350	1363	1338	1356	1344	1381	1351	1312	1361	1430	1361
6～<9月	1321	1327	1317	1323	1320	1333	1310	1285	1335	1420	1341
9～<1岁	1303	1320	1291	1300	1306	1292	1310	1249	1319	1416	1334
1～<2岁	1285	1299	1274	1283	1288	1261	1288	1259	1287	1377	1320
2～<3岁	1279	1292	1268	1280	1277	1275	1283	1249	1259	1370	1291
3～<4岁	1275	1290	1261	1274	1275	1279	1275	1252	1254	1367	1281
4～<5岁	1284	1302	1269	1279	1289	1274	1288	1269	1254	1362	1288
5～<6岁	1286	1298	1276	1285	1288	1279	1280	1289	1250	1349	1298
6～<9岁	1297	1310	1291	1294	1299	1308	1265	1313	1280	1297	1291
9～<12岁	1298	1309	1293	1296	1301	1309	1278	1308	1273	1307	1287
12～<15岁	1300	1314	1291	1295	1306	1309	1309	1293	1274	1319	1294
15～<18岁	1302	1301	1302	1296	1308	1308	1309	1298	1288	1310	1301

我国30个省份儿童的室内活动时间 表 2-7

省份	城乡	室内活动时间（min/d）												
		0~<3月	3~<6月	6~<9月	9~<1岁	1~<2岁	2~<3岁	3~<4岁	4~<5岁	5~<6岁	6~<9岁	9~<12岁	12~<15岁	15~<18岁
北京	合计	1430	1394	1367	1325	1346	1316	1323	1327	1324	1322	1309	1300	1250
	城市	1430	1394	1367	1325	1346	1316	1323	1327	1324	1322	1309	1300	1250
	农村	—	—	—	—	—	—	—	—	—	—	—	—	—
天津	合计	1429	1412	1353	1333	1280	1289	1313	1312	1301	1338	1332	1324	1318
	城市	1430	1431	1395	1376	1347	1333	1330	1335	1322	1344	1330	1328	1312
	农村	1428	1381	1313	1280	1226	1254	1297	1293	1281	1336	1334	1322	1321
河北	合计	1427	1414	1353	1278	1312	1292	1315	1293	1318	1324	1324	1330	1299
	城市	1425	1423	1390	1370	1318	1321	1316	1307	1325	1320	1309	1340	1280
	农村	1428	1398	1303	1219	1300	1244	1312	1271	1308	1327	1336	1293	1352
山西	合计	1430	1408	1399	1384	1346	1345	1288	1276	1244	1310	1309	1297	1279
	城市	—	—	—	—	—	—	—	—	—	—	—	—	—
	农村	1430	1408	1399	1384	1346	1345	1288	1276	1244	1310	1309	1297	1279
内蒙古	合计	1439	1438	1428	1424	1359	1368	1330	1345	1338	1349	1319	1300	1336
	城市	—	—	—	—	—	—	—	—	—	—	—	—	—
	农村	1439	1438	1428	1424	1359	1368	1330	1345	1338	1349	1319	1300	1336
辽宁	合计	1437	1429	1420	1415	1393	1381	1380	1368	1349	1304	1309	1326	1315
	城市	1437	1429	1420	1415	1393	1381	1380	1368	1349	1304	1309	1326	1315
	农村	—	—	—	—	—	—	—	—	—	—	—	—	—

续表

省份	城乡	室内活动时间（min/d）												
		0~<3月	3~<6月	6~<9月	9~<1岁	1~<2岁	2~<3岁	3~<4岁	4~<5岁	5~<6岁	6~<9岁	9~<12岁	12~<15岁	15~<18岁
吉林	合计	1437	1418	1395	1381	1303	1303	1286	1291	1270	1285	1301	1303	1287
	城市	—	—	—	—	—	—	—	—	—	—	—	—	—
	农村	1437	1418	1395	1381	1303	1303	1286	1291	1270	1285	1301	1303	1287
黑龙江	合计	1439	1438	1436	1437	1411	1398	1410	1398	1396	1340	1338	1328	1323
	城市	1435	1435	1423	1417	1387	1381	1387	1383	1388	1343	1345	1336	1322
	农村	1440	1439	1440	1440	1425	1409	1422	1401	1399	1336	1335	1327	1323
上海	合计	1393	1358	1313	1297	1247	1171	1268	1245	1267	1321	1327	1332	1283
	城市	1393	1358	1313	1297	1247	1171	1268	1245	1267	1321	1327	1332	1283
	农村	—	—	—	—	—	—	—	—	—	—	—	—	—
江苏	合计	1394	1357	1323	1337	1311	1296	1265	1295	1291	1329	1333	1332	1337
	城市	1398	1360	1324	1342	1315	1298	1264	1297	1293	1343	1341	1340	1341
	农村	1369	1303	1308	1284	1279	1271	1281	1278	1271	1291	1313	1311	1311
浙江	合计	1395	1269	1298	1286	1274	1250	1250	1276	1276	1309	1321	1305	1292
	城市	1420	1382	1374	1336	1341	1346	1298	1320	1304	1335	1339	1329	1329
	农村	1370	1254	1225	1280	1243	1210	1234	1262	1265	1297	1316	1299	1281
安徽	合计	1382	1324	1256	1256	1254	1264	1259	1269	1254	1257	1258	1282	1290
	城市	1385	1330	1251	1248	1243	1265	1262	1287	1272	1310	1290	1309	1303
	农村	1377	1317	1269	1261	1268	1263	1253	1238	1221	1215	1225	1230	1276

续表

省份	城乡	室内活动时间（min/d）												
		0～<3月	3～<6月	6～<9月	9～<1岁	1～<2岁	2～<3岁	3～<4岁	4～<5岁	5～<6岁	6～<9岁	9～<12岁	12～<15岁	15～<18岁
福建	合计	1406	1364	1311	1305	1274	1356	1318	1320	1279	1332	1328	1329	1309
	城市	1423	1369	1344	1341	1344	1303	1335	1320	1325	1330	1328	1315	1306
	农村	1405	1363	1305	1301	1261	1364	1315	1320	1271	1332	1328	1332	1309
江西	合计	1383	1351	1341	1334	1333	1314	1308	1296	1296	1208	1230	1272	1316
	城市	—	—	—	—	—	—	—	—	—	—	—	—	—
	农村	1383	1351	1341	1334	1333	1314	1308	1296	1296	1208	1230	1272	1316
山东	合计	1437	1410	1401	1391	1348	1364	1335	1343	1333	1315	1314	1335	1343
	城市	1437	1410	1401	1391	1348	1364	1335	1343	1333	1315	1314	1335	1343
	农村	—	—	—	—	—	—	—	—	—	—	—	—	—
河南	合计	1386	1337	1295	1252	1237	1251	1259	1249	1259	1304	1306	1305	1304
	城市	1405	1343	1315	1241	1267	1285	1305	1288	1300	1289	1298	1298	1304
	农村	1380	1333	1289	1254	1232	1244	1247	1241	1250	1304	1306	1306	1304
湖北	合计	1360	1273	1239	1230	1192	1230	1259	1273	1266	1282	1184	1287	1291
	城市	1350	1252	1215	1193	1177	1221	1256	1276	1266	1278	1159	1283	1298
	农村	1375	1312	1306	1299	1256	1272	1274	1262	1268	1309	1305	1302	1283
湖南	合计	1394	1335	1311	1287	1227	1239	1207	1221	1209	1318	1301	1303	1308
	城市	1360	1351	1356	1324	1276	1281	1266	1289	1285	1319	1304	1292	1335
	农村	1398	1333	1305	1278	1220	1233	1200	1215	1197	1318	1301	1304	1307

续表

省份	城乡	室内活动时间（min/d）												
		0～<3月	3～<6月	6～<9月	9～<1岁	1～<2岁	2～<3岁	3～<4岁	4～<5岁	5～<6岁	6～<9岁	9～<12岁	12～<15岁	15～<18岁
广东	合计	1383	1355	1332	1286	1285	1271	1278	1285	1290	1311	1319	1325	1302
	城市	1383	1355	1332	1286	1285	1271	1278	1285	1290	1311	1319	1325	1302
	农村	—	—	—	—	—	—	—	—	—	—	—	—	—
广西	合计	1351	1300	1278	1233	1254	1226	1239	1260	1310	1312	1309	1280	1307
	城市	1367	1355	1326	1308	1311	1310	1291	1310	1312	1329	1329	1312	1309
	农村	1349	1297	1268	1229	1243	1221	1230	1252	1310	1310	1308	1276	1307
海南	合计	1390	1333	1293	1267	1307	1290	1288	1299	1279	1321	1325	1294	1280
	城市	1390	1333	1293	1267	1307	1290	1288	1299	1279	1321	1325	1294	1280
	农村	—	—	—	—	—	—	—	—	—	—	—	—	—
重庆	合计	1363	1349	1301	1300	1275	1265	1227	1254	1262	1279	1263	1273	1260
	城市	1375	1346	1337	1336	1304	1285	1288	1297	1288	1297	1298	1327	1255
	农村	1363	1349	1299	1299	1272	1264	1223	1251	1260	1279	1262	1271	1261
四川	合计	1349	1318	1286	1302	1295	1292	1297	1325	1335	1301	1310	1309	1318
	城市	1383	1325	1300	1262	1276	1274	1286	1291	1287	1314	1322	1316	1305
	农村	1335	1315	1279	1318	1305	1313	1301	1338	1354	1279	1284	1309	1318
贵州	合计	1398	1379	1377	1364	1351	1307	1302	1296	1323	1297	1292	1297	1273
	城市	1396	1377	1373	1363	1356	1334	1312	1308	1328	1297	1296	1299	1274
	农村	1403	1384	1387	1366	1342	1265	1270	1250	1296	1298	1281	1294	1258

续表

省份	城乡	室内活动时间（min/d）												
		0～<3 月	3～<6 月	6～<9 月	9～<1 岁	1～<2 岁	2～<3 岁	3～<4 岁	4～<5 岁	5～<6 岁	6～<9 岁	9～<12 岁	12～<15 岁	15～<18 岁
云南	合计	1411	1400	1395	1382	1336	1294	1291	1265	1250	1299	1307	1314	1317
	城市	1394	1342	1306	1311	1286	1259	1278	1272	1271	1299	1307	1314	1317
	农村	1412	1408	1406	1387	1340	1296	1292	1264	1246				
陕西	合计	1400	1278	1274	1230	1230	1205	1202	1209	1221	1281	1289	1304	1286
	城市	—	—	—	—	—	—	—	—	—	—	—	—	—
	农村	1400	1278	1274	1230	1230	1205	1202	1209	1221	1281	1289	1304	1286
甘肃	合计	1419	1404	1370	1350	1324	1318	1299	1299	1289	1297	1306	1263	1288
	城市	1426	1419	1404	1403	1384	1374	1360	1367	1385	1302	1317	1313	1326
	农村	1416	1393	1358	1339	1306	1295	1266	1273	1255	1275	1272	1261	1287
青海	合计	1415	1389	1364	1351	1276	1272	1245	1272	1239	1297	1285	1273	1259
	城市	—	—	—	—	—	—	—	—	—	—	—	—	—
	农村	1415	1389	1364	1351	1276	1272	1245	1272	1239	1297	1285	1273	1259
宁夏	合计	1434	1425	1392	1381	1286	1261	1280	1288	1282	1305	1314	1309	1301
	城市	1434	1425	1392	1381	1286	1261	1280	1288	1282	1305	1314	1309	1301
	农村	—	—	—	—	—	—	—	—	—	—	—	—	—
新疆	合计	1390	1376	1357	1354	1323	1276	1251	1238	1231	1230	1188	1248	1256
	城市	—	—	—	—	—	—	—	—	—	—	—	—	—
	农村	1390	1376	1357	1354	1323	1276	1251	1238	1231	1230	1188	1248	1256

2.2.2 室外活动时间

我国儿童的室外活动时间随年龄增长呈现出先增加后降低的趋势（见表 2-8），3 个月以下儿童平均每天的室外活动时间约 50min，1～3 岁年龄段儿童室外活动时间最长，约 150min；进入托幼机构、小学、中学后，儿童平均每天室外活动时间不断减少。从性别分布看，出生 6 个月之后，同年龄段男童的室外活动时间总体高于女童；从城乡分布看，同年龄段农村地区儿童室外活动时间高于城市地区；从地区分布看，同年龄段华南和西北地区儿童室外活动时间较长，而华北和东北地区较短。我国 30 个省份城乡儿童的室内活动时间见表 2-9。

我国儿童室外活动时间 **表 2-8**

年龄	室外活动时间（min/d）									
	城乡			性别		片区				
	合计	城市	农村	男	女	华北	华东	华南	西北	东北	西南
0～<3 月	50	41	56	48	51	32	46	75	31	2	64
3～<6 月	90	77	102	84	96	59	89	128	79	10	79
6～<9 月	119	113	123	117	120	107	130	155	105	20	99
9～<1 岁	137	120	149	140	134	148	130	191	121	24	106
1～<2 岁	155	141	166	157	152	179	152	181	153	63	120
2～<3 岁	157	141	170	156	157	161	150	186	180	69	147
3～<4 岁	150	132	165	152	149	148	144	169	178	71	149
4～<5 岁	138	119	153	143	132	145	131	150	171	70	138
5～<6 岁	134	121	144	134	133	140	138	127	171	82	127
6～<9 岁	104	89	110	105	103	94	124	87	122	105	112
9～<12 岁	106	92	113	108	104	96	120	97	136	103	116
12～<15 岁	102	83	113	106	96	89	98	104	132	83	108
15～<18 岁	96	89	99	99	92	88	88	93	115	88	95

我国30个省份儿童的室外活动时间 **表2-9**

省份	城乡	室外活动时间（min/d）												
		0～<3月	3～<6月	6～<9月	9～<1岁	1～<2岁	2～<3岁	3～<4岁	4～<5岁	5～<6岁	6～<9岁	9～<12岁	12～<15岁	15～<18岁
北京	合计	10	46	73	115	94	122	93	78	83	75	80	80	109
	城市	10	46	73	115	94	122	93	78	83	75	80	80	109
	农村	—	—	—	—	—	—	—	—	—	—	—	—	—
天津	合计	11	28	87	107	160	149	113	110	118	68	75	76	76
	城市	10	9	45	64	93	105	93	84	97	70	83	80	87
	农村	12	59	127	160	214	185	133	133	138	67	70	75	71
河北	合计	13	26	87	162	128	147	116	127	99	95	94	79	97
	城市	15	17	50	70	122	117	116	113	95	89	97	64	105
	农村	12	42	137	221	140	196	116	149	105	100	92	130	71
山西	合计	10	32	41	56	94	94	146	146	161	103	103	101	114
	城市	—	—	—	—	—	—	—	—	—	—	—	—	—
	农村	10	32	41	56	94	94	146	146	161	103	103	101	114
内蒙古	合计	1	2	12	16	81	72	103	83	82	78	96	107	79
	城市	—	—	—	—	—	—	—	—	—	—	—	—	—
	农村	1	2	12	16	81	72	103	83	82	78	96	107	79
辽宁	合计	3	11	20	25	47	57	60	65	81	97	96	71	79
	城市	3	11	20	25	47	57	60	65	81	97	96	71	79
	农村	—	—	—	—	—	—	—	—	—	—	—	—	—

续表

省份	城乡	室外活动时间（min/d）												
		0～<3月	3～<6月	6～<9月	9～<1岁	1～<2岁	2～<3岁	3～<4岁	4～<5岁	5～<6岁	6～<9岁	9～<12岁	12～<15岁	15～<18岁
吉林	合计	3	22	45	59	137	135	148	135	155	120	115	103	117
	城市	—	—	—	—	—	—	—	—	—	—	—	—	—
	农村	3	22	45	59	137	135	148	135	155	120	115	103	117
黑龙江	合计	1	2	4	3	29	40	24	32	31	67	69	77	76
	城市	5	5	17	23	53	54	41	39	34	66	67	70	69
	农村	0	1	0		15	31	15	29	30	68	70	77	77
上海	合计	47	82	127	143	193	268	163	179	160	84	82	72	101
	城市	47	82	127	143	193	268	163	179	160	84	82	72	101
	农村	—	—	—	—	—	—	—	—	—	—	—	—	—
江苏	合计	46	83	117	103	129	133	153	124	127	81	80	80	68
	城市	42	80	116	98	125	129	154	121	125	68	70	74	64
	农村	71	137	132	156	161	169	143	142	149	116	107	96	98
浙江	合计	45	171	142	154	166	188	175	144	143	99	85	92	92
	城市	20	58	66	104	99	94	109	87	94	68	65	60	58
	农村	70	186	215	160	197	227	197	161	162	114	91	100	102
安徽	合计	58	116	184	184	186	169	157	144	158	143	140	115	108
	城市	55	110	189	192	197	166	152	129	144	90	108	87	88
	农村	63	123	171	179	172	175	166	170	184	184	173	168	130

续表

省份	城乡	室外活动时间（min/d）												
		0～<3月	3～<6月	6～<9月	9～<1岁	1～<2岁	2～<3岁	3～<4岁	4～<5岁	5～<6岁	6～<9岁	9～<12岁	12～<15岁	15～<18岁
福建	合计	34	76	129	135	166	78	98	107	143	70	73	71	79
	城市	17	71	96	99	96	133	95	104	92	70	75	73	78
	农村	35	77	135	139	179	69	98	107	151	70	72	70	80
江西	合计	57	89	99	106	107	123	120	127	124	147	149	143	81
	城市	—	—	—	—	—	—	—	—	—	—	—	—	—
	农村	57	89	99	106	107	123	120	127	124	147	149	143	81
山东	合计	3	30	39	49	92	75	84	76	84	73	79	63	55
	城市	3	30	39	49	92	75	84	76	84	73	79	63	55
	农村	—	—	—	—	—	—	—	—	—	—	—	—	—
河南	合计	54	103	145	188	203	183	166	167	162	96	97	90	91
	城市	35	97	125	199	173	140	114	129	121	112	100	92	88
	农村	60	107	151	186	208	192	179	175	170	96	97	90	92
湖北	合计	80	167	201	210	248	205	165	148	155	132	223	114	103
	城市	90	188	225	247	263	213	167	145	155	135	248	116	94
	农村	65	128	134	141	184	167	155	163	156	108	111	108	114
湖南	合计	46	105	129	153	213	200	225	201	202	97	109	96	92
	城市	80	89	84	116	164	155	150	125	130	89	99	117	65
	农村	42	107	135	162	220	207	234	208	213	99	111	95	92

续表

省份	城乡	室外活动时间（min/d）												
		0～<3月	3～<6月	6～<9月	9～<1岁	1～<2岁	2～<3岁	3～<4岁	4～<5岁	5～<6岁	6～<9岁	9～<12岁	12～<15岁	15～<18岁
广东	合计	57	85	108	154	155	167	151	139	130	87	78	69	84
	城市	57	85	108	154	155	167	151	139	130	87	78	69	84
	农村	—	—	—	—	—	—	—	—	—	—	—	—	—
广西	合计	89	140	162	207	186	206	175	155	101	87	99	122	88
	城市	73	85	114	132	129	84	114	95	93	78	75	80	75
	农村	91	143	172	211	197	213	186	164	103	89	101	126	89
海南	合计	50	107	147	173	133	147	142	126	147	79	78	97	96
	城市	50	107	147	173	133	147	142	126	147	79	78	97	96
	农村	—	—	—	—	—	—	—	—	—	—	—	—	—
重庆	合计	77	91	139	140	165	175	207	173	162	133	148	133	125
	城市	65	94	103	104	136	145	131	118	129	106	109	88	139
	农村	77	91	141	141	168	178	212	177	164	133	149	134	119
四川	合计	91	122	154	138	145	145	131	102	93	104	89	94	86
	城市	57	115	140	178	164	163	138	128	132	96	78	83	85
	农村	105	125	161	122	135	125	128	92	78	118	113	95	86
贵州	合计	42	61	63	76	89	130	122	125	95	107	116	107	111
	城市	44	63	67	77	84	100	111	111	90	105	112	99	108
	农村	37	56	53	74	98	175	160	177	125	110	130	122	138

续表

省份	城乡	室外活动时间（min/d）												
		0～<3月	3～<6月	6～<9月	9～<1岁	1～<2岁	2～<3岁	3～<4岁	4～<5岁	5～<6岁	6～<9岁	9～<12岁	12～<15岁	15～<18岁
云南	合计	29	40	45	58	104	146	145	167	183	89	78	67	70
	城市	46	98	134	129	154	179	148	149	150	89	78	67	70
	农村	28	32	34	53	100	143	145	168	189				
陕西	合计	40	162	166	210	210	234	228	212	199	120	119	105	109
	城市	—	—	—	—	—	—	—	—	—	—	—	—	—
	农村	40	162	166	210	210	234	228	212	199	120	119	105	109
甘肃	合计	21	36	70	90	116	120	128	118	126	95	97	137	117
	城市	14	21	36	37	56	62	57	51	37	88	78	83	77
	农村	24	47	82	101	134	145	165	143	156	130	137	139	118
青海	合计	25	51	76	89	164	167	192	156	186	120	127	134	134
	城市	—	—	—	—	—	—	—	—	—	—	—	—	—
	农村	25	51	76	89	164	167	192	156	186	120	127	134	134
宁夏	合计	6	15	48	59	154	179	150	133	131	111	100	99	100
	城市	6	15	48	59	154	179	150	133	131	111	100	99	100
	农村	—	—	—	—	—	—	—	—	—	—	—	—	—
新疆	合计	50	64	83	86	117	164	189	201	204	178	227	164	149
	城市	—	—	—	—	—	—	—	—	—	—	—	—	—
	农村	50	64	83	86	117	164	189	201	204	178	227	164	149

2.2.3 与国外的比较

将我国儿童的室内外活动时间与国外暴露参数手册中的儿童室内外活动时间进行比较[6-10]，结果见表2-10，从表中可以看出，我国儿童的室内外活动时间与美国存在较大差异。我国2岁以下儿童的室内活动时间低于美国儿童，4岁及4岁以上儿童的室内活动时间高于美国儿童；我国5岁及5岁以下儿童的室外活动时间高于美国儿童，5岁以上儿童的室外活动时间低于美国儿童[10]。室内外活动时间是空气暴露健康风险评价中的重要暴露参数，我国在进行室内外空气的健康风险评估时，如果直接引用国外的暴露参数，将给健康风险评估结果带来一定的偏差。

我国居民的室内活动时间与国外的比较　　表2-10

<table>
<tr><th rowspan="2">年　龄</th><th colspan="2">室内活动时间（min/d）</th><th colspan="2">室外活动时间（min/d）</th></tr>
<tr><th>中国</th><th>美国</th><th>中国</th><th>美国</th></tr>
<tr><td>0～<1月</td><td rowspan="2">1390</td><td>1440</td><td rowspan="2">50</td><td>0</td></tr>
<tr><td>1～<3月</td><td>1432</td><td>8</td></tr>
<tr><td>3～<6月</td><td>1350</td><td rowspan="2">1414</td><td>90</td><td rowspan="2">26</td></tr>
<tr><td>6～<9月</td><td>1321</td><td>119</td></tr>
<tr><td>9～<1岁</td><td>1303</td><td>1301</td><td>137</td><td>139</td></tr>
<tr><td>1～2岁</td><td>1285</td><td>1353</td><td>155</td><td>36</td></tr>
<tr><td>2～<3岁</td><td>1279</td><td>1316</td><td>157</td><td>76</td></tr>
<tr><td>3～<4岁</td><td>1275</td><td rowspan="3">1278</td><td>150</td><td rowspan="3">107</td></tr>
<tr><td>4～<5岁</td><td>1284</td><td>138</td></tr>
<tr><td>5～<6岁</td><td>1287</td><td>134</td></tr>
<tr><td>6～<9岁</td><td>1297</td><td rowspan="2">1244</td><td>104</td><td rowspan="2">132</td></tr>
<tr><td>9～<11岁</td><td rowspan="2">1298</td><td rowspan="2">106</td></tr>
<tr><td>11～<12岁</td><td rowspan="3">1260</td><td rowspan="3">100</td></tr>
<tr><td>12～<15岁</td><td>1300</td><td>102</td></tr>
<tr><td>15～<16岁</td><td rowspan="2">1302</td><td rowspan="2">96</td></tr>
<tr><td>16～<18岁</td><td>1248</td><td>102</td></tr>
</table>

2.3 小　结

（1）我国人群的室内外活动时间和与国外存在显著差异，在进行健康风险评价的时候，如果直接引用国外的数据，会给风险评价结果带来一定的偏差。

（2）我国人群的室内外活动时间呈现出显著的性别、年龄、城乡、季节和地区差异，这可能受气温、职业和住宅类型等因素的影响，所以在评估不同人群的健康风险时，要结合该人群的实际自身特征，选择最接近人群实际暴露的暴露参数。

本章参考文献

[1] 环境保护部．中国人群环境暴露行为模式研究报告(成人卷)a[M]. 北京：中国环境出版社，2013.

[2] 环境保护部．中国人群暴露参数手册(成人卷)b[M]. 北京：中国环境出版社，2013.

[3] 段小丽．暴露参数的研究方法及其在环境健康风险评估中的应用[M]. 北京：科学出版社，2012.

[4] 段小丽，聂静，王宗爽等．健康风险评价中人体暴露参数的国内外研究概况．环境与健康杂志，2009，26(4)：370～373.

[5] 王贝贝，段小丽，蒋秋静等．我国北方典型地区呼吸暴露参数研究．环境科学研究，2010，23(11)：1421-1427.

[6] USEPA. Exposure Factors Handbook 2011 Edition (Final). U. S. Environmental Protection Agency, Washington, DC. EPA/600/R-09/052F, 2011.

[7] Japanese exposure factors handbook. 2011-11-5; Available from: http://unit. aist. go. jp/riss/crm/ exposurefactors/english_summary. html.

[8] Roger Drew, JohnFrangos, Tarah Hagen, et. al. Australian exposure factor guidance, Toxikos Pty Ltd, Australia. National Institute of Advanced Industrial Science and Technology. Japanese exposure factors, 2010.

[9] handbook. http://unit. aist. go. jp/riss/crm/exposurefactors/english _ summary. html. Jang JY, Jo SN, Kim S, Kim SJ, et. al. Korean Exposure Factors Handbook, Ministry of Environment, Seoul, Korea, 2007.

[10] USEPA. 2008. Child-specific exposure factors handbook[S]. EPA/600/R-06/096F. Washington DC: U. S. EPA.

第3章　建筑室内挥发性有机物污染控制研究

随着城镇化进程的加快以及建筑业和材料工业的迅速发展，大量的人工合成材料被用作建筑材料和装修材料。在我国，室内建材和家具散发的挥发性有机物是造成室内空气污染的主要因素之一。为实现室内甲醛、VOCs典型污染有效控制，改善室内空气质量，源头控制和净化控制是亟待解决的关键问题。本章从建筑材料和家具甲醛、VOCs散发测评技术研究，甲醛、VOCs净化产品测评技术研究及净化产品研发三部分对典型污染控制方面取得的进展和创新成果进行介绍。

3.1 建筑材料和家具挥发性有机物散发测评技术研究

选择合格适用、污染物散发量较低的建材、家具是实现室内空气质量综合控制的基础保证。目前我国在此方面的主要任务是在整个行业内发展和推广建筑材料、家具挥发性有机物散发率测试评价技术，解决其测试准确度保障、测试时间缩短、合理评价限值规定等关键性难题，从而规范我国环保建材、家具产品市场，一方面引导产业发展方向，另一方面解决甲醛、VOCs等室内空气污染超标等工程问题。

3.1.1 标准样品开发

3.1.1.1 苯系物或VOCs标准样品开发

用于评价环境舱系统测试建材/家具VOCs散发准确性的散发样品，应具有以下几项重要性质：(1) VOCs散发速率可预测、可控，并与真实建材VOCs散发速率相似；(2) VOCs散发速率精度高，重复性好，稳定性好；(3) 制作简单，测试方便，价格便宜。利用该样品可判断所研发的测试装置整体测试性能的优劣，从而为测试装置性能提供了评价方法。

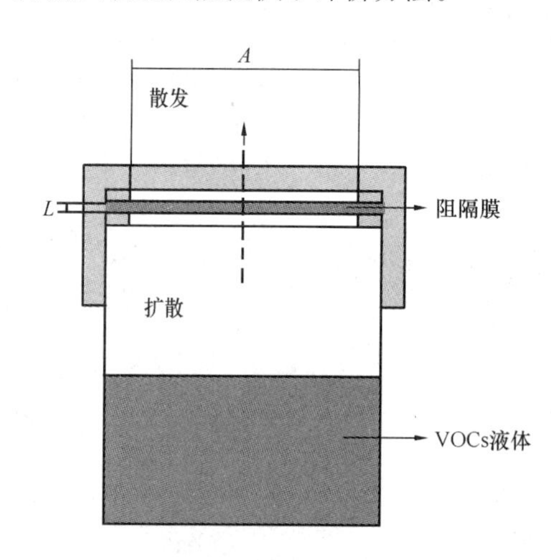

图3-1 LIFE标准散发样品设计结构图

基于此设计的LIFE (liquid-inner tube diffusion-film-emission) 标准散发样品的设计结构如图3-1所示。

设计LIFE甲苯标准散发样品，包括两个主要部分，即阻隔膜散发关键参数的选取和阻隔膜几何尺寸的选取。需满足三个关键条件：(1) 阻隔膜中甲苯扩散阻力远大于LIFE管内空气层甲苯扩散阻力；(2) 阻隔膜中甲苯扩散阻力远大于环境舱空气中的甲苯对流传质阻力；(3) 甲苯散发速率与建材/家具甲苯散发速率在同一数量级。

基于上述原理，研究选取一种三氧化二铝浸渍纸，开发了具有恒定散发速率的甲苯标准散发样品，如图 3-2 所示。采用三氧化二铝阻隔膜封装液体源作为散发源，由于阻隔膜中的扩散阻力远大于表面对流传质阻力，因此可忽略外界对流传质阻力的影响，从而保证了散发速率持久恒定。该散发样品的等效扩散系数、等效分配系数和等效初始可散发 VOCs 浓度与建材的散发关键参数相似，因此可方便用于评估测试用环境舱的综合性能。

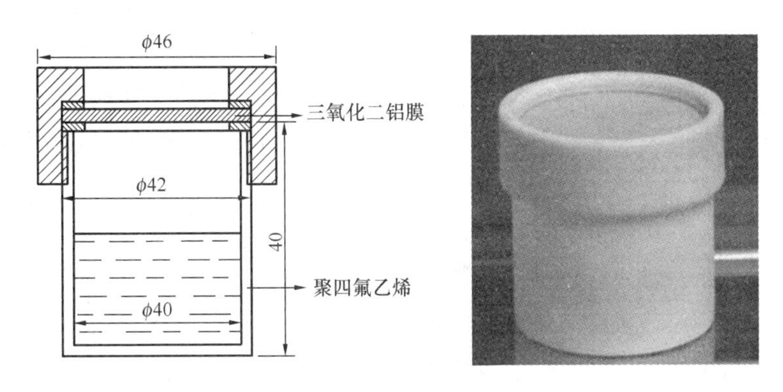

图 3-2 甲苯标准散发样品结构与实物图

注：图中数据单位为毫米。

3.1.1.2 甲醛标准样品开发

由于常温常压下不存在分析纯甲醛液体，因此甲醛水溶液被选取作为甲醛标准散发样品的散发源。LIFE 甲醛标准散发样品的结构如图 3-3 所示，聚四氟乙烯（PTFE）管中装有 16%w/v（16g 甲醛/100mL 水）的甲醛水溶液作为甲醛散发源。遴选一层阻隔膜，覆盖于聚四氟乙烯管口，使得甲醛通过阻隔膜的扩散速率可

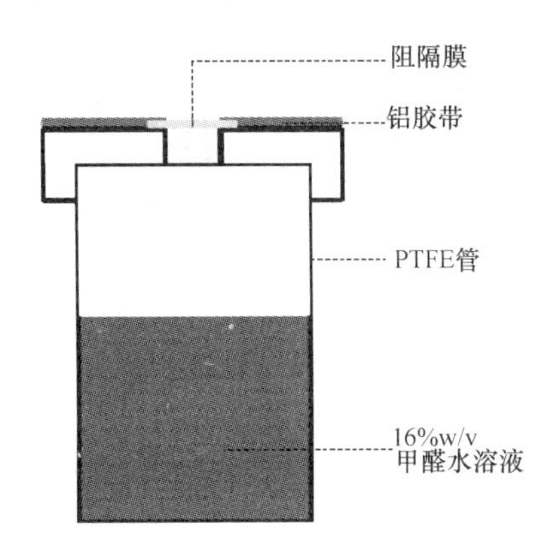

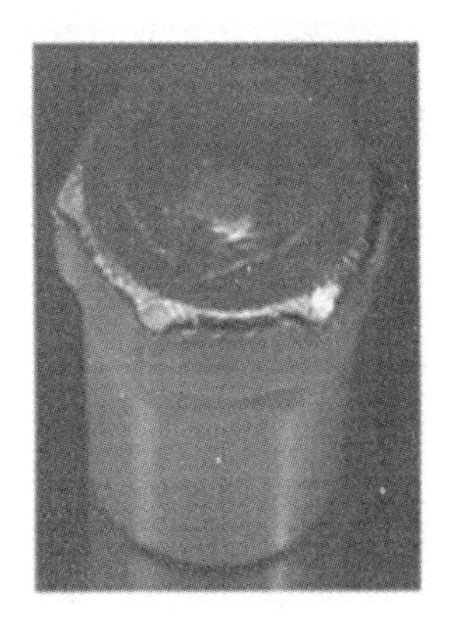

图 3-3 甲醛标准散发样品结构与实物图

控、可预测。

与上节类似，LIFE甲醛标准散发样品的设计，关键在于遴选合适的阻隔膜，使得阻隔膜中甲醛扩散阻力远大于LIFE管内空气层甲醛扩散阻力和环境舱空气中的甲醛对流传质阻力，并且LIFE甲醛散发样品的散发速率与建材/家具甲醛散发速率在同一数量级。为满足上述条件，选用聚二甲基硅氧烷（PDMS）阻隔膜作为LIFE甲醛标准散发样品的阻隔膜。同理，在环境舱中测试该LIFE甲醛标准散发样品的散发速率，经过测试验证，该样品散发速率与建材/家具的散发速率在同一数量级，可用于评估测试用环境舱测试甲醛的综合性能。

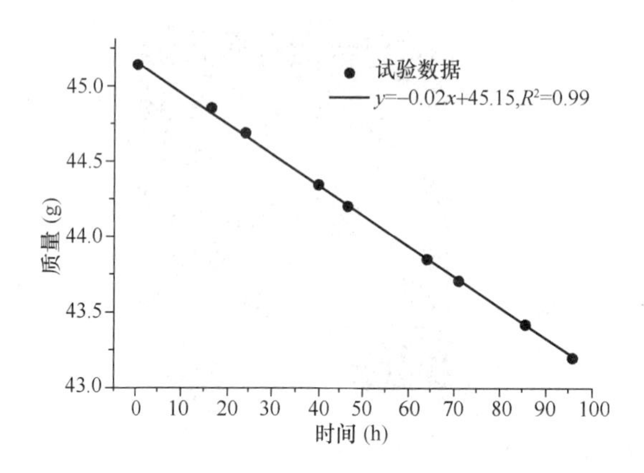

图3-4 甲苯标准散发样品散发速率天平称量结果

该甲苯标准散发样品已通过电子天平称量定值的方法，确定了散发速率（见图3-4），散发速率标准差不超过3%，并在50 L直流式小环境舱中进行了测试实验，标准散发样品预测散发速率和环境舱测试散发速率最小差异达到2%（见图3-5）。

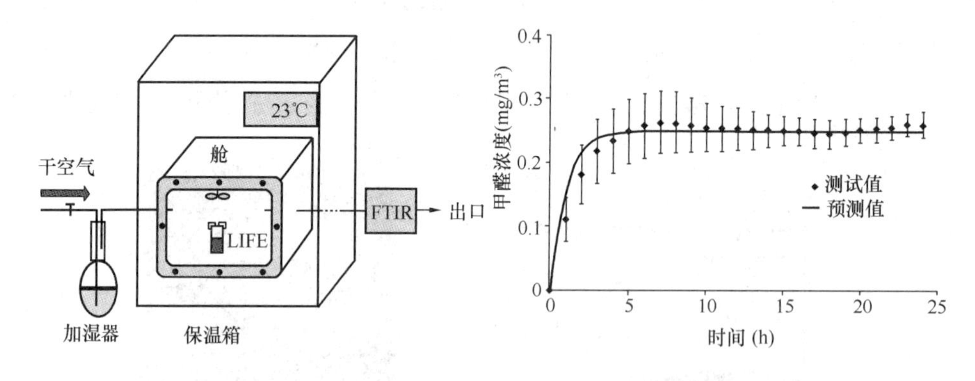

图3-5 甲醛标准散发样品散发预测与实验室测试比对

3.1.2 上海市地方标准《室内装饰装修材料挥发性有机化合物散发率测试系统技术要求》CDB 31/T1027—2017）的制定

目前在散发率测试方面较大的问题是各个实验室之间测试差异较大，由欧洲4

家研究机构和4家企业联合发起的VOCEM项目，从1996年起进行了2.5年的实验室间环境舱VOCs散发测试比对。参与比对的有欧洲10国的18家实验室[1]。该研究使用建材切片作为散发样品，采用16L至$1m^3$的环境舱作为比对环境舱。比对的VOCs包括地毯散发的5种VOCs，聚氯乙烯（PVC）地板散发的8种VOCs和水性油漆散发的2种VOCs。比对结果表明，15种目标VOCs污染物中有7种VOCs的散发速率测试的实验室间变异系数小于40%，其余8种VOCs的实验室间变异系数大于40%。此外，该研究还发现，实验室间测量建材VOCs散发速率的差异，远大于同一实验室内重复测量结果的差异[2]。目前ISO 16000-9[3]、ASTM D5116[4]、ASTM D6670[5]等国际标准对于测试准确性尚无系统规定。因此，制定测试系统的技术要求从而保障实验室测试准确成为一项重要工作。

根据上海市质量技术监督局《关于下达〈2013年下半年上海市地方标准制修订项目计划〉的通知》（沪质技监标［2013］619号）的要求，上海市建筑科学研究院（集团）有限公司承担了主编《建筑材料污染物散发率测试系统性能检定方法》的工作任务，后标准改名为《室内装饰装修材料挥发性有机化合物散发率测试系统技术要求》。主要参加单位有（排序不分先后）：上海市装饰装修行业协会、上海市交通大学、上海建科检验有限公司、上海市室内环境净化行业协会、上海市建材专业标准化技术委员会。

3.1.2.1 试验验证

验证试验主要对4个公司（国企2个、外企2个）的挥发性有机化合物散发率测试舱系统的性能进行了检测及比对，从而验证标准条文制定的科学性及合理性。

（1）温度与相对湿度的验证

该标准对散发率测试舱系统温湿度要求主要有：

1）测试舱内温度和相对湿度应可调节到23℃和50 %RH。

2）温度24h平均值和设定值误差不超过±1℃，测定值与平均值的标准偏差不超过±1℃。相对湿度24h平均值和设定值误差不超过±5%RH，测定值与平均值的标准偏差不超过±5%RH。

参与试验验证单位的室内装饰装修材料挥发性有机化合物散发率测试舱系统的温度与相对湿度均设置到标准要求的23℃和50%RH后，各测试舱系统实测到的温度与相对湿度见表3-1。

温度与相对湿度实测值 表3-1

	单位	温度（℃）	相对湿度（%RH）
1	A公司	23.1	51.2
2	S公司	21.9	50.8
3	M公司	22.8～23.3	45.3～50.0

随后还依据该标准进行了测试舱系统的温湿度控制精度测试，A公司测试舱系统的温度控制精度测试结果如图3-6以及表3-2所示。

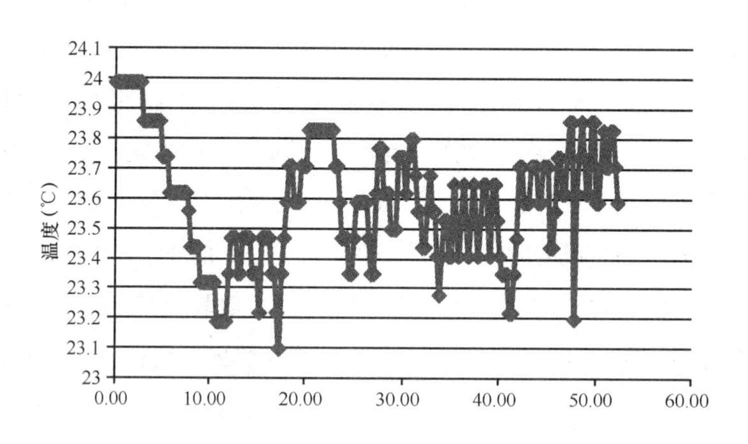

图3-6 A公司测试舱温度控制精度实测值

A公司测试舱温度控制精度 表3-2

	温度（℃）
平均值和设定值误差	0.6
测定值与平均值的标准偏差	0.20

S公司测试舱系统的温度与相对湿度控制精度测试结果如图3-7以及表3-3所示。

S公司测试舱温湿度控制精度 表3-3

	温度（℃）	相对湿度（%）
平均值和设定值误差	−1.1	0.8
测定值与平均值的标准偏差	0.75	1.25

从上述比较可知，参与试验验证单位的室内装饰装修材料挥发性有机化合物散发率测试舱系统的温湿度性能基本可符合该标准要求，除S公司测试舱温度稍低，经分析这可能由于测试舱温度传感器与空气处理温度传感器出现偏差导致。

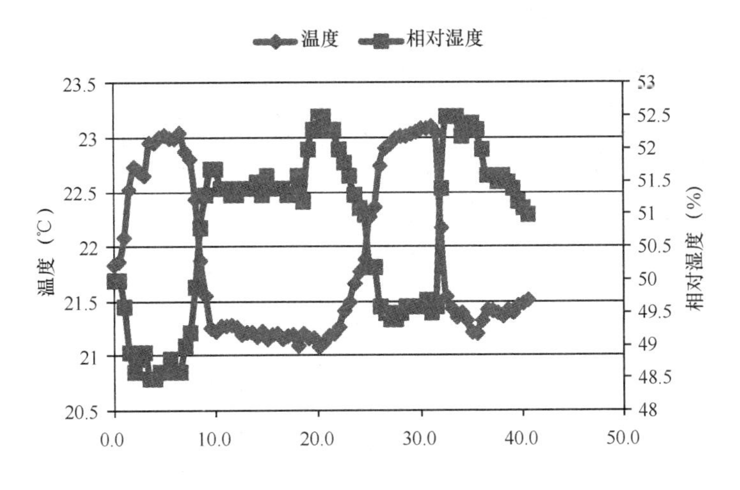

图 3-7 S公司测试舱温湿度控制精度实测值

（2）换气次数的验证

该标准对散发率测试舱系统换气次数的要求主要有：

1）测试舱内换气次数应可调节到 $0.5h^{-1}$ 或 $1.0h^{-1}$。

2）供气流量 24h 平均值和设定值误差不超过设定值的±3%，测定值与平均值的标准偏差不超过平均值的±5%。

验证试验参与单位的室内装饰装修材料挥发性有机化合物散发率测试舱系统的换气次数均设置到标准要求的 0.5/1.0 后，各测试舱系统实测到的换气次数见表3-4。

换气次数实测值 **表 3-4**

	单位	设定值（h^{-1}）	实测值（h^{-1}）
1	A公司	0.5	0.485
2	S公司	0.5	0.499
3	M公司	1.0	1.023

随后还依据该标准进行了测试舱系统的流量控制精度测试，S公司测试舱系统的流量控制精度测试结果如图 3-8 及表 3-5 所示。供气流量 24h 平均值和设定值误差为－0.36mL/min，为设定值的－0.2%，测定值与平均值的标准偏差为 1.05mL/min，为平均值的 0.6%。

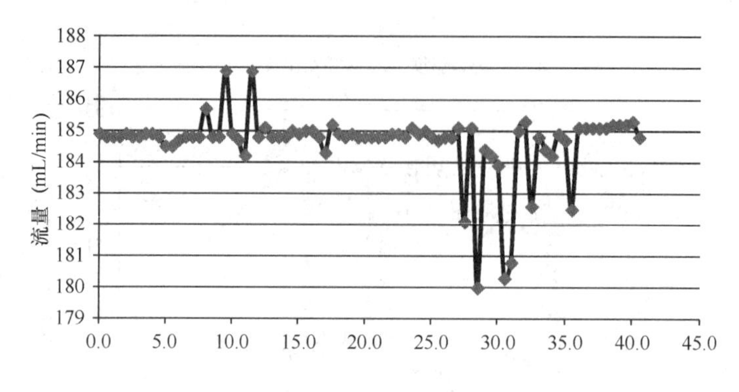

图3-8　S公司测试舱流量控制精度实测值

S公司测试舱流量控制精度　　**表3-5**

	流量（mL/min）
平均值和设定值误差	−0.36
测定值与平均值的标准偏差	1.05

从上述比较可知，参与单位的室内装饰装修材料挥发性有机化合物散发率测试舱系统的换气次数与供气流量均符合该标准要求。

(3) 背景浓度的验证

该标准对散发率测试舱系统背景浓度要求主要有：

测试舱污染物背景浓度应满足以下要求之一：

1) TVOC背景浓度应低于20μg/m³，单个目标VOC的背景浓度应低于2μg/m³。

2) 测试舱目标污染物背景浓度应低于被测样品实测时舱内最低浓度的10%。

参与试验验证单位的室内装饰装修材料挥发性有机化合物散发率测试舱系统按标准要求开启洁净空气送风后，各测试舱系统的甲醛及TVOC背景浓度实测结果分别见表3-6和表3-7。

甲醛的背景浓度实测值　　**表3-6**

	单位	甲醛浓度（μg/m³）
1	B公司	2
2	S公司	—
3	M公司	0

TVOC 的背景浓度实测值　　表 3-7

	单位	TVOC 浓度（μg/m³）
1	B 公司	18
2	S 公司	22
3	M 公司	7.43

从上述比较可知，参与单位的室内装饰装修材料挥发性有机化合物散发率测试舱系统的背景浓度除 S 公司测试舱 TVOC 浓度与规定值略有差距外，基本可符合该标准要求。

（4）气密性的验证

该标准对散发率测试舱系统气密性要求主要有：

用相同的气体流量计同时监测测试舱进出口的气体流量差值或使用示踪气体测试舱内空气泄漏量，其值应少于供气流量的 5%。

参与试验验证单位的室内装饰装修材料挥发性有机化合物散发率测试舱系统按标准要求进行了气密性测试，各测试舱系统的气密性实测结果见表 3-8。

气密性实测值　　表 3-8

	单位	气密性
1	B 公司	舱内空气泄露量与供气流量比值：1.6%
2	S 公司	舱内空气泄露量与供气流量比值：<5%
3	M 公司	舱内空气泄露量与供气流量比值：0.85%

从上述比较可知，参与单位的室内装饰装修材料挥发性有机化合物散发率测试舱系统的气密性均可符合该标准要求。

（5）混合均匀度的验证

该标准对散发率测试舱系统混合均匀度要求主要有：测试舱内部空气混合均匀度应大于 80%。

参与试验验证单位室内装饰装修材料挥发性有机化合物散发率测试舱系统按标准要求进行了混合均匀度测试，各测试舱系统混合均匀度的实测结果见表 3-9。

混合均匀度实测值　　表 3-9

	单位	气密性
1	A 公司	99.2%
2	B 公司	97.3%
3	M 公司	97.03%

上述比较可知，参与单位的室内装饰装修材料挥发性有机化合物散发率测试舱系统的混合均匀度均可符合该标准要求。

（6）回收率的验证

该标准对散发率测试舱系统回收率要求主要有：可用甲苯和正十二烷在测试舱内进行回收率试验。试验开始72h后的平均回收率应大于80%。

参与试验验证单位的室内装饰装修材料挥发性有机化合物散发率测试舱系统按标准要求进行了回收率测试，实测到的回收率结果见表3-10。

回收率实测值 **表3-10**

	单位	甲苯	十二烷	平均值
1	A公司	98.41%	75.93%	87.17%
2	B公司	83.01%	77.52%	80.26%
3	M公司	83.47%	90.89%（正十烷）	87.18%

从上述可知，参与单位的室内装饰装修材料挥发性有机化合物散发率测试舱系统的回收率可符合该标准要求。

（7）散发率测试准确度的验证

该标准对散发率测试准确度要求主要有：可用甲苯和正十二烷在测试舱内进行散发率测试准确度试验。试验开始72h后的平均散发率准确度与标准样品散发率的误差应在±20%之内。

参与试验验证单位的室内装饰装修材料挥发性有机化合物散发率测试舱系统按标准要求进行了散发率测试准确度的测试，实测到的结果见表3-11。

散发率测试准确度实测值表 **表3-11**

	单位	甲苯	十二烷	平均值
1	A公司	100.82%	94.81%	97.82%
2	B公司	99.53%	104.95%	102.24%
3	M公司	86.75%	93.81%（正十烷）	90.28%

从上述比较可知，参与单位的室内装饰装修材料挥发性有机化合物散发率测试舱系统的散发率测试准确度均可符合该标准要求。

3.1.2.2 标准主要条文

（1）温度与相对湿度

1）空气温度的控制应满足以下要求之一：

① 将测试舱放在温度可控制并达到设定值的实验场所，此类型控制方法不需要进行内舱壁结露检验；

② 调节送风温度与风量并使测试舱温度达到设定值，此类型控制方法需对测试舱内舱壁进行结露检验，内舱壁不得出现结露现象。

2）空气相对湿度的控制可采用送风湿度调节或内部空气相对湿度调节，两者均不得在测试舱内形成凝结水珠或水雾。空气加湿用水不应含有干扰散发量测定的污染物。

3）测试舱内的温度和相对湿度应能独立控制。测试舱内温度和相对湿度应为23℃和50%RH。

① 测试舱内的温度及相对湿度应能连续监测，监测方法应符合 GB/T 18204.1 的要求。测试仪器精度应分别达到±0.3℃和±3%RH。

② 应对温度和相对湿度控制能力进行评估，监测实验持续时间不应少于 24h，最低测试频率应大于 1h 测 4 份样本。24h 温度平均值和设定值误差不应超过±1℃，测定值与平均值的标准偏差不应超过±1℃。24h 相对湿度平均值和设定值误差不应超过±5%RH，测定值与平均值的标准偏差不应超过±5%RH。

（2）换气次数

1）为控制换气次数，供气流量应稳定且能监测。测试舱内换气次数应可调节到 $0.5h^{-1}$ 或 $1.0h^{-1}$。测试仪器的测量精度范围应控制在± 3 %以内。

2）应对供气流量控制能力进行评估，监测实验持续时间不应少于 24h，最低测试频率应大于 1h 测 4 份样本。24h 供气流量平均值和设定值误差不应超过设定值的±3%，测定值与平均值的标准偏差不应超过平均值的±5%。

3）测试舱换气次数可使用经过校准的气体流量计或使用示踪气体法进行测试。

（3）背景浓度

1）测试舱背景浓度不应干扰室内装饰装修材料散发率的测定。

2）测试舱背景浓度应满足以下要求之一：

① TVOC 背景浓度应低于 $20\mu g/m^3$，单一挥发性有机化合物的背景浓度应低于 $2\mu g/m^3$。

② 测试舱目标污染物背景浓度应低于被测样品实测时舱内最低浓度的 10%。

3）甲醛的测定方法分别有酚试剂分光光度法、AHMT分光光度法、气相色谱法、固相吸附/高效液相色谱法（DNPH-HPLC）法，当发生争议时，应以酚试剂分光光度法测定的结果为准。各测定方法应按照下列方法：

① 酚试剂分光光度法应依据GB/T 18204.2执行；

② AHMT分光光度法应依据GB/T 16129执行；

③ 气相色谱法应依据GB/T 18204.2执行；

④ DNPH-HPLC法应依据ISO 16000-3执行。

4）苯系物的测定方法应按照GB 11737执行。

5）总挥发性有机化合物（TVOC）的测试，应根据用途选择相应的测试标准，如GB/T 18883或GB 50325，并符合相应的规定。

6）若目标污染物没有指定的测定方法时，应选择其他可用标准。如没有标准方法，可采用已发表的研究资料。

（4）气密性

1）用相同的气体流量计同时监测测试舱进出口的气体流量差值或使用示踪气体测试舱内空气泄漏量，漏气次数应少于换气次数的5%。

2）为避免测试舱周边环境空气的影响，测试舱的运行压力应大于环境空气大气压5Pa以上。应对舱内压力进行监测，测试仪器精度应达到±3%。

（5）混合均匀度

1）测试舱内部空气混合均匀度可采用示踪气体法进行测定，测试方法如下：

① 在舱内通入适量的示踪气体后，关闭舱门，开启空气供给装置与空气混合装置3～5min，使示踪气体分布均匀，示踪气体的初始浓度应达到至少经过30min，衰减后仍高于仪器最低检出限。在测试过程中，供气中应不含示踪气体。

② 在测试舱采样口采集空气样品，同时在现场测定并记录。根据示踪气体浓度衰减情况，测量从开始至30～60min时间段内的示踪气体浓度，测量次数不少于5次。

③测试舱内的空气混合均匀度的计算公式见式（3-1）和式（3-2）。

$$\eta=\left\{1-\frac{\sum_{i=1}^{n}\left[\left|c_{\mathrm{m}}(t_i)-c_{(t_i)}\right|(t_i-t_{i-1})\right]}{\sum_{i=1}^{n}\left[c_{(t_i)}(t_i-t_{i-1})\right]}\right\}\times 100\% \tag{3-1}$$

$$c_{(t_i)} = c_0 \mathrm{e}^{-\frac{At_i}{3600}} \tag{3-2}$$

式中 η——混合均匀度，%；

n——采样测试总次数；

i——采样次数序号；

$c_{\mathrm{m}(t_i)}$——时间为 t_i 时舱内实测示踪气体浓度，mg/m³；

$c_{(t_i)}$——时间为 t_i 时舱内理论示踪气体浓度，mg/m³；

t_i——第 i 次采样的时间，s；

t_{i-1}——第 $i-1$ 次采样的时间，s；

c_0——测量开始时舱内实测示踪气体浓度，mg/m³；

A——测试舱换气次数，h^{-1}。

2）测试舱内部空气混合均匀度应大于80%。

（6）回收率

1）可用散发率已知的标准样品去标定目标污染物的回收率。使用标准样品的回收率测试方法如下：

① 用恒流采样泵连接 Tenax-TA 管采集测试舱内的甲苯或正十二烷的本底浓度。

② 放置给定量的甲苯或正十二烷标准样品于测试舱，其中给定量的甲苯或正十二烷浓度宜与实测时被检样品的浓度在同一量值水平。

③ 放置标准样品72h后用恒流泵连接 Tenax-TA 管采集测试舱内的甲苯或正十二烷。空气取样流量应小于测试舱入口空气流量的80%。

④ 采样时不应发生穿透现象。

⑤ 测试舱的回收率计算见式（3-3）～式（3-6）。

$$r = \frac{M_{\mathrm{air}}}{M_0 - M_{\mathrm{leak}}} \times 100\% \tag{3-3}$$

$$M_{\mathrm{air}} = (c_2 - c_0) \times (A - A_{\mathrm{leak}}) \times V \times t \tag{3-4}$$

$$M_0 = e_{\mathrm{s}} \times t \tag{3-5}$$

$$M_{\mathrm{leak}} = A_{\mathrm{leak}} \times V \times (c_2 - c_0) \times \left\{ t + \frac{1}{A} (\mathrm{e}^{-At} - 1) \right\} \tag{3-6}$$

式中 r——回收率，%；

M_{air}——测试舱换气带走的甲苯或正十二烷的质量，mg；

M_0——标样散发的甲苯或正十二烷的总质量，mg；

M_{leak}——测试舱漏气带走的甲苯或正十二烷的质量，mg；

c_2——72h 后测定的甲苯或正十二烷浓度，mg/m^3；

c_0——测量开始时舱内甲苯或正十二烷的本底浓度，mg/m^3；

A——换气次数，h^{-1}；

A_{leak}——漏气次数，h^{-1}；

V——舱内有效容积，m^3；

t——测试持续时间，h；

e_s——标准样品散发率，mg/h。

2）可用甲苯和正十二烷在测试舱内进行回收率试验。试验开始后 72h 时的甲苯和正十二烷回收率的算术平均值应大于 80%。

3）当对目标污染物回收率进行判定时，宜用目标污染物进行回收率试验，试验方法可参照 1）中方法。

（7）散发率测试准确度

1）可用散发率已知的标准样品去标定散发率测试准确度。使用标准样品的散发率测试准确度的测试方法如下：

① 用恒流采样泵连接 Tenax-TA 管采集测试舱内的甲苯或正十二烷的本底浓度。

② 放置给定量的甲苯或正十二烷标准样品于测试舱，其中给定量的甲苯或正十二烷浓度宜与实测时被检样品的浓度在同一量值水平。

③ 放置标准样品 72h 后用恒流泵连接 Tenax-TA 管采集测试舱内的甲苯或正十二烷。

④ 采样时不应发生穿透现象。

⑤ 测试舱的散发率测试准确度计算见式（3-7）和式（3-8）。

$$a=\frac{c_2-c_0}{c_1}\times 100\% \tag{3-7}$$

$$c_1=\frac{e_s}{V\times A}\times(1-e^{-At}) \tag{3-8}$$

式中 a——散发率测试准确度，%；

c_2——72h后测定的甲苯或正十二烷浓度，mg/m^3；

c_0——测量开始时舱内甲苯或正十二烷的本底浓度，mg/m^3；

c_1——注入的甲苯或正十二烷的计算浓度，mg/m^3；

e_s——标准样品散发率，mg/h；

V——舱内有效容积，m^3；

A——换气次数，h^{-1}；

t——测试持续时间，h。

2）可用甲苯和正十二烷在测试舱内进行散发率测试准确度试验。试验开始后72h时的甲苯和正十二烷散发率测试准确度的算术平均值应在100%±20%之内。

3）当对目标污染物散发率测试准确度进行判定时，宜采用目标污染物进行散发率测试准确度试验，试验方法可参照1）中的方法。

3.1.3 建材及家具污染物散发测试方法研究

3.1.3.1 C-history多参数预测法

针对目前国家标准测定建材存在的缺陷（偏离实际使用情况、时间过长等），提出了快速、准确、通用性强的测定建材VOCs散发特性参数的C-history方法[6,7]。该方法能够快速测定建材及家具VOCs散发关键参数（包括初始可散发浓度$C_{m,0}$，扩散系数D_m和分配系数K），从而将国外7～28d的测试时间缩短到3d以内，更便于推广应用。

（1）密闭舱C-history方法

测试及数据拟合流程如图3-9所示。

选用2种中密度板进行试验验证，对浓度数据进行线性拟合的结果示于图3-10，拟合结果较好。

根据拟合结果，得到散发关键参数后，对舱内甲醛浓度的模型预测值与实验值进行对比，如图3-11所示。可以看到两者均吻合较好，因此可以说所测参数是准确可靠的。

（2）直流舱C-history方法

在密闭舱C-history方法研究的基础上，进一步提出了直流舱C-history方法，

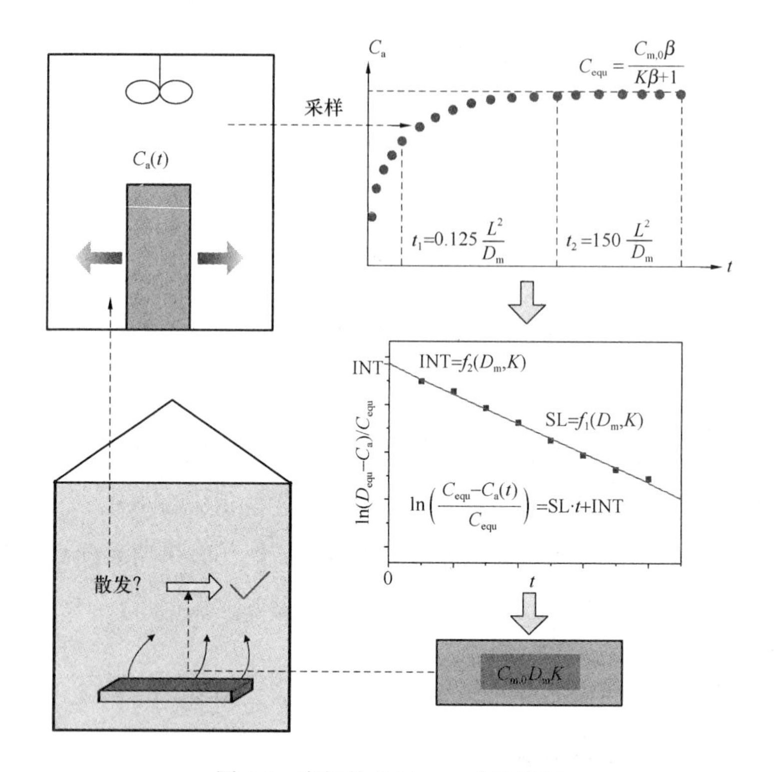

图 3-9　密闭舱 C-history 方法流程

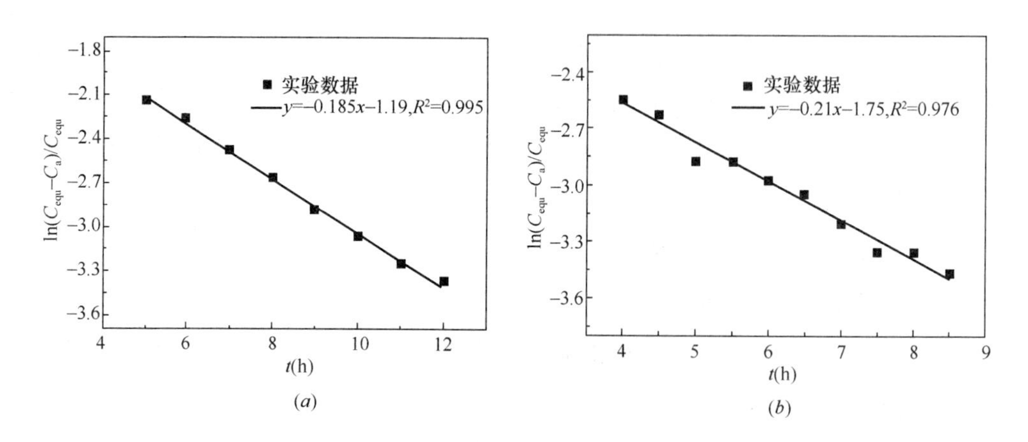

图 3-10　密闭舱 C-history 法甲醛浓度拟合图

（a）中密度板 1；（b）中密度板 2

它包括两个物理过程：（1）建材在密闭条件中自由散发直至平衡，采样测得舱内 VOC 平衡浓度值 C_{equ}；（2）向环境舱中通入换气次数恒定的干净空气，实时采集环境舱出口处的 VOC 浓度值 C_a（t）。直流舱 C-history 方法舱内 VOC 浓度随时间

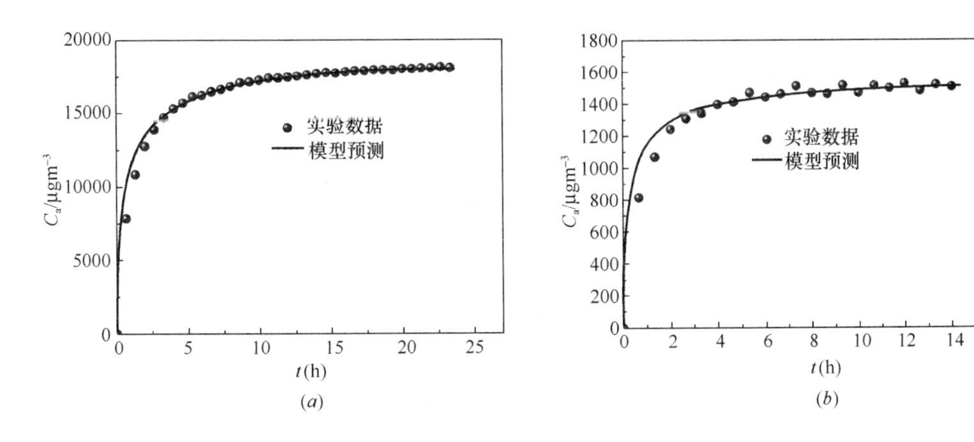

图 3-11 密闭舱内甲醛浓度的预测值和实验值对比

（a）中密度板 1；（b）中密度板 2

的变化如图 3-12 所示，线性拟合结果如图 3-13 所示。

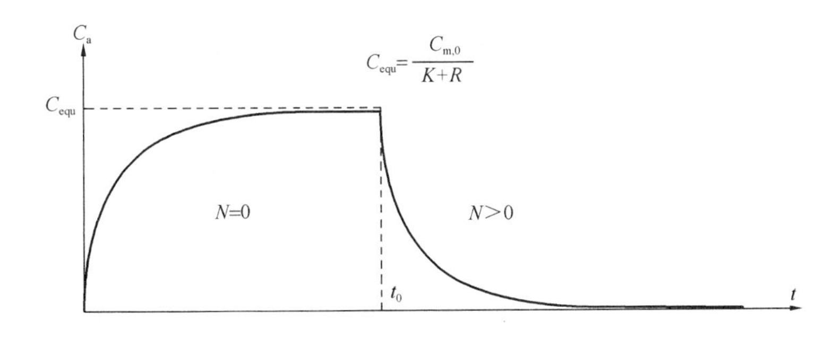

图 3-12 直流舱 C-history 方法舱内 VOC 浓度随时间变化曲线

同理，试验对一种典型的中密度板散发甲醛、乙醛和丙醛的特性参数进行了测试。将得到的散发参数，与舱内甲醛浓度的模型预测值与实验值进行对比。如图 3-14 所示，可以看出两者符合较好，从而在一定程度上验证了直流舱 C-history 方法的有效性。

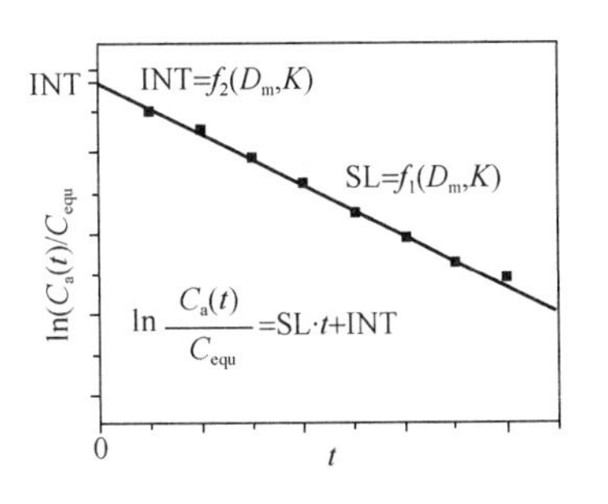

图 3-13 直流舱 C-history 方法线性拟合图

与传统方法相比，直流舱 C-history 方法的优势主要体现在两方面：一是大大缩短了测试时间，传统的实验方法一般至少需要 1～7d，而该实验方法只需要 12h；二是可以用一些通用性强的方法或设备（如 MBTH、HPLC、GC/MS 等）对气体进行检测，克服

2.0
1.5
1.0
0.5
0.0
C_a(mg/m³)
–2
0
2
4
6
8
10
12
14
t(h)
实验数据
重复性实验数据
拟合结果
重复性拟合结果

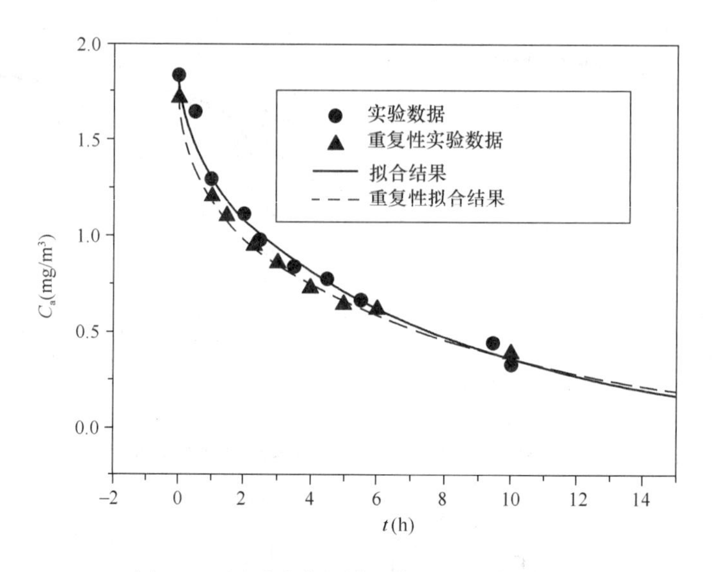

图 3-14 甲醛浓度的模拟值与实测值的对比

了先前的密闭舱 C-history 方法为了避免舱内空气损失而只能用 INNOVA 进行在线检测的弱点。

（3）C-history 方法的应用

为了使 C-history 方法能够更加方便的推广和应用，开发了与 C-history 方法应用配套的软件，将 C-history 方法测得的建材及家具关键参数输入该软件（见图 3-15），便可模拟房间内污染物浓度的变化情况（见图 3-16），从而帮助使用者选定较优的建材或家具，该软件已申请著作权（见图 3-17）。

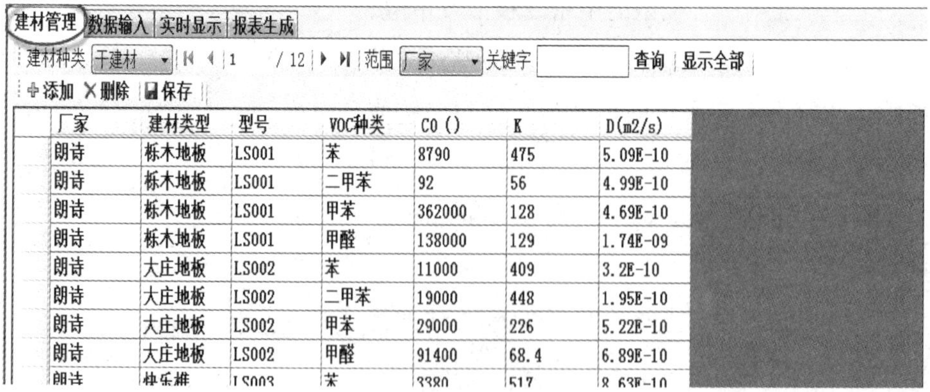

建材管理
数据输入
实时显示
报表生成
建材种类 干建材
1 / 12
范围 厂家
关键字
查询
显示全部
添加
删除
保存

厂家	建材类型	型号	VOC种类	C0 ()	K	D(m2/s)
朗诗	栎木地板	LS001	苯	8790	475	5.09E-10
朗诗	栎木地板	LS001	二甲苯	92	56	4.99E-10
朗诗	栎木地板	LS001	甲苯	362000	128	4.69E-10
朗诗	栎木地板	LS001	甲醛	138000	129	1.74E-09
朗诗	大庄地板	LS002	苯	11000	409	3.2E-10
朗诗	大庄地板	LS002	二甲苯	19000	448	1.95E-10
朗诗	大庄地板	LS002	甲苯	29000	226	5.22E-10
朗诗	大庄地板	LS002	甲醛	91400	68.4	6.89E-10
朗诗	快乐椎	LS003	苯	3380	517	8.63E-10

图 3-15 建材及家具信息管理

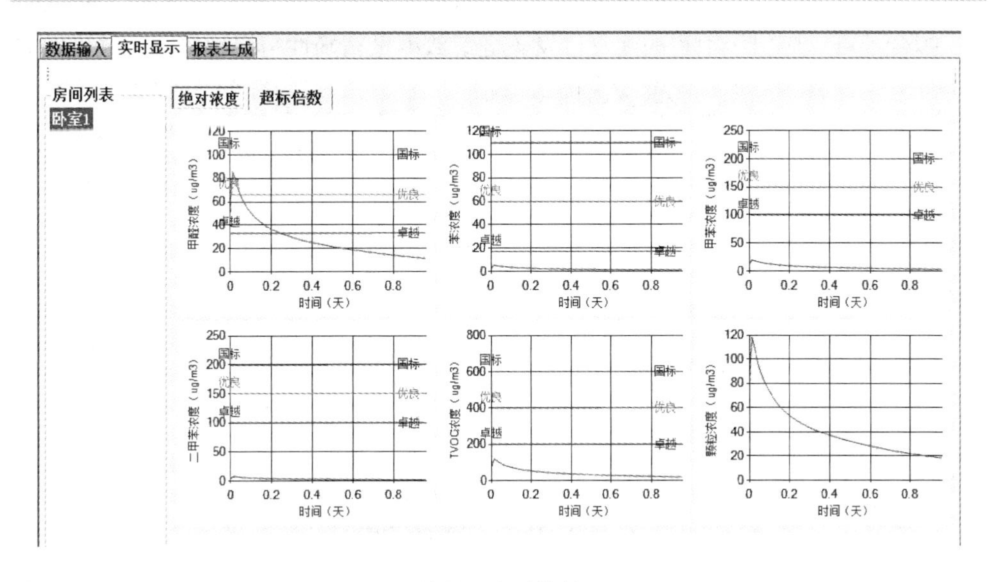

图 3-16　污染物浓度计算结果显示界面

采用 C-history 法测得的关键参数 $C_{m,0}$、D_m和 K 可模拟计算通风房间中 VOCs 浓度，为了研究模拟结果的精度，建立了建材散发关键参数测量精确性与模型预测通风房间空气中 VOCs 浓度精度的关系（见图 3-18）。

中华人民共和国国家版权局

计算机软件著作权登记证书

软 件 名 称：室内空气品质预测和评价软件
[简称：IAQ Office]
V1.0

著 作 权 人：清华大学

开发完成日期：2012年04月09日

首次发表日期：2012年04月09日

权利取得方式：原始取得

权 利 范 围：全部权利

登 记 号：2012SR060595

根据《计算机软件保护条例》和《计算机软件著作权登记办法》的规定，经中国版权保护中心审核，对以上事项予以登记。

计算机软件著作权登记专用章

No. [illegible]

图 3-17　软件著作权证书

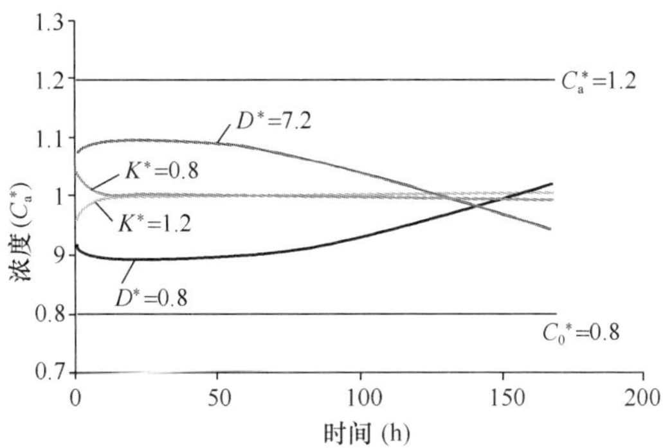

图 3-18　建材散发关键参数测量精度与模型预测通风房间 VOCs 浓度精度关系

拟合了可以应用于工程的建材散发关键参数测量精确性与模型预测通风房间空气 VOCs 浓度精度的实验关联式，即式（3-9）。

$$C_a^* = 1.05 D_m^{*0.30} K^{*0.02} C_{m,0}^* \exp(-0.02 D_m^* t) \tag{3-9}$$

式中 C_a^*——室内空气 VOCs 浓度（无量纲）；

D_m^*——建材 VOCs 扩散系数（无量纲）；

K^*——分配系数（无量纲）；

$C_{m,0}^*$——初始 VOCs 可散发浓度的误差（无量纲）；

t——时间。

（4）温湿度对建材散发影响研究

温度是影响建材散发速率的重要因素，研究了建材稳态散发速率与温度的关系。通过研究初始可散发浓度 $C_{m,0}$、扩散系数 D_m、分配系数 K 与温度的关系[8-10]，建立了建材中甲醛稳态散发速率与温度的简化关系式，如式（3-10）所示，并将该关系式进一步应用到标准散发样品和 SVOCs 研究中，进一步证明了该关系式的有效性（见图 3-19）。

$$\ln \frac{E}{T^{0.25}} = A - \frac{B}{T} \tag{3-10}$$

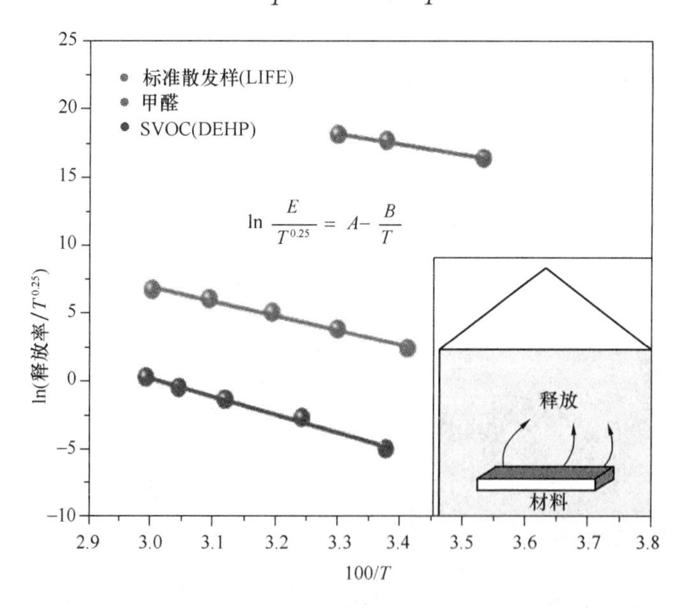

图 3-19 散发速率与温度关系图

式中 E——甲醛稳态散发速率，$\mu g/(m^2 \cdot h)$；

T——温度，K；

A、B——常数。

研究还基于湿度对三大散发特性参数的影响规律，从理论上推导出了湿度对建材 VOCs 散发速率的影响公式，并对之进行了试验验证，如图 3-20 所示。

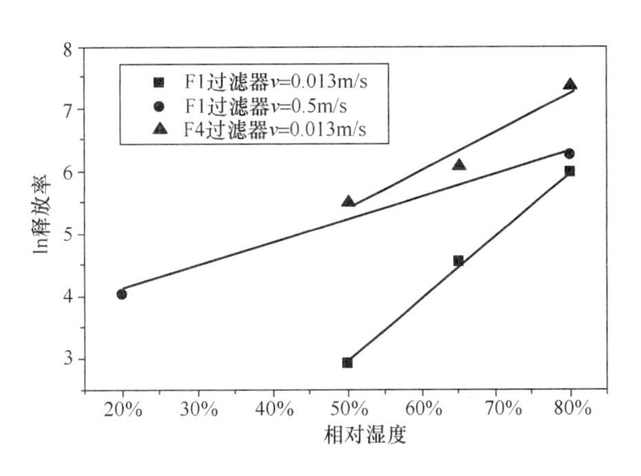

图 3-20 散发速率与相对湿度的关系图

通过对 10 种建材的甲醛实验测定结果表明穿孔萃取法测得的总含量与初始可散发含量 $C_{m,0}$ 之间并不呈简单的单调关系。因此，用国家标准的穿孔萃取法对建材甲醛散发情况进行判定很可能引起误判。

针对这一现象，从机理上分析这一问题，从微观角度用统计物理的理论推导出了 $C_{m,0}$ 与温度的关系，并对提出的理论公式进行了实验验证。不同温度下三大散发特性参数的测定结果表明，温度越高，$C_{m,0}$ 越大，且增大的趋势随着温度升高更加明显，建材在 80℃下的 $C_{m,0}$ 为 25℃的 17 倍。从微观上揭示了建材 VOCs 初始可散发浓度的本质[26]，如图 3-21 和图 3-22 所示。

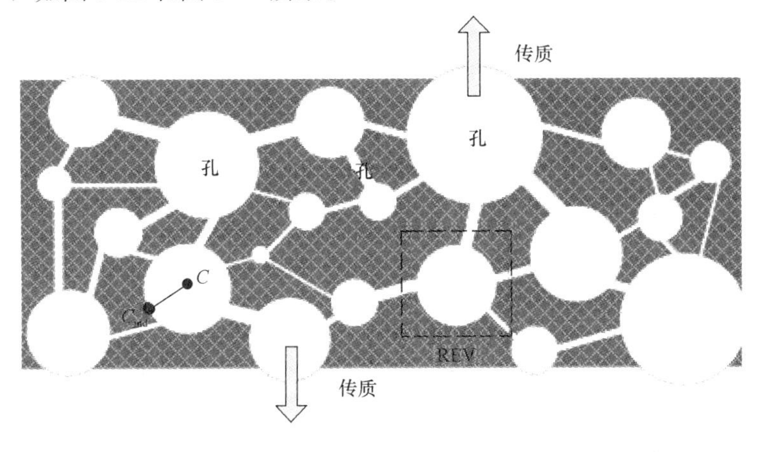

图 3-21 建材 VOCs 散发微观示意图

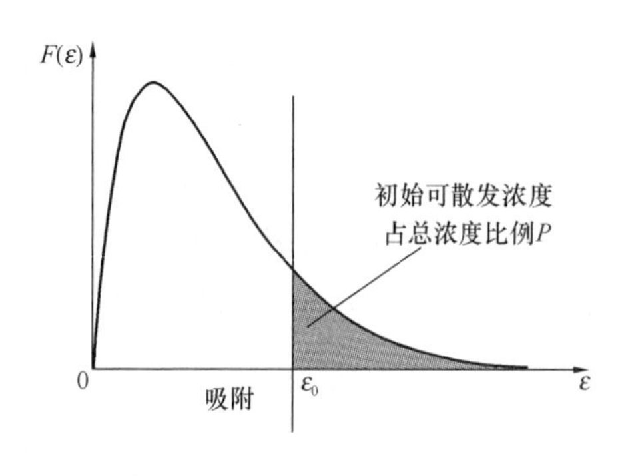

图3-22　建材VOCs分子动能分布

3.1.3.2 《木制品甲醛和挥发性有机物释放率测试方法——大型测试舱法》(JG/T 527—2017) 标准制定

根据住房和城乡建设部《关于印发2014年归口工业产品行业标准制订修订计划的通知》(建标[2013] 170号)，上海市建筑科学研究院（集团）有限公司承担了主编《木制品甲醛和挥发性有机物散发率测试方法——大型测试舱法》的工作。主要参编单位（排序不分先后）包括：上海建科检验公司、清华大学、同济大学、中国建筑材料科学研究总院、中国科学院过程工程研究所、亚振家具股份有限公司、上海欣绿环境科技有限公司。

（1）样品制作参数验证

1）建材储存时间对建材释放特性的影响验证

在其他测试条件均一致的情况下，对样品储存时间为3d、18d的同一种密度板的甲醛释放量进行测试。

测试结果见图3-23。测试表明，储存时间对木制板材的有机污染物释放有影

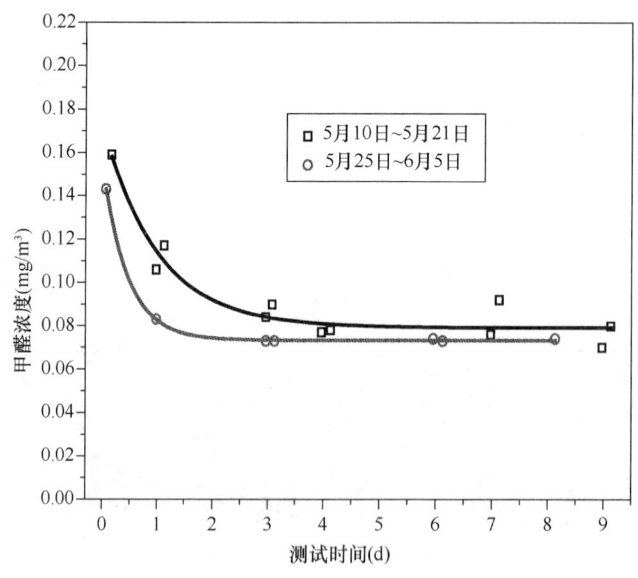

图3-23　建材储存时间对建材释放测试的影响

响，储存时间越长，样品在同一时间点处甲醛释放量越小，且在释放测试前期这一影响更显著。

所以在测试报告中，必须要对建材的储存时间进行记录和说明，一般情况下，储存时间不应超过两个月。

2）样品养护时间对建材释放特性的影响验证

样品养护时间的长短会对测试结果产生一定影响，分别测试 4 个木制板材产品（地板和人造板）的养护时间分别为 3d 和 18d 的甲醛释放曲线，并进行对比（其他测试条件完全一致）。

由测试结果（图 3-24）可以看出，养护 18d 时，平行样最大差值为 0.011mg/m^3，差值为 0 的为 5 个，差值不大于 0.004mg/m^{3}的有 22 个，占 91.7%，平均差值为 0.002mg/m^3；养护 3d 时，平行样最大差值为 0.033mg/m^3，差值为 0 的为 2 个，差值不大于 0.004mg/m^{3}的有 17 个，占 70.8%，平均差值为 0.005mg/m^3。对于同一个产品，18d 养护期之后，板材产品内部的污染物分布更均匀，释放规律的趋势性更显著；3d 养护期的释放量曲线的波动性更大，达到稳定散发阶段需要的时间更长。因此在建材污染物释放测试中，对于有一定厚度的干建材需要进行养护，一般情况下建议不低于 72h。如有变更，需要在测试报告中予以说明。

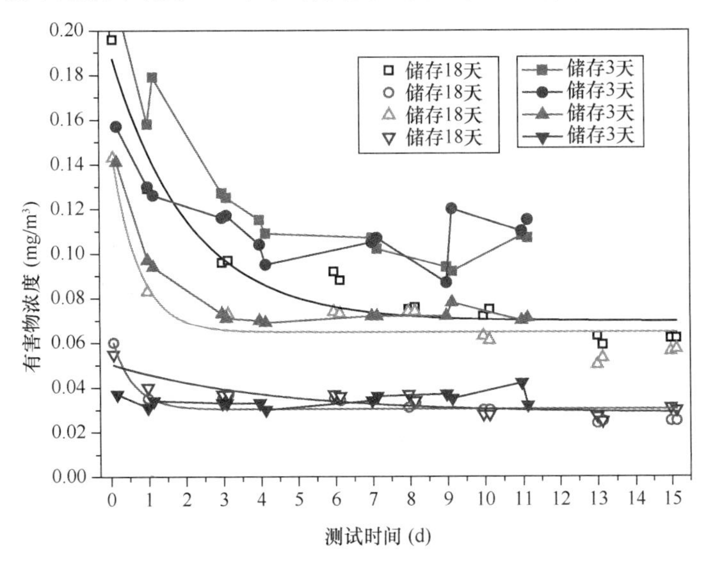

图 3-24 建材养护时间对建材释放测试的影响

3）承载率对建材释放特性的影响验证

对同一个地板产品分别在建材承载率为1m²/m³和2m²/m³时进行甲醛释放量测试。

理论上对于相同的建材，其舱内散发浓度与承载率成正比例关系。如图3-25所示，测试结果基本与理论推算一致，但不完全呈线性关系。一般情况下，国内外标准由于控制思路的不同对于不同材料的负荷比规定也不同，范围从0.1m²/m³到2m²/m³。基于各标准的统一性，建议采用1m²/m³的负荷率。如有变更则需在测试报告中突出标明。另一方面，当负荷率增加时，应注意核算吸附管和采样管的饱和吸附量，避免由于发生穿透现象导致测试结果被低估。

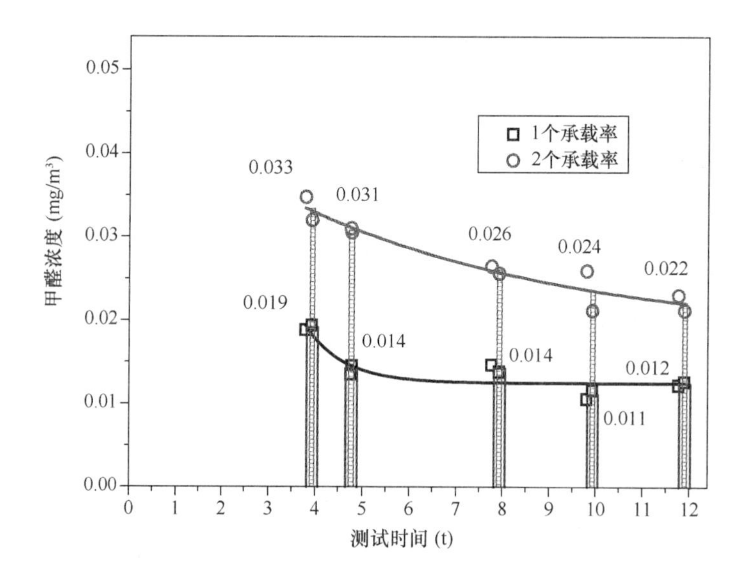

图3-25 建材承载率对建材释放测试的影响

4）建材样品封装形式对建材释放特性的影响验证

用同一个地板样品进行不同封装形式下甲醛释放量测试。在1m³舱中放入用锡箔纸封边处理的地板产品，在60L舱中放入未封边木地板产品。在测试5d后，将60L舱中的地板样品取出进行封边处理后养护3d，再次放入60L舱中进行释放量测试。1m³舱和60L舱的负荷比及环境参数等其他条件完全一致。

由测试结果（图3-26）可见，在测试前5d内，封边处理的样品甲醛释放量远低于不封边处理的样品。60L舱的测试结果表明，封了锡箔纸之后，样品的甲醛释放量显著降低。可见样品是否封装对建材的散发影响很大。同时，考虑到不同厚度、不同材质、不同结构和不同工艺的板材，从侧棱处释放出来的污染物的量是不同的，但实际使用中侧棱往往要进行粘结、包边等处理。因此该标准中建议对具有一定厚度的木质材料做封边处理，但考虑到测试方法标准的要求，并非强制要求。在材料的释放测试报告中应明确说明样品是否进行了封边处理。

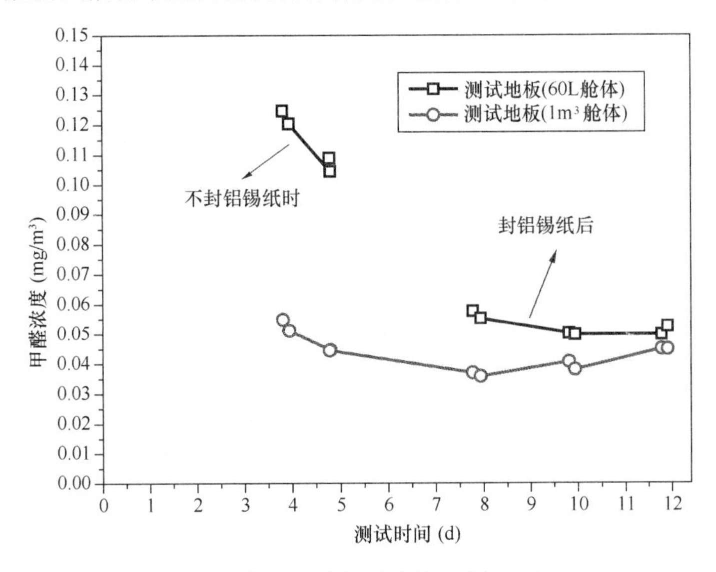

图 3-26 建材局部封装对建材释放测试的影响

5）家具测试状态（是否开敞）对释放量的影响验证

用 $1m^3$ 测试舱对两个松木床头柜样品在不同开敞方式下（一个样品打开全部可开启组件，另一个样品的活动组件关闭）的甲醛释放量进行了测试。

由图 3-27 可知，样品开敞状态下的测试舱内甲醛浓度远高于样品密闭状态下的浓度值。考虑到最不利的应用情况，该标准建议测试时开启所有可开启组件，并在测试报告中对是否开启活动性组件予以说明。

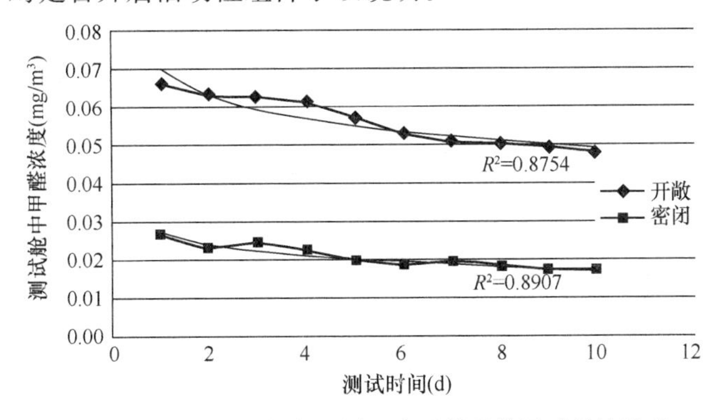

图 3-27 不同测试状态下同一家具样品的甲醛释放浓度

6）不同存放周期家具的甲醛散发量影响验证

用大型测试舱对两个不同存放周期的样品（A为积压样品，出厂约半年；B为新近生产的样品）的甲醛释放量进行了测试，结果如图3-28所示。保存时间较长的样品A的甲醛散发很快进入稳定阶段，且其甲醛稳定释放量远低于样品B。考虑到现在市售家具从生产成型到进入消费者家庭，一般的时间周期为30d左右，因此家具污染物释放的测试建议其样品保存时间不超过30d，并在测试报告中对保存时间予以记录。

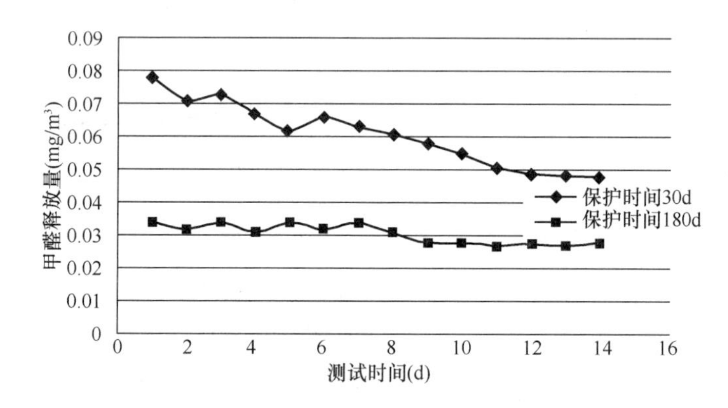

图3-28 样品保存时间对测试结果的影响

7）同一批次样品的重复性测试结果分析

用大型测试舱对同一批次的两个床头柜样品的甲醛释放进行了测试，结果如图3-29所示。

从图中可以看出：同一批次样品在初期其甲醛释放量有所差异，但随着测试时

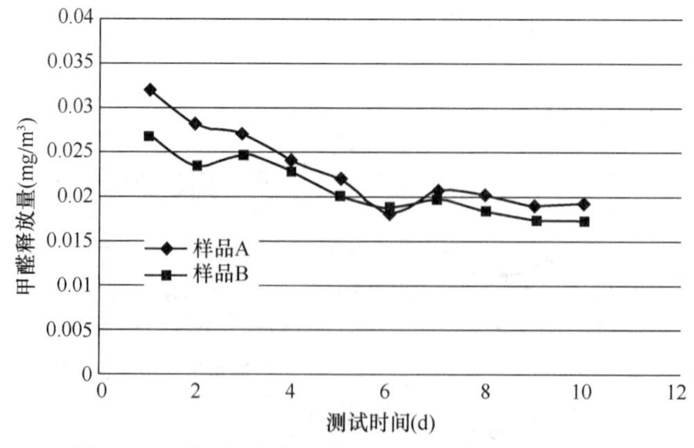

图3-29 同一批次家具样品的甲醛释放量测试结果

间的增加，这种差异逐渐缩小，从第三天开始相对偏差低于10%，且释放曲线规律基本一致。到稳定散发阶段两样品的甲醛稳定释放量非常接近，相对偏差小于8%。说明测试设备及相应方法的重现性较好。

8）采样设备对测试结果精确度影响验证

采样分析试剂、采样量、采样方式及采样设备对测试结果都会带来影响。从定量分析的角度来看，只要选择行业内通用的分析方法，检测下限明确，采样过程正确，参数选择准确，不同的分析方法总是可以找到最优化的采样参数，获得准确的测试结果。但采样设备性能若不做规定，就无法获得可信的定量分析结果。

在同一个测试工况下，当舱内建材散发较为稳定时，分别用恒流泵和普通采样泵两种设备进行多组采样，并对样板进行定量分析对比，测试结果如图3-30所示。

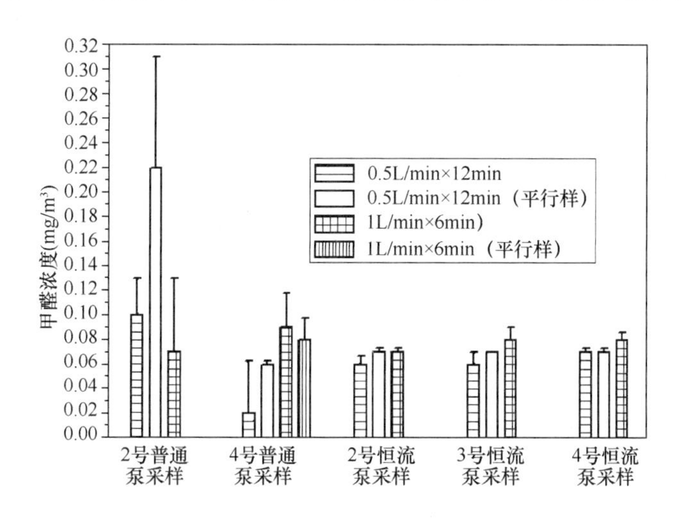

图3-30 恒流采样泵与大气采样泵分析结果比较

通过结果比较表明：两台普通大气采样泵，其甲醛测试误差分别为69.2%和68.3%；用恒流泵采样时，三台恒流泵的甲醛测试误差分别为8.0%、6.3%及8.6%。这一结果在TVOC采样时，由于吸附管阻力较大，普通大气采样泵测试结果差异更为显著。但恒流泵在满足阻力负荷的情况下，测试误差可以控制在10%以内。故在采样时应使用恒流泵，并在采样前后对恒流泵进行流量校准。

（2）标准主要条文

1）试样准备

① 试验前应进行试样预处理，试样应放在与试验条件相同的环境中，温度的

控制精度为±2℃，相对湿度的控制精度为±10%，拆除包装后预处理时间不少于72h。预处理环境空气中甲醛浓度不应超过0.10mg/m³。

② 安装试样，记录测量试样的数量、长度、暴露面积或体积等载荷参数。

③ 对于表面不规则的木制品可估算出试件的表面积或体积，并记录计算方法和过程。

④ 试样的负载率可按表3-12选取，也可根据试样尺寸增加负载率。

试样负载率建议表 **表3-12**

类型	负载率
各类木质板材（饰面板、密度板、刨花板等）	$1.0m^2/m^3$
木质地板	$1.0m^2/m^3$
大型木制品及木质构配件	1个/舱
家具	1个/舱

2）试件放置

将试件放置在测试舱中间，确保在测试过程中不会发生滑落等情况。平板类试件可放置在不锈钢样品支架上，并最大限度地减少试件与支架的接触面积。试件放置位置不应阻碍舱内空气的混合和循环，放好样品后立即关闭舱门并开始测试。家具试件测试时，应开启所有的门和抽屉等活动部件。

3）采样参数要求

测试舱内空气样本采集时宜符合以下规定：

① 针对甲醛进行采样时，流量宜为500mL/min，采样时间宜为20min；

② 针对VOCs目标污染物进行采样时，流量宜为200mL/min，采样时间宜为30min；

③ 每次正式采样前，应开启采样泵用测试舱内空气抽洗采样管路5 min；

④ 每次采样时，同时采集两个平行样本；

⑤ 特殊测试可根据测试需要调整采样流量和时间，应确保避免发生吸收液和吸附管的穿透现象，且采样流量不应大于排气口流量的80%。

4）浓度计算

目标污染物的浓度计算见式（3-11）和式（3-12）：

$$c(t)=\frac{m(t)}{V_s}-c_b \tag{3-11}$$

$$V_s = \frac{V_a \times P \times 273}{101 \times (T + 273)} \tag{3-12}$$

式中：$c(t)$——t 时刻时测试舱中目标污染物浓度，mg/m^3；

$m(t)$——通过 GC/MS 或其他分析系统获得的采集样品中目标污染物质量，μg；

t——时间，h；

V_s——标准状态（空气压力 101kPa，温度 273K）下空气样本体积，L；

c_b——测试前测得的测试舱中目标污染物的背景浓度，mg/m^3；

V_a——空气样本的体积，L；

P——大气压，kPa；

T——采集空气样本时的环境温度，℃。

5）稳定释放率计算

在试验开始后间隔采样，直至相邻两次（采样间隔≥16h）测定结果的差异小于±10%时，可按式（3-13）计算，即认为释放达到稳定状态。以此 2 次测定结果的平均值作为稳定释放浓度，可用式（3-14）计算。

$$R = \frac{c_{n+1} - c_n}{c_n} \times 100\% \tag{3-13}$$

$$c_s = \frac{c_{n+1} + c_n}{2} \tag{3-14}$$

式中 R——相邻两次测定结果差异，%；

c_{n+1}——第 $n+1$ 次采样测得的舱内目标污染物浓度，mg/m^3；

c_n——第 n 次采样测得的舱内目标污染物浓度，mg/m^3；

c_s——舱内目标污染物稳定释放浓度，mg/m^3。

应采用稳定条件下测得的目标污染物浓度按式（3-15）直接计算其稳定释放率：

$$E = c_s \times \frac{N}{L} \tag{3-15}$$

式中 E——目标污染物稳定释放率，mg/（unit・h）、mg/（m・h）、mg/（m^2・h）、mg/（m^3・h）；

c_s——目标污染物的稳定浓度，mg/m^3；

N——换气次数，h^{-1}；

L——负载率，$unit/m^3$、m/m^3、m^2/m^3、m^3/m^3。

6）释放率计算

目标污染物的释放率可使用合适的释放源模型计算获得。简单经验模型是一阶衰减释放源模型，可按式（3-16）计算释放率。也可根据释放源特性选择合适的释放源模型进行计算。其中的初始释放率 E_0 和一阶衰减常数 k 可根据国际、国内的标准测试获得或通过相关数据库查询获得。

$$E(t_d) = E_0 e^{-kt} \tag{3-16}$$

式中 $E(t_d)$ ——t_d 时刻目标污染物释放率，mg/（unit・h）、mg/（m・h）、mg/（m^2・h）、mg/（m^3・h）；

E_0 ——初始释放率，mg/（unit・h）、mg/（m・h）、mg/（m^2・h）、mg/（m^3・h）；

k ——一阶衰减常数，h^{-1}；

t_d ——建筑装饰装修材料、制品、构配件和固定家具等从进场到设计目标对应的时间，h。

注1：式（3-16）对应的舱内空气浓度变化模型为式（3-17）：

$$dc(t)/dt = LE_0 e^{-kt} - Nc(t) \tag{3-17}$$

式中 $c(t)$ ——t 时刻测试舱中目标污染物浓度，mg/m^3；

t ——时间，h。

L ——负载率，unit/m^3、m/m^3、m^2/m^3、m^3/m^3。

N——换气次数，h^{-1}。

注2：在式（3-17）中，当 $t=0$，$c=0$ 时，舱体模型的求解方法如式（3-18）：

$$c(t) = LE_0(e^{-kt} - e^{-Nt})/(N-k) \tag{3-18}$$

注3：式（3-18）是通过使用非线性回归技术来匹配浓度数据的模型，可直接使用计算工具（如EXCEL，SPSS等）进行拟合。在数据量大于7个的 $c-t$ 曲线图中，选择指数模型添加趋势线，在判定系数（即相关系数平方）大于0.9时，求得 E_0 及 k 值。将相应的 k 和 E_0 带入式（3-16），获得 $E(t_d)$ 值。

3.1.4 装饰装修材料挥发性有机污染物散发率评价方法

3.1.4.1 建材及家具污染源散发特性分级标识方法调研

（1）国外标识体系

欧美国家的相关部门和行业组织建立了多个旨在控制室内材料物品散发的标识

体系，如德国的 AgBB[11]、蓝天使[12]和 GUT[13]、Nature plus[14]，芬兰的建材散发分级标识[15]，美国的 BIFMA[16]，丹麦的 ICL[17]等，为质量满足要求的产品发放标识。体系的运行是通过市场的手段引导消费者购买优质产品，进而促使家具生产企业改进工艺、提高产品质量。污染物释放标识体系在欧美运行 30 余年，效果明显，产品的污染物释放水平显著下降[18]。

国外标识体系都采用气候箱法测试建材和家具污染物的释放，但在具体的评价依据、评价方法和测试周期上有所不同。这些标识体系中评价方法的实施大都非常成功，在标识技术方面各有创新，如：在测试时间上，美国 BIFMA 办公家具标识的测试周期较短，其采用幂率模型预测家具的散发，缩短了测试时间，是非常值得借鉴的。但有的也存在一定局限性，如德国 AgBB 评估体系依据第 28d 和第 3d 的测试结果进行评价，这对快速释放建材（如第 3d 释放高，但第 28d 释放低）评价不合理。

（2）我国建筑材料认证标识

目前我国建材污染物评价方法主要依据《室内装饰装修材料有害物质限量》[19-27]建材测试标准的方法，并依此建立了中国环境标志（十环标志）、GBM 绿色建材、绿建材（台湾）等一系列建材标识。

调研比较发现：我国已推行的较权威标识体系对家具建材的健康性能的评价测试依然多采用含量法，远远落后于欧美标识体系，不能有效表征建材的散发特性。但国外相关行业的生产水平与我国有很大不同，必须寻找各体系中适用于我国行业现状和管控模式的执行办法，建立适用的建材家具污染物散发标识方法。

3.1.4.2 上海市地方标准《装饰装修材料挥发性有机污染物散发率测试及评价方法》(DB 31/T 1661—2017) 的制定

根据上海市质量技术监督局《关于下达〈2013 年下半年上海市地方标准制修订项目计划〉的通知》（沪质技监标［2013］619 号）的要求，上海市建筑科学研究院（集团）有限公司承担了主编《装饰装修材料挥发性有机污染物散发强度测试及评价方法》的工作，后该标准改名为《室内装饰装修材料挥发性有机污染物散发率测试及评价方法》。主要参编单位（排序不分先后）包括：上海市装饰装修行业协会、阿克苏诺贝尔太古漆油（上海）有限公司、立邦涂料（中国）有限公司、紫荆花涂料有限公司、上海建科检验有限公司、上海市建材专业标准化技术委员会。

（1）标准主要条文

1）试样制备

① 液态及半固态样品

（a）内墙涂料、木器漆等液态样品按 GB/T 3186[28] 的规定取样后，按产品说明书规定的最大涂刷量均匀涂刷在表面光滑的玻璃板上。

（b）腻子半固态样品参照 GB/T 20740 [29] 胶粘剂取样规定取样后，按产品说明书规定的最大涂刷量均匀涂刷在表面光滑的玻璃板上。

（c）其他液态和半固态样品可参照以上两条规定。

（d）试样表面应平整，承载率应符合表 3-13 的要求。

（e）涂刷后，待试样达到表面无流延后立即放入测试舱进行试验。

② 固态样品

（a）人造板及其制品按 GB 18580 规定取样，地毯和地毯衬垫按 GB 18587 规定取样，壁纸按 GB 18585 规定取样。样品到达试验室后应在 10d 内进行制样。如需依据该标准进行分级评价测试，承载率应符合表 3-13 的要求。

（b）人造板制样时在距样品边缘至少 10cm 处截取，拼块制品如地板等可在拼块后截取，且试样宜包含两块的拼接部分。

（c）地毯和地毯衬垫制样时在距样品边缘至少 10cm 处截取。

（d）壁纸壁布类产品制样时在距样品边缘至少 10cm 处截取。

（e）试样封装形式宜与实际使用状态接近。单面散发的试样对底部和侧面进行封装，双面散发的试样对侧面进行封装。封装材料应为铝锡纸等无吸附无散发材料。

（f）试样制成后立即密封试样，并置于试样养护室养护至试验开始，养护时间不低于 12h，养护室温度为 23℃±2℃，相对湿度为 50%±10%，甲醛浓度不高于 0.10mg/m^3，TVOC 浓度不高于 0.10mg/m^3。

室内装饰装修材料挥发性有机污染物散发率测试承载率参考值　　表 3-13

产品类型	承载率（m^2/m^3）
木器漆	1.0
内墙涂料类	1.0
人造板及其制品	1.0
壁纸类	0.41
地毯类	0.40

2）评价中测试时刻的规定

根据该标准进行产品散发率分级评价，则还需在表 3-14 规定的时间点进行采样分析并计算该时刻的散发浓度。

分级评价试验时必需采样的时间点　　表 3-14

产品类型	试验持续时间（h）
人造板及其制品	168
木器漆、内墙涂料类、	72
壁纸类	72
地毯类	24

3）室内装饰装修材料有机污染物散发率评价分级

① 人造板及其制品

人造板及其制品有机污染物散发率分级见表 3-15。

人造板及其制品散发率分级表　　表 3-15

类别	分级	甲醛散发率 [mg/（m²·h）]	TVOC 散发率 [mg/（m²·h）]
人造板及其制品	五星	$E\leqslant0.01$	$E\leqslant0.06$
	四星	$0.01<E\leqslant0.05$	$0.06<E\leqslant0.1$
	三星	0.,05<$E\leqslant0.10$	$0.1<E\leqslant0.5$

② 木器漆

水性木器漆和溶剂型木器漆的有机污染物散发率分级见表 3-16。

木器漆散发率分级表　　表 3-16

类别	分级	甲醛散发率值 [mg/（m²·h）]	TVOC 散发率值 [mg/（m²·h）]
水性木器漆	五星	$E\leqslant0.03$	$E\leqslant10$
	四星	$0.03<E\leqslant0.05$	$10<E\leqslant15$
	三星		$15<E\leqslant30$
溶剂型木器漆	四星	$E\leqslant0.03$	$E\leqslant15$
	三星	$0.03<E\leqslant0.05$	$15<E\leqslant35$

注：溶剂型木器漆不设五星级别。

③ 内墙涂料类产品

内墙涂料（腻子）的有机污染物散发率分级见表3-17。

内墙涂料（腻子）散发率分级表　　　　表3-17

类型	分级	甲醛散发率 $[mg/(m^2 \cdot h)]$	TVOC散发率 $[mg/(m^2 \cdot h)]$
内墙涂料（腻子）	五星	$E \leqslant 0.01$	$E \leqslant 0.75$
	四星	$E \leqslant 0.01$	$0.75 < E \leqslant 2$
	三星	$0.01 < E \leqslant 0.02$	$2 < E \leqslant 5$

④ 壁纸类产品

壁纸、壁布、贴膜的有机污染物散发率分级见表3-18。

壁纸、壁布、贴膜散发率分级表　　　　表3-18

类型	分级	甲醛散发率 $[mg/(m^2 \cdot h)]$	T VOC散发率 $[mg/(m^2 \cdot h)]$
壁纸、壁布、贴膜	五星	$E \leqslant 0.01$	$E \leqslant 0.3$
	四星	$0.01 < E \leqslant 0.02$	$0.3 < E \leqslant 0.5$
	三星	$0.01 < E \leqslant 0.02$	$0.5 < E \leqslant 1$

⑤ 地毯类产品

地毯、地毯衬垫的有机污染物散发率分级见表3-19。

地毯、地毯衬垫散发率分级表　　　　表3-19

类型	分级	甲醛散发率 $[mg/(m^2 \cdot h)]$	TVOC散发率 $[mg/(m^2 \cdot h)]$
地毯、地毯衬垫	五星	$E \leqslant 0.03$	$E \leqslant 0.4$
	四星	$0.03 < E \leqslant 0.05$	$0.4 < E \leqslant 0.5$
	三星		$0.5 < E \leqslant 0.6$

4）分级评价方法

① 该标准对内墙涂料（腻子）、木器漆、人造板及其制品、地毯、壁纸等室内装饰装修材料采用分级的评价方法。

② 人造板和地板等产品以第168h散发率值进行分级评价；木器漆、内墙涂料类和壁纸类产品以第72h散发率值进行分级评价；地毯类产品以第24h散发率值进行分级评价。

③ 根据规定的时间点测得的散发率数值进行分级评价，评价表查阅上文。甲

醛及 TVOC 分别进行评价，当结果不一致时，以两者中较低的级别作为评价结果。

④ 不同级别对应不同的使用建议，见表 3-20。

室内装饰装修材料散发率分级级别及使用建议表　　表 3-20

级别	使用建议
五星	优先推荐
四星	一般推荐
三星	控制使用

3.1.4.3 建材及家具污染源散发率分级模型验证

(1) 标准房间模型

在北京地区开展了 1500 户住宅家具承载率调研。调研发现家具承载率符合对数正态分布（见图 3-31），并据此建立了标准房间（见图 3-32），房间参数可见表 3-21。

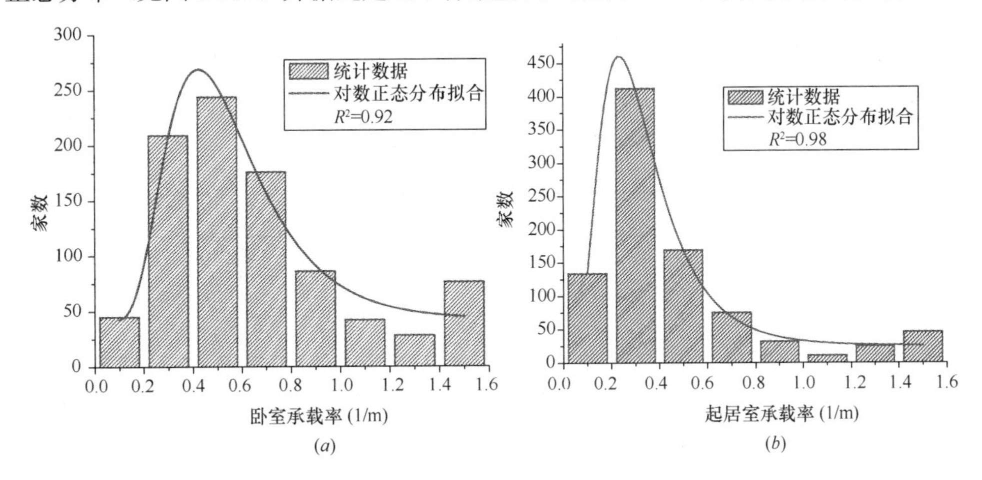

图 3-31　承载率分布

(a) 卧室承载率；(b) 起居室承载率

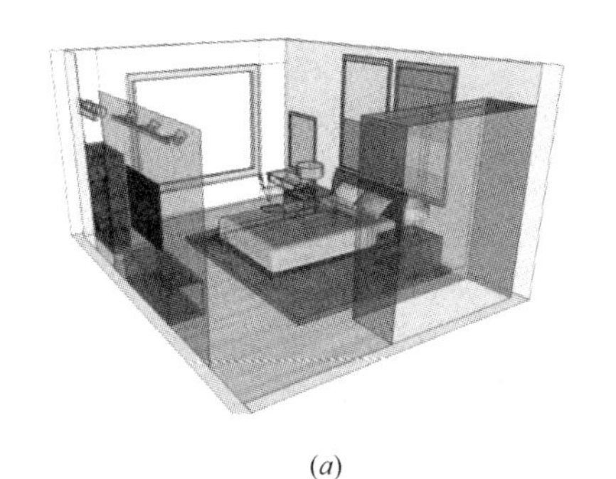

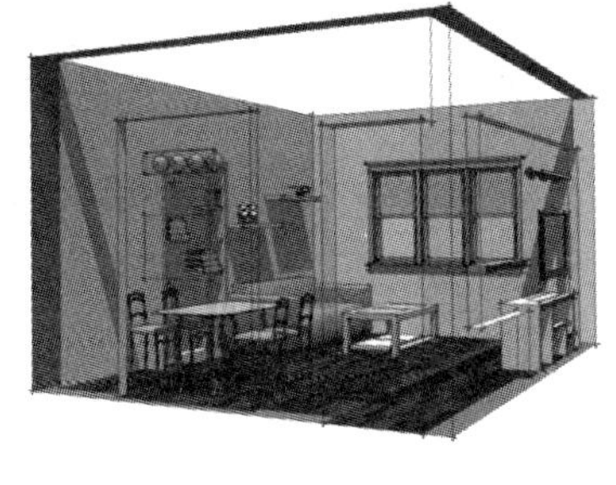

(a)　(b)

图 3-32　标准房间

(a) 标准卧室；(b) 标准起居室

标准房间参数 表3-21

项目	标准卧室参数	标准起居室参数	单位
体积V	16.5×2.6=43	22×2.6=57.2	m^3
地面面积	16.5	22	m^2
门	0.8×2=1.6	0.8×2=1.6	m^2
窗	1.8×1.5=2.7	1.8×1.5=2.7	m^2
承载率-不含地板	0.42	0.23	m^2/m^3
所含家具	1张双人床 2个床头柜 1个大衣柜 1个梳妆台 1把椅子 1个其他饰品柜	1个沙发 1个茶几 1个电视柜 1张餐桌 4把椅子 1个储物柜	

考虑到建材使用的普遍性，标准房间内选用人造板、地板、内墙涂料（面漆、腻子）、胶粘剂四类常见装修材料。参考标准房间的尺寸和相关标准规定，标准房间内四类装修材料的使用承载率如表3-22所示。

标准房间内建材承载率 表3-22

建材	承载率（m^2/m^3）	备注
人造板	0.15	踢脚板；门等
地板	0.4	地面
内墙涂料	1.4×3	墙面；顶棚
胶黏剂	0.007	缝隙粘合

（2）污染物散发率限值确定

根据标准房间中建材和家具承载率、空气中目标污染物浓度限值要求[30]、上文中建材污染物散发率分级限值以及不同的装修方案，确定建材、木家具的污染物散发率分级的合理性。

相同换气次数下，对于不同的装修方案，计算结果见表3-23和3-24。

通风状态下家具甲醛散发限值［单位：mg/（m^2·h）］ 表3-23

装修方案	人造板	地板	内墙涂料（面漆、腻子、底漆）	胶粘剂	家具	室内空气
方案一	五星；0.01	五星；0.01	五星；0.01	五星；0.02	0.12	符合
方案二	四星；0.05	四星；0.05	四星；0.01	四星；0.02	0.04	符合
方案三	三星；0.1	三星；0.1	三星；0.02	三星；0.05	−0.16	实现不了

通风状态下家具TVOC散发限值［单位：mg/（m^2·h）］ 表3-24

装修方案	人造板	地板	内墙涂料	胶粘剂	家具		室内空气
					涂料仅面漆	无涂料	（无涂料）
方案一	五星；0.06	五星；0.06	五星；0.75	五星；0.5	−1.17	1.34	符合
方案二	四星；0.1	四星；0.1	四星；1.0	四星；1.0	−2.05	1.28	符合
方案三	三星；0.5	三星；0.5	三星；3.0	三星；3.0	−9.29	0.72	符合

对于甲醛，其主要来源于板材等干建筑材料的散发，污染物散发分级是可以接受的。通过合理选用建材、家具类型，可以使室内甲醛污染控制在限值以内。

对于TVOC，内墙涂料等湿建筑材料的散发是室内TVOC污染的主要贡献者。但是，湿建材的散发衰减速率通常较快，在实际建筑室内，经过一段时间的通风后，其浓度可以很快降低到限值以内。另外，根据TVOC的定义，其中包含多种无毒无害成分，在现行标准中将TVOC笼统的作为一大类污染物进行限制还有待商榷。

3.2 甲醛、VOCs净化产品测评技术研究

3.2.1 关键检测装置的研发

3.2.1.1 多组分低浓度标准气体发生装置

为提高室内空气质量，许多空气净化材料被广泛应用于室内空气污染控制，如活性炭吸附材料、纳米二氧化钛光催化材料、室温热催化材料等。检测这些空气净化材料的方法是首先配置恒定浓度的污染气体，然后经由含有这些空气净化材料的净化部件，通过检测净化部件出口浓度来评估这些材料的性能。

由于吸附穿透时间可以从一个方面反映吸附材料吸附性能的优劣，在美国采暖通风空调工程师协会（ASHRAE）建立的吸附材料性能实验评价方法（ASHRAE 2005：125.1P）中，规定以在恒定的VOC入口浓度下（150ppm），吸附材料穿透（$C_{out}/C_{in}=50\%$）所需的时间作为吸附材料性能排名的依据。而难点在于如何同时恒定发生多组分低浓度的标准气体。

在现有标准气体制备方法的基础上，研究发展了一种基于微量注射的标准气体发生装置，既能动态发生目标气体，又能在配制多种混合气体时控制成本，而且便

于携带，可以现场作业，同时精度满足工程需要。

标准气体发生装置如图3-33和图3-34所示，由注射泵、进样器、恒温加热室、流量计和输送气泵组成。空气经过过滤器过滤之后进入恒温加热室中，被加热的空气外掠微量进样器的末端，使被注射泵匀速推出的有机混合溶液迅速汽化。从而，浓度稳定的标准气体气流就产生了。通过调节注射泵的进给速率和空气泵的流量，就可以控制发生气体的浓度，目标气体浓度由式（3-19）得到。

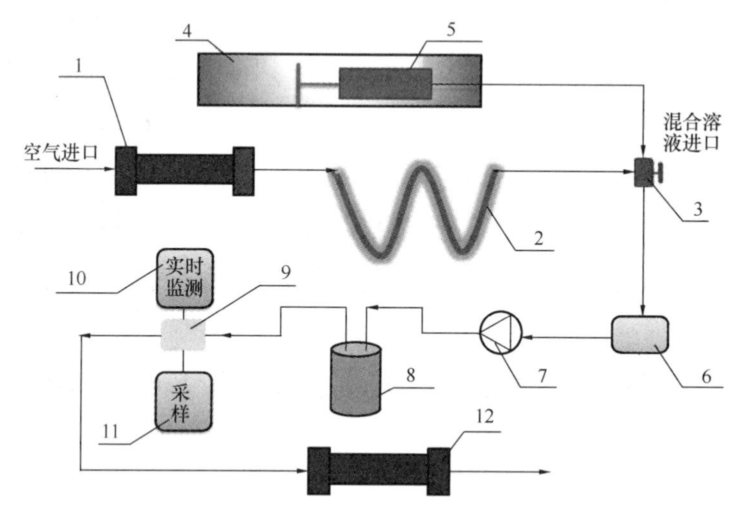

图3-33 低浓度多组分标准气体动态发生装置原理图

1—过滤器；2—加热管（带温控器）；3—钢制三通阀；4—注射泵；5—微量进样器；6—流量计；7—无油空气泵；8—混合室；9—钢制四通阀；10—ppbRAE3000；11—采样系统；12—过滤器

图3-34 低浓度多组分标准气体动态发生装置实物图

$$C = \frac{\dot{m}}{Q} \tag{3-19}$$

式中　C——气体浓度，mg/m^3；

$\dot{m}$——进样器内溶液的质量流率，由注射泵控制，mg/h；

Q——稀释气流量，由空气泵控制，m^3/h。

在装置出口采用两种方式检测和监控污染物浓度，一方面采用 TVOC 检测仪（PGM-7340，RAE，分辨率 1ppb）连续监测所发生气体的浓度，另一方面通过已校准的采样泵（SKC-PCXR8）和 Tenax TA 吸附管采集所发生的污染气体（采集流量和时间为 20mL/min×5min，每次同时采集 2 根吸附管），再由 ATD-GC/MS（Markes UNITY-Agilent 6850/5975c）定量分析每一种污染物的浓度。

图 3-35 给出了装置发生 1～4 种污染物的浓度随时间的变化情况（TVOC 检测仪在线监测）。图 3-36 给出了三组分（甲苯＋乙苯＋苯乙烯）混合气体在三次重复实验中 TVOC 浓度随时间的变化情况。由图可知，通过该标准气体发生装置制备的上述几种污染物的 TVOC 浓度能在实验过程中基本保持稳定，且重复性良好。

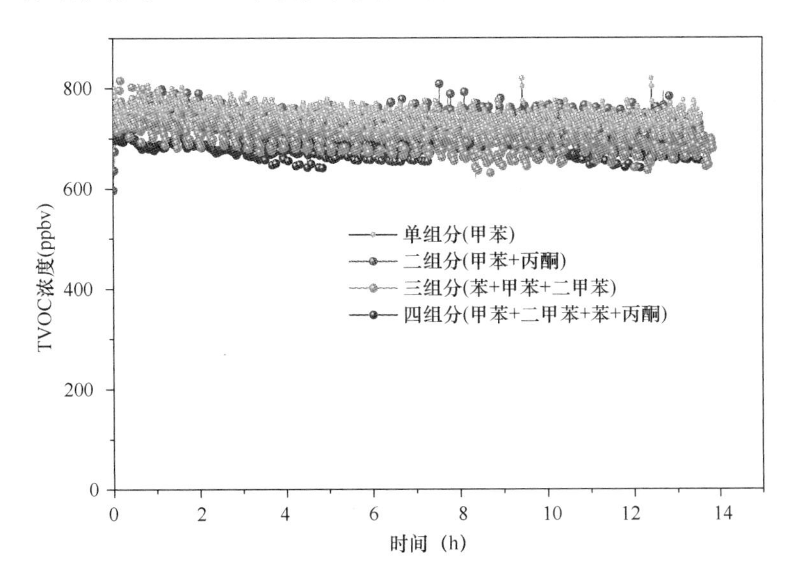

图 3-35　污染物 TVOC 浓度随时间变化

图 3-37～图 3-39 给出了三组分（甲苯＋乙苯＋苯乙烯）混合气体在三次重复实验中各组分浓度的实测值随时间的变化情况。由图可知，在实验过程中，各组分气体的实际分析浓度与理论浓度相比，其偏差均在 10%以内。

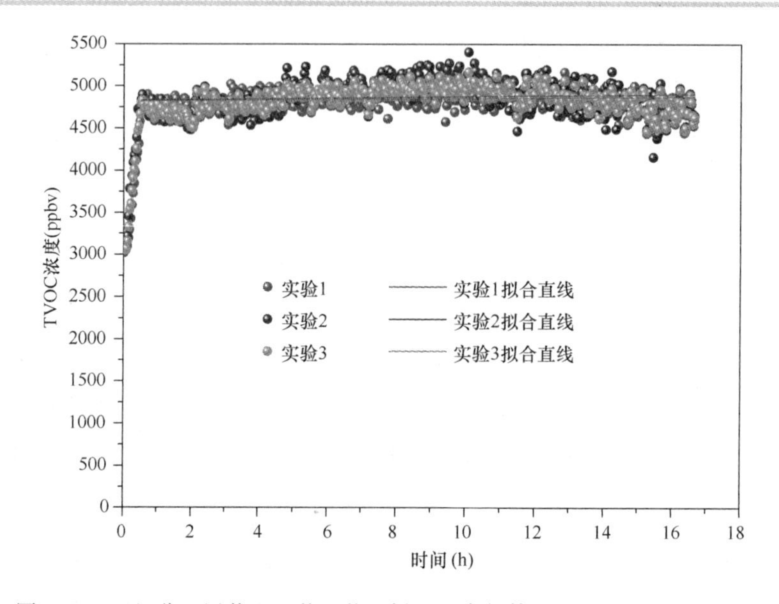

图 3-36　三组分（甲苯＋乙苯＋苯乙烯）混合气体 TVOC 浓度随时间变化

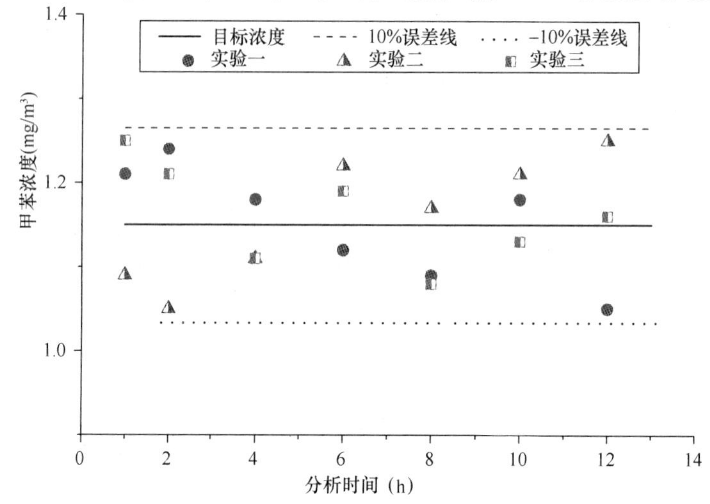

图 3-37　甲苯组分实测值随时间变化

对于每一次实验的每一种污染物，以 x 代表时间，以 y 代表污染物浓度，拟合成一条直线，则有斜率 a 和截距 b，即式（3-20）：

$$a=\frac{\sum_{i=1}^{n}(x_i-\bar{x})(y_i-\bar{y})}{\sum_{i=1}^{n}(x_i-\bar{x})^2}$$

$$b=\bar{y}-a\bar{x} \tag{3-20}$$

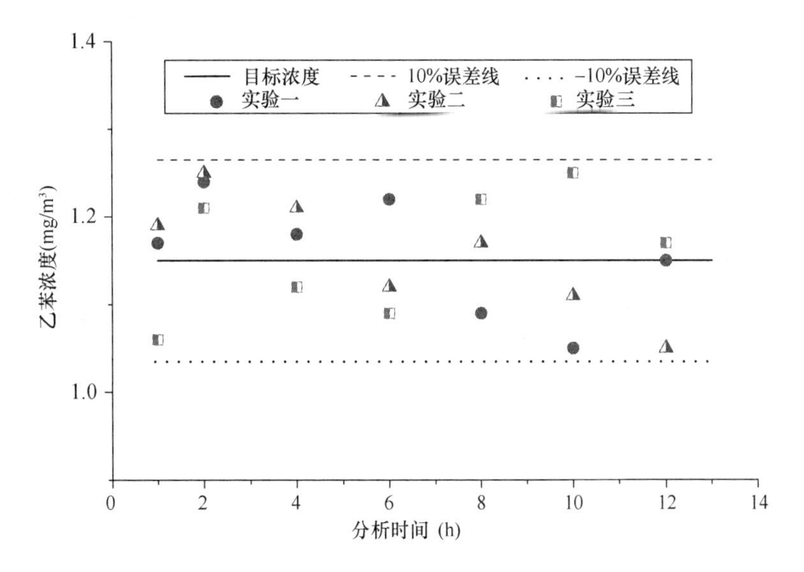

图 3-38 乙苯组分实测值随时间变化

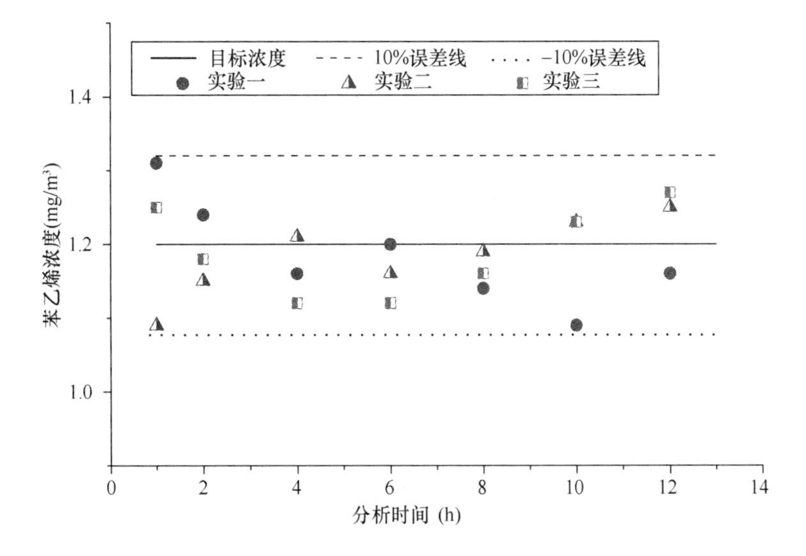

图 3-39 苯乙烯组分实测值随时间变化

直线的标准偏差可由式（3-21）计算：

$$s^2 = \frac{\sum_{i=1}^{n} (y_i - b - ax_i)^2}{n-2} \tag{3-21}$$

斜率 a 的不确定度由式（3-22）计算：

$$s(a)=\frac{s}{\sqrt{\sum_{i=1}^{n}(x_i-\overline{x})^2}} \tag{3-22}$$

当 $|a|/s(a)$ 小于自由度为 $n-2$ 和 $\alpha=0.05$（95%置信水平）的分布 $t_{\alpha/2,n-2}$ 时，即 $|a|<s(a)\times t_{0.025,n-2}$ 时，则表示斜率 a 不显著，也就是标准气体发生装置产生的污染物浓度随时间变化稳定。

对于重复实验的差异性，采用单因素方差分析法。计算方法如式（3-23）～（3-25）：

$$MS_{\mathrm{b}}=\frac{\sum_{j=1}^{k}n_j(\overline{x_j}-\overline{\overline{x}})^2}{k-1} \tag{3-23}$$

$$MS_{\mathrm{w}}=\frac{\sum_{j=1}^{k}\sum_{i=1}^{n_j}(x_{ij}-\overline{x_j})^2}{N-k} \tag{3-24}$$

$$F=\frac{MS_{\mathrm{b}}}{MS_{\mathrm{w}}} \tag{3-25}$$

式中 MS_{b}——几组数据的组间均方；

MS_{w}——几组数据的组内均方；

k——组数；

n_j——第 j 组的数据个数；

$\overline{x_j}$——第 j 组数据的均值；

$\overline{\overline{x}}$——所有数据的均值；

x_{ij}——第 j 组的第 i 个数；

N——数据的个数。

当 F 小于自由度为（$k-1$，$N-k$）和 $\alpha=0.05$（95%置信水平）的 F 分布 F_{crit} 时，则表示各组均值差异不显著，也就是用该装置发生气体的重复性良好。

表3-25给出了三次重复实验中三种组分气体浓度稳定性检验及重复性检验。由表可知 $|a|$ 均小于 $s(a)\times t_{0.025,5}$，因此该3种污染物浓度不随时间的变化而变化，表明用该标准气体发生装置制备气体的过程能保持稳定。F 均小于 F_{crit}，因此三组实验中气体的浓度差异不显著，即实验重复性良好。

典型污染物发生过程稳定性与可重复性研究（95%置信水平） 表 3-25

污染物	实验	$\|a\|$	$s(a)$	$t0.025, 5\times s(a)$	F	F_{crit}
甲苯	1	0.013	0.087	0.277	0.028	3.554
	2	0.016	0.075	0.237		
	3	0.008	0.086	0.272		
乙苯	1	0.010	0.087	0.274	0.011	3.554
	2	0.014	0.088	0.279		
	3	0.009	0.078	0.248		
苯乙烯	1	0.014	0.011	0.005	0.023	3.554
	2	0.090	0.079	0.082		
	3	0.285	0.250	0.261		

本研究发展了一种基于微量注射的标准气体发生装置，可同时发生多种污染气体。t 分布检验表明标准气体发生装置对甲苯、乙苯和苯乙烯 3 种典型有机气体的发生速率在实验过程中保持稳定，单因素方差检验表明用该装置配制混合气体可重复性良好。该装置可配制的气体浓度范围为 0.5～1000ppm（TVOC 浓度），各组分浓度的相对理论值的偏差在 10%以内。

3.2.1.2 吸附性材料使用寿命测试装置

吸附材料的净化寿命对于吸附材料来说是一个至关重要的指标，它既能反映产品的长期效果，更与运营成本和能耗密切相关。寿命与初始净化性能结合，才能更全面、准确地评价一种吸附材料的先进性和实用性。目前的产品研发及标准监管中，强调过滤材料初始效率的测试，忽略了材料寿命。而目前容尘量的标准测试方法适用于过滤器和组件，而在过滤器研发的更前端，对于过滤基材的性能测试还缺少寿命指标的测试方法和装置。

针对活性炭等纯吸附功能材料，设计一种便捷的可用于测试净化寿命的装置平台，结构如图 3-40 所示。

该装置由动态配气系统和吸附物质填充管组成，利用质量流量混合法，采用高精度的质量流量控制器，控制稀释气体及组分气体的流量。稀释气体可采用高纯氮、纯氮、氩、氦等纯气及净化空气。组分气可为纯气或已知含量的混合气。吸附物质填充管为圆管状或直筒状容器，可将一定量待测的过滤介质填充到填充管内，合理密封后待测。

准备完成后，打开配气系统，以 C_i 处传感器显示值由本底值跳变为瞬时值时作为第一个计时点，记录 C_i 在 20～30min 内的浓度值，并求取平均值。并计算吸

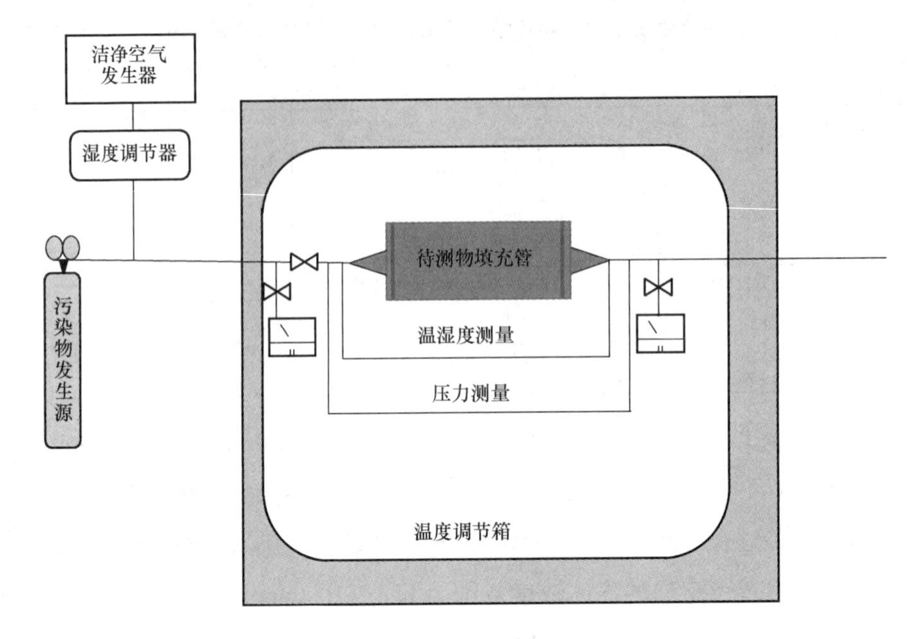

图 3-40　净化寿命测试装置示意图

附材料的初次一次过滤效率。

当一次过滤效率降低为初始净化效率的一半时，即认为该吸附材料寿命终止。因此，当 $C_{i,t}=0.5\times$（C_o+C_i）时，所消耗的时间即为该材料的净化寿命；当 C_0 及 C_i 处安装传感器时，可自动记录浓度变化，并据此计算吸附寿命，可大大节约人工测试成本。

可配备甲醛、甲苯、TVOC、氮氧化物等传感器，传感器检测下限：发生源浓度为 10 倍标准限值，检测下限为 0.1 倍标准下限。

此测试装置创新地将高浓度污染配气技术和智能传感技术相结合，能够准确测试和计算吸附类净化材料的吸附寿命，大大节约了设备成本和人员成本，对于吸附材料的工程应用效果评价具有重要意义。

3.2.1.3　净化性能综合检测平台

在课题研究期间，依托“十一五”期间已有的研究基础，进一步完善空气净化产品性能的检测平台，形成系列的配套的测试设备，建立成套化的净化产品综合测试基地。包括：30m^3大型空气质量测试舱、1m^3、1.5m^3净化产品性能测试舱、一次性通过效率测试平台、吸附材料寿命测试系统等。可用于系统、全面地开展家用净化器、新风净化设备、空调过滤器、净化模块、小型净化装置、被动式净化材料、吸附材料等不同类产品的综合性产品测试。同时还可开展室内外空气中颗粒物、化学污染物、微生物的相关检测，并取得了CMA、CNAS认证资质。部分净化器、过滤器、净化材料的测试指标被列入国家绿色建筑工程质量监督检验中心检测能力范围。

核心设备包括：

（1）30m^3大型室内空气质量测试舱

功能：可用于测试空气净化器等主动式净化产品，也可用于模拟测试净化产品在实际建筑工程环境中的作用效果，还可用于验证系统净化方案的工程实效，如图3-41所示。

性能参数：可实现温度范围16～28℃，保证0.5℃的精度要求；可实现相对湿度范围30%～80%，保证3%的精度要求。在涉及加湿器跳档问题时，需要核算季节满足时间；可实现TVOC< 10 μg/m^3，其他单组分<2.0μg/m^3，臭氧（NO_x，SO_x 等）<10 μg/m^3。

经检测，其性能满足ASTM D 6670标准中绝对值的要求。

（2）1m^3、1.5m^3小型测试舱

功能：可用于测试净化材料、车载净化器等净化产品，如图3-42所示。

其性能参数见表3-25。

图3-41 30m^3大型室内空气质量测试舱

图3-42 小型室内空气质量测试舱

小型测试舱性能参数　　表 3-25

序列	参数	ASTM D 5116 标准要求	测试结果
1	体积	几升到 $5m^3$	60L、$1m^3$、$1.5m^3$
2	温度控制精度	≤±0.5℃	0.3℃
3	湿度控制精度	≤±5%	5%
4	均匀度	≥80%	≥90%
5	背景化学污染物浓度（$\mu g/m^3$）	送风： TVOC≤10 单一化学组分≤2	满足标准要求

图 3-43　管道式空气净化产品化学污染测试平台

（3）管道式净化组件一次净化效率测试装置

采用低吸附性镜面不锈钢材料，可用于各类过滤器对于化学污染物的一次通过效率，如图 3-43 所示。最大风量可达 $3000m^3/h$，温湿度可模拟民用建筑中空调箱送风和管道送风中空气状态点。

同时，新建独立的管道式空气净化产品性能测试平台（见图 3-44），用于测试过滤器、过滤组件等的颗粒物净化性能。

除核心净化设备外，同时整合微生物、声学、能耗等相关测试需求，形成了大型综合性净化产品检测实验基地。可用于全面测试各类净化产品的净化、能耗、噪声、副产物等各类产品性能指标，并全面评估产品应用后的

图 3-44　管道式空气净化产品颗粒物测试平台

工程实际效果。基本弥补了以往净化产品性能测试仅注重初始效率而忽略材料寿命、运营不便等不足，为更全面地评价净化产品的长期应用效果提供了技术支持。

3.2.2 净化产品测评关键问题

3.2.2.1 净化产品的二次污染机理

室外臭氧经过空气过滤器表面时浓度会降低。这是因为与过滤器表面的颗粒物发生了反应，产生甲醛等二次污染物，所产生的二次污染物可能引发严重的病态建筑物综合征 SBS。甲醛也被美国环境保护局（EPA）认为是潜在的致癌物，被世界卫生组织国际癌症研究处（WHO）认定是头号的致癌物。空气过滤器表面的臭氧反应可能对人体健康存在潜在危害，应引起重视。

在全国范围内收集了同一品牌的 65 套过滤器，并一一编号（见图 3-45）。除了 64 套使用过的过滤器，还有 1 套未使用过的空白过滤器，用作空白对照。所有的过滤器都是从家用空气过滤器中采集而来，均由聚丙烯材料制成，尺寸为 411mm×290mm×30mm。过滤器纤维材料的厚度平均大约为 2mm。每套过滤器单独放置于透明袋中密封保存（见图 3-48），并编号。

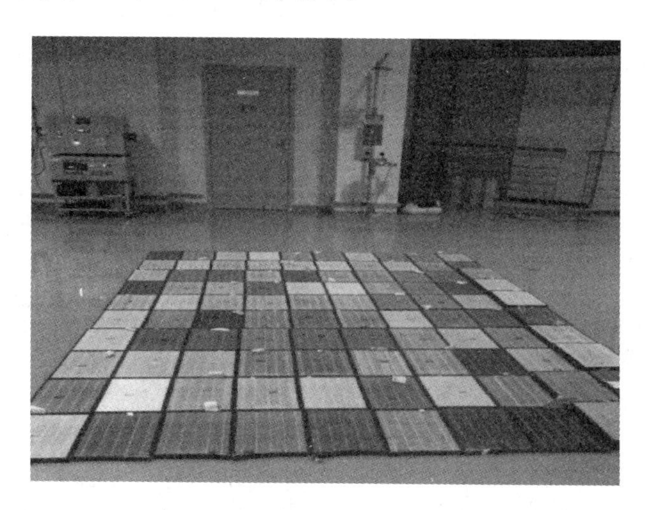

图 3-45 实验采用的空气过滤器

用剪刀将每套过滤器上的材料剪下，分别从过滤器的正中部取 15 个褶，每个褶有两面，裁剪成 15×2×4cm×2cm 的单片，即可获得每份约 240cm^{2}的过滤器材料，将其置于硫酸纸上保存，并编号（见图 3-47）。分别将过滤器表面材料进行称

图 3-46　过滤器材料的保存

重（德国赛多利斯分析天平，精度 0.1mg，见图 3-48），平均质量约为 2.6600g。为避免过滤材料上的有机物挥发，将称重后的过滤器材料置于－36℃的冰箱中冷冻保存，以备后续实验，然后采用“快速溶剂萃取方法”。快速溶剂萃取方法具有提取时间短；溶剂消耗少；提取效率高；操作模式多样化等优点。升高压力可以增加溶剂对基质的穿透能力，使得萃取可以完整进行，同时不要求极高的温度，可以将温度设定为 120℃左右。

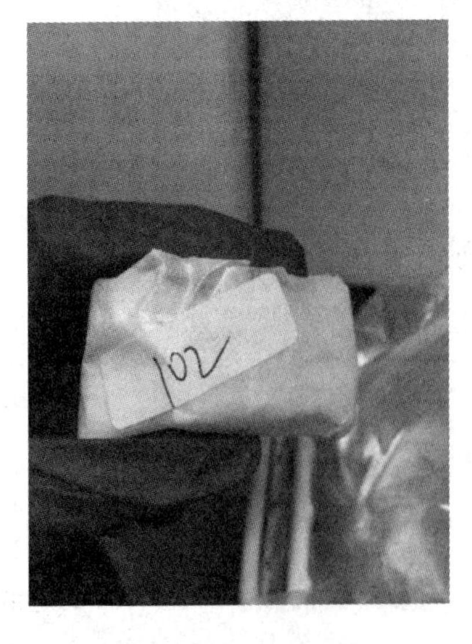

图 3-47　过滤器材料的编号

图 3-48　过滤器材料的称重

样品的准备：需要将过滤器经过处理后放置于萃取池中。先在萃取池底部放置过滤纸，用于过滤掉大分子颗粒。为了分散样品和防止过细的样品微粒堵塞萃取池出口，还需在萃取池的底部放置3g的惰性材料（硅藻土）。在硅藻土上放置剪碎后的样品，再用硅藻土填满整个萃取池。盖上盖子后，将每个萃取池编号，即可进样进行萃取（见图3-49）。每次实验后，用超声波清洗萃取池20min（KQ-100B型超声波清洗器）。

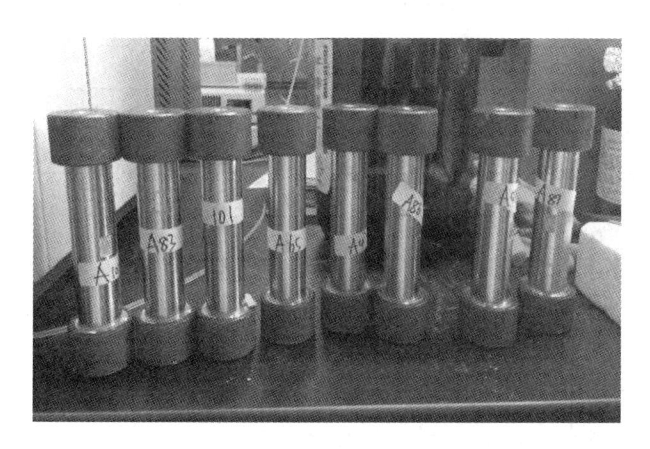

图3-49 萃取池

溶剂的选择：根据相似相溶原理，本实验采用甲醇（色谱级）作为溶剂。

定性结果表示，从空气过滤器上检测到了增塑剂和多类烷烃，主要为半挥发性有机物SVOCs。结果表明，空气过滤器能过滤掉室内的半挥发性有机物SVOCs，起到一定的净化空气的效果。

定量结果显示（见图3-50和图3-51），在空气过滤器上检测的7种增塑剂成分，其浓度均大于空白过滤器，表明使用过的过滤器上会增加增塑剂的含量；增塑剂的总量受过滤器影响较大，不同过滤器的总量差别明显，不过由于目前尚且不知这些过滤器的使用历史，因此无法与其使用历史进行比对；每种过滤器中各种增塑剂的总含量都不尽相同，最高浓度是281.69 $\mu g/g_{过滤器材料}$，中位数是12.3 $\mu g/g_{过滤器材料}$；其中DEHP是主要的增塑剂成分，DEP的含量普遍最少。所有增塑剂成分的检出率如表3-26所示，DEHP、DnBP和DiBP的检出率均为100%。

空气过滤器表面各增塑剂成分浓度的个体差异性非常大，由其四分位图（图3-52）可知，含量最多的DEHP最高可达227.50 $\mu g/g_{过滤器材料}$，而次之的DnBP为

96.35 μg/g过滤器材料，第三的 DiBP 为 12.81 μg/g过滤器材料，其余的均低于 10 μg/g过滤器材料。同时，DMP 和 DEP 的最小值、1/4 分位值和中位数都为 0 μg/g过滤器材料，且这两种成分的检出率也较小（85%和 80%）。

空气过滤器表面增塑剂成分的检出率　　表 3-26

目标物	检出率（%）
DEHP	100
DnBP	100
DiBP	100
BBzP	99
DEP	85
DMP	80
DOP	80

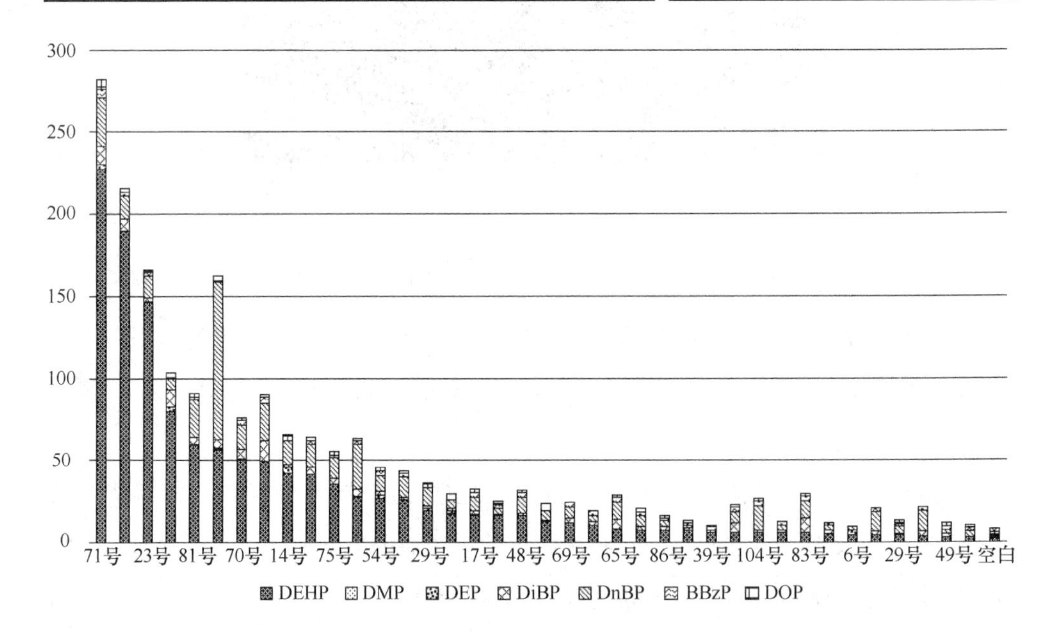

图 3-50　空气过滤器表面成分的定量结果

综上所述，实际家庭室内空气中增塑剂根据成分的不同有明显的差异，其中以 DEHP 为主要成分，其余的增塑剂含量均较低。同时，同种成分的个体差异性也较明显，表明过滤器表面上的增塑剂含量，根据实际家庭不同而存在显著差异。

在实际风道中测试了不同空气处理方式下（中效过滤器、中效+高效过滤器、中效过滤器+静电除尘器+高效过滤器）过滤器前后各种污染物浓度的变化（如

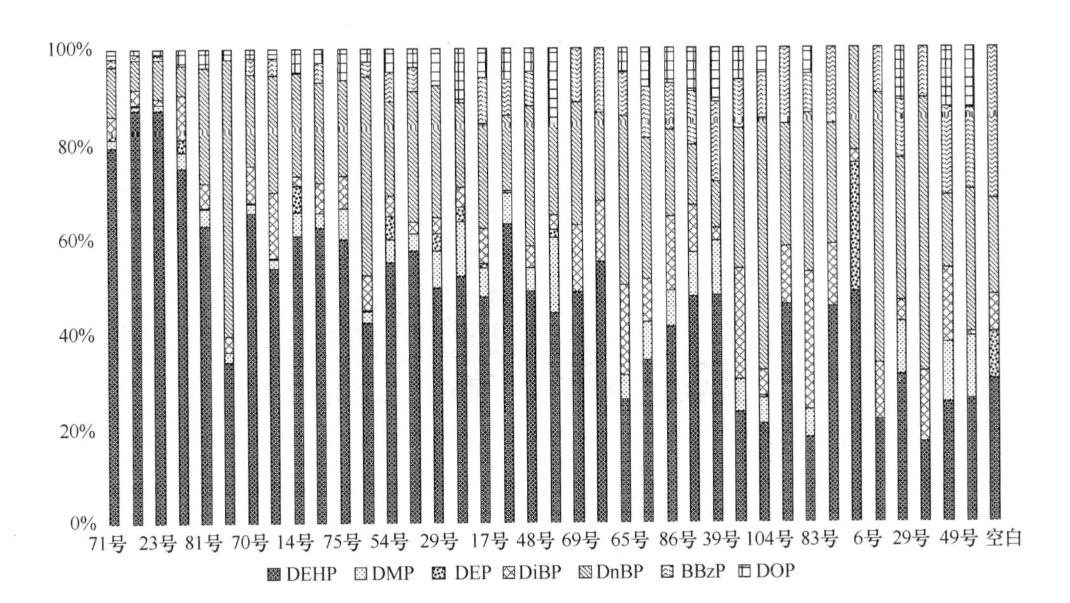

图 3-51 空气过滤器表面成分的增塑剂构成

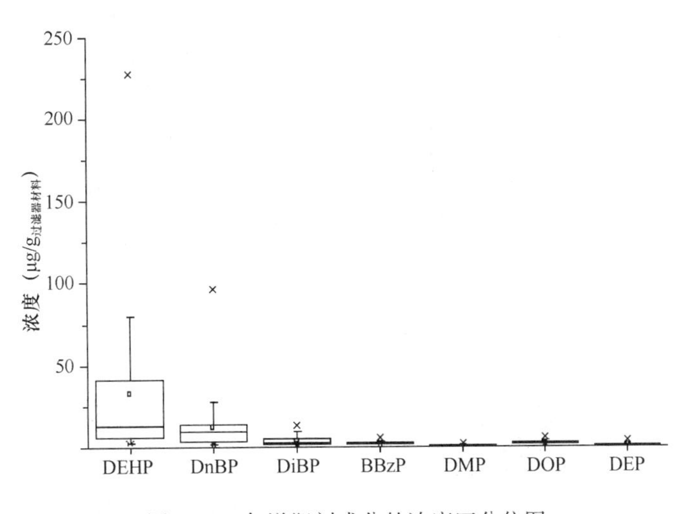

图 3-52 各增塑剂成分的浓度四分位图

$PM_{2.5}$、超细颗粒物、臭氧、氮氧化物、VOCs 和醛酮化合物）。结果发现风道过滤器产生的二次污染物包括甲醛等醛酮化合物，其产量随 O_3 浓度的增加而增加（见图 3-53 和图 3-54），为揭示风道二次污染和评价二次污染导致的健康危害提供了基础。

此外，还研究了过滤器二次污染的影响因素，发现二次污染产物与过滤器积尘量和 O_3 浓度成正比关系（见图 3-55 和图 3-56），为预测积尘量和 O_3 浓度对二次污

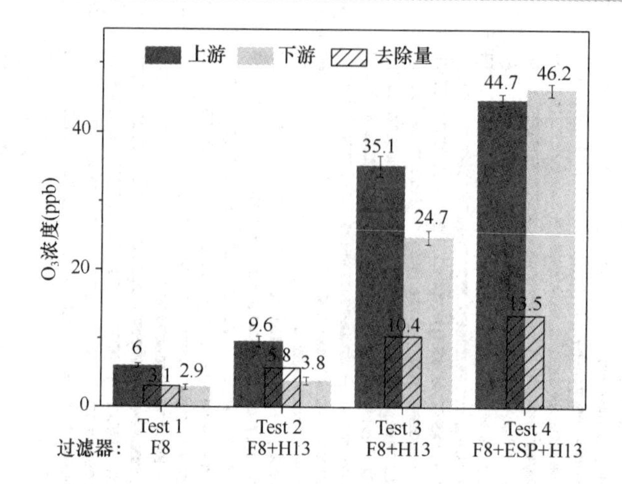

图 3-53　不同测试中过滤器前后 O_3 浓度及消耗量

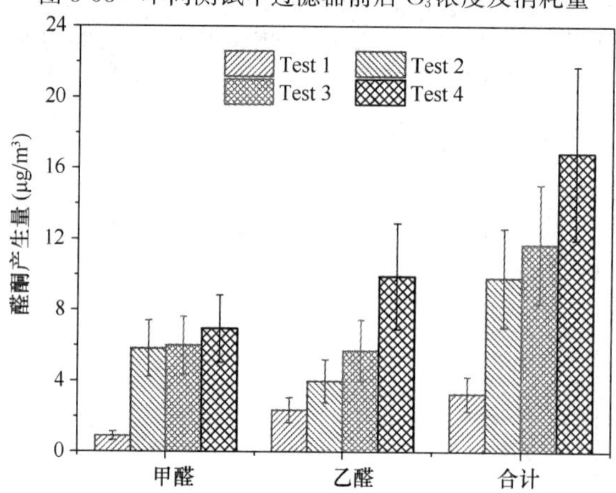

图 3-54　不同测试中二次污染醛酮产生量

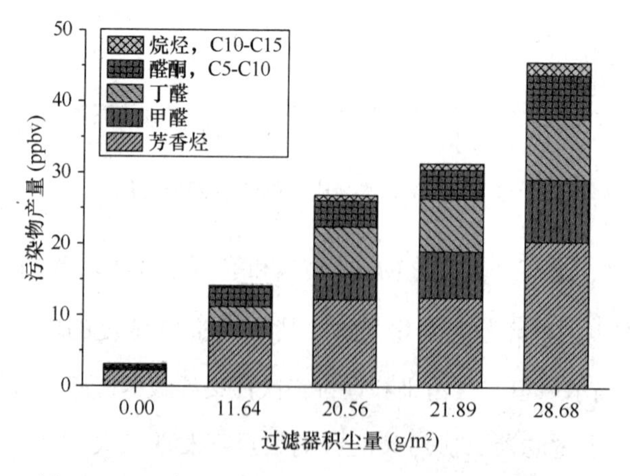

图 3-55　O_3 为 100ppb 时不同二次产物与积尘量关系

染产物的影响和减少二次污染提供了科学依据。

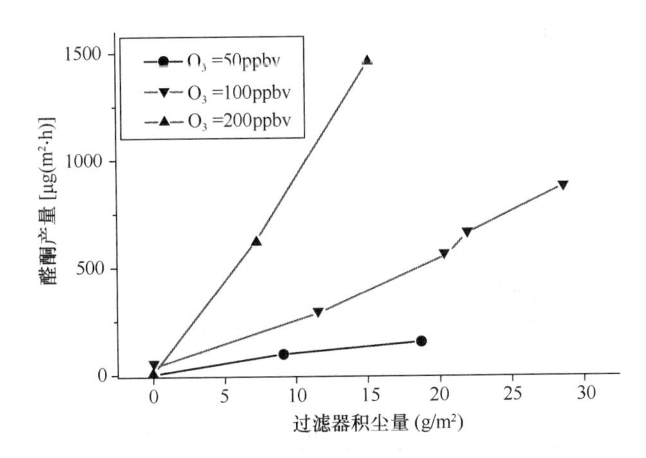

图 3-56 二次产物醛酮与积尘量及 O_3 浓度的关系

3.2.2.2 净化寿命测试方法

(1) 净化产品性能衰减机理

目前，市面上大多数空气净化器主要通过吸附的方式去除 VOCs。虽然破坏型的空气净化技术原理各异，但都存在反应过程中生成的副产物可能对空气造成二次污染等问题，技术仍待完善。因此，以市场上的主流空气净化器为例，通过对比实验说明去除 VOCs 的洁净空气量（CADR）衰减机理。测试的目标污染物以甲醛为例，选取的空气净化器具体参数及测试条件如表 3-27 所示。

去除甲醛的洁净空气量对比实验相关信息　　表 3-27

空气净化器	风量 (m^3/h)	功率（W）	测试时间	模块	备注
某品牌 2901 型	300	45	2013-12-25	2 次测试用同 1 个模块	初次测试和第二次测试
			2013-12-31		
某品牌 4901 型	400	84	2014-01-04	2 次测试用同 1 个模块	初次测试和第二次测试
			2014-01-06		
某品牌 4090 型	300	49	2014-01-09	7 号模块	两模块相同，初次测试
			2014-01-10	8 号模块	

空气净化器去除甲醛的洁净空气量测试在 $30m^3$ 环境舱中进行，完全按照 GB/T 18801—2008 规定的流程操作。不同空气净化器去除甲醛的浓度—时间曲线和拟合结果分别如图 3-57～图 3-62 所示。

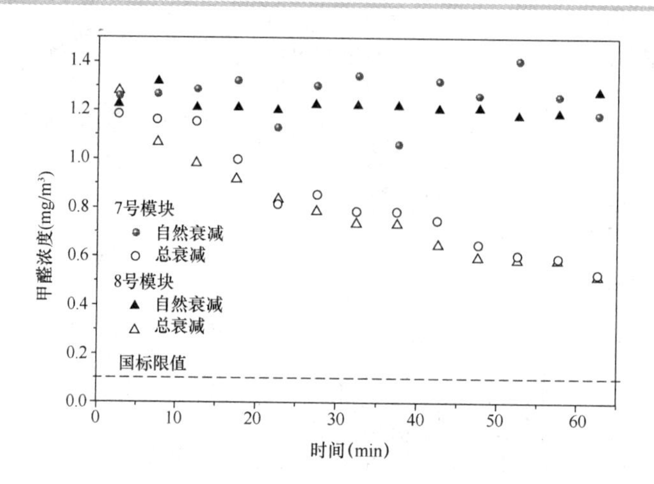

图 3-57 4090 型去除甲醛的洁净空气量测试

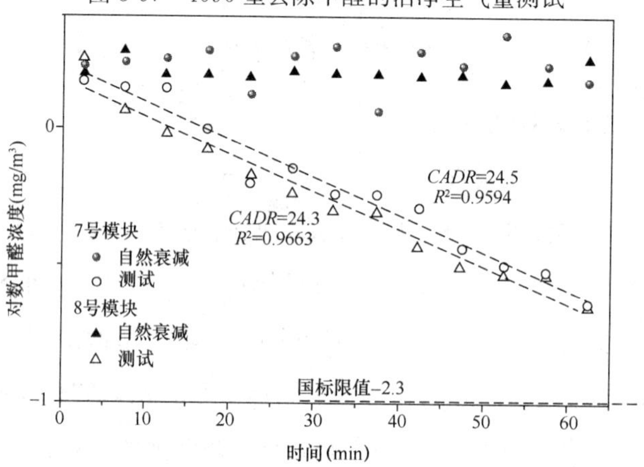

图 3-58 4090 型去除甲醛的洁净空气量测试拟合结果

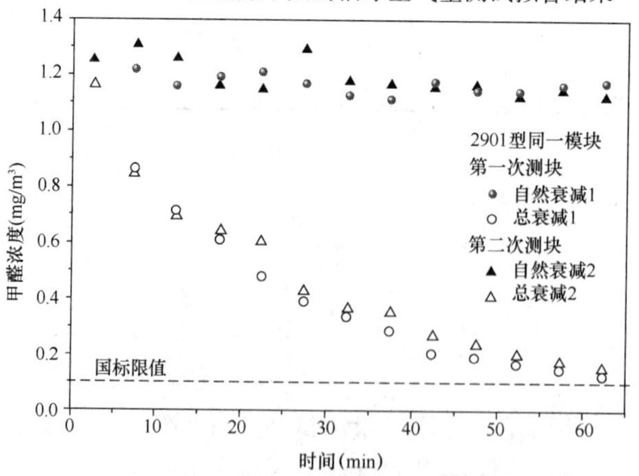

图 3-59 2901 型去除甲醛的洁净空气量测试

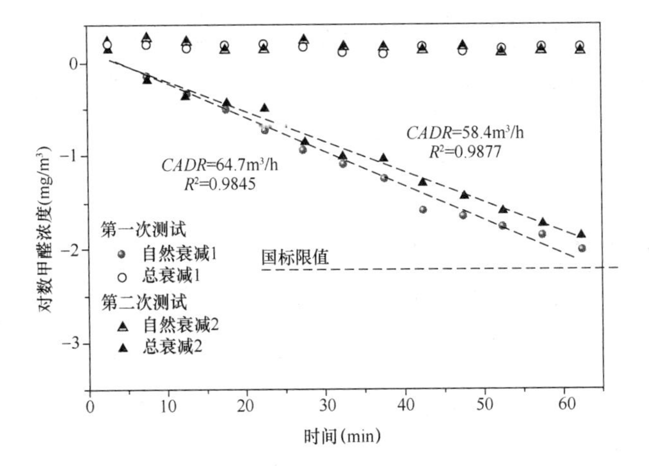

图 3-60 2901 型去除甲醛的洁净空气量测试拟合结果

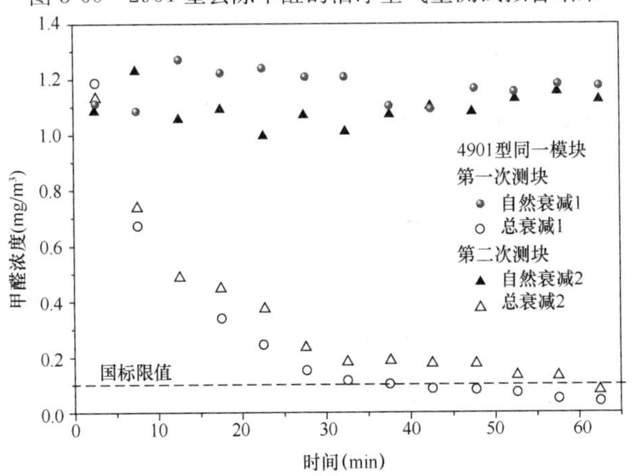

图 3-61 4901 型去除甲醛的洁净空气量测试

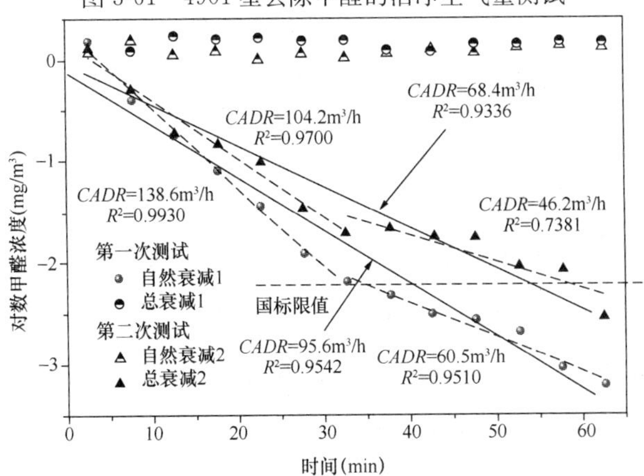

图 3-62 4901 型去除甲醛的洁净空气量测试拟合结果

从4090型7号和8号模块的空气净化器测试结果可以看出，两次测试去除甲醛的浓度—时间曲线较为吻合，*CADR* 的拟合结果的相对偏差不到1%。由于7号和8号模块相同，而且均为初次测试，说明测试的重复性良好，其结果具有可靠性。

从2901型同一模块的先后两次测试结果可以看出，第二次测试得到的 *CADR* 值比初次测试略小，考虑到本实验的重复性很好，可以确定该偏差不是测试误差引起的，该空气净化器去除甲醛的洁净空气量经过一次测试就产生了衰减。

从4901型同一模块的先后两次测试结果可以看出，初次测试得到的 *CADR* 值为95.6m^3/h，第二次测试得到的 *CADR* 值为68.4 m^3/h，仅为初次测试值的72%，该空气净化器去除甲醛的洁净空气量经过一次测试产生了明显的衰减。从单次测试的拟合结果可以看出，该拟合曲线呈现明显的两段特征，前半段的 *CADR* 拟合值明显大于后半段，说明该空气净化器去除甲醛的洁净空气量在一次测试内随着测试的进行就产生了衰减。值得注意的是，该空气净化器第一次测试后半段的 *CADR* 拟合值降为60.5 m^3/h，而放置一段时间后，在第二次测试中，该空气净化器的 *CADR* 拟合值又有所回升，前半段的 *CADR* 拟合值恢复至104.2 m^3/h。该现象是由吸附过程的特性决定的。综合以上测试结果，可以发现空气净化器的洁净空气量随着去除甲醛总量的累积而发生衰减，而且风量较大的空气净化器，其衰减现象较为明显。

(2) 净化寿命测试方法

由上述空气净化器去除VOCs的洁净空气量发生衰减的规律，可以看出对于我国目前的室内空气污染情况，洁净空气量的衰减是不可忽略的，应该作为空气净化器的重要性能指标。虽然洁净空气量的衰减现象是由空气净化器采用的净化材料的物理化学性质决定的，但是通过材料实验预测洁净空气量的衰减现象需要引入许多参数，预测的准确性难以保证。去除VOCs的洁净空气量的衰减受吸附材料的吸附特性影响，而材料的吸附特性包括扩散传质系数和分配系数等多个参数，需要多次实验才可测出，并且吸附材料在空气净化器中的应用形式和工况也对其洁净空气量衰减规律有较大影响。因此，通过材料实验预测空气净化器洁净空气量的衰减不仅可靠性不高，而且过程复杂，成本较高，难以形成统一的标准。

相比材料实验，空气净化器的整机测试更为直接而且更具说服力。现有标准中，日本JEM 1467—1995中的耐久天数是考察空气净化器洁净空气量衰减现象的指标，但是测试方法由于成本高、流程复杂，因此难以执行。本研究采用另一种思路，考察固定的工作时间，引入洁净空气量衰减率的概念来评价空气净化器洁净空气量的衰减。

洁净空气量衰减率测试的原理为用短时间内空气净化器在小环境舱中处理污染物的过程（即快速老化试验）等效长时间空气净化器在实际使用工况处理污染物的过程，考察空气净化器在这一过程前后的洁净空气量衰减，测试流程如图3-63所示。

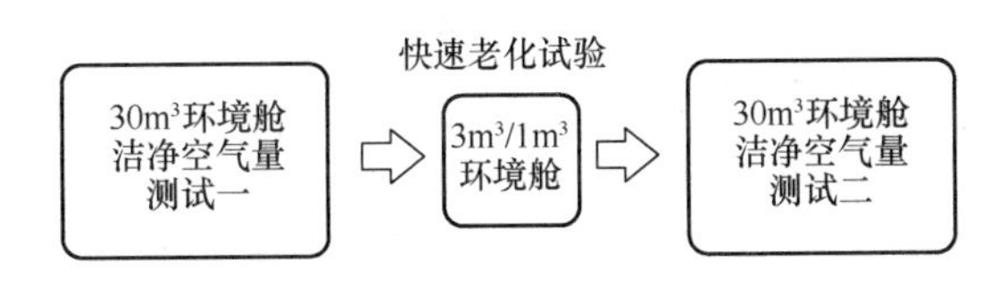

图3-63 洁净空气量衰减率测试流程

洁净空气量衰减率定义见式（3-26）：

$$\delta=\left(1-\frac{CADR_2}{CADR_1}\right)\times 100\% \tag{3-26}$$

式中 δ——洁净空气量衰减率，%；

$CADR_1$——测试一的洁净空气量结果，m^3/h；

$CADR_2$——测试二的洁净空气量结果，m^3/h。

在小环境舱中进行快速老化试验的优势是污染物浓度迅速达到平衡，便于监控，同时与全尺寸环境舱相比节省成本。图3-64为在小环境舱中进行快速老化试验的示意图。

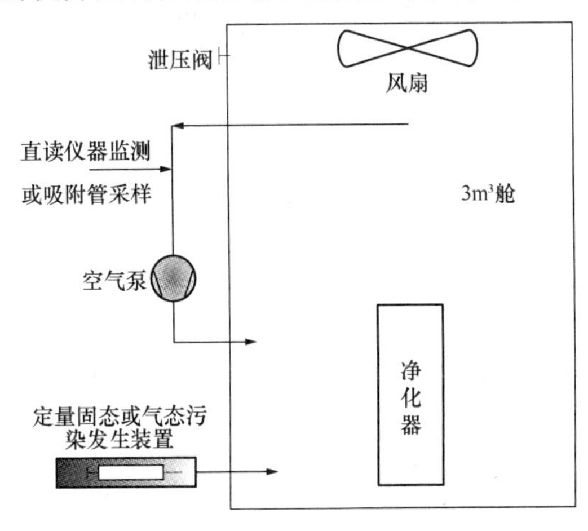

图3-64 快速老化试验示意图

用快速老化试验等效长时间空气净化器在实际使用工况处理污染物的过程的原则为处理的污染物的总量相等，下面分别以甲醛为例进行说明。

对于VOCs，采用VOCs标准气体动态发生装置以恒定速率投放

VOCs。在快速老化试验中需要投放的甲醛总量计算见式（3-27）：

$$m_g = N \times CADR \times 0.26 = \dot{m} \times t_a \tag{3-27}$$

式中：m_g——空气净化器处理的甲醛总量，mg；

$\dot{m}$——甲醛质量发生速率，mg/h；

t_a—甲醛投放时间，h。

考察空气净化器实际使用6个月的情况。同理，按照式（3-27）对空气净化器去除甲醛的洁净空气量进行分档，每档投放的甲醛总量相同，如表3-28所示。

醛投入量分档 **表3-28**

序号	甲醛洁净空气量 (m^3/h)	计算时 *CADR* 取值 (m^3/h)	甲醛投入量 (mg)
1	$CADR \leqslant 20$	20	936
2	$20 < CADR \leqslant 40$	30	1404
3	$40 < CADR \leqslant 60$	50	2340
4	$60 < CADR \leqslant 80$	70	3276
5	$80 < CADR \leqslant 100$	90	4212
7	$100 < CADR$	100	4680

注：洁净空气量的取值范围及分档针对我国市场上常见的空气净化器。

去除VOCs的洁净空气量衰减测试，以甲醛为例，测试步骤如下：

1）在30m^3环境舱中，按照GB/T 18801—2008的测试要求对崭新的空气净化器进行去除甲醛的洁净空气量测试，测试后取出空气净化器。

2）将空气净化器放置于小环境舱中心，密闭环境舱，开启舱内搅拌风扇，开启净化器。

3）投入气体污染物，持续投放（投放速率为1$mg/m^3 \times CADR_{甲醛}$，1mg/m^3为甲醛GB/T 18883限值的10倍）。

4）待去除甲醛的量达到表3-28中的要求时，停止投放，持续运转净化器（不小于8h），测量舱内浓度$C_{结束}$；关闭净化器，开启环境舱排风，用在线分析仪检测舱内浓度降低至GB/T 18883规定的浓度后，尽快取出净化器。

5）将快速老化试验后的净化器放入30m^3环境舱中，依据GB/T 18801—2008的测试要求测试快速老化试验后的洁净空气量，与初始洁净空气量比较，按照式

(3-26) 计算洁净空气量衰减率。

注：①快速老化试验后，样机应用塑料袋进行密封保存。

②快速老化试验中，VOCs浓度较高，试验室应注意防火。

以某品牌2901型空气净化器去除甲醛的洁净空气量衰减率测试为例说明方法的可行性。

首先，对空气净化器进行了洁净空气量测试一，测试结果和拟合结果分别如图3-65和图3-66中圆形标记点所示，$CADR_1$值为59.4m^3/h，按照表3-28的要求，在快速老化试验中，应该向小环境舱中投入总量为2340mg的甲醛。按照$CADR_1$值计算甲醛的投放速率，约为60mg/h，设置VOCs标准气体动态发生装置的注射泵推进速率使甲醛的发生速率为60mg/h。快速老化试验在1m^3环境舱中进行，如图3-64所示，整个快速老化试验耗时48h，试验结束时，舱内甲醛浓度$C_{结束}$为0.68mg/m^3。最后进行洁净空气量测试二，测试结果和拟合结果分别如图3-65和图3-66中三角形标记点所示，$CADR_2$值为10.6m^3/h。按照式(3-26)，该空气净化器处理2340mg甲醛后（对应适用面积工况下使用6个月），洁净空气量衰减率为82%。从$C_{结束}$为0.68mg/m^3可以看出，该空气净化器经过快速老化试验后已经无法将空气中的甲醛浓度降低到国家标准限值以下，而且其洁净空气量衰减率高达82%，因此，用户应该更换空气净化器或其净化模块。

整个洁净空气量衰减率测试耗时3d，与其他方法相比大大缩短了测试时间，

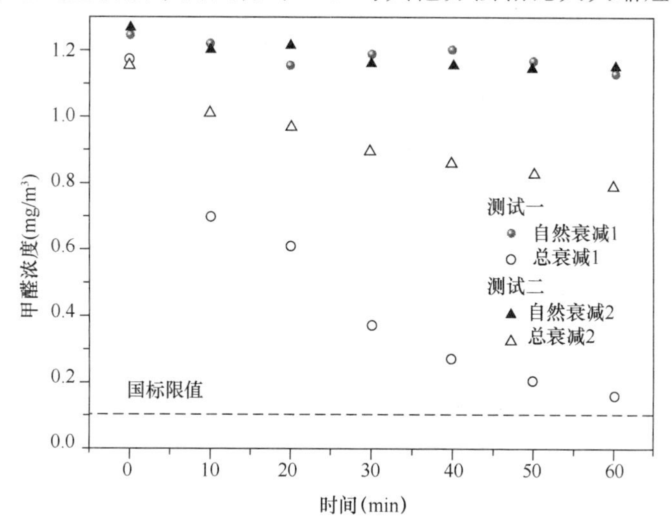

图3-65 去除甲醛的洁净空气量测试

并且定量关系明确，操作简单。

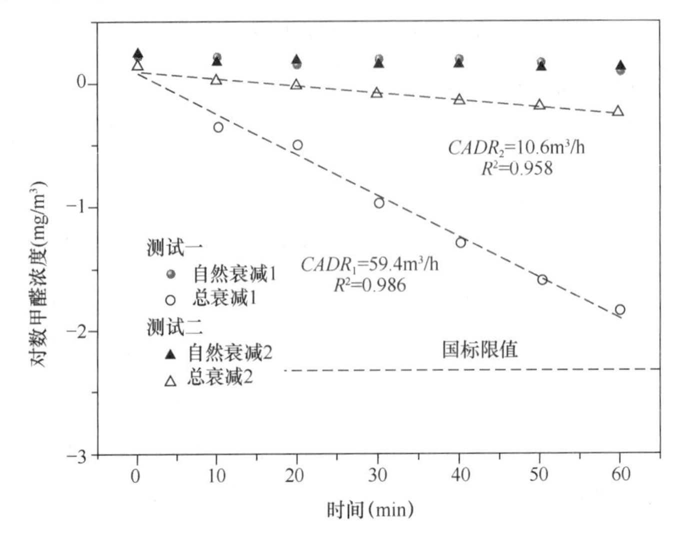

图3-66　去除甲醛的洁净空气量测试拟合结果

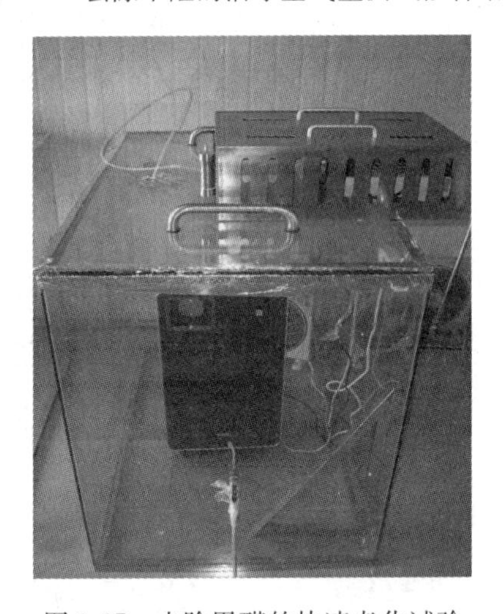

图3-67　去除甲醛的快速老化试验

3.3　甲醛、VOCs空气净化产品研发

3.3.1　吸附催化复合的蜂窝状净化模块

传统的VOCs净化组件普遍存在运行阻力高，净化功能单一的特点，严重制约着净化产品的应用。本研究以降低阻力为目标，研制了具有低阻特性的蜂窝状活

性炭载体，见图3-68。所研制出的250目蜂窝活性炭载体，其通风阻力≤20Pa（1m/s，厚30mm），体密度0.40g/cm^3，微孔比表面积≥800m^2/g，正抗压强度≥1.0MPa。

图3-68 蜂窝状净化模块

为实现高效的催化氧化功能，研制了新型低成本催化氧化甲醛的Pt/TiO_2和常温吸附—高效催化氧化苯系物的催化剂粉体；在蜂窝活性炭载体上负载催化剂，筛选催化活性组分，分别测试贵金属、金属氧化物、稀土元素、钙钛矿等做活性中心，优选最佳活性组分。同时研究各种助剂，提升催化性能，研制出针对气态污染物的吸附催化功能复合蜂窝状净化模块。

对蜂窝状净化模块在不同功能空间中对VOCs和臭氧的净化性能进行了测试分析。其中：在环境温度25℃，相对湿度50%，臭氧浓度2ppm，风速0.5m/s的条件下，臭氧一次性经过吸附催化复合蜂窝状净化模块后被净化的效率高达99%（见图3-69）。在净化寿命实验中，连续测试527h，净化效率无明显衰减。选取典型污染空

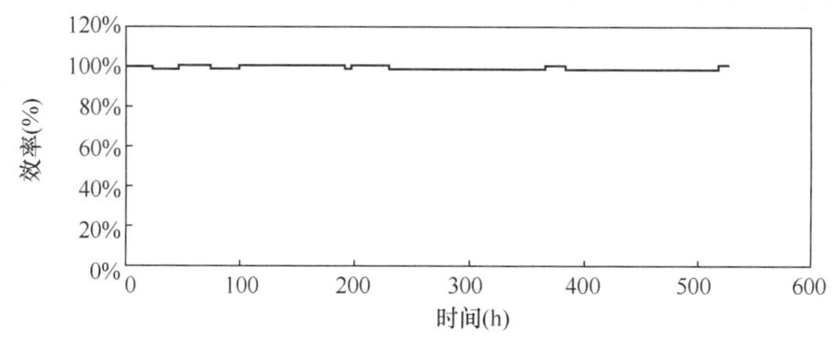

图3-69 净化模块对臭氧的分解效果

间（新生产某品牌汽车内，污染物持续散发），对研发组件的净化效果进行测试，发现即使对于污染严重且各类 VOCs 持续散发的空间，净化组件的使用能够显著降低甲醛、苯系物、TVOC 的浓度，较好的控制空间内环境，如图 3-70、和图 3-71 所示。

基于低阻力蜂窝状组件技术，建成新型催化剂粉体和蜂窝状模块组件的生产线（见图 3-72），达到批量生产能力，并设计生产低阻力复合净化功能的净化器（见图 3-73），已推广应用于民用建筑、复印间、汽车等不同功能空间中。

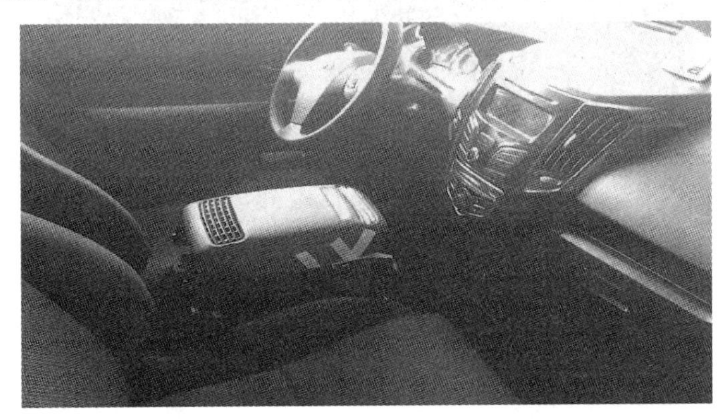

图 3-70　汽车内安装蜂窝状净化模块

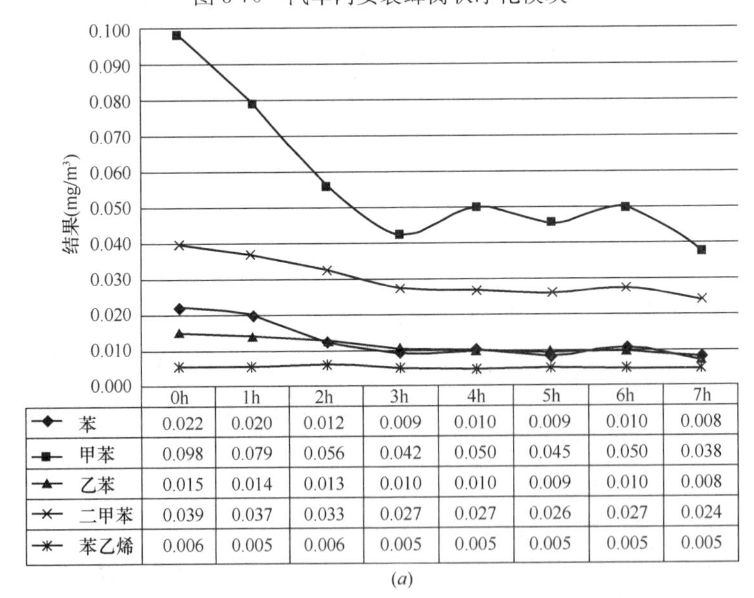

	0h	1h	2h	3h	4h	5h	6h	7h
苯	0.022	0.020	0.012	0.009	0.010	0.009	0.010	0.008
甲苯	0.098	0.079	0.056	0.042	0.050	0.045	0.050	0.038
乙苯	0.015	0.014	0.013	0.010	0.010	0.009	0.010	0.008
二甲苯	0.039	0.037	0.033	0.027	0.027	0.026	0.027	0.024
苯乙烯	0.006	0.005	0.006	0.005	0.005	0.005	0.005	0.005

(*a*)

图 3-71　净化模块对车内污染物的净化效果（一）

（*a*）苯系物；

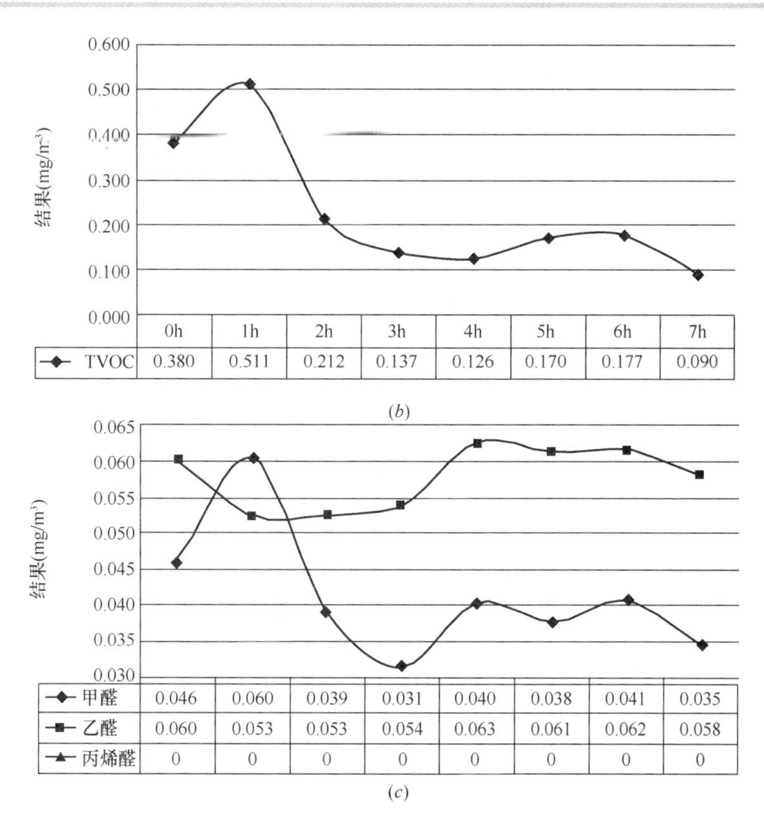

	0h	1h	2h	3h	4h	5h	6h	7h
TVOC	0.380	0.511	0.212	0.137	0.126	0.170	0.177	0.090

甲醛	0.046	0.060	0.039	0.031	0.040	0.038	0.041	0.035
乙醛	0.060	0.053	0.053	0.054	0.063	0.061	0.062	0.058
丙烯醛	0	0	0	0	0	0	0	0

图 3-71　净化模块对车内污染物的净化效果（二）

（*b*）TVOC；（*c*）醛类

图 3-72　低阻高效蜂窝状组件生产线

3.3.2 负载催化剂的低阻力蜂窝陶瓷模块

研制出具有低阻特性的蜂窝状堇青石陶瓷载体，通过在载体上负载钯铝催化剂，研制出低阻力蜂窝陶瓷催化模块（见图 3-74）。通过筛选 Au、Ag、Pt、Pd 等多种贵金属的催化活性，确认金属 Pd 具备最佳催化活性，最佳添加量为 4%；载体优选了二氧化钛、二氧化硅、氧化铝，确认最佳载体为氧化铝。通过催化剂粉末涂覆设备和活化设备，实现催化剂粉末在多孔陶瓷载体表面的均匀负载，将催化剂模块制造成转轮状，配合设计了扇形可调恒温电加热装置，为催化反应提供热源。已将该装置设计成净化器，可实现对苯系物的催化氧化。对催化模块在不同温度下分解邻二甲苯的性能进行了测试分析，结果见图 3-75。

图 3-73 基于低阻力蜂窝组件的空气净化器

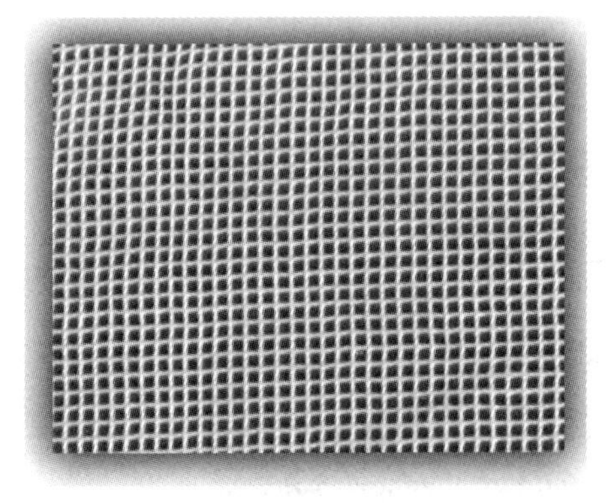

图 3-74 蜂窝陶瓷催化净化模块

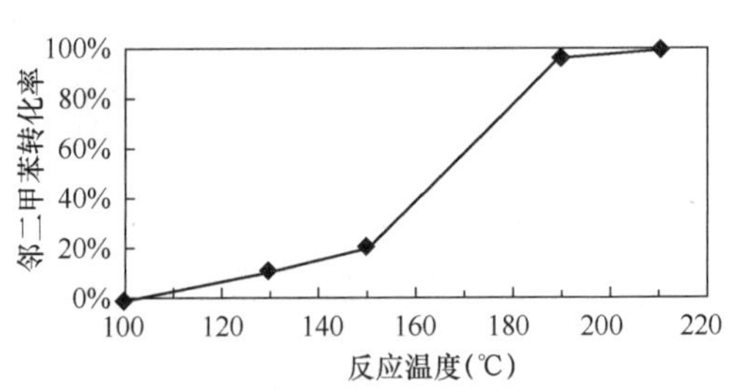

图 3-75 催化模块对邻二甲苯的分解效果

3.3.3 热再生空气净化装置

吸附净化技术具有性能稳定、成本低、无二次污染物等优点，是当前室内环境中应用最为广泛的甲醛净化手段。而制约吸附技术应用的一个重要因素是当今吸附材料的吸附容量低、寿命短。如图 3-76 所示，某著名品牌净化器在我国三个权威实验室中依据 GB/T 18801—2015 对其进行寿命测试。该净化器在吸附一定量甲醛之后，对于甲醛的净化性能急剧下降。这一结果表明，采用吸附方式对甲醛进行净化的空气净化器的寿命较短；在使用吸附材料进行净化时，需要经常更换滤料，否则将严重影响净化效果。

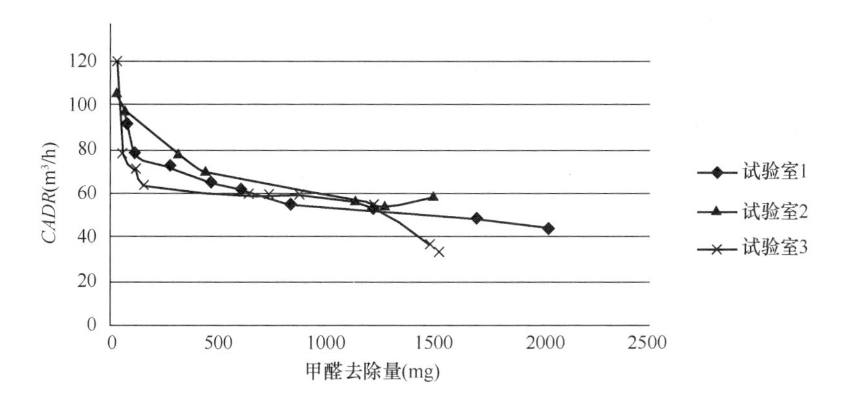

图 3-76 同一款净化器在三个不同实验室去除甲醛的寿命测试

为解决吸附材料有效使用寿命较短的问题，研究者采用对吸附材料进行化学浸渍或表面性状处理的方式，增加吸附材料在单次吸附过程中的有效吸附容量。而较少研究者关注通过可重复的吸附—脱附方式去除吸附材料上富集的甲醛而实现再生，以延长材料的使用寿命这一方式。课题提出了一种基于热脱附原理的净化器。该净化器在甲醛吸附饱和后通过简单结构切换，进行加热脱附，将其中吸附的甲醛脱出。在这种形式下，保证了净化效果并实现了吸附材料的循环使用，有效延长材料的使用寿命。此外，本装置对现有一次直流加热的方法进行优化，通过结构设计，令空气在舱体中反复对材料进行加热，辅以合适的保温措施，实现了较低的脱附能耗。

（1）装置原理

基于热脱附原理的净化器主要包括以下五个模块：1）风道主体：包括密闭舱、离心风机、三个空气阀、泄压阀、密封材料等；2）过滤模块：包括粗效过滤器，可再生甲醛吸附模块；3）加热部件：包括电热丝等；4）传感器：包括甲醛浓度传感器、温度传感器、压力传感器等。

风道主体分为两个舱：加热再生室与空气净化室，空气净化室通过两个阀与室内空气相连，加热再生室通过风道或软管与外界大气相连；空气净化室与加热再生室间又通过两个风阀相通。其中，粗效过滤器、可再生甲醛吸附模块、风机、甲醛传感器由下至上安装在空气净化室中，电热丝、温度传感器由上至下安装在加热再生室中。

该装置通过阀门的简单切换，可实现两种功能：室内空气净化、机械通风；可实现四种运行模式：净化模式、热再生模式、排污模式、新风模式。其中，开启室内净化功能时，装置在净化模式、热再生模式、排污模式间循环，使得净化器长期保持了高效的净化性能；开启机械通风功能时，装置持续开启新风模式，给室内提供了新鲜空气，提高了室内空气质量。该装置四种模式如下：

净化模式。净化模式下，室内空气在密闭舱的空气净化室及室内进行循环，吸附材料对室内空气进行吸附净化，净化过程如图 3-77（*a*）所示。在整个净化过程中，甲醛传感器对出口空气中甲醛浓度进行持续监测，反映并确保空气净化质量。当脱附过程进行给定时长或甲醛净化模块后甲醛传感器检测到甲醛浓度超过限定值时，进入热再生模式。

热再生模式。热再生模式下，空气被电热丝加热，加热后的空气经过吸附材料，促进吸附材料中所吸附的甲醛的脱附，热再生模式如图 3-77（*b*）所示。与此同时，温度传感器对空气温度进行持续监测，可编程控制器控制电热丝通断，维持舱内空气温度在设定温度。可编程控制器控制脱附模式进行时长，脱附给定时长后，进入排污模式。

排污模式。排污模式下，开启风扇，关闭电热丝。舱内空气与室外大气构成回路，舱内污染物浓度高的空气排入室外大气，排污模式如图 3-77（*c*）所示。可编程控制器控制排污模式进行时长，排污模式进行给定时长或舱内浓度降低到设定值以下后，空气阀切换，进入净化模式。

新风模式。新风模式下，开启风扇、关闭电热丝。此时室外新风经风道主体中过滤模块净化引入室内，有效提升室内空气品质，新风模式如图 3-77（*d*）所示。该模式将持续进行，直到操作人员对两种功能切换或关闭该装置。

本净化器中，为实现四种功能之间的切换，实现热再生过程中温度的自动控制及进行必要的安全防护功能，使用可编程逻辑控制器与风机、温度传感器、电热丝、甲醛传感器及各空气阀电路相连接，以控制净化器运行。在整体运行过程中，

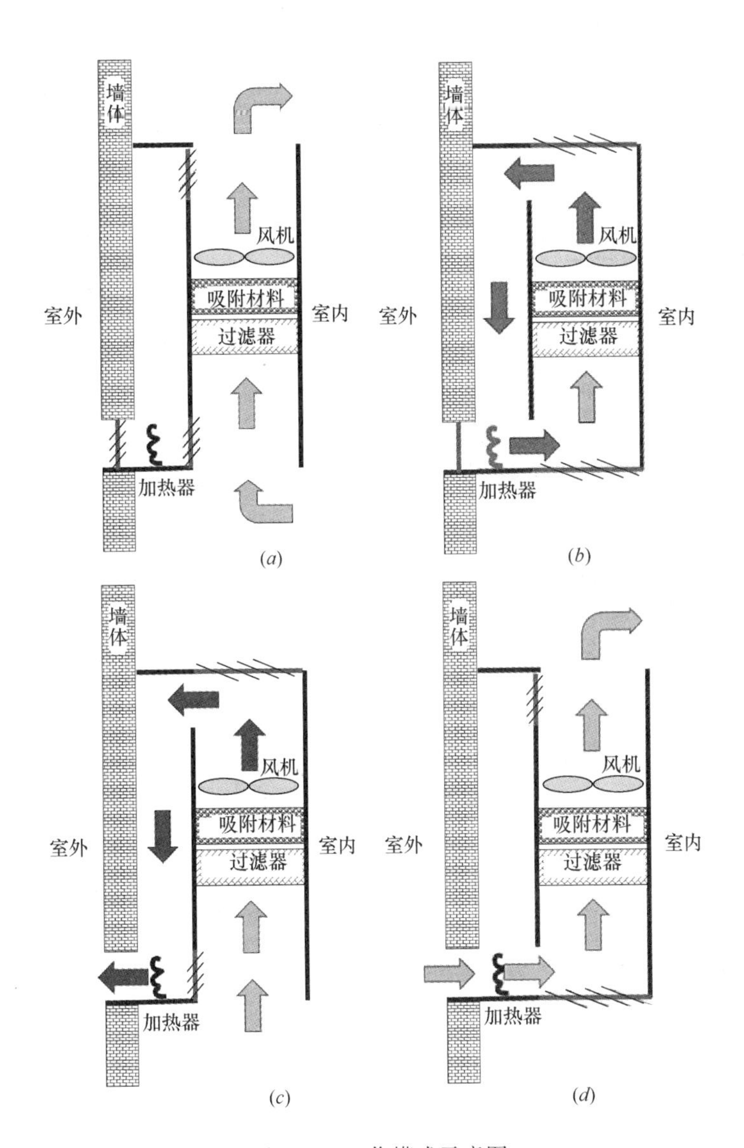

图 3-77 工作模式示意图

(*a*) 净化模式；(*b*) 热再生模式；(*c*) 排污模式；(*d*) 新风模式

各个模式之间的切换采用自动切换与通过电子显示屏手动切换相结合的方式，风道中温度、甲醛浓度、粗效过滤器两端压降等参数可在显示屏上进行实时监测。上述四种模式的运行方式可由操作人员手动控制或由可编程逻辑控制器中预先存储的实现上述模式的控制程序自动控制。

对于该净化器来说，由于其涉及不同功能间的阀门切换及一个内部温度较高的

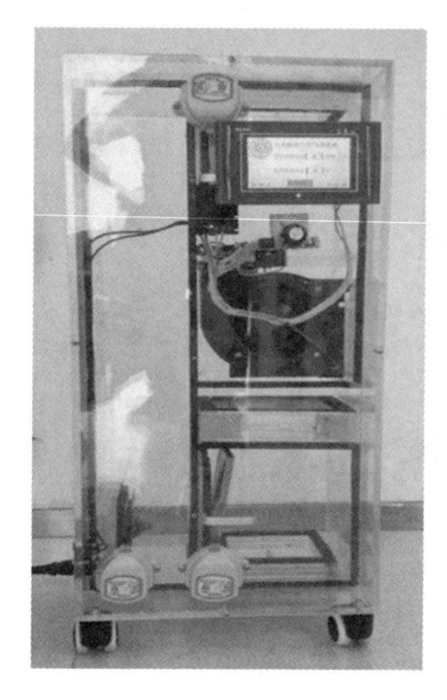

图3-78　空气净化器样机

气体内循环过程，其对于净化器整机的结构设计要求较高。此外，对整个净化器，特别是阀门处的气密性有较高要求。本设计中，采用转动压紧式气阀。通过合理安排阀门位置及风口，保证相邻两阀门不同时处于使用状态，从而简化结构，使用三个气动阀门完成了原有设计中五个阀门完成的功能。

（2）样机搭建

基于以上原理，根据所需净化效能确定尺寸，制作了该净化器样机，如图3-78所示。

吸附材料参数：在实验前，向该样机中填充活性炭0.8kg，其堆积厚度为5cm。所使用的活性炭在填充前经255℃烘箱烘烤12h以去除其中可能吸附有的有机物。对该活性炭进行压汞实验，得到其填充参数，见表3-29。

所选取活性炭的堆积参数　　**表3-29**

吸附材料	颗粒填充密度（g/mL）	颗粒真密度（g/mL）	孔隙率（%）	堆积率（%）
椰壳活性炭	0.7067	1.4229	50.36	53

对该材料进行BET表面积测试以及扫描电镜（SEM）观测，其比表面积约为800m^2/g，孔径分布如图3-79所示，在微孔、介孔、大孔区均有分布。其电镜扫描如图3-80所示。

（3）性能测试方法

基于以上搭建的样机进行了性能测试实验。对于净化器，当前使用洁净空气量*CADR*（m^3/h），来表示净化产品所能提供的不含目标污染物的空气量；使用一次通过效率η（%），来表示空气一次性通过吸附材料前后空气含污染物浓度之差与吸附材料前空气含污染物浓度之比的百分数。国家标准《民用建筑供暖通风与空气调节设计规范》GB/50736—2015中规定了净化器性能测试的环境舱检测法。*CADR*值通常通过环境舱污染物衰减法测得：在定温湿度环境舱中注入初始浓度

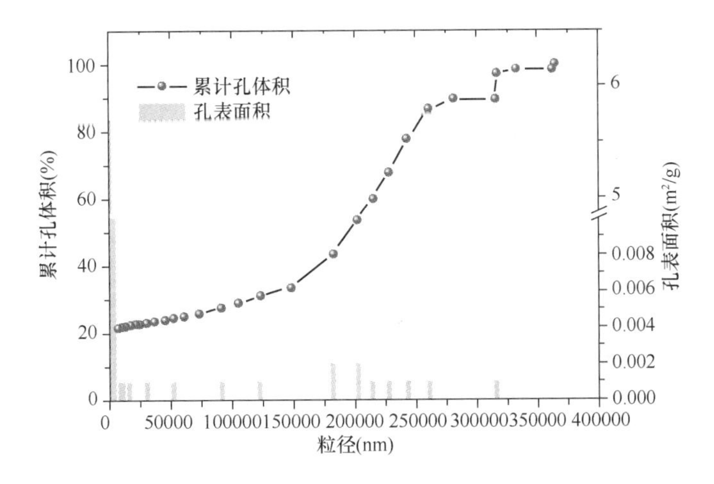

图 3-79 活性炭孔径分布图

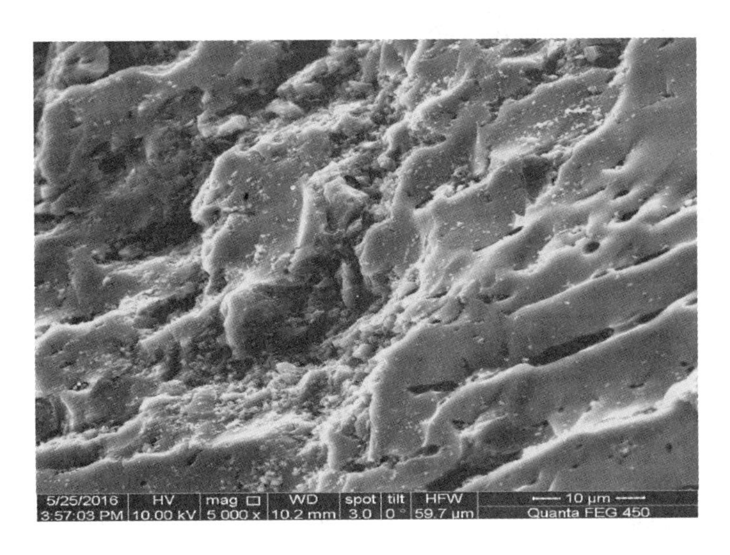

图 3-80 电镜扫描（SEM）图

为 C_0 的定浓度污染物，舱内污染物混合均匀后，开启净化器，定时间间隔对舱内污染物浓度采样检测，得到舱内污染物浓度总衰减曲线。以舱内浓度对数坐标值为 y 轴，时间为 x 轴，根据式（3-28）进行线性拟合，可得到净化器 $CADR$ 值：

$$V\frac{\mathrm{d}C}{\mathrm{d}t}=-(k_{\mathrm{n}}V+CADR)C \tag{3-28}$$

式中 t——时间，min；

k_n——自然衰减常数，h^{-1}，可通过自然衰减曲线拟合得到；

V——净化舱体积，m^3。

一次通过效率 η 与净化器 $CADR$ 之间关系通过式（3-29）计算。

$$\eta = \frac{CADR}{Q} \tag{3-29}$$

式中　Q——净化器的风量，m^3/h。

图 3-81　3m³ 试验舱实物图

$CADR$ 性能测试实验测试方案描述如下：在如图 3-81 所示的 3m³ 玻璃实验舱中进行，其具体尺寸参数为：1.28m×1.28m×1.88m，在开关门处使用中空橡胶管进行密封，气密性良好。该舱内置有一风扇对舱内空气进行搅拌，以使其混合均匀。舱内的温湿度在实验过程中均控制在 20℃，20%。舱内置有一利用福尔马林溶液产生定浓度甲醛气体的甲醛气体发生装置来生成目标浓度气体。该甲醛气体发生装置由定速注射泵及高温挥发装置组成。载气以恒定流速流过高温挥发装置，被加热至 150℃；注射泵以恒定速率将 37%的福尔马林溶液注入高温挥发装置；福尔马林溶液在高温挥发装置中瞬间全部挥发，进入载气，形成定浓度甲醛污染气体。气体中甲醛的浓度可通过调整注射速率改变。实验过程中舱内空气引入 INNOVA 1312，对舱内甲醛浓度进行全程监控。INNOVA 1312 在实验前已提前标定。

对于样机的性能测试实验按照如下流程进行：

1）样机风量测试。将吸附材料填充至样机中，开启风机。使用热球风速仪在风口处等面积采点测量风速，并由此计算得到净化器样机总风量。

2）初始 $CADR$ 测试：该过程中，测试净化器净化模式下的 $CADR$ 及一次通过效率。首先关闭净化器样机，使用微量注射装置快速向舱内以 $2\mu L/min$ 的速率注射 4μL 福尔马林溶液，注射完成之后静置并使用风扇搅拌。甲醛浓度稳定后，舱内达到约 1mg/m^3 的甲醛初始浓度。开启样机净化功能，按国家标准规定的 *CADR* 测试方法进行测试。样机衰减浓度曲线共记录 1h 共 6 个点，拟合得到样机的一次通过效率及 *CADR*。

3）样机性能老化：该阶段中，净化器样机持续保持在净化模式，注射装置持续向舱内以 0.8 μL/min 的速率注射福尔马林溶液。吸附材料持续吸附甲醛 12h 以达到对于材料的老化。12h 吸附阶段结束后，再次进行 *CADR* 测试以得到净化器在吸附甲醛之后的性能衰减状况。若样机性能衰减不明显，则持续重复以上步骤直至样机性能有一明显的衰减。

4）热再生阶段：在样机性能衰减之后对材料进行热再生。在这一阶段，净化器样机切换至热再生模式，样机内部的空气加热至 80℃并维持在该温度。加热的空气通过吸附模块并实现再生。

5）排污阶段：在该阶段净化器样机切换至排污模式，将净化器内较高浓度的甲醛排出。该过程持续 30min，高温的甲醛吸附材料在这一阶段被冷却至室温。

以上 2）~5）阶段可定义为一个循环；这四个阶段在每个循环中连续依照次序进行。定义 i 为该循环的循环数，在第 i 个循环的排污阶段之后，进入第 $i+1$ 个循环中的初始 *CADR* 测试阶段。在这种测试模式下，第 i 个循环中的 *CADR* 值可以反映第 $i-1$ 次吸附—脱附循环之后的净化器性能。

（4）性能测试结果

图 3-82 表示了该净化器在初始性能测试、老化后性能测试及脱附后性能测试中舱内的浓度下降曲线。初始性能测试中，舱内甲醛浓度持续下降，拟合得到该净化器一次通过效率为 32.38%。在老化过程之后，可看到舱内甲醛浓度下降过程明显减缓。此时拟合数据曲线得到其一次净化效率约为 9%，下降明显。老化过程后，对其进行热脱附。可看到回到了初始测试时的下降速率。该次曲线拟合得到一次通过效率为 27.71%，基本恢复了原有水平。以上这一过程表示活性炭中甲醛可被完全脱出，从而延长了净化器的使用寿命。

图 3-83 显示了在 5 次吸附—热脱附循环中净化器的一次通过效率。如图中数据显示，可以看到在 5 次循环中，净化器一次通过效率都保持了稳定；这一方式有效延长了净化器的使用寿命。

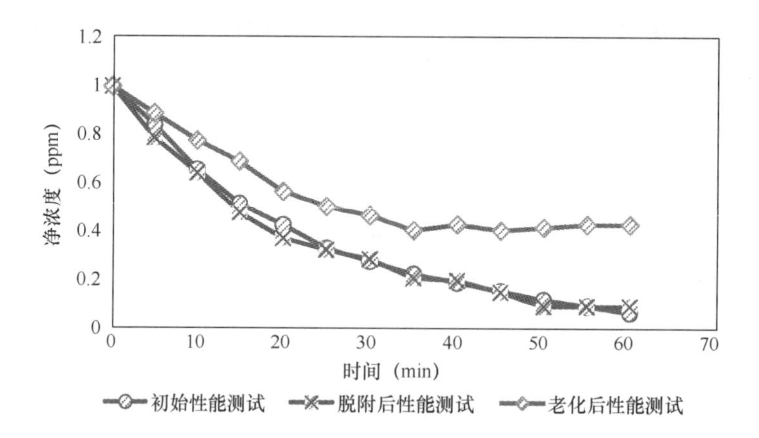

图 3-82 净化器在吸附—热再生循环中的性能变化

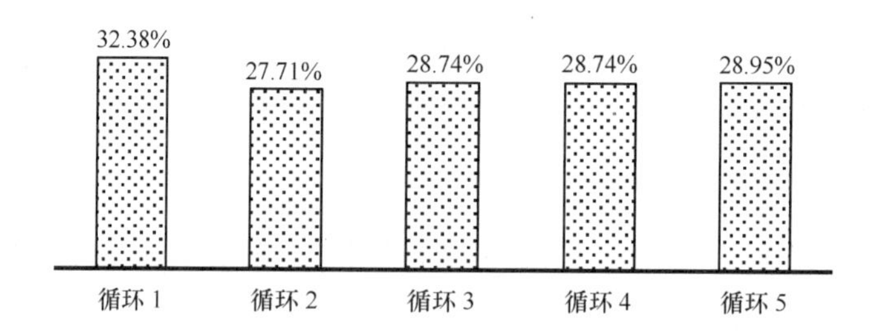

图 3-83 样机在多次循环中一次通过效率变化

此外，对样机的能耗进行实测，进行了能耗计算对比。本产品主要耗电的部分为风机和加热丝，基于实测数据，分别对这两部分进行了计算，结果见表 3-30。

净化器加热丝能耗计算 **表 3-30**

加热时长（min）	加热功率（W）	风机耗能（W）	总功率（W）
15	37	31	68
20	69	31	100

计算结果表明，加热时长 15min，总功率 68～165W；加热时长 20min，总功率 59～131W。基于这个实测加热数据，对本样机与普通家用净化器进行对比计算，如表 3-31 所示。

本装置与普通家用净化器对比计算 **表 3-31**

对比项目	普通家用净化器	热脱附净化器
风机功率（W）	100	100

续表

对比项目	普通家用净化器	热脱附净化器
更换滤网频率	4次/年	—
滤网价格（元/个）	200	—
热脱附频率	—	1次/周
热脱附功率（W）	—	300
热脱附时间（min）	—	120
电价（元/kWh）	0.5	
使用时间	8h/天	
全年运行费用（元）	946	160.4

以消耗的能源为电能来看，热脱附净化器全年的运行费用仅为普通家用净化器的1/6，在保证室内甲醛净化效果的情况下，可有效节约能源。此外，将该净化器与新风稀释方式，即使用新风机的工况进行对比，计算参数及结果如表3-32所示。

本净化器与新风稀释方式对比计算 **表3-32**

	空调加新风系统	热脱附净化器
房间体积（m^3）	30	
房间甲醛浓度（mg/m^3）	0.5	
国家标准甲醛浓度（mg/m^3）	0.08	0.08
降到国家标准所需时间（min）	60	40
风机功率（W）	100	100
空调新风负荷（W）	1195	—
电费（元）	0.5	
单次运行费用（元）	6.47	0.33

热脱附净化器与新风稀释方式相比，即使针对室内甲醛浓度较高的情况，将其处理到国家标准所消耗的能源也较低。其电能消耗按照单次运行费用计算，仅为空调加新风系统的1/19，具有较高的经济性。

值得注意的是，在测试能耗时，样机外部并未增加保温，因此使得加热能耗增大。当加以良好的保温措施时，实际运行能耗相对于如上计算可能更低。

3.3.4 苯系物低温催化氧化制备负载一体化净化技术

以二元与多元金属氧化物—贵金属负载催化剂为研究对象，采用燃烧法合成贵金属负载催化剂活性组分。通过调控燃烧装置参数、其他火焰气氛辅助合成（如臭氧辅助合成）、实现催化剂催化活性优化，以苯系物（苯、甲苯、二甲苯）为净化对象，深入研究了燃烧条件对催化剂活性及催化剂稳定性的影响。

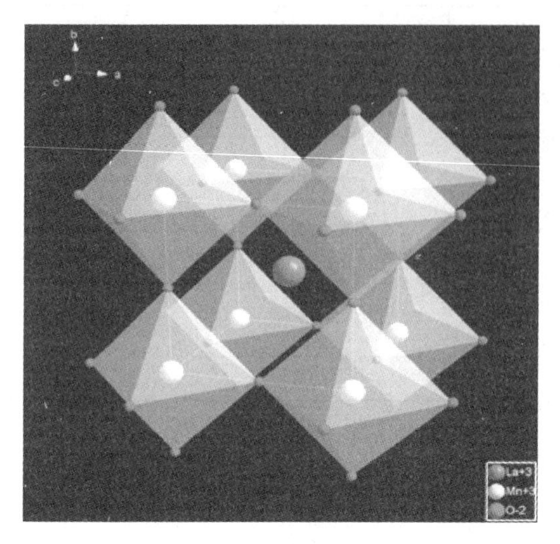

图 3-84 制备的 $LaMnO_3$ 催化剂结构

采用乳液前驱体和均相前驱体，通过预先调制前驱体喷雾液滴结构，分别制备符合催化活性预期的金属氧化物—贵金属负载催化剂的结构，通过燃烧过程原位表征技术，深入探讨负载贵金属和金属氧化物颗粒在火焰中的生长过程及催化剂颗粒不同结构对催化活性、稳定性的影响。由此发展了一步火焰沉积整体式催化剂制备方法，成功制备了 $LaMnO_3$ 类型和 Ce-Mn 氧化物类型催化剂，实现对苯催化燃烧降解（图 3-84）。

3.4 小 结

为实现对室内甲醛、VOC 典型污染的有效控制，改善室内空气质量，源头控制和净化控制是亟待解决的关键问题。本章从建筑材料和家具甲醛、VOC 散发测评技术研究、甲醛及 VOCs 净化产品测评技术研究及净化产品研发三部分展开，对“十二五”期间室内典型有机污染控制方面取得的进展和创新成果进行介绍。

（1）建材和家具散发率测试方法及标准化

建立了建筑材料和家具甲醛、VOCs（挥发性有机化合物）散发率测试方法，基于我国建筑材料散发特征，结合我国仪器分析相关国家标准，制定了不同材料的测试负荷比；考虑了建筑材料和家具产品应用特征，制订了产品散发率测试方法；结合工程应用特点，提出散发率时间模型，可以应用到工程设计中。该成果改变和改进了国内对于建筑材料和家具评判的思想、方向和方法。

（2）环境舱系统技术要求及环境舱标定用标准散发样品

开发了苯系物标准样品和甲醛标准样品，制定了室内装饰装修材料挥发性有机化合物散发率测试系统技术要求，不仅涵盖了温度、相对湿度、换气次数、背景浓度、气密性、混合均匀度、回收率等指标的性能要求和检验方法，而且提出了散发率测试准确度指标及计算方法。该成果的研发可以实现实验室内部质量控制，同时可以进行实验室之间的测试比对，对于提高行业检测能力、规范检测市场、引导产业发展、避免市场中劣质产品采用选择性测试导致的恶果等具有重大意义。

（3）建材及家具 VOCs 散发率测试方法——C-history 法

提出了密闭舱 C-history 测试方法和直流舱 C-history 测试方法，其中直流舱 C-history 测试方法可以缩短到 12h，密闭舱 C-history 测试方法可以缩短到 3d。该成果为将来认识建筑材料释放微观机理、缩短测试时间、建立散发时间模型、建筑材料重新构造等奠定了重要理论基础。

（4）建材和家具评价方法及应用

发现了家具载荷和建筑载荷相近；结合室内环境标准，根据 500 个材料样品和 80 个家具样品的测试，制定了家具、板材、涂料、木器漆、胶粘剂、壁纸、地毯七大类三级评价标准，在五星产品使用下可以达到室内控制质量标准。该成果一方面为产品生产研发提供了目标导向，另一方面为解决室内空气污染提供了简单易行的方法，一定程度上解决了“室内产品合格但室内空气不合格”这一难题。

（5）建立了面向实际工程的净化装置测评方法

解决了传统检测方法在多组分恒定释放、净化寿命测试、便捷采样方面存在的不足，开发出多组分低浓度标准气体发生装置、吸附性材料使用寿命测试装置、被动式污染物检测器，为净化产品实际使用性能的全面评价提供了有力的测试条件保证；解决了传统净化性能评价方法的基础问题，揭示了净化产品的二次污染机理和净化产品在工程生命期内的性能衰减规律，提出了工程用净化寿命预测方法，通过大量测试提出了各种净化组件的效率推荐值，为净化产品实际使用性能的全面评价奠定了基础；

（6）研发出适应实际工程需求的一系列新型 VOCs 净化和新排风热回收组件与产品

研发出系列 VOCs 高效净化技术与组件：研发出吸附催化复合的蜂窝状净化

模块和负载催化剂的蜂窝陶瓷模块，解决了传统净化技术在净化 VOCs 时普遍存在的运行阻力高、净化功能单一的实际问题；建立了苯系物低温催化氧化制备负载一体化技术的新型空气净化技术，解决了苯系物低温贵金属催化剂难以一步制备的难题，为催化剂制备的产业化提供了基础；开发出热再生装置，与新风稀释方式相比，即使针对室内甲醛浓度较高的情况，将其处理到国家标准所消耗的能源也较低。其电能消耗按照单次运行费用计算，仅为空调加新风系统的 1/19，具有较高的经济性。

本章参考文献

[1] De Bortoli M, Kephalopoulos S, Kirchner S, et al. State-of-the-art in the measurement of volatile organic compounds emitted from building products: results of European interlaboratory comparison. Indoor Air-International Journal of Indoor Air Quality and Climate, 1999, 9: 103-116.

[2] 蔚文娟,环境舱 VOCs 标准散发样品研制及应用[博士学位论文]. 北京：清华大学,2014.

[3] ISO 16000-9. Determination of the emission of volatile organic compounds from building products and furnishing - Emission test chamber method. International Organization for Standardization, 2006.

[4] ASTM D5116-10. Standard guide for small-scale environmental chamber determinations of organic emissions from indoor materials/product. WestConshohocken, PA: American Society of Test and Materials, 2010.

[5] ASTM. D6670-13. Standard practice for full-scale chamber determination of volatile organic emissions from indoor materials/products. WestConshohocken, PA: American Society of Test and Materials, 2013.

[6] Xiong J Y, Yao Y, Zhang Y P. C-history method: rapid measurement of the initialemittable concentration, diffusion and partition coefficients for formaldehyde and VOCs in building materials. Environ. Sci. Technol., 2011, DOI: 10.1021/es200277p.

[7] 熊健银. 建材 VOC 散发特性研究:测定、微介观诠释及模拟[博士学位论文]. 北京：清华大学, 2010.

[8] 钱科. 干建材 VOC 散发准则关联式及关键参数研究[硕士学位论文]. 北京：清华大学, 2007.

[9] Deng Q Q, Yang X D, Zhang J S. Study on a new correlation between diffusion coefficient and temperature in porous building materials. Atmospheric Environment, 2009, 43: 2080-2083.

[10] Xiong J Y, Zhang Y P. Impact of temperature on the initial emittable concentration of formaldehyde in building materials: experimental observation. Indoor Air, 2010, 20: 523-529.

[11] AgBB. A contribution to the Construction Products Directive: Health-related evaluation procedure for volatile organic compounds emissions (VOC and SVOC) from building products, 2008.

[12] Blue Angel. RAL-UZ 38. Low-Emission Wood Products and Wood-Based Products. German Institute for Quality Assurance and Certification, 2002.

[13] Gemeinschaft Umweltfreundlicher Teppichboden. GUT Product Test Criteria and limit values. 2004.

[14] NATUREPLUS. Controlling and assessing the environmental performance of building products by an international label of quaility. Vienna, Austria: Austrian Institute for Healthy and Ecological Buildings, 2007.

[15] M1. Emission Classification of Building Materials: Protocol for Chemical and Sensory Testing of Building Materials. Finland: Technical Research Centre VTT, 2004.

[16] ANSI/BIFMA. M7.1. Standard Test Method for Determining VOC Emissions from Office Furniture Systems, Components and Seating, 2007.

[17] Danish Society of Indoor Climate. The Indoor Climate Label General Labelling Criteria. Danish Technological Institute, 2004.

[18] 姚远．家具化学污染物释放标识若干关键问题研究[博士学位论文]. 北京：清华大学，2011.

[19] 中国林业科学研究院. GB 18580—2001. 室内装饰装修材料　人造板及其制品中甲醛释放限量．北京：中国标准出版社，2001.

[20] 中国石油和化学工业协会．GB 18581—2009. 室内装饰装修材料 溶剂型木器涂料中有害物质限量．北京：中国标准出版社，2009.

[21] 中国石油和化学工业协会．GB 18582—2008. 室内装饰装修材料 内墙涂料中有害物质限量．北京：中国标准出版社，2008.

[22] 中国石油和化学工业协会．GB 18583—2008. 室内装饰装修材料 胶粘剂中有害物质限量．北京：中国标准出版社，2008.

[23] 国家家具标准化中心等．GB 18584—2001. 室内装饰装修材料 木家具中有害物质限量．北京：中国标准出版社，2001.

[24] 中国制浆造纸研究院．GB 18585—2001. 室内装饰装修材料 壁纸中有害物质限量．北京：中国标准出版社，2001.

[25] 轻工业塑料加工应用研究所．GB 18586—2001. 室内装饰装修材料 聚氯乙烯卷材地板中有害物质限量．北京：中国标准出版社，2001.

[26] 天津市地毯研究所．GB 18587—2001. 室内装饰装修材料 地毯、地毯衬垫及地毯胶粘剂有害物质限量．北京：中国标准出版社，2001.

[27] 全国涂料和颜料标准化技术委员会．GB 24410—2009. 室内装饰装修材料 水性木器涂料中有害物质限量．北京：中国标准出版社，2009.

[28] 中国化工建设总公司涂料化工研究院．GB/T 3186-2006. 色漆、清漆和色漆与清漆用原材料 取样．北京：中国标准出版社，2006.

[29] 上海橡胶制品研究所等．GB/T 20740—2006. 胶粘剂取样．北京：中国标准出版社，2006.

[30] 中国疾病预防控制中 心．GB 18883—2002. 室内空气质量标准．北京：中国标准出版社，2002.

第4章　室内SVOC传输机理及源汇特性检测方法研究

4.1 背 景

过去的十几年里，我国在VOC污染及其控制方面投入了大量研究，取得了初步成效，并颁布了相关标准[1]。据Weschler[2]对1950年以来全球室内污染物演变历程的回顾，大部分室内VOC的污染水平已由升转降，这表明目前世界范围内对室内空气VOC污染的治理已取得了初步成效；但一些挥发性较弱的室内空气污染物——半挥发性有机物（Semivolatile Organic Compounds，SVOC）的污染水平却在持续上升且污染严重。

参照WHO对有机物的分类[3]，SVOC是一类沸点为240～400℃的有机物。常温下，SVOC的饱和蒸汽压很低，通常在10^{-14}～10^{-4}atm（1atm = 1标准大气压）范围内[4]，而VOC的饱和蒸汽压通常在10^{-4}～10^{-1}atm范围内[5]。因此，SVOC具有较难挥发、极易被各种表面吸附（如墙体、家具表面、悬浮颗粒物、灰尘、人体皮肤等）的特点。室内环境中常见的SVOC包括：邻苯二甲酸酯（Phthalate Acid Esters，PAE），常用于塑料制品中作为增塑剂；多溴联苯醚（Polybrominated Diphenyl Ethers，PBDE）及一些磷酸酯有机物［如磷酸三（2-氯丙基）酯，简称TCPP等］，常用于电子元件、电器以及泡沫材料中作为阻燃剂；多环芳烃（Polycyclic Aromatic Hydrocarbons，PAH），主要来源于燃烧过程（如香烟、燃煤、中式烹饪过程等）；以及一些杀虫剂中的有效成分及其燃烧产物等[4]。

室内SVOC污染问题的严重性已引起美国等发达国家的重视，相关研究已成为室内空气品质领域的研究热点。然而，SVOC对我国人民健康的负面影响还没有得到足够的重视，我国对SVOC污染问题的研究也比发达国家滞后——尽管我国的室内SVOC污染问题更为严重和复杂。目前我国正处于高速城镇化和现代化进程中，城市每年新建建筑规模庞大，大量SVOC也随着各类建筑材料和室内装修材料等进入室内环境[7]。我国增塑剂的消费量和产量居全球之首：2006年我国增塑剂的消费量占全球的25%[8]，而至2013年我国增塑剂的消费量和产量分别占全球的45%和38%以上[9]。由于十溴二苯醚的神经毒性和致癌性，欧盟和美国等已开始限制十溴二苯醚的使用[10]，然而十溴二苯醚仍是我国消费量和产量最多的PBDE阻燃剂，约占全球总消费量的25%和总产量的20%[1]。清华大学施珊珊[11]

对文献中实测结果的总结发现我国室内部分SVOC的空气相浓度（气相与颗粒相浓度之和）明显高于其他国家。Zhang等[12]针对我国10个重要城市开展的中国儿童家庭健康调研（China Children Homes Health，CCHH）的结果表明，我国儿童哮喘的发病率在过去20年迅速增长，而PAE（室内典型SVOC污染）已被证实可增加儿童哮喘的风险[13]。此外，由于近年来我国强调建筑节能以及很多地区室外空气污染严重（例如雾霾频发），导致室内的新风换气量减少，本来可以用来稀释室内空气污染物浓度的通风控制手段难以发挥应有的作用。

4.2 SVOC传输机理

4.2.1 SVOC在室内的传输过程

如图4-1所示，SVOC在室内环境中的传输过程主要包括：1）散发过程：含SVOC的材料（通常称为源材料）进入室内环境后，SVOC从其中散发至室内空气中；2）吸附过程：空气中的SVOC被室内的各种表面所吸附（吸附SVOC的材料称为汇，包括颗粒物）；3）暴露过程：当人员处于此室内环境时，SVOC可通过口入（摄入含SVOC的食物、水等）、吸入（呼吸含SVOC的空气及携带有SVOC的悬浮颗粒物）、皮肤暴露（SVOC通过皮肤直接接触源、汇材料或直接暴露于空气传递至皮肤表面，然后经皮肤渗透进入人体）三种途径进入人体[14]。当SVOC源材料被移出室内环境或新风量增加时，室内空气中SVOC的浓度将被降低，但汇材料又会通过脱附过程将其吸附的SVOC释放至室内空气中，形成二次源效应。

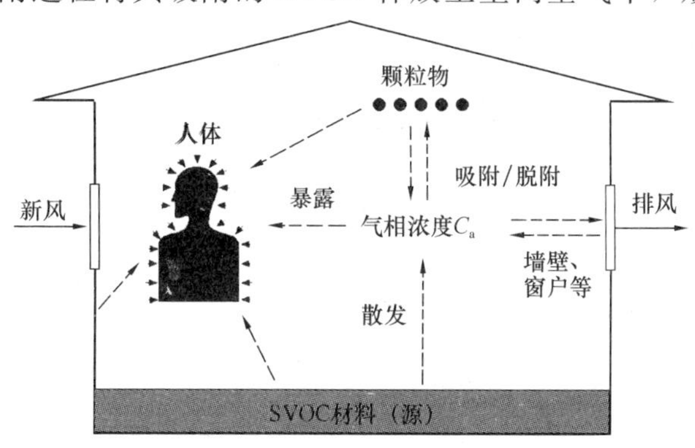

图4-1 SVOC在室内的传输过程示意图

汇吸附过程及其二次源效应是导致SVOC室内传输过程比VOC复杂得多（VOC的吸附性很弱，一般可忽略）、SVOC在室内环境中存在时间长及其综合控制难的重要原因。这也是目前国际上对室内SVOC污染尚缺乏完善的控制和治理手段的重要原因。例如，西方发达国家[15, 16]和我国[17]都只限定了部分SVOC在某些产品中的总含量；并没有如对甲醛、苯系物等VOC一样，不仅限定了其在源头材料中的总含量[18]，还限定了其在室内空气中的浓度。

4.2.2 源散发过程及其特性

4.2.2.1 国内外相关研究综述

一般而言，材料中添加的SVOC与材料基质分子之间靠物理作用力相结合[19]。SVOC的源散发过程如图4-2所示，可以发现，SVOC的散发过程其实与干建材中VOC的散发过程完全类似。因此，早期在研究SVOC源散发特性时沿用了对干建材VOC散发特性的研究方法，即用三个关键参数表征SVOC的源散发传质特性：材料中SVOC的初始浓度 C_0（$\mu g/m^3$）、SVOC在源材料中的扩散系数 D_e（m^2/s）及SVOC在材料与空气界面处的分配系数 K_e（即材料与空气交界面处材料相浓度与气相浓度之比）[20]。基于此，Xu和Little[20]建立了描述SVOC源散发过程的传质模型（二阶偏微分方程组）。

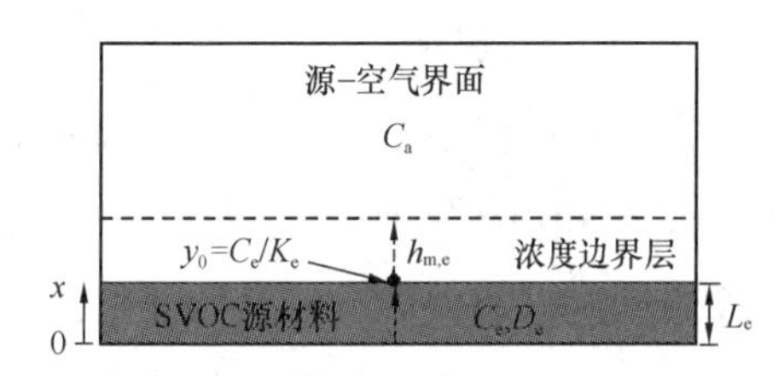

图4-2 SVOC源散发过程示意图

以此为基础，他们对 D_e 进行了敏感性分析，结果表明：SVOC在源材料中的扩散过程对散发几乎没有影响，即SVOC的内部扩散阻力可忽略不计。他们的进一步分析还表明，即使经过相当长时间的散发，源材料中SVOC的含量几乎没有变化（即 $C_e \approx C_0$）。因此，描述SVOC源散发过程的二阶偏微分传质模型可简化为式（4-1）：

$$E = h_{m,e}\left(\frac{C_0}{K_e} - C_a\right) = h_{m,e}(y_0 - C_a) \tag{4-1}$$

式中 E——源材料的散发速率，$\mu g/(m^2 \cdot s)$；

$h_{m,e}$——表面对流传质系数，m/s；

y_0——C_e（或 C_0）与 K_e的比值，$\mu g/m^3$；

C_a——环境中 SVOC 气相浓度，$\mu g/m^3$。

由于 C_0和 K_e在散发过程中均保持不变[20]，y_0在整个散发过程中也可看作一个常数。对比可知，表征 SVOC 源散发过程的特性参数可由原来的三个（C_0、D_e和 K_e）简化为一个（y_0），即 y_0是 SVOC 源散发过程的唯一特性参数。

目前关于 y_0与其影响因素之间的关系研究相对较少，且基本都以 PVC 地板中 DEHP 的散发特性为研究对象。

4.2.2.2 “十二五”期间我国相关研究进展及结论

（1）温度对 y_0的影响

温度对 y_0的影响可由克劳修斯-克拉贝龙（Clausius-Clapeyron）方程[21, 22]来描述，即式（4-2）：

$$\ln y_0 = -\frac{\Delta H_e}{RT} + \chi \tag{4-2}$$

式中 ΔH_e——SVOC 从材料中散发至空气时所需的蒸发焓，kJ/mol；

R——热力学常数，8.314 J/（mol·K）；

T——温度，K；

χ——常数。

清华大学 Cao 等[22]用式（4-2）对已有研究测得的不同散发温度下 DEHP 的 y_0进行线性拟合，并求得了式中的两个未知参数：ΔH_e和 χ。这里将纯 DEHP 当作 DEHP 含量为 100%的“PVC 地板”。图 4-3 所示为线性拟合结果。可以看出，式（4-2）与 y_0的实验结果吻合良好（线性拟合的相关系数 $R^2 > 0.94$）。这说明用克劳修斯-克拉贝龙方程来描述 y_0与散发温度的关系是合理的。

表 4-1 所列为求得的 ΔH_e和 χ。可以发现，虽然材料中 DEHP 的含量差别很大（5.1%～100%），DEHP 散发时所需的蒸发焓却无明显变化（104～114 kJ/mol，不到 10%的偏差可能是由测试误差所引起的）。蒸发焓表示 1 摩尔 DEHP 从材料中挥发出来所需要的能量，主要来自两种途径：散发时由于体积膨胀，DEHP 反抗大气压力而做的功；DEHP 分子脱离周围分子的束缚，克服分子间作用力而做的功。前者仅由 DEHP 的性质决定，不受材料的变化而影响，因此当蒸发焓一样时，DEHP 从不同 PVC 地板中散发时为克服 DEHP 分子所受的分子间作用力而做的功

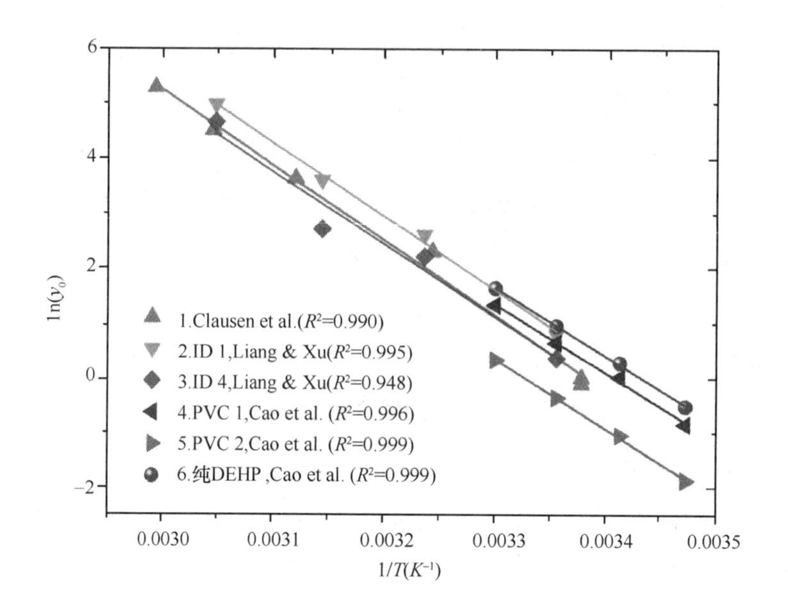

图 4-3 克劳修斯-克拉贝龙方程对 y_0 的拟合结果[22-24]

注：ID 1 和 ID 4 表示 Liang 和 Xu[24]测量的两种不同材料；PVC 1 和 PVC 2 表示 Cao 等[22]所用的1两种不同材料。

应完全一样。在 PVC 地板中，单个 DEHP 分子受到的分子间作用力来自其周围的 DEHP 分子和 PVC 分子；当 DEHP 的含量减小时，DEHP 分子周围的 PVC 分子就越多，其与 PVC 分子间作用力所占的比例将相应地增大，如图 4-4 所示。若 DEHP 分子所受的这两种作用力不相等，蒸发焓 ΔH_e将随着 DEHP 含量的变化而变化。因此，只有当材料中 DEHP 与 PVC 分子间作用力等于或非常接近于 DEHP 与 DEHP 分子间作用力时，DEHP 含量的变化才不会引起蒸发焓的变化[22]。当然，进一步对此现象的解释，还需深入研究。

不同材料对应的克劳修斯-克拉贝龙方程参数 ΔH_e和 χ　　表 4-1

数据来源	蒸发焓 ΔH_e（kJ/mol）	常数 χ（ln（μg/m^3））
Cao 等[52]，纯 DEHP（m=100%）①	104	42.8
Cao 等[52]，材料 1（m=18%）	104	42.6
Cao 等[52]，材料 2（m=5.1%）	106	42.2
Clausen 等[45]，（m=13%）	114	46.4
Liang 和 Xu[46]，ID 1（m=23%）	112	45.9
Liang 和 Xu[46]，ID 2（m=7%）	110	44.9

① m 表示 DEHP 在材料中的质量分数。所购 DEHP 液体的纯度大于 99.5%，因此其对应的 m 取 100%。

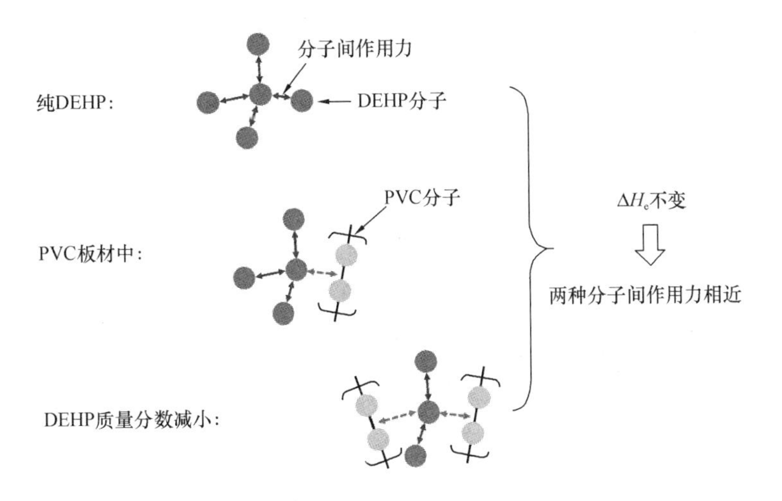

图 4-4 材料中某个 DEHP 分子所受分子间作用力示意图

（2）源材料中 SVOC 含量对 y_0的影响

将表 4-1 中纯 DEHP 的 ΔH_e和 χ 带入式（4-2）可得 DEHP 饱和气相浓度 y_{ss}的克劳修斯-克拉贝龙方程，即式（4-3）：

$$\ln y_{ss} = -\frac{104}{RT} + 42.8 \tag{4-3}$$

前面已经发现 PVC 地板中 DEHP 含量的变化对蒸发焓 ΔH_e没有影响，若取纯 DEHP 的 ΔH_e为标准值，则将式（4-2）与式（4-3）相减可得式（4-4）：

$$\ln\left(\frac{y_0}{y_{ss}}\right) = \chi - 42.8 = \theta \tag{4-4}$$

式中，θ 为常数。根据前面的结果可知，θ 与散发温度 T 无关，其仅由材料中 DEHP 的含量决定。

图 4-5 汇总了不同 PVC 地板散发 DEHP 时 y_0与 y_{ss}的比值，图中每个点对应每种材料 y_0与 y_{ss}比值的平均值。从图中可以发现，y_0/y_{ss}随着材料中 DEHP 质量分数 m 的增大而增大，而且它们之间符合以下指数函数关系[22]：

$$\frac{y_0}{y_{ss}} = 1.00 - e^{-0.0859m} \tag{4-5}$$

式中指数函数的系数通过非线性拟合求得。非线性拟合的相关系数 R^2 达到了 0.934，常数项（即 1.00）的相对标准差为 6%，指数项系数（即 0.0859）的相对标准差为 15%。

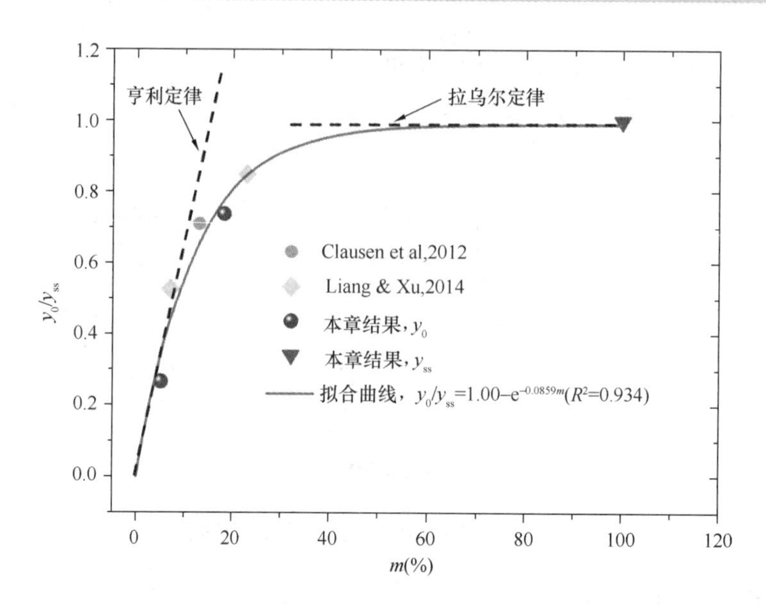

图4-5　不同PVC地板散发DEHP时y_0与y_{ss}的比值

从图4-5中还可发现，当DEHP的质量分数很小时，y_0/y_{ss}与m呈线性关系，即此时散发过程符合亨利定律。另外，当DEHP的质量分数很高时，y_0/y_{ss}与m也呈线性关系，这时可以用拉乌尔定律来解释。进一步的分析发现，仅有当$m<10\%$时，散发过程符合亨利定律。这说明国际上相关研究中假设SVOC的材料相浓度（也可理解为m）与气相浓度呈线性关系（即符合亨利定律）并不总是成立。而当$m>50\%$时，散发过程符合拉乌尔定律。在实际的PVC地板中DEHP的质量分数几乎不可能达到50%，但此结论可用于预测纯度不高时DEHP液体表面的DEHP气相浓度。

将式（4-3）和式（4-5）带入式（4-4）可求得同时表征温度和材料中DEHP质量分数对y_0的影响的函数[22]，即式（4-6）：

$$\ln y_0=-\frac{104}{RT}+\ln(1.00-e^{-0.0859m})+42.8 \tag{4-6}$$

上式对于实际应用，尤其是制定室内DEHP污染控制的相关标准，具有重要的指导意义。当PVC地板中DEHP的质量分数已知时，上式即可用于预测常温下DEHP的散发特性参数y_0；而若确定了DEHP的干预控制手段，可以推测出室内DEHP的气相浓度限值，进而结合DEHP在室内的传输分配模型可以推算其对应的y_0限值，利用上式即可给出源材料中DEHP的质量分数限值[22]。需要指出的是，这里得到的结论仅适用于 PVC 地板中 DEHP 的散发过程；对其他类型材料中的 DEHP 以及其他 SVOC 的散发是否仍然成立，还需进一步研究。

4.2.3 汇吸附过程及其特性

汇材料对 SVOC 的吸附是源材料散发 SVOC 的逆过程，但由于材料的材质不同，存在两种不同的情形，如图 4-6 所示。1）对于多孔介质型的汇材料，如混凝土、衣服、地毯等，SVOC 可渗入内部的汇材料，吸附过程存在两个步骤：首先，空气中的 SVOC 分子被吸附到汇材料表面；而后，由于材料内部不能与空气直接接触，材料内部的 SVOC 浓度将低于材料表面的浓度，此浓度差将驱动 SVOC 由材料表面扩散至材料内部。2）对于某些非常致密的材料，如不锈钢、玻璃等，SVOC 难以渗入其内部，因此吸附的 SVOC 几乎都富集在汇材料的表面。

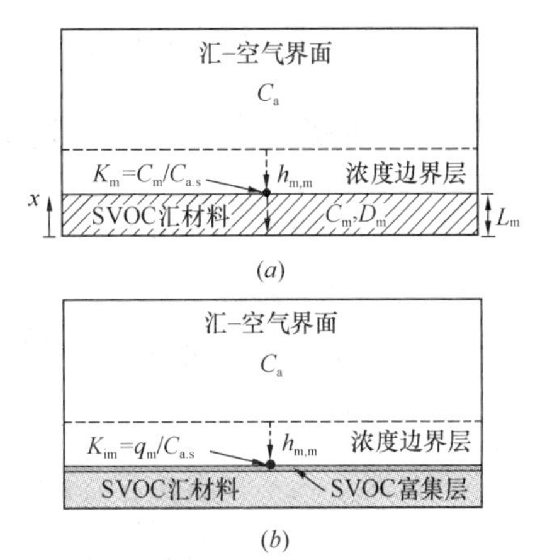

图 4-6 SVOC 汇散发过程示意图

（*a*）SVOC 可渗入的材料；

（*b*）SVOC 无法渗入的材料

如图 4-6（*a*）所示，对于 SVOC 可渗入内部的汇材料，相关研究通常沿用描述 VOC 在多孔介质中传质的模型[25]。该模型有以下基本假设：材料各向均匀且 SVOC 在其中的传质为一维扩散过程；SVOC 在多孔材料中存在孔隙内气相和固体骨架吸附相两种状态；SVOC 在吸附相中的扩散速率远小于其在孔隙内气相中的扩散速率，即认为吸附相的扩散过程可被忽略[26]。此时表观扩散系数 D_m 和分配系数 K_m 为汇材料吸附 SVOC 时的特性参数[25]。

对于 SVOC 不可渗入的汇材料，一般用式（4-7）描述汇材料对 SVOC 的吸附过程[20]：

$$\begin{cases}\dfrac{dq_m}{dt}=h_{m,m}\left(C_a-\dfrac{q_m}{K_{im}}\right)\\ q_m=q_{m,0}\text{, }t=0\end{cases}\tag{4-7}$$

式中 q_m——SVOC 在汇材料表面的表面浓度，$\mu g/m^2$；

K_{im}——SVOC在汇材料表面与空气间的分配系数（下标 im 表示不可渗透，impermeable），m；

$q_{m,0}$——汇材料表面SVOC的初始吸附相浓度，$\mu g/m^2$。

此时，K_{im} 为唯一的汇吸附特性参数。

由于对SVOC汇特性参数的测定研究起步较晚，目前对SVOC汇特性参数与不同因素（如温度、湿度和材料特性等）的关系及影响机理的研究还鲜有报道。

4.2.4　颗粒物对室内SVOC传输过程的影响

4.2.4.1　SVOC与颗粒物动态传质过程

（1）国内外相关研究综述

由于SVOC极易被各种表面吸附，包括悬浮颗粒物，室内空气中的SVOC一般存在气相和颗粒物吸附相两种状态[27]。与VOC不同，SVOC的一个重要特点是饱和蒸汽压低，极易粘附在各类表面之上，包括 $PM_{2.5}$ 等。图4-7示出了不同颗粒物质量浓度下，多种室内常见污染物在空气中颗粒相与气相之间的平衡分配比例[6]。

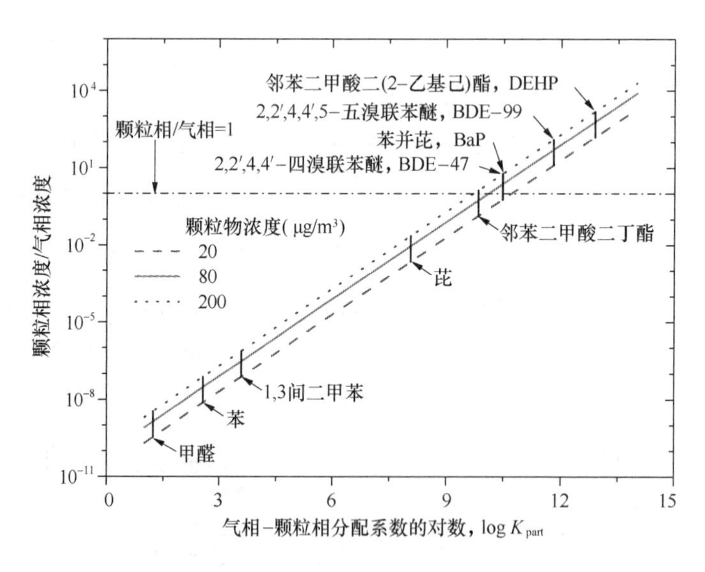

图4-7　多种室内污染物在颗粒相与气相之间的分配比

可以看出，对于以甲醛和苯为代表的VOC，绝大部分存在于气相；而对于很多SVOC，如阻燃剂中的2，2′，4，4′-四溴联苯醚（BDE-47）和2，2′，4，4′，

5-五溴联苯醚（BDE-99）、增塑剂中的DEHP和多环芳烃中的苯并芘（BaP）而言，颗粒相则占主导。因此，研究颗粒物与SVOC之间的相互作用特性，以及颗粒物在SVOC的室内传输过程中的作用和影响，是十分必要的。

国内外研究者一般假设颗粒物与气相SVOC间存在热力学平衡关系[27,28]，即式（4-8）：

$$C_{sp}=K_p\cdot C_{mp}\cdot C_a \tag{4-8}$$

式中　C_{sp}——室内空气中SVOC的颗粒相浓度，$\mu g/m^3$；

K_p——SVOC的颗粒相/气相分配系数，$m^3/\mu g$；

C_{mp}——室内悬浮颗粒物的质量浓度，$\mu g/m^3$。

可以发现，式（4-8）形式简单，十分便于实际使用。然而，不断有研究者发现，式（4-8）对SVOC颗粒相浓度的预测结果与实验测量结果间存在较大的偏差[27,29]。Weschler和Nazaroff[27]研究了导致此偏差的原因，他们的估算发现，当SVOC的吸附性较强时，颗粒物与气相SVOC达到平衡所需的时间往往很长，有些SVOC的平衡时间甚至长达数天以上，明显大于悬浮颗粒物在室内空气中的停留时间（一般在几十分钟到几小时范围内[30]），对颗粒物与气相SVOC存在平衡关系的假设并不合理。

针对此问题，研究者们开展了对颗粒物与气相SVOC间动态传质过程的研究，并建立了一些动态传质模型，希望提高对颗粒物与气相SVOC间关系的预测结果的准确度[31]。其中，我国研究者[6]建立的气相一颗粒相SVOC动态分配模型较为完备。

（2）“十二五”期间我国相关研究进展及结论

清华大学Liu等[6]首先对颗粒物的形态进行了总结，发现大部分颗粒物可简化归结为图4-8所示的球体：一个绝质内核的表面覆盖有一层均匀的传质层。假设SVOC在颗粒物中的传质为沿径向的扩散过程，Liu等[6]建立的传质控制方程为（4-9）：

$$\frac{\partial C_p}{\partial t}=D_p\left(\frac{\partial^2 C_p}{\partial r^2}+\frac{2}{r}\frac{\partial C_p}{\partial r}\right),\ R_1<r<R_2 \tag{4-9}$$

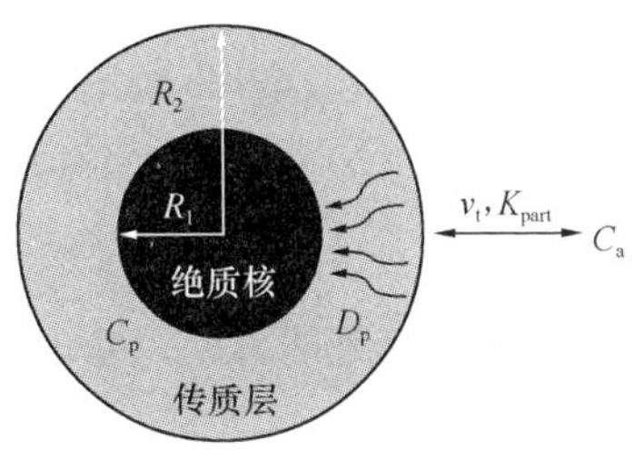

图4-8　颗粒物吸附SVOC动态传质示意图

式中 C_p——单个颗粒中SVOC的浓度，$\mu g/m^3$（颗粒物）；

D_p——SVOC在颗粒物内的扩散系数，m^2/s；

r——径向坐标，m；

R_1，R_2——均匀传质层的内径和外径，m。

式（4-9）的边界条件和初始条件如式（4-10）：

$$\begin{cases} \frac{\partial C_p}{\partial r} = 0,\ r = R_1 \\ D_p \frac{\partial C_p}{\partial r} = v_t\left(C_a - \frac{C_p}{K_{part}}\right),\ r = R_2 \\ C_p = C_{p,0},\ t = 0 \end{cases} \tag{4-10}$$

式中 v_t——气相SVOC传递至颗粒物的传质系数，m/s；

$C_{p,0}$——单个颗粒中SVOC的初始浓度，$\mu g/m^3$（颗粒物）；

K_{part}——无量纲的SVOC颗粒相/气相分配系数，$K_{part}=K_p \cdot \rho_p$；

ρ_p——颗粒物的密度，一般取$10^{12}\mu g/m^3$（颗粒物）[27]。

v_t和K_{part}可取经验值或由经验公式计算得到[6]。

通过对式（4-9）和式（4-10）进行无量纲分析，Liu等[6]发现：当立托数[Little Number，$Lt= v_tR_2/(D_p \cdot K_{part})$]小于某个临界值时，SVOC在颗粒物内部的扩散传质阻力将远小于SVOC由环境空气传递至颗粒物表面的传质阻力，此时可用集总参数法计算颗粒物与气相SVOC间的动态传质过程；当$R_1=0$时（即整个颗粒物为传质区域），立托数的临界值为0.1，此临界值将随着R_1的增大而增大。Liu等[6]的估算表明，对于大部分的SVOC和室内颗粒物传质系统，立托数都小于0.1。因此，式（4-9）和式（4-10）构成的模型可简化为式（4-11）[6]：

$$\frac{dC_p}{dt} = \frac{3v_t}{R_2}\left(C_a - \frac{C_p}{K_{part}}\right) \tag{4-11}$$

当颗粒物中SVOC初始浓度为0时，上式的解析解为式（4-12）[6]：

$$C_p = K_{part}C_a\left(1 - \exp\left(-\frac{3v_t}{K_{part}R_2}t\right)\right) \tag{4-12}$$

假设K_p和ρ_p与粒径无关，并考虑颗粒物在室内空气中的停留时间，将所有粒径的C_p累加起来即可求得室内空气中颗粒相SVOC浓度C_{sp}，即式（4-13）：

$$C_{sp} = \sum_{k=1}^{n} N_{p,k}V_{p,k}C_{p,k} = K_p \cdot C_g \cdot C_{mp}\sum_{k=1}^{n}\alpha_{V,k}\left(1 - \exp\left(-\frac{3v_{t,k}}{K_p\rho_p R_{2,k}}t_{r,k}\right)\right) \tag{4-13}$$

式中 n——颗粒物被分为 n 个粒径范围；

$N_{p,k}$——空气中粒径范围 k 内悬浮颗粒物的数量浓度，$1/m^3$；

$V_{p,k}$——粒径范围 k 内颗粒物的体积，m^3；

$\alpha_{V,k}$——粒径范围 k 内颗粒物的体积分数，$\alpha_{V,k}=N_{p,k}V_{p,k}/\sum_{k=1}^{n}N_{p,k}V_{p,k}$；

$t_{r,k}$——粒径范围 k 内颗粒物在室内空气中的停留时间，s。

以文献中对典型PAH芘（pyrene）与颗粒物动态传质过程的实验为对象，清华大学Shi和Zhao[32]将上述模型的预测结果与实验结果进行了比较，发现二者吻合良好，初步验证了此模型的可靠性。在此基础上，Shi和Zhao[33]通过综合考虑通风及颗粒物动力学特性，建立了预测室内降尘中SVOC浓度的降尘相SVOC动态分配模型，该模型的预测结果与文献中的实测结果也吻合良好。

这些研究为更准确地描述室内SVOC的传输规律和预测室内SVOC的浓度提供了基础。然而，上述模型中的一些关键参数，如 K_p（或 K_{part}）和 v_t，目前基本采用经验公式进行估算，尤其是不同经验公式对 K_p 的预测值存在很大偏差（甚至可达几个量级）[34]，这些参数的准确测定或估算方法还需系统的研究。

4.2.4.2 颗粒物的尺寸效应

（1）国内外相关研究综述

按照颗粒物的直径尺寸，可将室内环境中的颗粒物分为三类[35]：<0.1μm，超细颗粒；0.1～2.5μm，累积颗粒；2.5～10μm，粗颗粒。超细颗粒和累积颗粒统称为细颗粒物，即 $PM_{2.5}$。不同粒径的颗粒物，其在室内环境中的运动特点和对人体的暴露特征也不一样，例如超细颗粒可以随呼吸深入肺部，并沉降在此；累积颗粒不宜被清除，在空气中的停留时间长；而粗颗粒因重力沉降的原因在室内环境中停留时间短，也难以进入呼吸系统的末端。因此，粘附在颗粒物上的SVOC也会因颗粒物粒径的不同，而有不同的命运，对人体健康的影响也不同。因此弄清颗粒相SVOC的粒径分布对研究SVOC在室内的传输特性、对人的暴露特征以及后续的控制策略十分重要。

国外相关研究中对颗粒相SVOC粒径分布的研究从20世纪70年代开始，PAH是其中重要的一类[36,37]。这些研究一致地发现如下三个特征，如图4-9所示：

1）与颗粒物质量浓度的粒径分布相比，颗粒相PAH的粒径分布的峰值往小

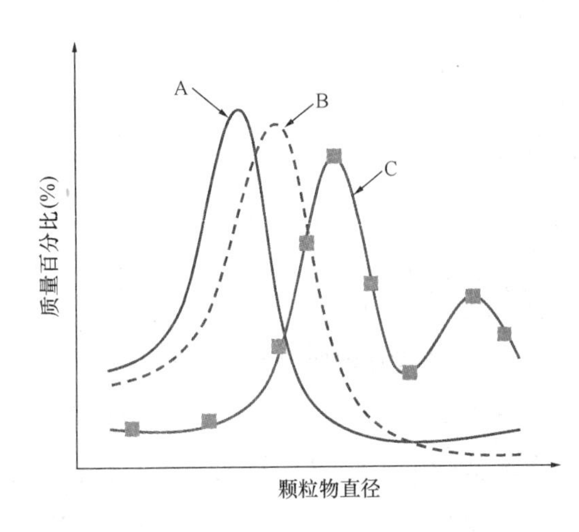

图 4-9 颗粒相 PAH 粒径分布特征示意图

注：曲线 A：大分子质量 PAH 的粒径分布，或天气冷时的粒径分布；曲线 B：小分子质量 PAH 的粒径分布，或天气热时的粒径分布；曲线 C：颗粒物的质量浓度分布。

颗粒方向偏移（图 4-9 中曲线 A 和曲线 B 的峰值在曲线 C 的左侧）；

2）与小分子质量 PAH 的粒径分布相比，大分子质量 PAH 的粒径分布的峰值往小颗粒方向偏移的程度更大（图 4-9 中曲线 A 的峰值在曲线 B 的左侧）；

3）与天气热的时候相比，天气冷时 PAH 的粒径分布的峰值往小颗粒方向偏移（图 4-9 中曲线 A 的峰值在曲线 B 的左侧）。

然而对于以上观测现象的理论解释还不充分，相关的认识还不深入。Venkataraman 等人[38]用平衡吸收理论和平衡吸附理论分别解释了 PAH 在超细颗粒段和累积颗粒段的累积，却无法解释粗颗粒段；Allen 等人[37]提出动态传质可能是解释以上现象的切入点，但并未进行深入、定量的分析。

（2）“十二五”期间我国主要研究进展

当考虑气相 DEHP 与颗粒物间的动态传质作用时，颗粒相的浓度为式（4-14）[6]：

$$\frac{\mathrm{d}C_{\mathrm{sp}}}{\mathrm{d}t}=\frac{C_{\mathrm{mp}}A_{\mathrm{p}}}{\rho_{\mathrm{p}}V_{\mathrm{p}}}v_{\mathrm{t}}\left(C_{\mathrm{a}}-\frac{C_{\mathrm{sp}}}{C_{\mathrm{mp}}K_{\mathrm{part}}/\rho_{\mathrm{p}}}\right)-\frac{Q}{V}C_{\mathrm{sp}}-\frac{v_{\mathrm{d}}A}{V}C_{\mathrm{sp}} \tag{4-14}$$

在稳态时，清华大学 Liu 等[39]发现气相 SVOC 浓度（C_{a}）与某一粒径范围 i 相关的颗粒相 SVOC 浓度（$C_{\mathrm{sp},i}$）之间存在如式（4-15）所示的关系：

$$C_{\mathrm{sp},i}=\alpha_i C_{\mathrm{a}} \tag{4-15}$$

$$\begin{aligned}\alpha_i&=\frac{f_{\mathrm{p},i}C_{\mathrm{mp}}A_{\mathrm{p},i}v_{\mathrm{t},i}}{\rho_{\mathrm{p}}V_{\mathrm{p},i}((Q+v_{\mathrm{d},i}A)/V+v_{\mathrm{t},i}A_{\mathrm{p},i}/(V_{\mathrm{p},i}K_{\mathrm{part}}))}\\&=f_{\mathrm{p},i}C_{\mathrm{mp}}\frac{K_{\mathrm{part}}}{\rho_{\mathrm{p}}}\frac{1}{\left(\frac{V_{\mathrm{p},i}K_{\mathrm{part}}}{A_{\mathrm{p},i}v_{\mathrm{t},i}}\right)/\left(\frac{V}{Q+v_{\mathrm{d},i}A}\right)+1}\end{aligned} \tag{4-16}$$

式中 $f_{\mathrm{p},i}$——粒径范围 i 的颗粒物的质量分数，

$A_{p,i}$——粒径范围 i 内单个中值粒径颗粒物的表面积，m^2；

$V_{p,i}$——单个中值粒径颗粒物的体积，m^3；

$v_{t,i}$——中值粒径颗粒物的传质系数，m/s；

Q——通风量，m^3/s；

V——控制体的体积，m^3；

$v_{d,i}$——中值粒径颗粒物的沉降速度，m/s；

A——供颗粒物沉降的表面积，m^2。

粒径范围 i 的颗粒相 SVOC 的质量分数为式（4-17）：

$$\beta_i = \frac{C_{sp,i}}{\sum_i C_{sp,i}} = \frac{\alpha_i}{\sum_i \alpha_i} \tag{4-17}$$

式（4-16）和式（4-17）联合起来即可以用于研究颗粒物的尺寸效应对颗粒相 SVOC 浓度的影响，即颗粒相 SVOC 的粒径分布特征[39]。式（4-16）中的 $V_{p,i}K_{part}/(A_{p,i}v_{t,i})$（单位为秒）可以被认为是表征粒径范围 i 的颗粒物与气相 SVOC 达到热力学平衡态的特征时间（物性特性参数），而 $V/(Q+v_{d,i}A)$（单位为秒）是表征粒径范围 i 的颗粒物在控制体积内的停留时间（环境特性参数）[39]。如果所有粒径的颗粒物的停留时间都比平衡时间长得多，也就是说颗粒物有充分的时间与气相 SVOC 进行传质作用，则 α_i 表示的将是平衡态下颗粒相 SVOC 浓度与气相 SVOC 浓度的比值，此时颗粒相 SVOC 浓度的粒径分布将与颗粒物质量浓度的粒径分布一致。否则，颗粒物将受动态传质作用的影响，与气相 SVOC 浓度达不到平衡态，此时颗粒相 SVOC 浓度的粒径分布将不同于颗粒物质量浓度的粒径分布。

模型预测与实验测量[40]的对比如图 4-10 所示[39]。图中还示出了相关的颗粒物质量浓度分布。图中的误差线是通过改变 A/V(0.02－0.2) 得到的。结果表明，模型预测与实验数据符合较好。然而模型对于小于 0.3μm 的颗粒相 SVOC 的质量分数会低估约两倍，而对 2.1～5.2μm 的颗粒相 SVOC 的质量分数会高估。其原因可能是在确定 K_{part} 时，假设各粒径颗粒物的 f_{om} 是相同的，均为 0.4。实际上 f_{om} 会随着粒径的变化而变化：有研究发现细颗粒的 f_{om} 比粗颗粒的要大[41]。若考虑 f_{om} 随粒径的变化，以上模型预测与实验测量的偏差将减小。

其他两个与分子量和温度有关的特性则可归结为 K_{part} 的影响。分子量较小的 SVOC 通常具有更高的挥发性，即更小的 K_{part}；而分子量大的 SVOC 有较大的

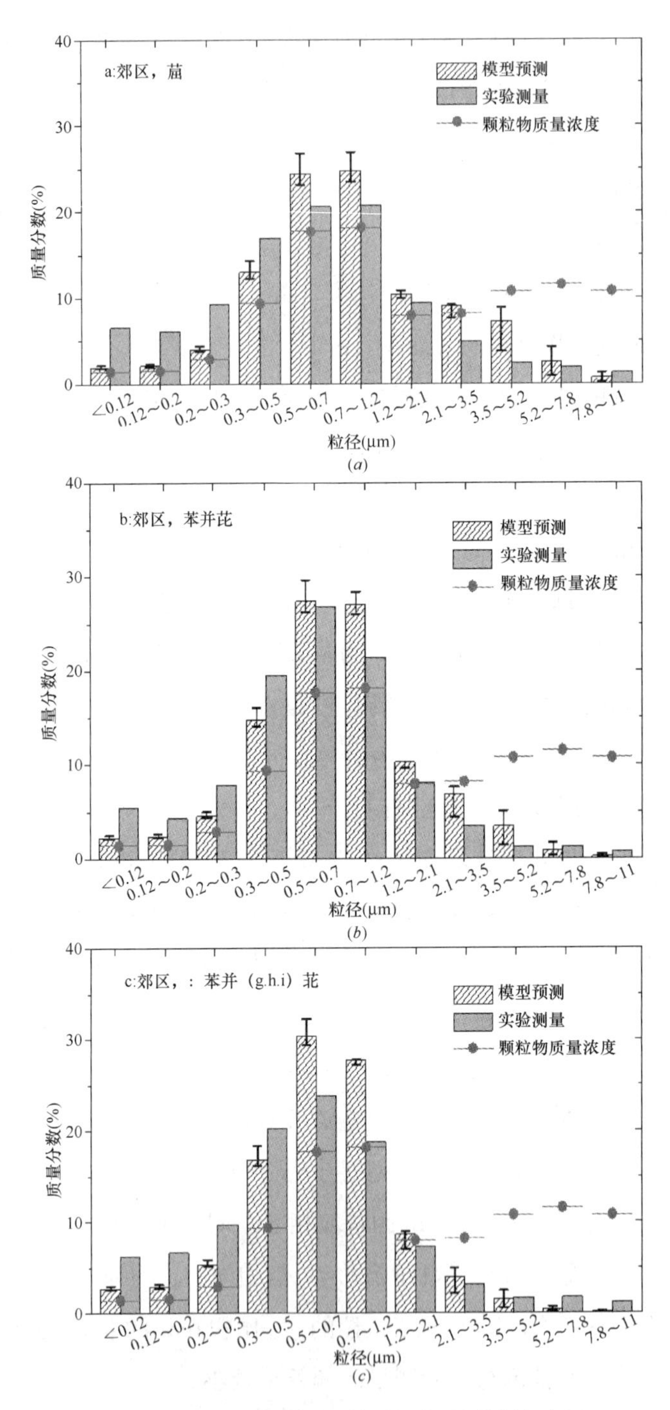

图4-10　尺寸效应的模型预测结果与实验测量的对比（一）

（a）～（c）为郊区；

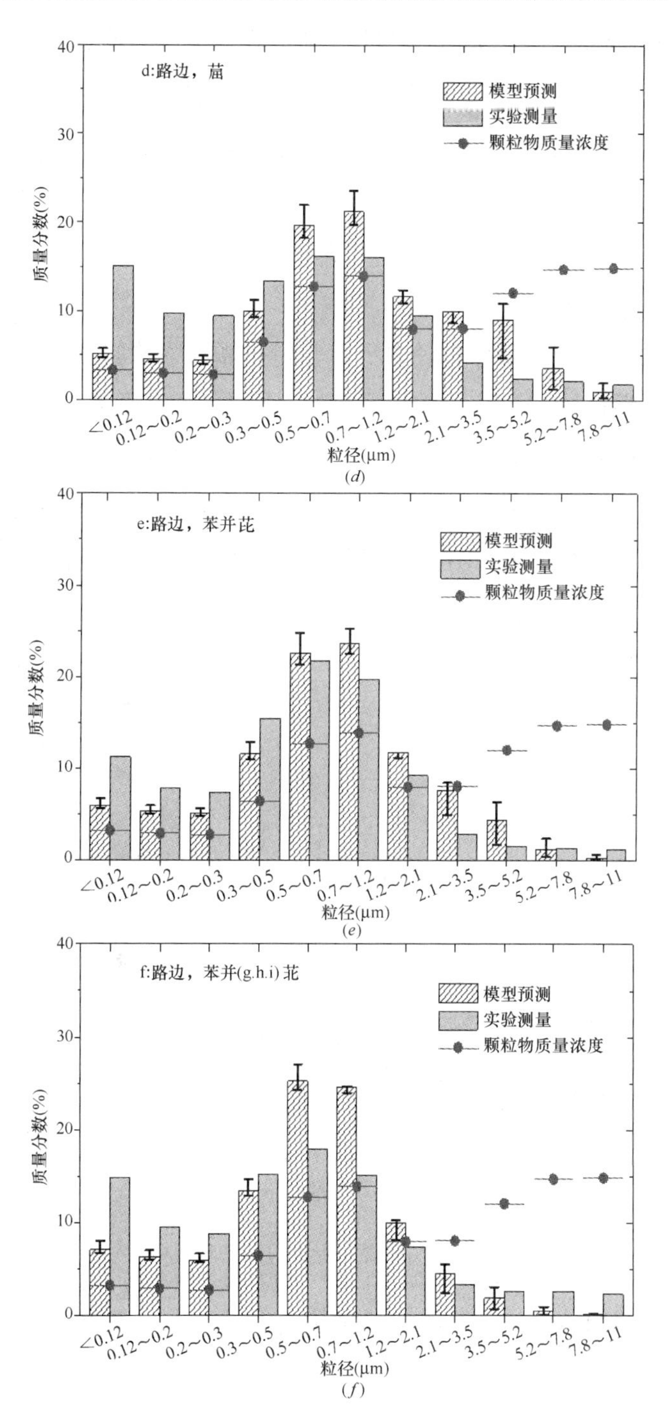

图 4-10 尺寸效应的模型预测结果与实验测量的对比（二）

（d）～（f）为路边

K_{part}。而当温度升高时，SVOC的挥发性增强，所以K_{part}减小。所以总的来说，从分子量大到分子量小的SVOC，或者环境温度升高，都将导致一个更小的K_{part}。而与小颗粒相比，大颗粒上SVOC浓度对K_{part}的变化更为敏感。如图4-11所示，当K_{part}的值增大10倍时（从10^{11}到10^{12}，由温度降低导致，或者关注对象从分子量小的SVOC变为分子量大的SVOC），在粒径大于2.1μm的颗粒物上的SVOC的质量分数从3.9%减小到1.1%。

从图4-11还可看出，虽然粒径大于2.1μm的颗粒物的质量分数约为50%，但此粒径范围内的颗粒相SVOC的质量分数却小于4%。这是因为：1）由于较为强烈的重力沉降，此粒径范围的颗粒物在空中的停留时间较短；2）气相SVOC与此粒径范围的颗粒物间的传质系数较小，且比表面积小，故传质速率也低。综合以上两个原因，导致了粒径大于2.1μm的颗粒相SVOC的质量分数较小。

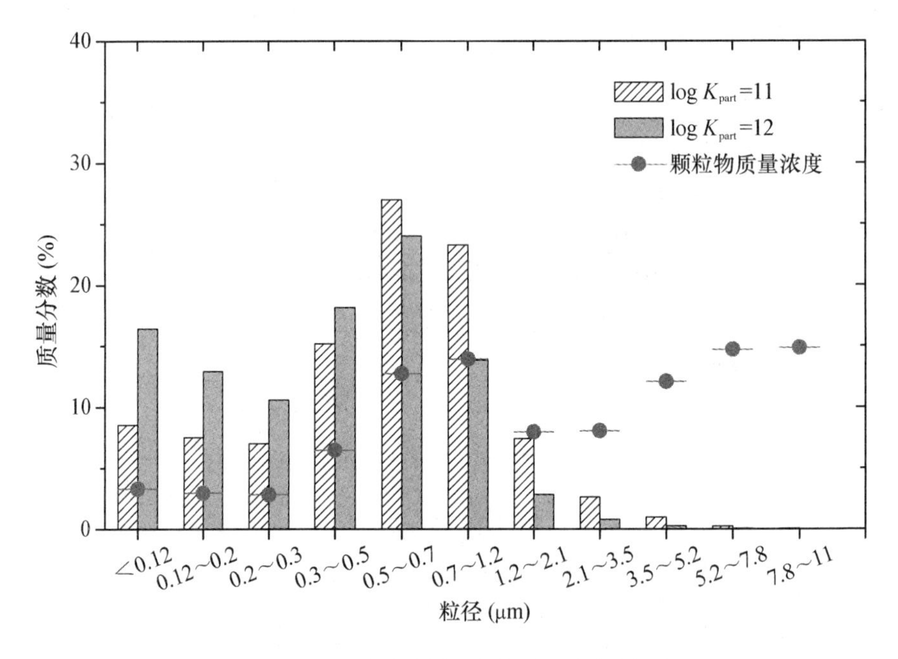

图4-11 实验观测现象的示意和解析

4.2.4.3 颗粒物对SVOC气相—表面相传质的二次源效应

（1）模型的建立

Weschler和Nazaroff[4]在研究皮肤表面的SVOC浓度时发现，传统的气相传质和颗粒沉降不能解释皮肤表面浓度与气相浓度之间近似平衡的关系，进而提出含

SVOC 的颗粒物可能在皮肤表面的 SVOC 浓度边界层内的运动过程中，作为二次源释放自身所携带的 SVOC，从而减少了边界层厚度，提高气相到表面相的传质系数，增强传质速率。图 4-12 简要地表示了颗粒物作为二次源对气相—汇表面相传质的增强效果[42]。由于源和汇是对称的关系，因此颗粒物对于源表面的散发过程也会有增强效果。

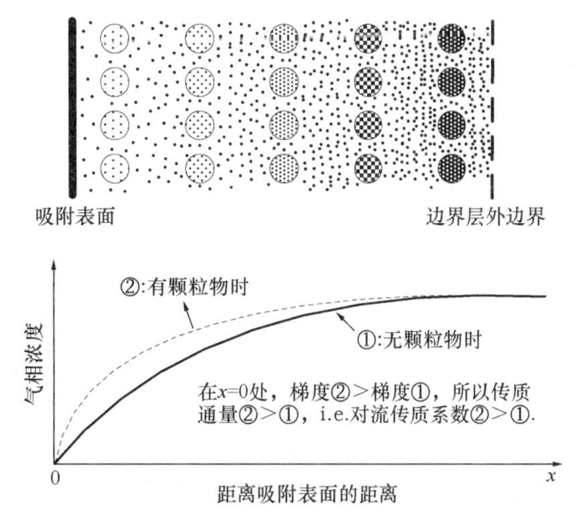

图 4-12 颗粒物作为二次源增强气相—表面相传质示意图

因为是汇表面，所以边界层内 SVOC 的浓度随着远离表面而升高，直到边界层外。当颗粒物从边界层外运动到边界层内时，因其所携带的 SVOC 的化学势比周围气相 SVOC 的化学势大，故将释放一部分 SVOC 到气相中。这样总的效果是降低了边界层的厚度，增加了汇表面处的浓度梯度，即增大了气相—表面相之间的对流传质系数。此外，这样的效应与表面的朝向无关。

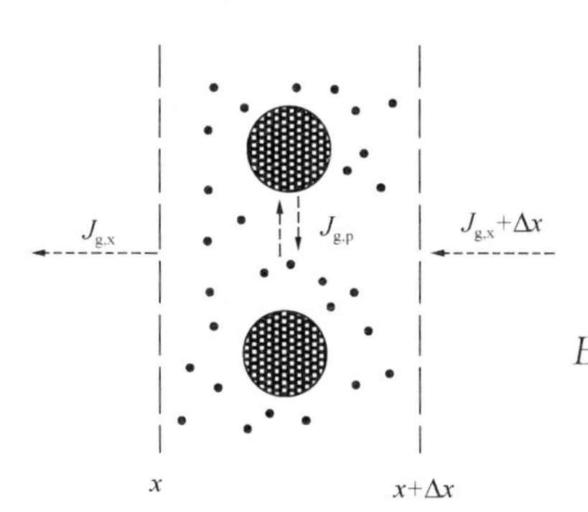

图 4-13 基本控制体内 SVOC 传输示意图

基于质量守恒原理，在边界层内取垂直于表面的一层空间为基本控制体，如图 4-13 所示，清华大学 Liu 等[42]建立了传质模型，并定义了无量纲参数，如式（4-18）：

$$Bi_{\mathrm{m,g}}=\frac{v_{\mathrm{t}}N_{\mathrm{p}}A_{\mathrm{p}}}{D_{\mathrm{a}}}\left(\frac{\nu}{u^{*}}\right)^{2},\ Bi_{\mathrm{m,p}}=\frac{v_{\mathrm{t}}A_{\mathrm{p}}}{V_{\mathrm{p}}K_{\mathrm{part}}D_{\mathrm{a}}}\left(\frac{\nu}{u^{*}}\right)^{2} \tag{4-18}$$

式中 D_a——SVOC 的布朗扩散系数，m^2/s；

u^*——摩擦速度，m/s；

ν——空气的运动黏度，m^2/s。

为了量化颗粒物的二次源效应，定义不考虑（$flux_g$）和考虑（$flux_{gp}$）颗粒物的效应时汇表面处的质量通量，如式（4-19）：

$$flux_{\mathrm{g}} = -D_{\mathrm{a}} \left.\frac{\mathrm{d}C_{\mathrm{a0}}}{\mathrm{d}x}\right|_{x=0}, \quad flux_{\mathrm{gp}} = -D_{\mathrm{a}} \left.\frac{\mathrm{d}C_{\mathrm{a}}}{\mathrm{d}x}\right|_{x=0} \tag{4-19}$$

式中　C_{a0}和C_{a}——不考虑和考虑颗粒物的影响时边界层内的气相SVOC浓度，$\mu g/m^3$。

式（4-18）中定义的两个无量纲参数（$Bi_{\mathrm{m,g}}$和$Bi_{\mathrm{m,p}}$）有明确的物理意义：1）$Bi_{\mathrm{m,g}}$是两个特征时间的比值：SVOC分子在边界层内运动快慢的特征时间与颗粒物释放SVOC对边界层内气相SVOC浓度的影响快慢的特征时间；2）$Bi_{\mathrm{m,p}}$也是两个特征时间的比值：SVOC分子在边界层内运动快慢的特征时间与单个颗粒物释放SVOC快慢的特征时间[42]。第一个参数$Bi_{\mathrm{m,g}}$可以被认为是无量纲的气相/颗粒相传质系数，随着这个参数的增大，颗粒物能更快地影响边界层内SVOC浓度。而随着第二个参数$Bi_{\mathrm{m,p}}$的减小，颗粒物对边界层内更靠近表面处SVOC浓度的影响更大，即可以携带更多的SVOC至边界层底部而释放SVOC。这两个参数的比值，$Bi_{\mathrm{m,g}}/Bi_{\mathrm{m,p}}=N_{\mathrm{p}}V_{\mathrm{p}}K_{\mathrm{part}}$，则表征了颗粒相SVOC浓度与气相SVOC浓度之间的比值。比如，如果$Bi_{\mathrm{m,g}}/Bi_{\mathrm{m,p}}=10$，则颗粒相SVOC浓度将是气相SVOC浓度的10倍。对于0.01～10μm的颗粒物$Bi_{\mathrm{m,g}}$和$Bi_{\mathrm{m,g}}/Bi_{\mathrm{m,p}}$的范围分别大约为$10^{-6}$～$10^{2}$和$10^{-3}$～$10^{3}$。

$Bi_{\mathrm{m,g}}$和$Bi_{\mathrm{m,g}}/Bi_{\mathrm{m,p}}$对气相—表面相传质通量的影响如图4-14所示，以考虑颗粒物的二次源效应时的通量与不考虑时的传质通量之比为纵坐标。如两个通量

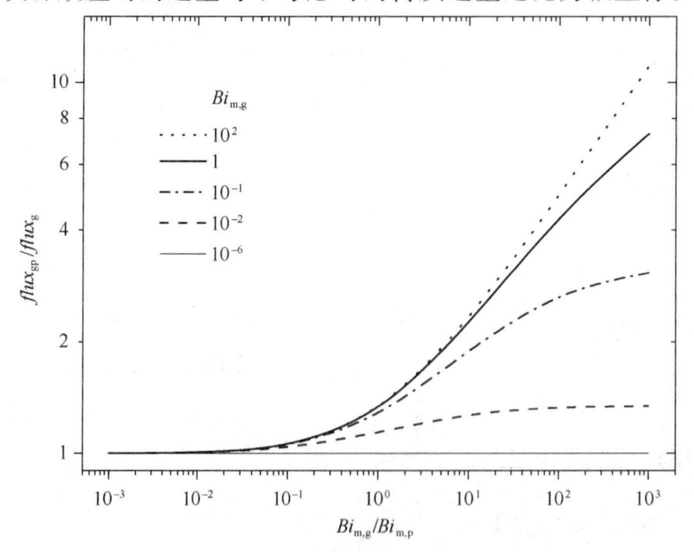

图4-14　$Bi_{\mathrm{m,g}}$和$Bi_{\mathrm{m,g}}/Bi_{\mathrm{m,p}}$对颗粒物二次源效应的影响（$D_{\mathrm{p}}=10^{-10}\ \mathrm{m^2/s}$）

的比值大于 1，说明颗粒物的二次源效应增强了气相—表面相间的传质。当 $Bi_{m,g}/Bi_{m,p}$ 小于 1 时，二次源效应的影响小于 30%（$flux_{gp}/flux_{g}<1.3$）。这是因为较少的 SVOC 存在于颗粒相。随着 $Bi_{m,g}/Bi_{m,p}$ 的增大，即更多的 SVOC 存在于颗粒相中，二次源效应的影响也增大。但当 $Bi_{m,g}/Bi_{m,p}$ 增大至一定程度后，进一步增大 $Bi_{m,g}/Bi_{m,p}$ 对结果的影响不大，因为此时动态传质特性成为限制条件：此时气相—颗粒相之间的传质速率成为主要矛盾。从图中也可看出，随着 $Bi_{m,g}$ 的增大，二次源效应的影响也增大，但只在此参数大于 0.01 时，影响才比较显著。

在上面的研究中假设了 D_g 和 D_p 均为常数，因此 Liu 等[42]讨论了二次源效应的影响对这两个参数的敏感性。当 D_g 在 $2.56\times10^{-6}\sim6.35\times10^{-6}$ m²/s 的范围内变化时，二次源效应影响的变化小于 15%。而 D_p 对二次源效应的影响如图 4-15 所示。从图中可以看出，仅当 $Bi_{m,g}/Bi_{m,p}$ 大于 10 时，D_p 才会对二次源效应产生明显的影响。此时，D_p 增大 1000 倍，相应的二次源效应的变化要小得多。例如，当 $Bi_{m,g}/Bi_{m,p}$ 为 100 时，D_p 增大 1000 倍，而二次源效应仅仅从 4.4 倍降到 2.9 倍。这可能是因为只有当 D_p 增大至于涡流扩散系数（D_e）相当时，D_p 才会对结果有明显的影响。

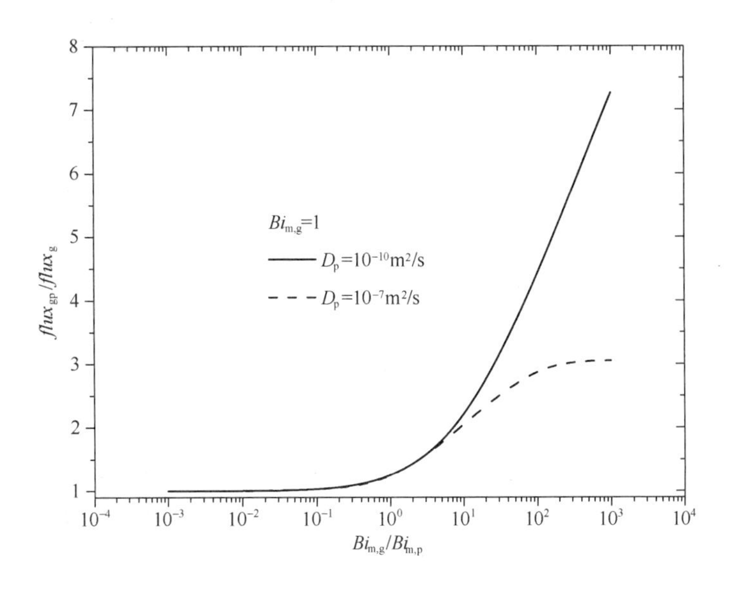

图 4-15 D_p 对颗粒物二次源效应的影响

（2）颗粒物二次源效应的定量分析

设定颗粒物质量浓度 $C_{mp}=20mg/m^3$，颗粒物粒径和气相/颗粒相分配系数对二次源效应的影响如图 4-16 所示[42]。从图中可以看出，对于 $d_p=0.1m$、$\log K_{part}=13$ 和 $U_{\infty}=0.01m/s$ 的情况，颗粒物可以增强气相—表面相间的传质达 5 倍。二次源效应随着 K_{part} 的增加而增大，而当 $\log K_{part}$ 小于 10 时（此时 $Bi_{m,g}/Bi_{m,p}<0.2$），颗粒物的二次源效应不明显。随着表面上空气流速 U_{∞} 的降低，初始边界层将变厚，颗粒物的二次源效应将增强。而随着颗粒物粒径的减小，二次源效应趋向于增强。但当颗粒物变得非常小时［如图 4-16（*b*）中小于 0.05μm］，二次源效应会减小。这是因为此时颗粒物的布朗扩散非常强烈，颗粒物在边界层内运动太快，使得颗粒物没有充分的时间与周围的空气交换 SVOC。从图 4-16 还可看出，粒径大于 2μm 的颗粒物的二次源效应不明显。

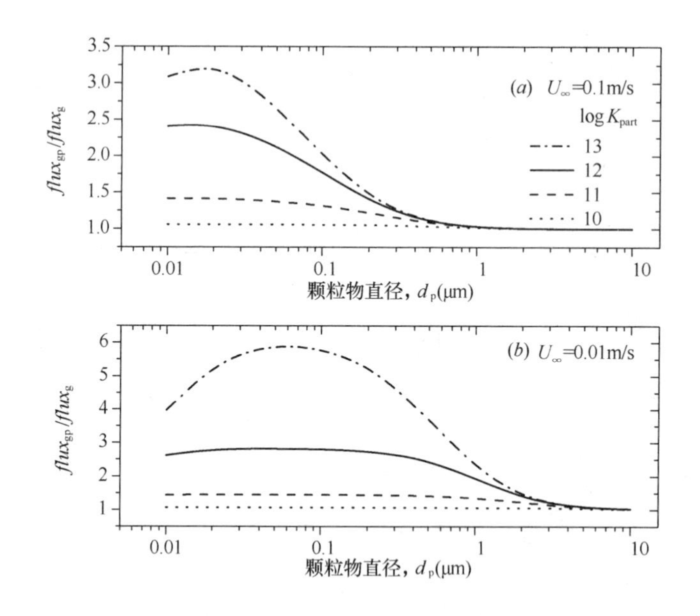

图 4-16 单分布颗粒物的二次源效应（$C_{mp}=20mg/m^3$）

多分布颗粒物的二次源效应结果如图 4-17 所示。从图中可以看出，随着颗粒物浓度的增加，二次源效应增强。对图中数据进行数学拟合，Liu 等[42]得到如下关联式（4-20），以方便以后查阅计算：

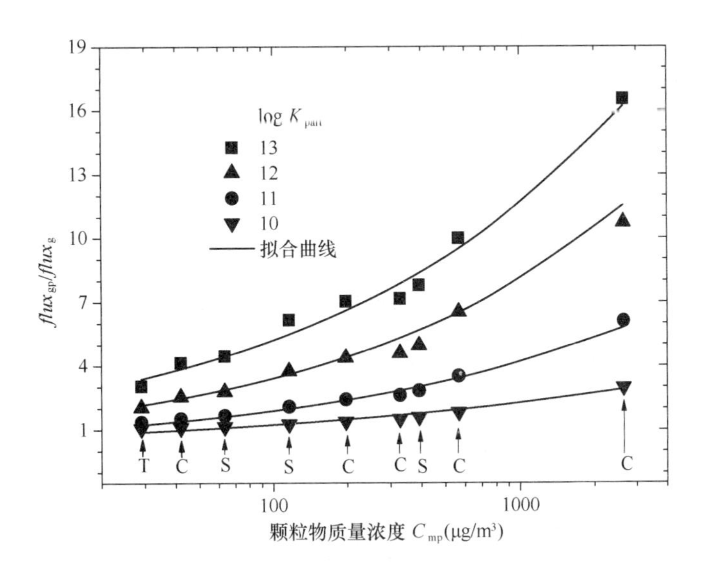

图 4-17 多分布颗粒物的二次源效应

注：图中数据点是 U_∞=0.1m/s 和 0.01m/s 两种情况下的平均值。

$$f = flux_{gp}/flux_{g} = a\,(C_{mp})^{b}$$

$$a = 0.1055\,(\log K_{part})^{2} - 2.198\log K_{part} + 11.80 \tag{4-20}$$

$$b = -0.02688\,(\log K_{part})^{2} + 0.6467\log K_{part} - 3.518$$

此外，在边界层的外边界，假设气相与颗粒相之间是平衡关系。然而，这样的假设对低饱和蒸汽压的 SVOC 可能不成立。如果平衡关系不成立，对于汇表面而言，上述模型求得的结果是最大值，因为颗粒物有较少的 SVOC 在边界层内释放；对于源表面而言，上述模型求得的结果是最小值，因为颗粒物有更强的能力来吸收边界层内的 SVOC。结果表明，二次源效应与边界层外边界的无量纲颗粒相浓度 $[C_p^+(x=x_0^+)]$ 成正比。

（3）二次源效应对室内 SVOC 浓度和暴露的影响

为了研究颗粒物的二次源效应对室内 SVOC 浓度和暴露的影响，Liu 等[42]得到了稳态下气相和颗粒相浓度的表达式（4-21）：

$$C_a = \frac{h_m A y_0}{h_m A + Q\lambda},\ C_{sp} = \alpha C_a$$

$$\lambda = 1 + \alpha = 1 + \frac{C_{mp} A_p v_t}{\rho_p V_p((Q + v_d A)/V + v_t A_p/(V_p K_{part}))} \tag{4-21}$$

式中 A——源散发面积，m^2；

Q——房间的通风量，m^3/s；

V——房间的体积，m^3；

h_m——源处的对流传质系数，m/s。

以PVC塑料地板中DEHP为例，算得 $K_{part}=10^{12.5}$；其他参数为：$C_{mp}=20\mu g/m^3$，$\rho_p=10^{12}\mu g/m^3$，$V=27\ m^3$，$Q=13.5m^3/h$，$A=9m^2$，考虑单分布颗粒物，d_p为0.1m和1.0m，则v_dA/V分别为0.04^{-1}和$0.2h^{-1}$。不考虑颗粒物的二次源效应时，$h_m=0.0004m/s$，而当考虑二次源效应时，根据图4-17对$d_p=0.1m$和1.0m可得到新的h_m，结果如表4-2所示。

从表中可以看出，对$d_p=0.1\ \mu m$的颗粒物，不考虑二次源效应将低估气相和颗粒相浓度约4倍；对于$d_p=1\ \mu m$的颗粒物，不考虑二次源效应将低估气相和颗粒相浓度约2倍。所以对于相应的暴露评价来说，不考虑二次源也将低估吸入暴露量。而对于皮肤暴露估计，不考虑二次源所造成的误差可能更大。因为皮肤暴露不仅与浓度有关，还与气相—皮肤间的传质系数有关。不考虑二次源不仅低估了浓度，也将低估传质系数，所以会造成更大的影响。

颗粒物的二次源效应对室内DEHP浓度的影响 **表4-2**

参数	不考虑二次源效应		考虑二次源效应（$U_\infty=0.01m/s$）	
	$d_p=0.1\mu m$	$d_p=1\mu m$	$d_p=0.1\mu m$	$d_p=1\mu m$
C_a（$\mu g/m^3$）	0.019	0.17	0.074	0.36
C_{sp}（$\mu g/m^3$）	0.92	0.63	3.57	1.38
$C_{airborne}=C_a+C_{sp}$（$\mu g/m^3$）	0.94	0.80	3.64	1.74

4.2.5 SVOC皮肤暴露评价研究

4.2.5.1 国内外相关研究综述

根据美国ATSDR部门（Agency for Toxic Substances and Disease Registry）颁布的《公共卫生评估指导手册》（Public Health Assessment Guidance Manual）[43]，式（4-22）通常用于评估污染物不同途径的暴露量：

$$D_{ose}=C\cdot IR\cdot AF\cdot EF/BW \tag{4-22}$$

式中 D_{ose}——每天人体单位体重对污染物的暴露量，μg/（d·kg）；

C——目标污染物在目标介质中的浓度，μg/m³；

IR——目标介质经不同途径被人体摄入的速率（例如目标介质为被吸入的空气，则 IR 为呼吸速率），m³/d；

AF——人体吸收率（Bioavailability Factor）；

EF——暴露系数（Exposure Factor）；

BW——体重，kg。

如前面所述，SVOC 可通过口入、吸入和皮入三种途径进入人体，形成人体暴露。通过式（4-22）可以发现它其实是一个稳态方程。但是由于皮肤暴露存在较大的时间和空间差异性，而且 SVOC 在皮肤内的扩散过程并不能瞬间达到稳态，用上式估算皮肤暴露量可能存在极大偏差[44]。为此，我国研究者建立了瞬态 SVOC 皮肤暴露评价模型，希望提高 SVOC 皮肤暴露评估的准确度。

4.2.5.2 “十二五”期间我国相关研究进展

如图 4-18 所示，皮肤可分为角质层（Stratum Corneum，SC）、活性表皮层（Viable Epidermis，VE）和真皮层（Dermis，DE）、皮下组织以及皮肤附属结构（即毛孔、汗腺和皮脂腺）。其中，SC 主要由角质细胞（主要包括角质蛋白和水）以及细胞间油脂构成，VE 包括含有不同形态细胞、蛋白和纤维成分的颗粒层、棘层和基层，DE 主要由纤维、细胞和基质组成，并以纤维为主，且含有丰富的毛细血管。

由于皮肤结构的复杂性，化合物在皮肤内的渗透过程十分复杂。但是，虽然皮

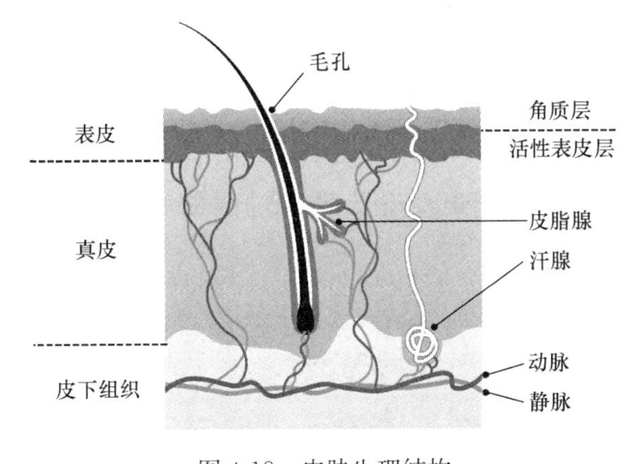

图 4-18 皮肤生理结构

肤为各向异性介质，当皮肤中的微观传递过程（与蛋白的可逆结合）远快于宏观扩散过程时，皮肤可被等效为均匀介质，且此假设被现有模型广泛采用[45]。为了建立气相皮肤吸收瞬态模型，清华大学Gong等[44]作出如下假设：

（1）皮肤为各向同性双层结构，即SC和VE；

（2）DE层阻力可以忽略，以及血液中浓度为零；

（3）皮肤吸收过程为一维传质（因为皮肤面积远大于其厚度）；

（4）皮肤内不发生代谢反应；

（5）脱皮和电离对皮肤吸收过程的影响可忽略；

（6）通过皮肤毛孔和汗腺的传输可忽略（因为毛孔和汗腺的开孔面积占总皮肤面积的比例约为0.1%，且毛孔主要被毛发占据）。

气相皮肤吸收简化模型示意图，如图4-19所示[44]。

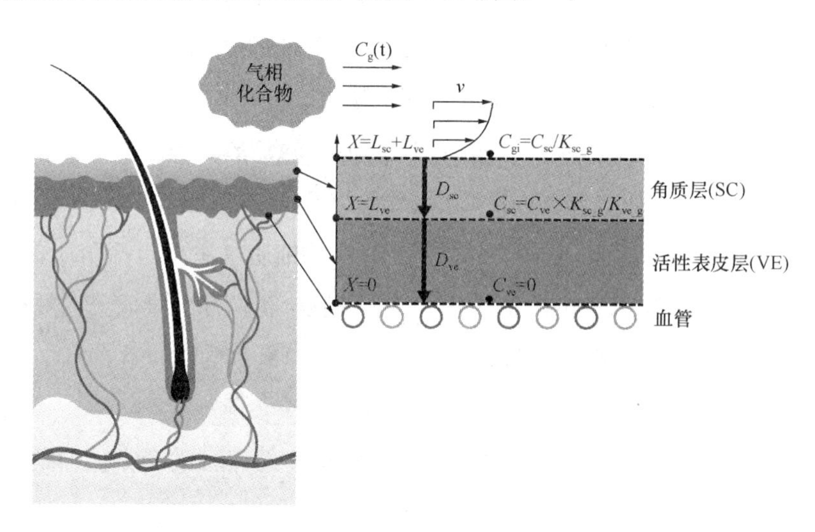

图4-19 气相皮肤吸收简化模型

注：图中参数的意义见正文。深色和浅色圆圈分别表示动脉和静脉毛细血管。

根据菲克扩散和质量守恒，皮肤吸收过程的控制方程为式（4-23）及式（4-24）[44]：

$$\frac{\partial C_{sc}}{\partial t}=D_{sc}\frac{\partial^2 C_{sc}}{\partial x^2},\ L_{ve}<x<L_{sc}+L_{ve} \tag{4-23}$$

$$\frac{\partial C_{ve}}{\partial t}=D_{ve}\frac{\partial^2 C_{ve}}{\partial x^2},\ 0<x<L_{ve} \tag{4-24}$$

式中 C_{sc}和C_{ve}——SC 和 VE 内化合物浓度（$\mu g/m^3$）；

D_{sc}和D_{ve}——SC 和 VE 等效扩散系数，m^2/s；

L_{sc}和L_{ve}——SC 和 VE 厚度，m；

x——距 VE 与 DE 交界面的距离，m；

t——吸收时间，s。

假设皮肤内初始浓度为任意分布，则初始条件为式（4-25）和式（4-26）：

$$C_{sc} = C_{s0}(x),\ t = 0,\ L_{ve} < x < L_{sc} + L_{ve} \tag{4-25}$$

$$C_{ve} = C_{v0}(x),\ t = 0,\ 0 < x < L_{ve} \tag{4-26}$$

式中 $C_{s0}(x)$ 和 $C_{v0}(x)$ ——SC 和 VE 内化合物初始浓度，$\mu g/m^3$。

假设皮肤与空气界面以及 SC 与 VE 界面均瞬间达到平衡且满足质量守恒定律，则边界条件为式（4-27）：

$$\begin{cases} C_{ve} = 0,\ x = 0,\ t > 0 \\ \dfrac{C_{sc}}{K_{sc\_g}} = \dfrac{C_{ve}}{K_{ve\_g}},\ x = L_{ve},\ t > 0 \\ D_{sc}\dfrac{\partial C_{sc}}{\partial x} = D_{ve}\dfrac{\partial C_{ve}}{\partial x},\ x = L_{ve},\ t > 0 \\ D_{sc}\dfrac{\partial C_{sc}}{\partial x} = h_m(C_g(t) - C_{gi}),\ x = L_{sc} + L_{ve},\ t > 0 \\ C_{gi} = \dfrac{C_{sc}}{K_{sc\_g}},\ x = L_{sc} + L_{ve},\ t > 0 \end{cases} \tag{4-27}$$

式中 h_m——皮肤表面对流传质系数，m/h；

K_{sc_g}——SC 与空气间的分配系数；

K_{ve_g}——VE 与空气间的分配系数；

$C_g(t)$ ——暴露环境中气相化合物浓度，可随时间任意变化，$\mu g/m^3$；

C_{gi}——SC 与空气交界面空气侧化合物浓度，$\mu g/m^3$。

利用广义正交函数展开法可以求得 SC 和 VE 内浓度分布 C_{sc}和 C_{ve}的解析解，详见 Gong 等[44]。

将 C_{sc}和 C_{ve}的解析解带入式（4-28）可得皮肤摄入流量 $\dot{M}_s$ 和吸收流量 $\dot{M}_b$，如式（4-28）：

$$\dot{M}_{\mathrm{s}} = D_{\mathrm{sc}} \cdot \left.\frac{\partial C_{\mathrm{sc}}}{\partial x}\right|_{x=L_{\mathrm{sc}}+L_{\mathrm{ve}}}, \dot{M}_{\mathrm{b}} = D_{\mathrm{ve}} \cdot \left.\frac{\partial C_{\mathrm{ve}}}{\partial x}\right|_{x=0} \tag{4-28}$$

由此，可计算皮肤摄入剂量 M_{s} 和吸收剂量 M_{b}，即式（4-29）：

$$M_{\mathrm{s}} = \int_0^t \dot{M}_{\mathrm{s}} \cdot SA_{\mathrm{exp}} \mathrm{d}t,\ M_{\mathrm{b}} = \int_0^t \dot{M}_{\mathrm{b}} \cdot SA_{\mathrm{exp}} \mathrm{d}t \tag{4-29}$$

式中　SA_{exp}——皮肤暴露面积，m^2。

此外，文献中稳态模型[14]一般通过式（4-30）计算 $\dot{M}_{\mathrm{s}}$ 和 $\dot{M}_{\mathrm{b}}$：

$$\dot{M}_{\mathrm{s}} = \dot{M}_{\mathrm{b}} = k_{\mathrm{p\_g}} \cdot C_{\mathrm{g}}(t),\ k_{\mathrm{p\_g}} = \frac{1}{\dfrac{1}{h_{\mathrm{m}}} + \dfrac{L_{\mathrm{sc}}}{D_{\mathrm{sc}}K_{\mathrm{sc\_g}}} + \dfrac{L_{\mathrm{ve}}}{D_{\mathrm{ve}}K_{\mathrm{ve\_g}}}} \tag{4-30}$$

式中　$k_{\mathrm{p\_g}}$——从空气的经皮渗透系数，m/h。

本模型相比国外相关研究中所用皮肤吸收模型的主要优点为考虑了对流边界层阻力；另外，本模型中皮肤初始浓度可为任意分布，且环境浓度可随时间任意变化，模型的适用范围广。为了评估模型的准确性，Gong 等[44]将模型预测结果与文献中测试结果进行了对比，如图 4-20 所示，预测与实验得到的最大皮肤吸收流量和皮肤吸收剂量均吻合较好，相差 30%以内。相比而言，稳态模型预测的最大皮肤吸收流量与实验值相差可达 2 倍。但是，要更加全面评估该模型的性能和适用范围，还需要开展更多不同性质化合物在不同气相皮肤暴露场景下的实验。

4.2.6 “十二五”期间我国室内 SVOC 污染控制研究进展及主要结论

室内空气中污染物的控制目标是降低环境浓度。一般来说，控制的方式有三类：源头控制、通风稀释和空气净化。对于 PAE 和 PBDE 这样的助剂型 SVOC 而言，源头控制主要是通过材料改性、增强助剂与材料母体之间的相互作用，从而限制助剂的散发[46]。但目前此类控制手段尚不成熟，且对于已经采用旧材料的室内环境无能为力，因此需要从通风稀释或空气净化的角度来研究相关的控制策略。

基于通风稀释对降低室内 VOC 浓度的良好效果[47]，人们自然会想，对于 SVOC，通风的效果会如何呢？目前相关研究还较少，主要原因是 SVOC 在室内的传输特性比 VOC 要复杂得多。例如，SVOC 会与悬浮颗粒物和房间围护结构以及室内物品表面之间有传质作用；而通风本身也会对室内悬浮颗粒物的质量浓度造成影响[48]，从而影响室内空气中 SVOC 的浓度，两者之间互相耦合，而国际上相关

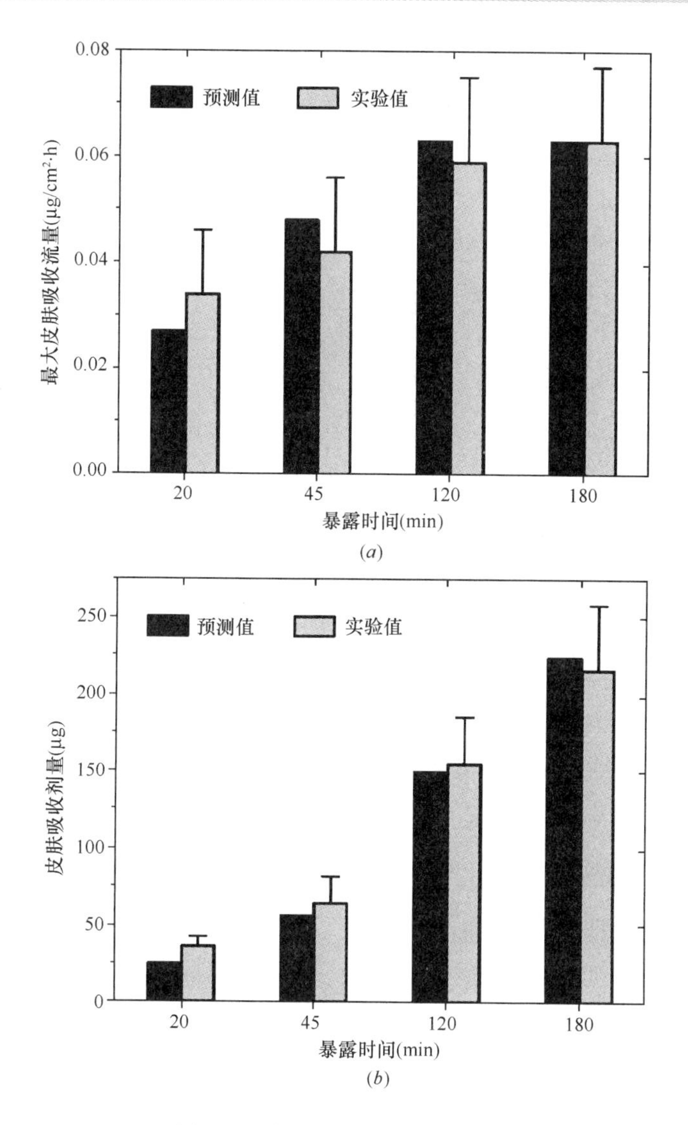

图 4-20 模型预测与实验值对比

(a) 最大皮肤吸收流量；(b) 皮肤吸收剂量。

注：实验值来自文献［136］表 1，暴露浓度为 1μg/m³，暴露面积为 1178cm²。

研究均简单地假设室内悬浮颗粒物的质量浓度为常数。因此，通风稀释对室内空气中 SVOC 浓度的控制效果是一个值得研究的问题。

清华大学 Liu 等[49]基于质量守恒原理，建立室内 SVOC 浓度模型。此模型中包括了通风对室内颗粒物质量浓度的影响、颗粒物在 SVOC 的气相—表面相间的传质中的二次源效应。室内 SVOC 的源散发强度为式（4-31）：

$$E = h_m A_{so}(y_0 - C_a) \tag{4-31}$$

气相SVOC与室内表面汇（墙壁、屋顶和家具等）间的传质速率为式（4-32）：

$$S_i = h_m A_{s,i}\left(C_a - \frac{C_{s,i}}{K_{s,i}}\right) = A_{s,i}\frac{dC_{s,i}}{dt} \tag{4-32}$$

室内气相SVOC浓度（C_a，$\mu g/m^3$）为式（4-33）：

$$V\frac{dC_a}{dt} = E - \Sigma S_i - V\frac{dC_{sp}}{dt} - QC_a - QC_{sp} \tag{4-33}$$

假设气相SVOC与颗粒相浓度（C_{sp}，$\mu g/m^3$）之间存在瞬态平衡关系，则有式（4-34）：

$$C_{sp} = C_{mp}\frac{K_{part}}{\rho_p}C_a \tag{4-34}$$

式中　h_m——源或汇处的对流传质系数，m/s；

A_{so}——源散发面积，m^2；

y_0——SVOC源散发浓度，$\mu g/m^3$；

$A_{s,i}$——汇 i 的面积，m^2；

$C_{s,i}$——汇 i 上的SVOC浓度，$\mu g/m^2$；

$K_{s,i}$——汇 i 与气相SVOC浓度之间的分配系数，m；

V——房间的体积，m^3；

Q——房间的通风量，m^3/s；

C_{mp}——颗粒物质量浓度，$\mu g/m^3$；

ρ_p——颗粒物密度，$\mu g/m^3$；

K_{part}——气相/颗粒相分配系数。

需要说明的是，模型中忽略了颗粒物的沉降和沉降后颗粒物的再悬浮对空气中SVOC浓度的影响［式（4-33）］，这是因为室内颗粒物大多集中在0.1～0.5μm，这些颗粒物的沉降速率约为0.01～0.03m/h[50]，其等效的颗粒去除效果则为0.03～0.09h^{-1}，与通风（约为1h^{-1}）相比小得多；而这个粒径范围内的颗粒物的再悬浮率也较小，与源散发强度相比，对空气中SVOC浓度的贡献较小[51]。

为了评价模型的性能，Liu等[49]将模型的预测结果与一个实验测量结果[52]进行了对比。模型预测与实验结果的对比如图4-21所示。从图中可以看出，两者之间对比吻合得较好。

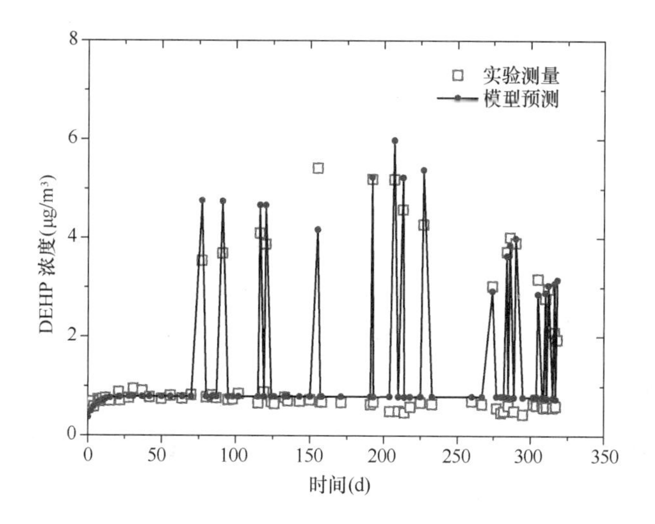

图 4-21 模型预测与 Benning 等[52]的实验测量结果的对比

Liu 等[49]研究了稳态下通风对室内 SVOC 浓度的影响，如图 4-22 所示（计算时所需参数的选择方法详见 Liu 等[49]）。从图中可以看出，SVOC 的挥发性对结果影响很小。这表明对于不同饱和蒸汽压的 SVOC，如 BDE-99、BPA 和 DEHP 等，通风对稳态室内 SVOC 浓度的影响基本一致。图中的曲线和关联式是通过对图中的数据点进行拟合得到的，方便以后计算使用。从图中还可以看出，通风对室内 SVOC 浓度的影响有限，并不是很大。当 ACH（换气次数，$ACH=Q/V$）从 0.6

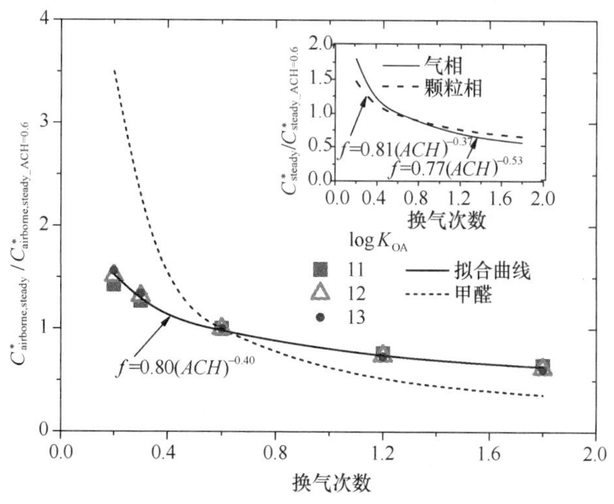

图 4-22 稳态下通风对室内 SVOC 浓度的影响

注：对于 SVOC，$C^*_{\text{airborne}}=C^*_{\text{a}}+C^*_{\text{sp}}$；对于甲醛，$C^*_{\text{airborne}}=C^*_{\text{a}}$。

h^{-1}增加3倍至1.8 h^{-1}时，气相、颗粒相和空气相（气相与颗粒相之和）浓度仅分别降低44%，35%和37%。增大通风对气相浓度的降低效应因散发速率的增加而被部分抵消。两个因素增大了源散发速率：1）增大通风也增大了源表面的空气流速，即增大了对流传质系数；2）增大通风也增大了室内的颗粒物浓度，这样颗粒物的二次源效应也增大了，即增大了源表面的对流传质系数，且气相浓度降低，源处与之的浓度差也增大。而增大通风对颗粒相浓度的降低效应主要被颗粒物浓度的增加而部分抵消。值得注意的是，当房间的初始通风量小时，改变通风对室内SVOC的影响相对来说较大。例如，当ACH从0.6 h^{-1}减小3倍至0.2 h^{-1}时，气相、颗粒相和空气相（气相与颗粒相之和）浓度分别增加80%，47%和52%。概言之，增加通风可以降低室内SVOC浓度，但效果有限。

为了对比，Liu等[49]还计算了通风对室内VOC浓度的影响。假设在相同的房间中，底面铺的是含有甲醛的中密度板，板材的甲醛散发特性与Xiong等人[53]测的材料1相同，忽略各个表面的吸附效应。当以同样的方式改变ACH时，计算了降到我国国家标准规定值（100 $\mu g/m^3$）之前的室内甲醛浓度的平均值，与相同时间段内基准情况下室内甲醛浓度的平均值比较，结果如图4-22所示。当ACH从0.6 h^{-1}增加3倍至1.8 h^{-1}时，室内甲醛浓度降低65%，通风的效果明显大于SVOC浓度的变化（37%）。

4.3　SVOC源汇特性测定技术

由图4-1可知，SVOC的室内浓度由散发过程和吸附过程共同决定（当室内有人员时，暴露过程也需考虑），因此欲对SVOC在实际室内环境中的浓度进行评价和控制，需要准确测定SVOC源材料散发（y_0）和汇材料吸附（K_m和D_m）过程的特性参数。

4.3.1　SVOC源特性测定方法

4.3.1.1　国内外相关研究综述

目前国际上已有测定y_0的方法主要包括两大类：通风舱法和密闭舱法。前者的通常做法是将SVOC源材料放置于实验舱中，以恒定流量往舱中通入纯净空气

（不含SVOC和颗粒物），测量实验舱中SVOC气相浓度直至其达到平衡，最后将测得的浓度代入SVOC在实验舱内的传质模型以求得y_0[54]。尽管原理基本一样，但由于所选用的通风舱结构各不相同，不同通风舱法的实验周期、y_0的测量精度存在很大的差异。

美国的Xu等[19]设计了一种类似三明治结构的通风实验舱，使得实验舱内壁吸附SVOC的面积最小化而源材料的散发面积最大化（散发面积为0.25 m^2而吸附面积仅0.02 m^2），成功地将实验时间缩短至80d（测定PVC散发DEHP的y_0）。通过不断优化三明治型实验舱的结构及其内部气流组织，Liang和Xu[55]将实验时间进一步缩短至几天以内。

为了更加直观地解释上述改进能缩短实验时间的原因并指导实验方法的进一步优化设计，清华大学Liu等[54]建立了描述SVOC在通风舱内散发过程的传质模型。图4-23为SVOC在通风实验舱内散发过程的传质模型示意图。该模型忽略了SVOC与内壁表面的对流传质过程。根据Liu等[54]的分析，此对流传质过程仅对SVOC散发过程的初始阶段有影响（对Xu等[19]为期80d的实验，只有第1天以前的阶段受影响），其对此后阶段的影响可忽略不计。Liu等[54]指出，增大源散发面积A_e、减小内壁吸附面积A_w或选用吸附性弱的材料加工实验舱（即减小K_w）可以有效缩短测定y_0所需的时间。上述通风舱法均需测量舱内SVOC的平衡气相浓度，使用CLIMPAQ和FLEC实验舱测定y_0时间长的原因就是实验舱内壁的吸附面积A_w太大（这两种舱中A_w等于甚至大于A_e）；而三明治型实验舱中A_w（0.02m^2）远小于A_e（0.25m^2），因此可在几天内实现对y_0的测定。

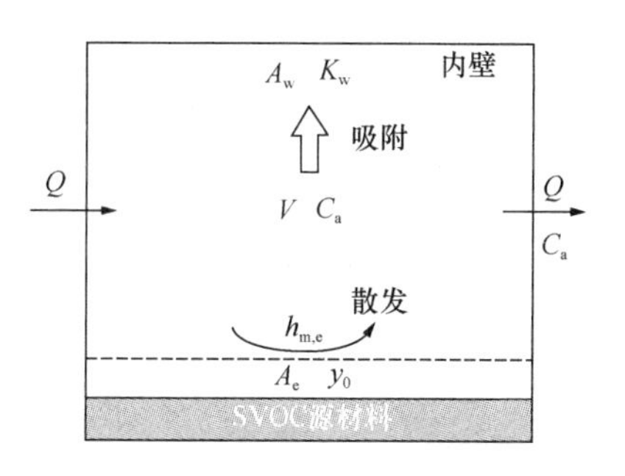

图4-23 测定源特性参数的通风实验舱内SVOC散发过程示意图

测得$C_{a,equ}$后一般用式（4-35）算得y_0的值：

$$y_0 = \left(1 + \frac{Q}{h_{m,e}A_e}\right)C_{a,equ} \tag{4-35}$$

式中，Q和A_e可直接测得，对流传质系数$h_{m,e}$一般用经验公式进行估算。但需要指出的是，估算源表面对流传质系数$h_{m,e}$的过程不仅繁琐（例如还需测定源材料表面的气流速度），而且可能存在误差（误差可能大于20%[56]）。因此，即便准确测得了$C_{a,equ}$、Q和A_e的值，y_0的测量准确度还是无法得到保障。由于这个原因，已有报道通风舱法的文献均未对y_0的测量误差进行评估。表4-3总结了一些典型通风舱法的特性和缺陷。

由式（4-35）还可看出，若实验舱的通风量为0（$Q=0$，即密闭舱），舱内SVOC的平衡浓度即为y_0。这样可以有效消除估算$h_{m,e}$所引入的误差。然而一旦实验舱被密闭，传统测量C_a的方法将不再适用：通常的采样方法是用气体采样泵以一定流量从实验舱内抽取空气，同时用Tenax TA管或PUF吸附所抽取空气中的SVOC，然后分析富集在Tenax TA管或PUF中SVOC的质量[19, 57]。因此，若要用密闭舱法测定y_0，需对实验舱的结构或SVOC采样方法进行改进。目前，文献中测量y_0的密闭舱法包括；扩散采样器（Passive Flux Sampler，PFS）法[58]和热脱附管（Thermal Desorption Tube）法[59]等。但这些方法仍存在一些不利于实际应用的问题，如周期长、误差无法评估、SVOC采样过程复杂等。这些密闭舱法的特性和缺陷也列于表4-3中。

文献中典型测定y_0方法总结　　**表4-3**

类型	名称	实物图（示意图）	流程、特征概述	主要缺陷
通风舱	CLIMPAQ或FLEC法[20]		1. 将源材料放入到实验舱，通入纯净空气，在出口测量气相浓度直至平衡； 2. 用测得的平衡浓度和式（4-35）求得y_0	1. 耗时，测DEHP的y_0需400d以上； 2. 估算$h_{m,e}$会引入误差，导致测量误差无法评估
	三明治型实验舱法[19]		1. 测定过程同上； 2. 减小实验舱内壁吸附面积，使实验时间缩短至几天以内	估算$h_{m,e}$会引入误差，导致测量误差无法评估

续表

类型	名称	实物图（示意图）	流程、特征概述	主要缺陷
密闭舱	PFS法[58]		1. 在培养皿底部放置吸附材料（如活性炭）；将培养皿扣于源材料表面； 2. 测定吸附材料中SVOC的逐时含量；结合相应传质模型求得 y_0	1. y_0 的测试精度依赖于实验舱尺寸； 2. 用萃取法从吸附材料中提取出SVOC，操作复杂、耗时
	热脱附管法[59]		1. 将Tenax TA管一端紧贴源材料表面； 2. 测量Tenax TA管中SVOC的逐时吸附量；结合相应传质模型求得 y_0； 3. 系统简单，操作简便	1. 时间相对较长，测DE-HP的 y_0 需300h以上； 2. 使用非线性拟合求解 y_0，误差无法评估

4.3.1.2 “十二五”期间我国相关研究进展

由前文的综述可知，若要实现对SVOC源散发特性参数 y_0 的准确、便捷测定，需：1）将实验舱中SVOC源材料的散发面积最大化，而使实验舱的内壁吸附面积最小化；2）使用密闭舱。Xu等[19]设计的三明治型实验舱已经满足了要求1），因此只要令此实验舱密闭就可实现第2个要求。而针对密闭舱中SVOC气相浓检测难的问题，清华大学Liu和Zhang[60]引入了固相微萃取仪（SPME）采样方法。

（1）固相微萃取仪（SPME）采样原理

SPME采样的基本原理是：当萃取头暴露在待测样品中时，样品中的目标有机物将被萃取头的涂层吸附，用相应的仪器测量涂层中有机物的吸附量并结合合适的传质模型即可求得目标有机物的浓度[61]。图4-24为柱状SPME的实物图和结构简图。一般而言，萃取头中石英纤维的长度为1.0cm，直径为110.0μm；萃取头涂层的厚度为7～100μm，长度等于石英纤维的长度；不锈钢内芯的直径略大于萃取头直径；不锈钢针管的内径略大于内芯的直径，外径约为1.0mm，长度约8cm。因此，SPME的尺寸非常小。

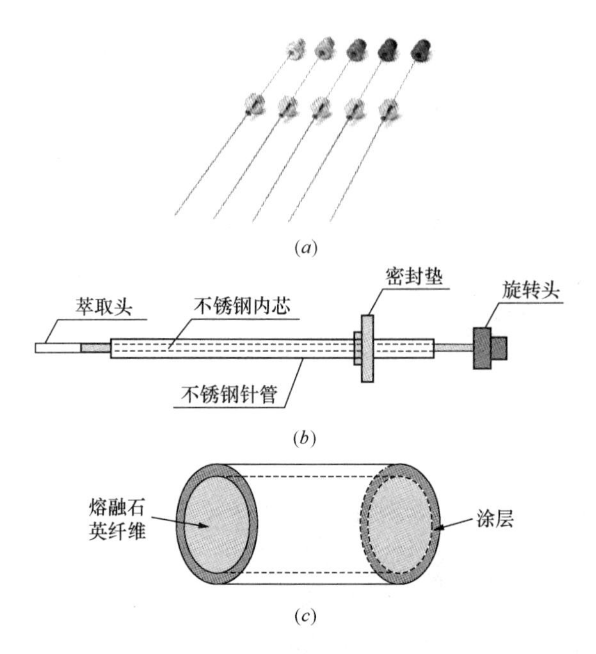

图4-24　柱状SPME的示意图

(a) 实物图；(b) 结构简图；(c) 萃取头结构图

使用SPME测量目标有机物浓度时，通常有两种方法：平衡法和非平衡法[62]。图4-25为SPME涂层中有机物吸附量随采样时间变化的曲线，其包括三个阶段：线性吸附、动态吸附及吸附平衡[63]。

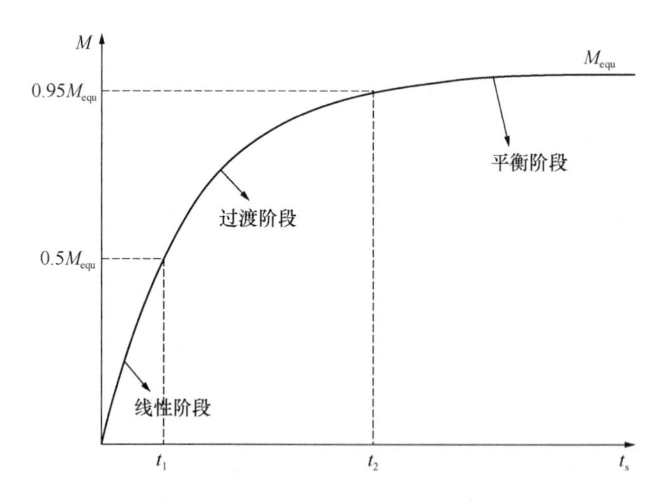

图4-25　SPME涂层的吸附特征曲线

注：M_{equ}为涂层的平衡吸附量。

使用非平衡法时，通常需要涂层对有机物的吸附处于线性阶段，即涂层吸附的初始阶段[64,65]。处于初始阶段时，由于涂层中目标有机物的吸附量远小于其平衡吸附量，可将萃取头涂层假设为目标物的理想汇。在此阶段，涂层表面样品侧有机物的浓度几乎为0，涂层对目标有机物的吸附速率基本保持不变，此时目标有机物的吸附量与SPME的采样时间（即吸附时间）呈线性关系，即式（4-36）[65]：

$$M = k \cdot C \cdot t_s \tag{4-36}$$

式中 k——常数，表示整个涂层吸附有机物的速率，m^3/s；

t_s——采样时间，s。

非平衡法所需的采样时间比平衡法短很多，且常数 k 可由相关公式计算而得，省去了平衡法的额外实验[62]。现有的研究表明，当涂层中有机物的吸附量小于涂层在同样条件下平衡吸附量的50%时，涂层吸附过程处于初始阶段，即可用式（4-36）计算目标有机物的浓度（M 和 t_s 均需测得）[62]。

已有研究对SPME涂层的吸附过程建立了完整的传质模型，并发现涂层中SVOC的吸附量 M 与采样时间 t_s 满足以下关系[64]：

$$M = M_{equ}(1 - \theta e^{-\varphi t_s}) \tag{4-37}$$

式中 M_{equ}——涂层对SVOC的平衡吸附量，μg；

θ 和 φ——常数，由涂层对SVOC的吸附特性参数（也是 D_m 和 K_m）决定。利用文献中的方法可测定SPME的吸附特性参数[64]。

当吸附量 M 大于平衡吸附量 M_{equ} 的一半时，吸附过程到达过渡阶段。因此图4-25中的 t_1 可用式（4-38）求得：

$$M_{equ}(1 - \theta e^{-\varphi t_1}) = 0.5M_{equ}，即\ t_1 = \frac{\ln(0.5/\theta)}{\varphi} \tag{4-38}$$

式中 t_1——线性吸附段的时间上限，s。

t_1 的大小与SPME涂层对DEHP的吸附能力正相关，吸附能力越强，t_1 越大。

采样过程中，若以一个恒定速率搅拌SPME，常数 k 就等于涂层表面对流传质系数与涂层表面积的乘积。若SPME在待测样品中保持静止，目标有机物由样品传递到涂层表面时并没有发生对流传质过程，而是自由扩散过程。此时，常数 k 可用式（4-39）计算[66]：

$$k = D_{sample} \cdot SF \tag{4-39}$$

式中 D_{sample}——目标有机物在样品中的扩散系数，m^2/s；

SF——二维稳态导热（传质）领域中用于计算边界温度（浓度）恒定的情况下导热（传质）速率时的形状因子（Shape Factor），m。

SF将涉及物体几何形状和尺寸等因素归纳在了一起，不同情况下SF的计算公式可通过查表得到[66, 67]。D_{sample}可用经验公式计算[21]或直接参考文献中的实验结果[68]。

对于图4-24所示的SPME，若样品中待测有机物的浓度均匀且在采样过程中保持不变，SF可用式（4-40）计算：

$$SF = 4\pi H\sqrt{1-\gamma^2}/\ln\left[\frac{1+\sqrt{1-\gamma^2}}{1-\sqrt{1-\gamma^2}}\right], \text{其中 } \gamma = \frac{d}{H} \tag{4-40}$$

式中 H——SPME萃取头涂层的长度，m；

d——SPME萃取头涂层的外径，m。

对于传质过程，上式适用于在浓度为C_1的无限介质中浓度为C_2（$C_2 \neq C_1$）的长圆柱体（要求$H/d > 8$）[67]。因此，使用式（4-40）的条件其实有三个：1）长圆柱体，圆柱体的长度与直径之比需大于8[67]；2）圆柱体的浓度保持恒定；3）圆柱体处于浓度均匀且恒定的无限介质中。对于SPME萃取头，$L=1.0$cm，d通常小于0.5mm，条件1）成立；若SPME的采样时间应小于由式（4-38）求得的t_1，涂层的吸附将处于线性阶段，则根据式（4-38）上面的分析，条件2）也成立。因此，若要将SPME用于测定实验舱中SVOC的气相浓度，需舱内浓度均匀且保持恒定才能满足条件3）。基于以上原理，清华大学Cao等[22]建立了一种基于SPME的快速、准确测定y_0的M-history法。

（2）测量y_0的基于SPME的M-history法

1）密闭舱结构及测试原理

Cao等[22]所使用的实验舱沿用Xu等[19]所设计的三明治形通风实验舱的结构，如图4-26所示，在两块完全一样的SVOC源材料（须为平板状，其他形状不适用于本装置）间放置一个不锈钢圆环；两块源材料的另一侧各放置一块不锈钢圆板，用螺栓和螺母将这些结构拧紧，从而在两块源材料和圆环之间形成一个密闭的圆柱形空腔。为了尽量减小圆环内壁面积，圆环的厚度远小于圆环的内径，因此整个实验舱呈扁平状。

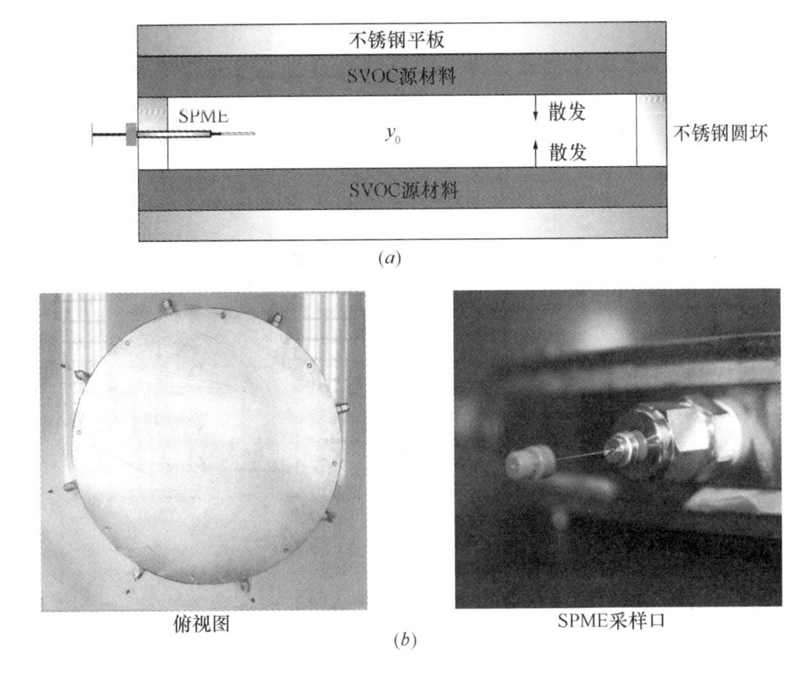

图 4-26 密闭实验舱结构图

(a) 结构示意图；(b) 实物图

根据前面的分析可知，当实验舱密闭后，舱内 SVOC 的气相浓度将很快达到平衡（除靠近圆环的小部分区域），而且平衡浓度等于 SVOC 源材料的散发参数 y_0。此时，将 SPME 由红色隔垫扎入实验舱内，并把 SPME 萃取头从针管中推出，使萃取头涂层完全暴露于实验舱内的空气中。一段时间后再将 SPME 取出来，并用相应仪器分析 SPME 涂层中 SVOC 的吸附量，结合式（4-36）、式（4-39）及式（4-40）即可测得舱内 SVOC 气相浓度，即待测参数 y_0。需要指出的是，这里假设 SPME 的萃取头涂层在实验过程中处于 SVOC 气相浓度均匀的区域，即式（4-40）的所有使用条件在都已得到满足。

2）测试结果与讨论

图 4-27 和图 4-28 分别为根据以上步骤对两种材料（材料 1，DEHP 质量分数为 18.2%；材料 2，DEHP 质量分数为 5.1%）的测试结果。可以看出，实验结果与拟合直线都吻合良好；线性拟合的精度很高，相关系数 R^2 都大于 0.98，说明 SPME 对 DEHP 的吸附在 24h 内都处在线性阶段。图中拟合直线表达式 t_s 前面的系数即为 $k \cdot y_0$（记为 β）的值，其中 k 可由式（4-39）及式（4-40）算得。计算

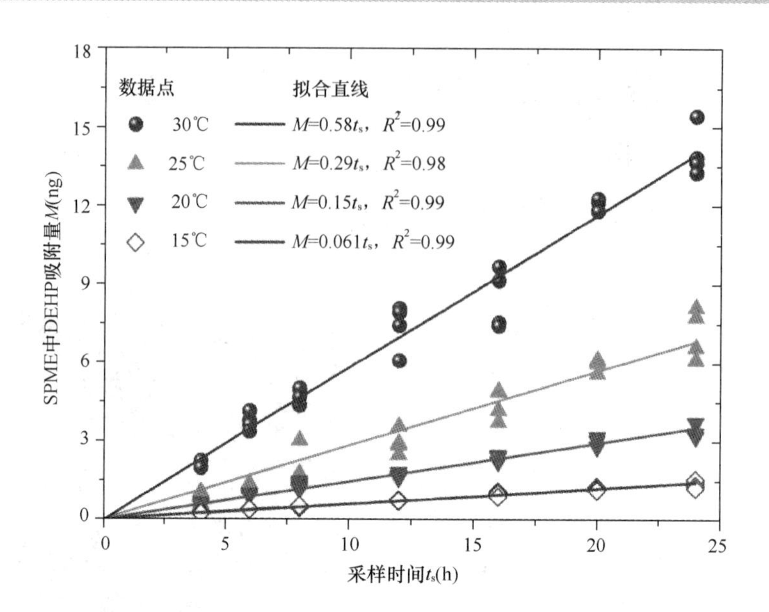

图 4-27　材料 1 的测试结果（DEHP 质量分数为 18.2%）

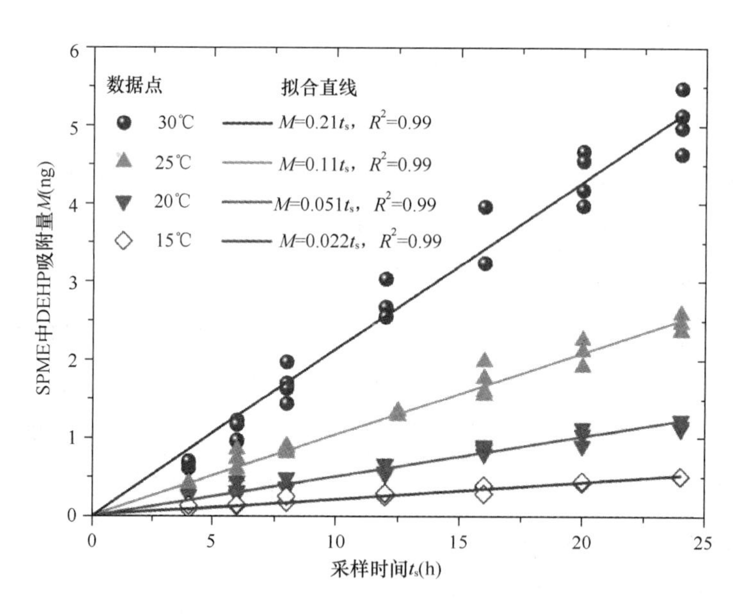

图 4-28　材料 2 的测试结果（DEHP 质量分数为 5.1%）

时，DEHP 在空气中的扩散系数 D_a 可用经验公式计算[21]，也可参阅文献中的测量结果[68]。此处，25 ℃时 DEHP 的 D_a 选用 Lugg[68] 通过实验测得的结果：$3.37\times10^{-6}\ m^2/s$，其与经验公式预测结果的相对偏差小于 3%，因此可认为所选用的 D_a 值足够准确。其他温度下的 D_a 用下列关系式确定[21]：

$$\frac{D_a}{D_{a0}} = \left(\frac{T}{T_0}\right)^{1.75} \tag{4-41}$$

式中 T——开尔文温度，K；T_0为 298 K（即 25 ℃）；

D_{a0}——25 ℃时的 D_a，即 3.37×10^{-6} m²/s。研究表明，对于大多数的二元气体扩散系数，选用 1.75 作为指数系数可以准确预测温度对 D_a的影响[21]。

用 Origin 进行线性拟合时，还可求得斜率 β 的标准偏差 $\Delta\beta$，由此可以推测出由测量误差对 y_0造成的相对标准偏差 RSD_y，即式（4-42）：

$$RSD_y = \frac{\Delta y_0}{y_0} \times 100\% = \frac{\Delta\beta}{\beta} \times 100\% \tag{4-42}$$

式中 Δy_0——y_0的标准偏差。

y_0及其相对标准偏差 RSD_y的详细结果列于表 4-4 中。可以看到，所有情况的 RSD_y均小于 3%，表明 M-history 法的测量结果具有很高的精确性。

材料 1、材料 2 散发特性参数 y_0（μg/m³）及其相对标准偏差 RSD_y（%），以及 DEHP 饱和气相浓度 y_{ss}（μg/m³）的测量结果　　表 4-4

温度（℃）	材料 1（m=18%）①		材料 2（m=5.1%）		纯 DEHP（m=100%）	
	y_0	RSD_y（%）	y_0	RSD_y（%）	y_{ss}	RSD_y（%）
15	0.43	1.6	0.16	2.3	0.60	2.0
20	1.0	1.4	0.35	1.9	1.3	2.3
25	1.9	2.7	0.70	1.6	2.6	2.2
30	3.8	1.7	1.4	1.8	5.2	1.3

① m 为 DEHP 在材料中的质量分数。

表 4-4 中的结果只能说明 M-history 法的精度高，并不能对方法的准确性（即与 y_0真实值的偏差）进行评价。因此，Cao 等[22]还用文献中已有方法测定了材料 1 和材料 2 中 DEHP 的 y_0。这里选用 PFS 法[58]进行了测量，没有选用其他方法是由于它们都存在测量误差无法评估的问题（详见表 4-3）。表 4-5 列出了 25℃时 PFS 法测得的 y_0及其与 M-history 法测得 y_0的相对偏差 RD_{PFS}。可以看出，两种方法间的相对偏差很小，在 2%以内。由于 PFS 法和 M-history 法的原理、采样仪器完全不一样，上述比较可以证明 M-history 法具有很高的准确性。当然，考虑到实验人

员操作、分析仪器等造成的固有误差，在不同实验室使用M-history法测量同种材料的y_0可更全面地对M-history法的准确性进行评价。这方面值得进一步研究。

M-history法与文献中PFS法[58]对相同材料的测量结果对比（测试温度25℃）　表4-5

	材料1	材料2
M-history法所测y_0（$\mu g/m^3$）	1.9	0.70
PFS法所测y_0（$\mu g/m^3$）	1.9	0.71
相对偏差RD_{PFS}（%）	0.50	1.1

3）实验流程简化的讨论

实际测量中，其实也可选择一个合适的采样时间，重复几次测量，并将所测吸附量的平均值带入式（4-36）即可算得y_0，如式（4-43）：

$$y_0 = \frac{M_{ave}}{D_a \cdot SF \cdot t_s} \tag{4-43}$$

式中　M_{ave}——给定采样时间t_s内SPME涂层中DEHP的平均吸附量，ng。

这里选取图4-27和图4-28中前三个采样时间的数据，用它们分别算得y_0的值，并将其与表4-5中的结果进行对比，求得了每种采样时间测得的y_0与通过对不同采样时间线性拟合求得的y_0的相对偏差RD_y，最终的结果列于表4-6中。表中4h、6h、8h表示采样时间长度。可以看出，若采样时间为8h，y_0与表4-5中结果的相对偏差RD_y均小于10%，且重复测量3～4次的相对标准差也在10%以内，这在实际应用中是完全可以接受的。因此，在之后测量DEHP的y_0时，可将SPME的采样时间选定为8h，并重复3～4次测量。

国际上已有方法的测量时间最短的也需要7d[55,59]，与它们相比，M-history法的耗时缩短了20倍。此外，M-history法的实验系统和测试流程也很简单。因此，可以说，Cao等[22]建立的方法具有准确、便捷的优点。

单个采样时间与多个采样时间测得的y_0的相对偏差RD_y（%）　表4-6

温度	材料1			材料2		
（℃）	4h	6h	8h	4h	6h	8h
15	3.6	9.3	1.4	29	8.9	2.8
20	1.9	9.4	8.4	4.7	3.1	0.68
25	7.0	19	5.3	3.7	7.1	1.8
30	9.6	6.8	2.1	18	6.8	1.6

理论上，除了测量材料散发 DEHP 的 y_0，M-history 法也可实现对其他 SVOC 的测试。但在测量过程中需注意一个问题：需合理选择 SPME 的采样时间，确定 M-history 法对采样时间的上限和下限。由 SPME 采样原理可知，采样时间上限 t_{max}即为 SPME 涂层线性吸附段的实验时间上限 t_1。采样时间下限要使得 SVOC 的吸附量大于 GC-MS 的定量限。因此有式（4-44）：

$$t_{min} = \frac{LOQ}{D_a \cdot SF \cdot y_0} \tag{4-44}$$

式中 t_{min}——采样时间下限，s；

LOQ——定量限，计算时单位需换算成 μg。

实际测量时，采样时间应落在 $t_{min} \sim t_{max}$范围内，同时还要综合考虑测试方案的可操作性、测试周期的长短等问题，再做出合适的选择。需要指出的是，当 y_0的值太小时，t_{min}可能会大于 t_{max}，此时 M-history 法将不再适用。因此，M-history 法对 y_0也有一个“定量限”，如式（4-45）：

$$y_0 > \frac{LOQ}{D_a \cdot SF \cdot t_{max}} = y_{0,min} \tag{4-45}$$

式中 $y_{0,min}$——M-history 法可测定的 y_0的最小值。

上式由 $t_{min} < t_{max}$推导而得。对于 DEHP，文献中已测得 t_{max}（或 t_1）为 40h[64]，据此可算得 M-history 法对 DEHP 的 y_0的测定下限为 8.31 ng/m^3（25 ℃）。

为了进一步验证 M-history 法的普适性，还需测量其他几种 SVOC 的 y_0。选择的目标 SVOC 包括：另外两种常用的增塑剂邻苯二甲酸异丁酯（Di-iso-butyl Phthalate，DiBP）和邻苯二甲酸正丁酯（Di-n-butyl Phthalate，DnBP），以及一种常用的磷系阻燃剂磷酸三（2-氯丙基）酯［Tris（clorisopropyl）Phosphate，TCPP］。

图 4-29 为 25 ℃时 DiBP 和 DnBP 的测试结果，图 4-30 为 25 ℃时 TCPP 的测试结果。可以看出，在所选定的采样时间内，SPME 中这几种 SVOC 的吸附量与采样时间均呈线性关系，且线性拟合的精度很高（相关系数 R^2都大于 0.99）。

利用以上结果算得材料 2 散发 DiBP 和 DnBP 时的 y_0分别为 172μg/m^{3}和 66.4 μg/m^3；聚氨酯泡沫散发 TCPP 时的 y_0为 20.3 μg/m^3。计算时，D_a取经验公式的预测值[21]。对比 DEHP 的 y_0可以发现，这三种 SVOC 的 y_0大很多，因此 SPME 的采样时间可以相应地大幅度缩短。这是因为 SPME 中的吸附量很快就能达到

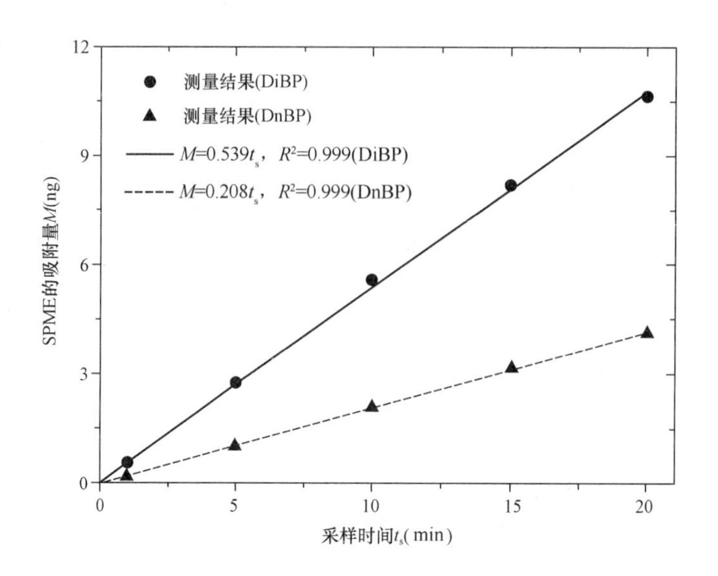

图 4-29　材料 2 散发 DiBP 和 DnBP 的测量结果

（DiBP 质量分数为 4.3%，DnBP 质量分数为 4.5%）

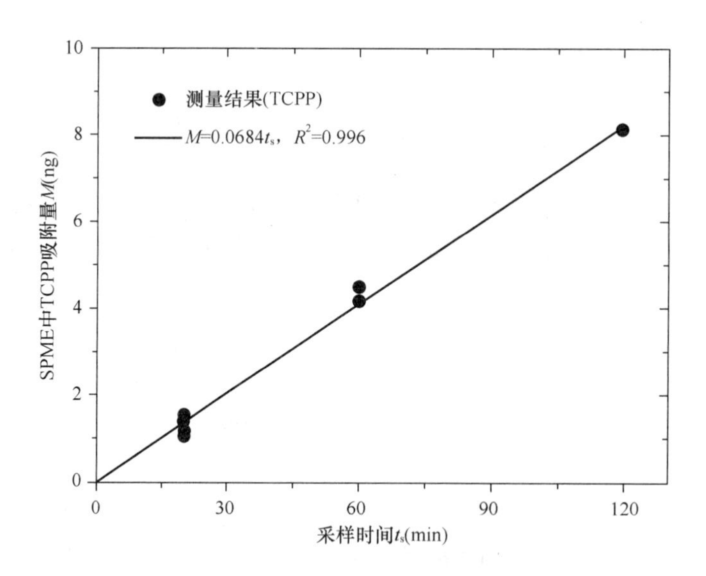

图 4-30　聚氨酯泡沫散发 TCPP 的测量结果

（TCPP 质量分数为 0.63%）

GC-MS 分析方法的 *LOQ*。此外，通过测量 SPME 对这三种 SVOC 的吸附特性曲线，发现：对 DiBP 和 DnBP，SPME 的采样时间上限为 4.3h；对 TCPP，SPME 的采样时间上限为 2.5h。

以上结果充分说明了 M-history 法对不同 SVOC 的适用性。实际测量时，只要 t_{min}小于 t_{max}即可用 M-history 法测定 SVOC 的散发特性参数 y_0。

4.3.2 SVOC 汇特性测定方法

4.3.2.1 国内外相关研究综述

目前测定 SVOC 汇吸附特性参数的研究较少。文献中已报道的方法基本沿用测定材料吸附 VOC 特性参数的方法[25, 70]，即：首先制造一股含有恒定 SVOC 浓度的气流，将此气流通入实验舱内，并在整个实验过程中保持流速恒定；待实验舱内 SVOC 气相浓度恒定后（所需时间通常很长，需实验舱内壁吸附 SVOC 接近平衡后，舱内 SVOC 气相浓度才能恒定，一般称为实验舱老化过程），将待测的汇材料放入实验舱中；测量汇材料中 SVOC 的逐时浓度或平衡浓度，再结合相应的模型求得吸附特性参数。测量 SVOC 逐时浓度的方法，一般称为瞬态法[25]；而测量平衡浓度的方法称为平衡法[70]。然而，这些方法也都存在时间长、误差大的缺陷。

4.3.2.2 “十二五”期间我国相关研究进展

（1）SVOC 汇特性参数测定实验舱设计原则

为了指导 SVOC 汇特性参数快速、准确测定方法的设计，清华大学 Cao 等[71]建立了 SVOC 在现有汇特性测定实验舱中的传质模型。假设实验舱内放有一块汇材料，可以得到实验舱内 SVOC 的传质模型示意图，如图 4-31 所示。

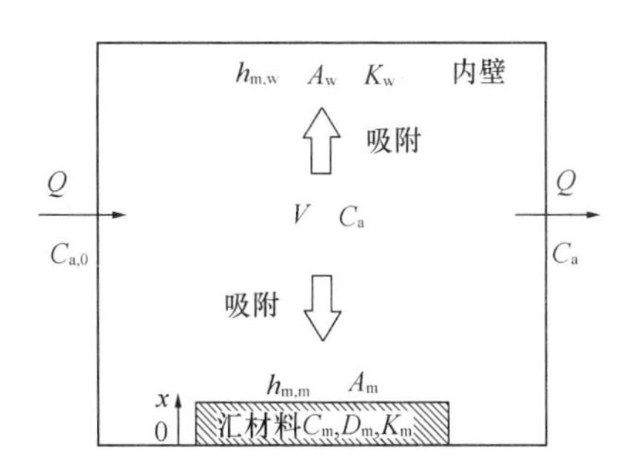

图 4-31 汇特性测定实验舱内 SVOC 传质模型示意图

根据传质模型可以得出，若要实现对 SVOC 源散发特性参数的快速、准确测定，需要：1）使用密闭舱；2）将待测汇材料和 SVOC 源材料同时放入实验舱内；3）实验舱的内壁吸附面积最小化。

（2）测定分配系数的 C_m-history 法

将上述设计原则与清华大学 Liu 等[54]提到的源特性测定实验舱的设计要求进行对比，可以发现它们其实完全一样。因此三明治形密闭实验舱的结构可以继续使用，但为了测定汇材料的吸附特性，需要将其中一块源材料替换成待测的汇材料。由此，清华大学Cao等[71]得到优化设计后的实验舱结构，如图4-32所示。此实验舱的主要部件包括：一块平板状SVOC源材料、一块平板状汇材料及一个圆环，根据实验舱设计要求3)，圆环的内径需远大于其厚度。由图4-32可知，SVOC源材料、汇材料及圆环共同组成了一个扁平状的圆柱体空腔，SVOC首先从源材料内散发至空腔中，然后从空腔中传递到汇材料表面并被吸附，最后在汇材料中进一步扩散。

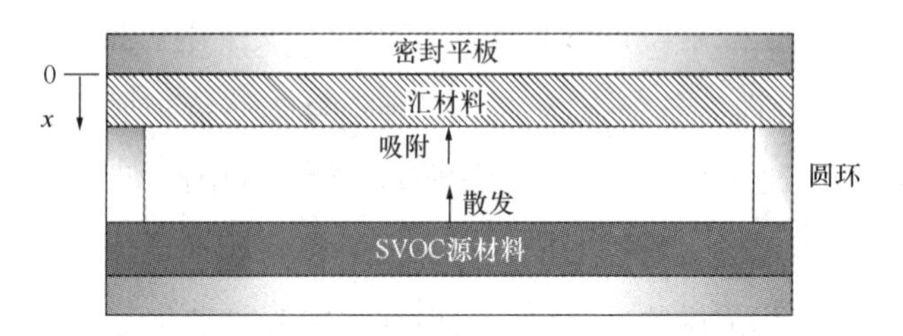

图4-32　三明治形汇特性测定实验舱结构示意图

SVOC在图4-32所示实验舱中的传质过程建立模型，汇材料中SVOC的初始含量为0，即$C_{m,0}=0$，Cao等[71]利用拉普拉斯变换法[72]，求得此模型的解析解，即式（4-46）：

$$C_m = K_m y_0 - 2K_m y_0 \sum_{n=1}^{\infty} \frac{\cos(q_n x/L_m)}{\cos q_n + q_n/\sin q_n} e^{-\frac{D_m q_n^2}{L_m^2}t} \tag{4-46}$$

式中，q_n为超越方程（4-47）的正根：

$$q_n \tan q_n = \frac{D_a L_m}{D_m K_m \delta}, n = 1,2,3,\cdots\cdots \tag{4-47}$$

由式（4-46）可看出，汇材料对SVOC的吸附达到平衡所需的时间与L_m成正比。因此，若要缩短测试周期，应使汇材料尽量薄。当汇材料足够薄时，SVOC在汇材料中的扩散传质阻力将远小于其在实验舱空腔中的扩散传质阻力，即式（4-48）：

$$\frac{L_m/(D_m K_m)}{\delta/D_a} = \frac{D_a L_m}{D_m K_m \delta} < 0.1 \tag{4-48}$$

上式在计算汇材料中的扩散阻力时，首先需将材料相的SVOC换算成气相，因此式中出现了K_m，此时可认为SVOC在汇材料中的浓度分布是均匀的[73]，可用集总参数法来处理，其解析解为式（4-49）：

$$C_m = K_m y_0 (1 - e^{-\frac{D_a}{\delta L_m K_m}t}) = C_{m,equ}(1 - e^{-\frac{t}{N_m}}) \tag{4-49}$$

式中　$C_{m,equ}$——汇材料的平衡浓度，mg/m^3；

N_m——吸附过程的时间常数。

若测量了SVOC在汇材料中的逐时浓度C_m，用式（4-49）对浓度数据进行非线性拟合，即可获得$C_{m,equ}$和N_m的值。汇材料的吸附特性参数K_m可用式（4-50）计算：

$$K_m = \frac{N_m D_a}{\delta L_m} \tag{4-50}$$

此外，也可求得源材料的y_0，如式（4-51）：

$$y_0 = \frac{C_{m,equ}}{K_m} \tag{4-51}$$

对于同一种SVOC源材料，将上式求得的y_0与第2章所提方法测得的y_0进行对比，可对式（4-50）所求K_m的准确性进行检验。

由于此方法需测定汇材料中SVOC的逐时浓度，因此称之为测量K_m的C_m-history法（逐时吸附相浓度法）。用此方法测定汇材料的分配系数K_m时，要求待测汇材料足够薄以满足式（4-48）的条件，此外还要求实验舱中所用圆环的内径远大于其厚度。

1）实验舱

根据C_m-history法的原理，实验时所用的实验舱结构如图4-33（a）所示，图4-33（b）为实验舱的实物图。由于整个实验舱上下、左右均对称，呈扁平状，且SVOC在实验舱空腔内只发生扩散传质，因此称此实验舱为STDC（取Symmetri-

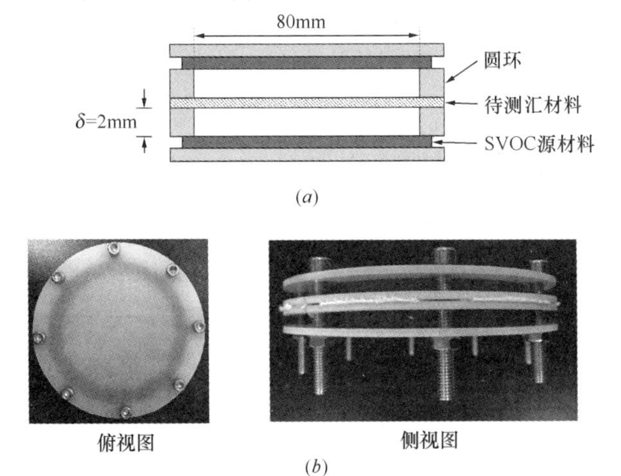

图4-33 C_m-history法所用实验舱

（a）结构示意图；（b）实物图

cal Thin Diffusion Chamber 的首字母）。

2）材料

SVOC源材料为前文所用的两种PVC地板。前面已经测得，一种PVC地板中只含有质量分数为18.2%的DEHP（以下称为材料1），而另一种PVC地板（以下称为材料2）中含有三种增塑剂DiBP、DnBP和DEHP，质量分数分别为4.3%、4.5%和5.1%。

选用一种纯棉T恤（>95%棉）作为待测汇材料。根据国家标准《纺织品和纺织制品厚度的测定》GB/T 3820—1997[74]，测得所用T恤的厚度为0.578mm（即L_m=0.578mm）。在研究衣服材料中的传热、传质过程时，现有文献通常将衣服当作均匀多孔介质来处理[75]。相关测试流程、样品分析和质量控制等详见参考文献［71］。

3）测试结果及讨论

图4-34为根据上述步骤和方法测得的衣服样品中三种增塑剂的逐时浓度及其与式（4-49）的拟合结果：图4-34（*a*）和图4-34（*b*）分别为25℃和32℃时DEHP的结果，图4-34（*c*）为DiBP和DnBP在25℃时的结果，图4-34（*d*）为DiBP和DnBP在32℃时的结果。由于衣服对DiBP和DnBP的吸附在20～120h内就已达到平衡，为了更清晰地观察式（4-49）与测试结果的拟合情况，图4-34（*c*）和图4-34（*d*）所示主要为吸附达到平衡前的结果。图中每个点表示采样时间相同的3个样品的平均值，误差线表示它们的最大值和最小值。

从图中可以看出，根据式（4-49）得到的拟合曲线与测量结果吻合良好，相关系数R^2都大于0.95。图4-34还列出了$C_{m,equ}$和N_m的拟合值，将它们带入式（4-50）和式（4-51）即可求得K_m和y_0。K_m和y_0的最终结果列于表4-7中。

K_m和y_0的测定结果及其相对标准偏差 **表4-7**

源材料	SVOC	25℃时结果				32℃时结果			
		K_m (×10⁻⁶)	RSD_K (%)	y_0 (μg/m³)	RSD_y (%)	K_m (×10⁻⁶)	RSD_K (%)	y_0 (μg/m³)	RSD_y (%)
材料1	DEHP	66	16	2.1	21	28	15	6.0	19
材料2	DEHP	69	15	0.77	19	29	20	2.1	25
	DiBP	0.51	6.8	68	7.0	0.20	9.6	265	9.8
	DnBP	1.1	6.8	36	6.9	0.38	12	151	13

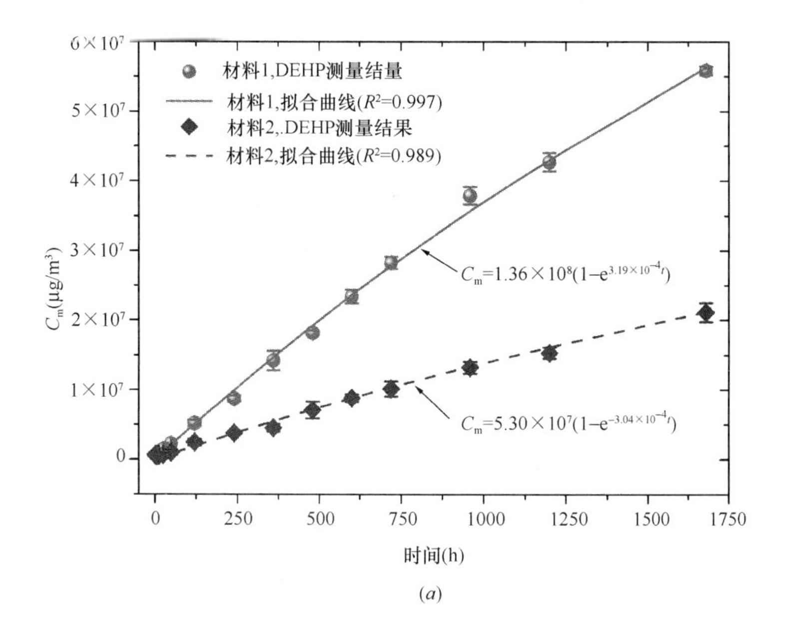

(*a*)

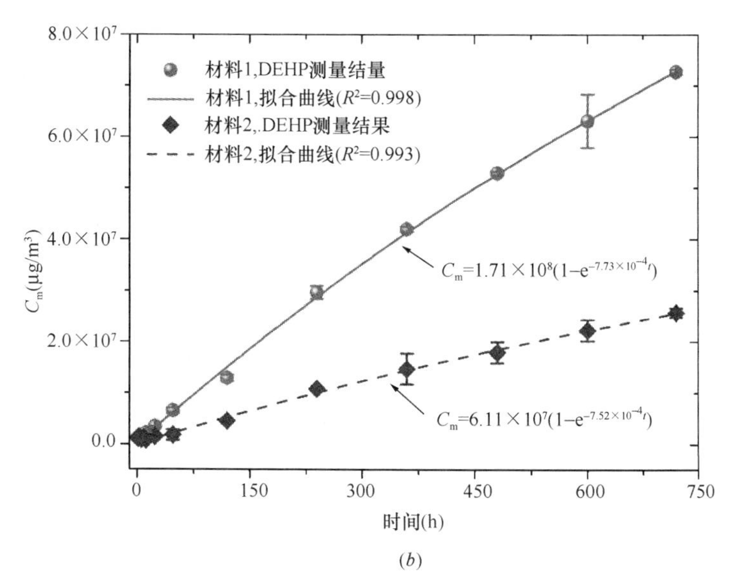

(*b*)

图 4-34 C_m-history 法测量结果及拟合曲线（一）

(*a*) 25℃时 DEHP 的结果；(*b*) 32 ℃时 DEHP 的结果；

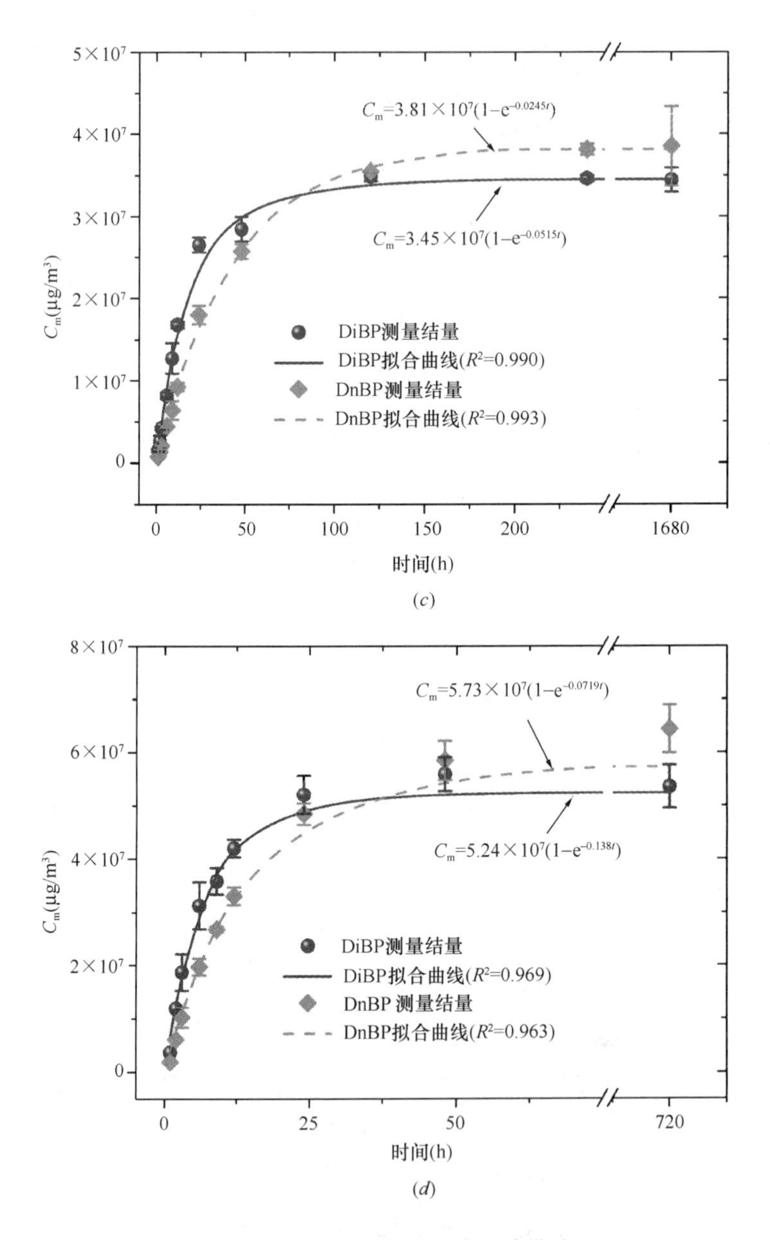

图 4-34 C_m-history 法测量结果及拟合曲线（二）

(*c*) 25 ℃时 DiBP 和 DnBP 的结果；(*d*) 32 ℃时 DiBP 和 DnBP 的结果

注：图（*c*）和（*d*）主要列出了吸附达到平衡前的结果。

进行非线性拟合时，还可求得 $C_{m,equ}$ 和 N_m 的标准偏差 $\Delta C_{m,equ}$ 和 ΔN_m，根据误差传递理论可以算出测量误差对 K_m 和 y_0 造成的相对标准偏差，如式（4-52）和式（4-53）：

$$RSD_K = \sqrt{\left(\frac{\Delta N_m}{N_m}\right)^2 + \left(\frac{\Delta L_m}{L_m}\right)^2} \tag{4-52}$$

$$RSD_y = \sqrt{RSD_K^2 + \left(\frac{\Delta C_{m,equ}}{C_{m,equ}}\right)^2} \tag{4-53}$$

式中　RSD_K——K_m 的相对标准偏差；

RSD_y——y_0 的相对标准偏差；

ΔL_m——FR4 玻璃纤维圆环厚度的标准偏差，计算时 ΔL_m 取 0.05mm。

RSD_K 和 RSD_y 的最终结果也列于表 4-8 中，可以发现：对于 DiBP 和 DnBP，K_m 和 y_0 的相对标准偏差均小于 15%；对于 DEHP，K_m 和 y_0 的相对标准偏差稍微大一些，分别小于 20%和 25%，但仍在可接受范围之内。此外，由于材料 1 和材料 2 中均含有 DEHP，因此使用含这两种材料的 STDC 均可测得 DEHP 的 K_m。从表 4-8 可以发现，在同一温度下，虽然这两种材料对应的 y_0 不一样，但测得的 DEHP 的 K_m 几乎完全相等：25℃时，使用材料 1 和材料 2 测得的 K_m 分别为 6.6×10^7 和 6.9×10^7；32℃时，分别为 2.8×10^7 和 2.9×10^7。它们之间的偏差小于 5%，在一定程度上验证了 C_m-history 法的准确性。

Morrison 等[70]用平衡法测得 25℃下棉质汗衫、长袖衬衫和牛仔裤吸附 DnBP 时的 K_m 分别为 3.6×10^6、3.7×10^6 和 4.4×10^6，比 C_m-history 法测得的纯棉 T 恤的 K_m 高 3～4 倍（1.1×10^6）。但 Morrison 等所用的衣服材料密度较大（棉质汗衫、长袖衬衫和牛仔裤的密度分别为 0.45g/cm³、0.47g/cm³ 和 0.71g/cm³，而这里所用衣服密度为 0.29g/cm³），考虑到 K_m 与衣服的密度、比表面积和衣服材料的化学极性等相关[76]，存在这种差异也可能是合理的。总之，以上内容对 C_m-history 法的精确性和准确性都进行了初步验证。但若要更全面地评价 C_m-history 法的准确性，还需在不同实验室用 C_m-history 法（或其他方法）测量相同材料的 K_m。

4.4　小　　结

“十二五”期间，我国研究者在室内 SVOC 污染方面开展了研究，主要成果总结如下：

（1）提出了SVOC与颗粒物之间的动态传质模型：利用此动态模型定量解释了颗粒相SVOC粒径分布的尺寸特征，并揭示了颗粒物对SVOC在气相—表面相之间传质的增强效应机理。

（2）提出了SVOC皮肤暴露的动态传质模型：该模型与稳态模型相比，预测结果更接近实验值，为更准确地预测室内SVOC皮肤暴露提供了基础。

（3）研究了通风稀释对室内SVOC空气相浓度的控制效果评价方法，该评价方法表明增大通风能降低室内SVOC空气相浓度，但影响效果低于通风对VOC的影响。

（4）提出了测试SVOC源汇特性的系列测试方法（M-history，C_m-history）：该测试方法与文献中的方法相比测试时间显著减少，且精度较高；量化解释了温度、SVOC含量等参数对源特性参数的影响，为材料研发、环境评估等提供了依据。

以下问题还值得进一步研究：

（1）各种因素（如温湿度、材料及SVOC的化学极性等）对SVOC源汇特性参数的影响及其机理解释。

（2）建立评估室内SVOC人体不同暴露途径对健康风险贡献率的方法，并建立室内SVOC污染所致的疾病负担的评估方法。

（3）不同控制方式对降低室内SVOC浓度和降低室内人员SVOC暴露量的控制效果，及最优的综合控制方法；

（4）对于室内SVOC污染，我国现行国家标准《室内空气质量标准》GB/T 18883中对苯并a芘一项进行了规定，其他都没有相应标准，这是由于目前我国室内SVOC污染的状况及其控制的数据实例相当缺乏，需开展相关研究并发展相应的标准。

本章参考文献

[1] Wang L., Zhao B., Liu C., et al. Indoor SVOC Pollution in China: A Review. Chinese Sci. Bull., 2010, 55 (15): 1469-1478.

[2] Weschler C. J. Changes in Indoor Pollutants since the 1950s. Atmos. Environ., 2009, 43

(1): 153-169.

[3] WHO. Indoor Air Quality: Organic Pollutants. World Health Organization, 1989.

[4] Weschler C. J., Nazaroff W. W. Semivolatile Organic Compounds in Indoor Environments. Atmos. Environ., 2008, 42 (40): 9018-9040.

[5] Xu Y., Zhang J. Understanding SVOCs. ASHRAE J., 2011, 53 (12): 121-126.

[6] Liu C., Shi S., Weschler C., et al. Analysis of the Dynamic Interaction between SVOCs and Airborne Particles. Aerosol Sci. Tech., 2013, 47 (2): 125-136.

[7] Zhang Y., Mo J., Weschler C. J. Reducing Health Risks from Indoor Exposures in Rapidly Developing Urban China. Environ. Health Perspect., 2013, 121 (7): 751-755.

[8] 陶刚，梁诚．国内外增塑剂市场分析与发展趋势．塑料科技，2008，36 (6)：78-81.

[9] 魏志华．我国增塑剂行业的发展背景及趋势．中国石油和化工经济分析，2014，(11)：53-57.

[10] 徐海霞，陶文铨．我国室内空气中半挥发性有机化合物的来源和污染现状．环境与健康杂志，2013，30 (11)：1030-1033.

[11] 施珊珊．SVOC 多相、多途径人群暴露分布模型的研究 [博士学位论文]. 北京：清华大学，2016.

[12] Zhang Y., Li B., Huang C., et al. Ten Cities Cross-Sectional Questionnaire Survey of Children Asthma and Other Allergies in China. Chinese Sci. Bull., 2013, 58 (34): 4182-4189.

[13] Oie L., Hersoug L.-G., Madsen J. O. Residential Exposure to Plasticizers and Its Possible Role in the Pathogenesis of Asthma. Environ. Health Perspect., 1997, 105 (9): 972.

[14] Weschler C. J., Nazaroff W. W. SVOC Exposure Indoors: Fresh Look at Dermal Pathways. Indoor Air, 2012, 22 (5): 356-377.

[15] Becker M., Edwards S., Massey R. I. Toxic Chemicals in Toys and Children's Products: Limitations of Current Responses and Recommendations for Government and Industry. Environ. Sci. Technol, 2010, 44 (21): 7986-7991.

[16] Consumer Product Safety Improvement Act 2013. https://www.cpsc.gov/Regulations-Laws-Standards/Statutes/Summary-List/Consumer-Product-Safety-Improvement-Act-CPSIA/.

[17] 北京中轻联认证中心等. 玩具安全 GB 6675. 北京：中国标准出版社，2014.

[18] 中国林业科学研究院. 室内装饰装修材料　人造板及其制品中甲醛释放限量 GB 18580-

2001. 北京：中国标准出版社，2001.

[19] Xu Y., Liu Z., Park J., et al. Measuring and Predicting the Emission Rate of Phthalate Plasticizer from Vinyl Flooring in a Specially-Designed Chamber. Environ. Sci. Technol., 2012, 46 (22): 12534-12541.

[20] Xu Y., Little J. C. Predicting Emissions of SVOCs from Polymeric Materials and Their Interaction with Airborne Particles. Environ. Sci. Technol., 2006, 40 (2): 456-461.

[21] Schwarzenbach R. P., Gschwend P. M., Imboden D. M. Environmental Organic Chemistry. New York, US: John Wiley & Sons, 2005.

[22] Cao J., Zhang X., Little J. C., et al. A SPME-Based Method for Rapidly and Accurately Measuring the Characteristic Parameter for DEHP Emitted from PVC Floorings. Indoor Air, 2017, 27 (2): 417-426.

[23] Clausen P. A., Liu Z., Kofoed-Sorensen V., et al. Influence of Temperature on the Emission of Di-(2-Ethylhexyl) Phthalate (DEHP) from PVC Flooring in the Emission Cell FLEC. Environ. Sci. Technol., 2012, 46 (2): 909-915.

[24] Liang Y., Xu Y. Emission of Phthalates and Phthalate Alternatives from Vinyl Flooring and Crib Mattress Covers: The Influence of Temperature. Environ. Sci. Technol., 2014, 48 (24): 14228-14237.

[25] Liu X., Guo Z., Roache N. F. Experimental Method Development for Estimating Solid-Phase Diffusion Coefficients and Material/Air Partition Coefficients of Svocs. Atmos. Environ., 2014, 89 76-84.

[26] 张寅平，张立志，刘晓华等. 建筑环境传质学. 北京：中国建筑工业出版社，2006.

[27] Weschler C. J., Salthammer T., Fromme H. Partitioning of Phthalates among the Gas Phase, Airborne Particles and Settled Dust in Indoor Environments. Atmos. Environ., 2008, 42 (7): 1449-1460.

[28] Wei W., Mandin C., Blanchard O., et al. Predicting the Gas-Phase Concentration of Semi-Volatile Organic Compounds from Airborne Particles: Application to a French Nationwide Survey. Sci. Total Environ., 2017, 576 319-325.

[29] Shiraiwa M., Ammann M., Koop T., et al. Gas Uptake and Chemical Aging of Semisolid Organic Aerosol Particles. P. Natl. Acad. Sci.-USA, 2011, 108 (27): 11003.

[30] Guo Z. A Framework for Modelling Non-Steady-State Concentrations of Semivolatile Organic Compounds Indoors - II. Interactions with Particulate Matter. Indoor Built Environ.,

2013, 23 (1): 26-43.

[31] Odum J. R., Yu J., Kamens R. M. Modeling the Mass Transfer of Semivolatile Organics in Combustion Aerosols. Environ. Sci. Technol., 1994, 28 (13): 2278-2285.

[32] Shi S., Zhao B. Comparison of the Predicted Concentration of Outdoor Originated Indoor Polycyclic Aromatic Hydrocarbons between a Kinetic Partition Model and a Linear Instantaneous Model for Gas-Particle Partition. Atmos. Environ., 2012, 59 93-101.

[33] Shi S., Zhao B. Estimating Indoor Semi-Volatile Organic Compounds (SVOCs) Associated with Settled Dust by an Integrated Kinetic Model Accounting for Aerosol Dynamics. Atmos. Environ., 2015, 107 52-61.

[34] Wei W., Mandin C., Blanchard O., et al. Distributions of the Particle/Gas and Dust/Gas Partition Coefficients for Seventy-Two Semi-Volatile Organic Compounds in Indoor Environment. Chemosphere, 2016, 153 212-219.

[35] Nazaroff W. W. Indoor Particle Dynamics. Indoor Air, 2004, 14 (s7): 175-183.

[36] van Vaeck L., van Cauwenberghe K. Cascade Impactor Measurements of the Size Distribution of the Major Classes of Organic Pollutants in Atmospheric Particulate Matter. Atmospheric Environment, 1978, 12 (11): 2229-2239.

[37] Allen J. O., Dookeran N. M., Smith K. A., et al. Measurement of Polycyclic Aromatic Hydrocarbons Associated with Size-Segregated Atmospheric Aerosols in Massachusetts. Environmental Science & Technology, 1996, 30 (3): 1023-1031.

[38] Venkataraman C., Thomas S., Kulkarni P. Size Distributions of Polycyclic Aromatic Hydrocarbons - Gas/Particle Partitioning to Urban Aerosols. Journal of Aerosol Science, 1999, 30 (6): 759-770.

[39] Liu C., Zhang Y., Weschler C. J. The Impact of Mass Transfer Limitations on Size Distributions of Particle Associated SVOCs in Outdoor and Indoor Environments. Sci. Total Environ., 2014, 497-498, 401-411.

[40] Kawanaka Y., Tsuchiya Y., Yun S.-J., et al. Size Distributions of Polycyclic Aromatic Hydrocarbons in the Atmosphere and Estimation of the Contribution of Ultrafine Particles to Their Lung Deposition. Environmental Science & Technology, 2009, 43 (17): 6851-6856.

[41] Hu M., Peng J., Sun K., et al. Estimation of Size-Resolved Ambient Particle Density Based on the Measurement of Aerosol Number, Mass, and Chemical Size Distributions in the Winter in Beijing. Environmental Science & Technology, 2012, 46 (18): 9941-9947.

[42] Liu C., Morrison G. C., Zhang Y. Role of Aerosols in Enhancing SVOC Flux between Air and Indoor Surfaces and Its Influence on Exposure. Atmos. Environ., 2012, 55: 347-356.

[43] Public Health Assessment Guidance Manual. 2005. https://stacks.cdc.gov/view/cdc/11404.

[44] Gong M., Zhang Y., Weschler C. J. Predicting Dermal Absorption of Gas-Phase Chemicals: Transient Model Development, Evaluation, and Application. Indoor Air, 2014, 24 (3): 292-306.

[45] Mitragotri S., Anissimov Y. G., Bunge A. L., et al. Mathematical Models of Skin Permeability: An Overview. Int. J. Pharm., 2011, 418 (1): 115-129.

[46] Navarro R., Perrino M. P., Tardajos M. G., et al. Phthalate Plasticizers Covalently Bound to PVC: Plasticization with Suppressed Migration. Macromolecules, 2010, 43 (5): 2377-2381.

[47] Hodgson A. T., Shendell D. G., Fisk W. J., et al. Comparison of Predicted and Derived Measures of Volatile Organic Compounds inside Four New Relocatable Classrooms. Indoor Air, 2004, 14 135-144.

[48] Diapouli E., Chaloulakou A., Spyrellis N. Indoor and Outdoor PM Concentrations at a Residential Environment, in the Athens Area. Global Nest Journal, 2008, 10 (2): 201-208.

[49] Liu C., Zhang Y., Benning J. L., et al. The Effect of Ventilation on Indoor Exposure to Semivolatile Organic Compounds. Indoor Air, 2015, 25 (3): 285-296.

[50] Riley W. J., McKone T. E., Lai A. C. K., et al. Indoor Particulate Matter of Outdoor Origin: Importance of Size-Dependent Removal Mechanisms. Environmental Science & Technology, 2002, 36 (2): 200-207.

[51] Liu C., Zhao B., Zhang Y. The Influence of Aerosol Dynamics on Indoor Exposure to Airborne DEHP. Atmospheric Environment, 2010, 44 (16): 1952-1959.

[52] Benning J. L., Liu Z., Tiwari A., et al. Characterizing Gas-Particle Interactions of Phthalate Plasticizer Emitted from Vinyl Flooring. Environmental Science & Technology, 2013, 47 (6): 2696-2703.

[53] Xiong J., Yao Y., Zhang Y. C-History Method: Rapid Measurement of the Initial Emittable Concentration, Diffusion and Partition Coefficients for Formaldehyde and VOCs in Building Materials. Environmental Science & Technology, 2011, 45 (8): 3584-3590.

[54] Liu C., Liu Z., Little J. C., et al. Convenient, Rapid and Accurate Measurement of SVOC

Emission Characteristics in Experimental Chambers. PloS ONE, 2013, 8 (8): e72445.

[55] Liang Y., Xu Y. Improved Method for Measuring and Characterizing Phthalate Emissions from Building Materials and Its Application to Exposure Assessment. Environ. Sci. Technol., 2014, 48 (8): 4475-4484.

[56] Holman J. Heat Transfer. New York: McGraw-Hill, 2002.

[57] Wu Y., Cox S. S., Xu Y., et al. A Reference Method for Measuring Emissions of SVOCs in Small Chambers. Build. Environ., 2016, 95 126-132.

[58] Fujii M., Shinohara N., Lim A., et al. A Study on Emission of Phthalate Esters from Plastic Materials Using a Passive Flux Sampler. Atmos. Environ., 2003, 37 (39-40): 5495-5504.

[59] Wu Y., Xie M., Cox S. S., et al. A Simple Method to Measure the Gas-Phase SVOC Concentration Adjacent to a Material Surface. Indoor Air, 2016, 26 (6): 903-912.

[60] Liu C., Zhang Y. Characterizing the Equilibrium Relationship between DEHP in PVC Flooring and Air Using a Closed-Chamber SPME Method. Build. Environ., 2016, 95 283-290.

[61] Pawliszyn J. Theory of Solid-Phase Microextraction. J. Chromatogr. Sci., 2000, 38 (7): 270-278.

[62] Ouyang G., Pawliszyn J. A Critical Review in Calibration Methods for Solid-Phase Microextraction. Anal. Chim. Acta, 2008, 627 (2): 184-197.

[63] Ouyang G., Pawliszyn J. Configurations and Calibration Methods for Passive Sampling Techniques. J. Chromatogr. A, 2007, 1168 (1-2): 226-235.

[64] Cao J., Xiong J., Wang L., et al. Transient Method for Determining Indoor Chemical Concentrations Based on Spme: Model Development and Calibration. Environ. Sci. Technol, 2016, 50 (17): 9452-9459.

[65] Isetun S., Nilsson U., Colmsjo A., et al. Air Sampling of Organophosphate Triesters Using SPME under Non-Equilibrium Conditions. Anal. Bioanal. Chem., 2004, 378 (7): 1847-1853.

[66] Bergman T. L., Incropera F. P., DeWitt D. P., et al. Fundamentals of Heat and Mass Transfer. Hoboken, New Jersey, United States: John Wiley & Sons, 2011.

[67] Rohsenow W. M., Hartnett J. P., Cho Y. I. Handbook of Heat Transfer. New York: McGraw-Hill, 1998.

[68] Lugg G. A. Diffusion Coefficients of Some Organic and Other Vapors in Air. Anal. Chem.，1968，40 (7)：1072-1077.

[69] Clausen P. A.，Xu Y.，Kofoed-Sørensen V.，et al. The Influence of Humidity on the Emission of Di-(2-Ethylhexyl) Phthalate (DEHP) from Vinyl Flooring in the Emission Cell "FLEC". Atmos. Environ.，2007，41 (15)：3217-3224.

[70] Morrison G.，Li H.，Mishra S.，et al. Airborne Phthalate Partitioning to Cotton Clothing. Atmos. Environ.，2015，115 149-152.

第5章　建筑室内 $PM_{2.5}$ 污染控制研究

近年来，我国大部分地区雾霾天气频发，大气颗粒物污染严重。随着空气污染的日益严重，人们逐渐认识到悬浮在空气中的颗粒物会持续影响空气质量并危害人体健康。$PM_{2.5}$ 粒径较小，能够通过呼吸进入呼吸系统，到达肺部，甚至通过肺泡细胞进入人体血液，其携带的重金属、微生物等有毒害物质会严重危害人体健康。因此，全面系统地开展建筑室内颗粒物污染控制关键技术研究，对于改善我国的室内空气品质，提高人们健康水平和劳动生产率具有重大的意义。本章从 $PM_{2.5}$ 净化设备性能测试方法、建筑围护结构 $PM_{2.5}$ 穿透机理及穿透系数测试方法及通风与净化联合解决方案三部分对建筑室内 $PM_{2.5}$ 污染控制研究方面取得的进展和创新成果进行介绍。

5.1 $PM_{2.5}$净化设备性能测试方法

5.1.1 $PM_{2.5}$净化设备性能的传统测试方法及问题

目前世界上的主要测试标准包括欧洲标准 EN 779 和美国标准 ASHRAE 52.2，占有全球市场约 70%的份额。现对上述两个标准的测试方法进行概述介绍。

5.1.1.1 欧洲标准 EN 779-2012 测试方法简介

（1）要求

测试气溶胶：EN 779-2012 要求采用电中性的液态气溶胶作为测试气溶胶，气溶胶发生材料一般推荐采用纯的油性液体而非混合溶液，这主要是为了避免在气溶胶喷雾发生过程对气溶胶的干燥处理，而干燥处理往往会导致气溶胶荷电，从而导致净化效率测试结果产生偏差。气溶胶发生器则推荐采用构造简单、制造成本低廉的 Laskin 喷嘴。

负荷尘：依据 EN 779 进行试验，所给出的净化效率并非针对净化设备在初始状态（清洁状态）下的效率，而是通过过滤器累积负荷尘的过程以模拟整个使用生命周期，并给出相应的综合净化效率。欧洲标准所采用负荷尘为俗称“ASHRAE 粉尘”的标准人工尘，其质量成分构成为：72%的 ISO 12103-A2 细灰（美国亚利桑那地区荒漠尘）、23%的炭黑以及 5%的棉纤维。

（2）EN 779-2012 试验方法

如前文介绍，EN 779-2012 给出的是过滤器在整个积尘周期内的平均综合效率。其试验过程为：首先在过滤器清洁状态下进行效率及阻力测试，然后以 $70mg/m^3$ 的浓度稳定发生负荷尘，随着积尘过程，被测过滤器阻力及效率逐渐上升，至规定的阻力值时重新检测过滤器效率直至过滤器达到规定终阻力（中效过滤器为 450Pa），完成测试后，试验结果应给出综合平均效率，并应给出试验过程中效率、阻力随积尘过程的变化曲线。

进行完上述过滤器效率测试后，还应使用过滤器所采用滤材进行消静电试验。试验首先对滤材在清洁以及未经任何处理状态下进行效率及阻力测试，随后采用纯度不低于 99.5%的异丙醇（IPA）对滤材进行静电消除处理，当前 EN 779 中，消静电处理方式为将滤材浸泡置于异丙醇中，随后进行24h干燥处理，在其他一些国际标准中，也采用在密封箱内利用饱和异丙醇蒸汽处理滤材的消除静电方法。完成滤材所附着静电的消除后，重新对滤材效率阻力进行测试。

EN 779根据过滤器测试结果以及滤材消静电后的效率测试结果对过滤器进行分级评价，见表5-1。

EN 779过滤器分级体系 **表5-1**

组别	级别	终阻力(Pa)	平均综合计重效率(%)	平均综合计数效率(0.4μm)(%)	最低计数效率(0.4μm)(%)
Coarse 粗效	G1	250	50～65	—	—
	G1	250	65～80	—	—
	G1	250	80～90	—	—
	G1	250	≥90	—	—
Medium 中效	M5	450	—	40～60	—
	M6	450	—	60～80	—
Fine 高中效	F7	450	—	80～90	35
	F8	450	—	90～95	55
	F9	450	—	≥95	70

注：最低计数效率指过滤器初始状态、消静电后以及容尘试验过程中的最低效率。

5.1.1.2 美国标准ANSI/ASHARE 52.2简介

（1）要求

测试气溶胶：美国标准采用固体KCl颗粒进行测试，其主要的出发点是：

第一，相比于NaCl，KCl更不容易产生潮解，对环境湿度的要求低，例如一般的NaCl试验台，需要增加加热除湿措施，保证试验空气相对湿度低于30%，但KCl试验台则不需要；

第二，KCl更容易获得大粒径颗粒物，尽可能确保在测试粒径范围内（0.3～10μm）每一粒径档都能获得具有统计意义的测试结果。

但由于固体气溶胶在干燥过程中必将产生荷电现象，美国标准规定气溶胶发生干燥过程必须进行电中和处理，为适应通用型的空气净化设备测试装置，目前市场上主流的KCl气溶胶发生器一般自带颗粒物干燥中和段，以保障注入测试风道内的，已经是完全干燥并且呈现电中性（波尔斯曼平衡状态）的固体颗粒物。

（2）试验方法

美国标准与欧洲标准测试过程类似，即在完成初始性能测试后，进行过滤器的容尘试验，在每一容尘阶段后重新进行效率阻力测试，重复容尘与性能测试直至被测装置达到规定终阻力。但与欧洲标准不一样的要求为：

第一，美国标准不需要进行滤材的消静电试验；

第二，试验数据处理方面，美国标准采用了一种远比欧洲标准复杂得多的处理方法。首先，ASHRAE 52.2将过滤器在初始状态以及各容尘阶段的测试粒径范围（0.3～10μm）内的计径效率曲线进行汇总，然后将测试粒径区间分为E1（0.3～1.0μm）、E2（1.0～3.0μm）及E3（3.0～10μm）三个在对数坐标上大致等距的区间，分别判断各区间内呈现出的最低效率曲线。

分别对三个粒径区间内的各粒径对应效率计算算术平均值，并对应表5-2给出过滤器的最终级别判定，基于上述的判定原则，美国标准将其过滤器分级体系命名为最低效率报告值（Minimum Efficiency Reporting Value，MERV），详见表5-2。

美国标准ASHRAE 52.2所规定过滤器分级体系 **表5-2**

MERV	各粒径区间内综合平均计径效率（%）			平均计重效率（%）
	区间1（0.3～1.0μm）	区间2（1.0～3.0μm）	区间3（3.0～10.0μm）	
1	N/A	N/A	E3＜20	$A_{avg}<65$
2	N/A	N/A	E3＜20	$65\leqslant A_{avg}<70$
3	N/A	N/A	E3＜20	$70\leqslant A_{avg}<75$
4	N/A	N/A	E3＜20	$75\leqslant A_{avg}$
5	N/A	N/A	20≤E3＜35	N/A
6	N/A	N/A	35≤E3＜50	N/A
7	N/A	N/A	50≤E3＜70	N/A
8	N/A	N/A	70≤E3	N/A
9	N/A	E2＜50	85≤E3	N/A
10	N/A	50≤E2＜65	85≤E3	N/A
11	N/A	65≤E2＜80	85≤E3	N/A
12	N/A	80≤E2	90≤E3	N/A
13	E1＜75	90≤E2	90≤E3	N/A
14	75≤E1＜80	90≤E2	90≤E3	N/A
15	80≤E1＜95	90≤E2	90≤E3	N/A
16	95≤E1	95≤E2	95≤E3	N/A

5.1.1.3　传统净化效率检测方法所存在的主要问题

上述欧美标准施行多年，占据全球大部分市场份额，但在使用过程中仍存在诸多问题，并容易导致用户错误地解读测试报告以及测试结果，其中的主要问题包括：

第一，测试结果难以反映被测空气净化装置在实际运行过程中的最低效率。例如，某被测过滤器最后标称以及用于分级评价的综合平均效率是96%，但在初始状态其效率只有70.6%，这往往是大多数用户容易混淆、忽略的地方。此外，从使用角度而言，大多数使用环境对于一般通风用净化过滤装置使用终阻力不超过250Pa，而该过滤器在250Pa以下的综合平均效率为93%，也就是说产品在绝大多数使用环境下和使用周期内都不会体现其标称效率。

第二，测试结果难以体现被测装置对于$PM_{2.5}$等的实际净化效率。从测试气溶胶的选择上，欧洲标准选择油性气溶胶进行测试，看重的是油性气溶胶天然呈现电中性的特点，美国标准选择KCl颗粒的主要原因是这种气溶胶粒径分布较为平均，可以保证在一个相对宽的粒径区间内各粒径档都能获得具有统计意义的测试结果。但实际大气气溶胶由于其来源、生成方式等的诸多差异，往往体现为多峰分布特征。从测试手段角度来看，现有的技术标准均针对较窄的粒径区间进行计数效率的测试，这样做的好处是容易保证测试结果的可重复性，但间接测试的问题则是用户难以根据现有的标准化测试结果外推或者预估空气净化产品对于实际大气$PM_{2.5}$粉尘的净化处理效果。

第三，消静电试验方法在某种程度上限制了未来净化过滤产品的低阻高效发展方向。按照过滤理论，如果希望提高纤维过滤器的效率，需要把纤维做得更细、更长，但这样带来的问题是过滤器的阻力会相应上升。在传统的过滤材料选择中，玻璃纤维一直是高效率净化材料的首选，其主要原因就是因为玻璃纤维自身的硬度高，可以在保持挺度的前提下被做成更细、更长的过滤纤维。而对于聚丙烯等人工化纤材料来说，由于材料硬度不够，所以很难把纤维做到像玻纤那样细，因此制造商通过在纤维上附加静电来提高化纤材料的净化过滤效率，而另一方面，因为化纤纤维更粗，则其阻力相比玻璃纤维来说更低。但从静电化纤材料诞生起，人们一直没能解决如何使得纤维永久保持静电的问题，随使用时间的延长以及特定空气环境（如高湿、油烟环境等），化纤滤材将逐渐丧失静电所带来的附加过滤效率，呈现出净化性能的下降。20世纪90年代，在瑞典等多个欧洲国家进行的现场调研中，研究者对现场使用过的化纤过滤器重新进行测试，发现了较为普遍的效率衰减。因此，2002年正式颁布的EN 779提出了采用异丙醇完全消除化纤滤材静电后重新进行效率测试的要求。早期的异丙醇试验只要求制造商应明确标示、提示消费者过滤器在效率衰减后所能保有的最低过滤净化效率，但在2012年颁布的新版欧洲标准中，异丙醇试验结果被纳入分级体系，标准对静电消除后滤材的最低效率（机械效率）进行了规定与限制。在这一引导下，欧洲的化纤滤材制造商一直致力于提高滤材的基础机械效率，采用复杂的熔喷技术，复合不同尺寸的纤维等。从另外的角度来看，化纤滤材虽会产生效率衰减，但目前尚缺乏足够证据表明化纤滤材在常规使用环境中会完全丧失所附加的静电。从标准引领技术发展的角度考虑，更应该鼓励的是促使厂商提高纤维驻极技术，尽可能地延长电荷保有时间，因此消静电试验方法至少应降低试验强度，从而可以比较出滤材驻极技术与质量的优劣，而非简单的全部消除，完全封闭这一技术的未来发展方向。

5.1.2 ISO 16890系列标准所规定的$PM_{2.5}$净化设备性能测试方法

2017年，ISO发布了国际标准ISO 16890-1《Air filters for general ventilation—Part 1：Technical specifications，requirements and classification system based upon particulate matter efficiency（ePM）》，该标准为首个针对空气净化设备的$PM_{1.0}$、$PM_{2.5}$以及PM_{10}净化效率评价的国际标准。ISO 16890系列标准共包含4部分，分别为：

第1部分：颗粒物综合过滤效率（ePM）技术要求和分级体系；

第2部分：计径计数效率和阻力的测量；

第3部分：计重效率及阻力与试验容尘量关系的测定；

第4部分：确定最低计径效率的消静电试验方法。

需要说明的是，该系列标准所评价的$PM_{2.5}$净化效率，是指空气过滤装置对于规定粒径分布的多分散KCl固体气溶胶中光散射粒径为0.3～2.5μm区间的综合净化效率。该方法试图在现有技术条件的基础上，尽可能提供接近净化装置对于实际大气$PM_{2.5}$颗粒物净化效率的评价结果，但从测试粒径范围来说，仍非针对通常定

义的 $PM_{2.5}$颗粒物进行净化效率评价。

（1）在测试台及测试参数的选择上，ISO 16890 系列标准希望尽量沿用现有的标准化试验台、试验方法以及试验参数等，通过规定一个“具有代表意义”的大气尘粒径分布特征，计算而非测量出空气净化装置对于 $PM_{1.0}$、$PM_{2.5}$以及 PM_{10}的对应净化效率。

（2）测试气溶胶方面，优先选择美国 ASHRAE 规定采用的电中性 KCl 固体粉尘，以保证各测试粒径档都可以尽可能获得具有统计意义的测试结果。测试粒径方面，ISO 标准与美国标准一致，需测量 0.3～10μm 区间共 12 档粒径区间。

（3）测试台方面，沿用现有的标准化过滤器测试试验台，试验台各项性能参数验证要求与美国标准一致。

（4）试验方法方面，ISO 标准只针对过滤器的清洁状态进行颗粒物净化效率 ePM（Particulate matter efficiency）测试与分级评价，但需根据过滤器在经过消静电处理之前及之后各进行一次测试，并取算术平均值作为被测净化装置的 ePM 最终测试结果。

在 ePM 效率的计算上，如前述，ISO 16890-1 并不试图建立采用完全模拟大气尘的测试颗粒物进而采用 PM 测试仪器进行直接测量的全新标准方法，而是通过约定标准大气尘粒径分布，以各粒径区间所占体积比作为权重，依据 0.3～10.0μm 区间的各粒径实测效率，最终计算得到 $PM_{1.0}$、$PM_{2.5}$以及 PM_{10}的净化效率预估。

（5）分级体系：ISO 16890-1 的分级体系更接近于一种报告体系而非级别划分体系，被测净化装置根据颗粒物平均综合过滤效率，按向下圆整为 5％的整数倍标识级别或组别，例如 ISO Coarse 60％、ISO ePM_{10} 60％、ISO $ePM_{2.5}$ 80％、ISO ePM_1 85％等，其中，ISO ePM_{10} 60％表示对 PM_{10}的综合平均效率不低于 60％，且不高于 65％的净化装置。对于试验值大于 95％的净化装置，统一报告为“＞95％”。对于 ePM_{10}＜50％的粗效过滤器，仅报告初始状态下的计重效率并按计重效率测试结果分级，对于其他组别过滤器，还要求其经消静电处理后的最低效率不得低于 50％，如表 5-3 所示。需要说明的是，试验方也可选择按 EN 779 的要求采用液态 DEHS 气溶胶以及其他电中性液态气溶胶进行测试，但因为该类型气溶胶尺度较小，仅限于对 ISO ePM_1组净化装置（$ePM_{1,min}$≥50％）进行试验与报告。

ISO 16890-1所规定的过滤器组别标识及最低效率限值 **表5-3**

分组	过滤效率限值（%）			级别报告值
	$ePM_{1,min}$	$ePM_{2.5,min}$	ePM_{10}	
ISO Coarse	—	—	<50%	初始计重效率
ISO ePM_{10}	—	—	≥50%	ePM_{10}
ISO $ePM_{2.5}$	—	≥50%	—	$ePM_{2.5}$
ISO ePM_1	≥50%	—	—	ePM_1

5.1.3 我国国家标准《通风系统用空气净化装置》所规定的$PM_{2.5}$净化装置性能测试方法

近年来，我国各类空气净化装置产品快速发展，对于科学、可靠、权威的$PM_{2.5}$净化效率测试标准存在相应的巨大需求。经过近3年的不懈努力，我国也是国际上首个基于测试的空气净化装置$PM_{2.5}$净化效率标准即将颁布实施。取得广泛共识的新国家标准统一的测试方法必将会改善当前空气净化产品市场的各种过度商业宣传乱象，逐步形成符合优胜劣汰市场规律的市场竞争机制，促进我国整个空气净化行业的科学快速发展，促进我国建筑室内空气质量的提升，为人们身心健康提供更好的保障。

5.1.3.1 《通风系统用空气净化装置》中的测试方法介绍

2014年，由中国建筑科学研究院组织相关学校、科研、生产、检测、设计等相关行业单位，开展国家标准《通风系统用空气净化装置》的编制工作，将于2018年正式实施。该标准在国内外首次采用直接测量的方法，对净化装置$PM_{2.5}$颗粒物一次通过净化效率的试验装置、试验方法、结果评价与分级以及现场安装后的检测要求做出相应规定。

在实验室测试方面，该标准规定采用与《空气过滤器》GB/T 14295相同的标准空气动力试验台进行试验，试验台示意图如图5-1所示。

在试验台性能指标方面，该标准采用了与《空气过滤器》GB/T 14295—2008以及前述美国标准基本一致的要求，主要包括：

（1）风速均匀性：被测装置上游采样截面风速非均匀性不大于10%；

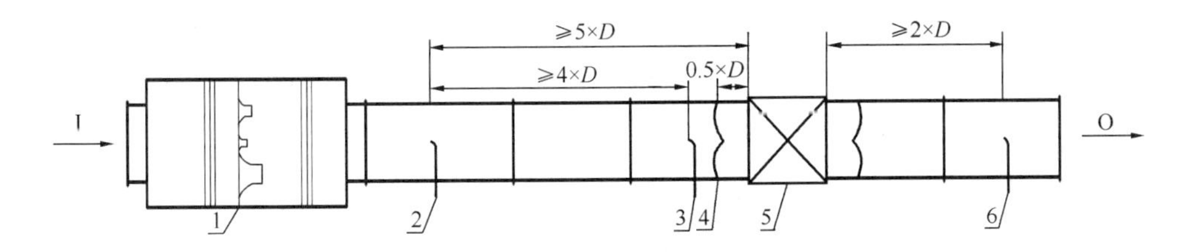

图 5-1 《通风系统用空气净化装置》规定的空气净化装置试验台示意图

D—管径；I—进气；O—排气；1—风量测量装置；2—气溶胶发生器；3—上游采样管；4—静压环；5—待测样机；6—下游采样管

（2）浓度均匀性：被测装置上游采样截面浓度非均匀性不大于15%；

（3）浓度稳定性：30min内$PM_{2.5}$浓度波动不应大于10%；

（4）风量稳定性：测试过程中试验台风量应稳定在设定值的±3%范围内。

相比于GB/T 14295，该标准增加了试验台密封性的要求：2000Pa下，试验风道漏风量不应大于1.64$m^3/(h \cdot m^2)$。

在具体试验方法上，该标准与GB/T 14295一样，采用多分散KCl颗粒物作为测试尘源，上游$PM_{2.5}$测试浓度控制范围为150～750$\mu g/m^3$，在进行试验前，应针对所测空气净化装置的预估净化效率合理选择上游测试浓度，以保证试验结果具有可重复性以及统计意义。在$PM_{2.5}$检测仪器方面，由于绝大多数的在线$PM_{2.5}$质量浓度直接检测仪器价格昂贵，难以为行业所普遍接受，因此，该标准不强行限制必须采用基于质量浓度直接测量的检测仪器，分辨率不高于1$\mu g/m^3$的粉尘测试仪均可使用，这使得大量价格适中、使用方便的光散射$PM_{2.5}$粉尘仪也能满足标准的基本要求。为保证试验结果的科学性，标准对用于试验的粉尘仪标定周期、精度等溯源要求进行了详细规定。考虑到用于空气净化装置实验室$PM_{2.5}$效率测试使用成分单一、粒径分布稳定的颗粒物进行测试，定期将测试用粉尘仪与标准仪器进行溯源标定，可以有效保障试验结果的科学性。

5.1.3.2 检测方法中发生装置及“标准尘”

该标准方法采用与《空气过滤器》GB/T 14295一致的KCl尘源以及发生方法进行测试。$PM_{2.5}$净化效率测试用尘源采用KCl固态多分散气溶胶，主要基于以下原因：

（1）KCl固态多分散气溶胶容易发生和获得，有很高的临界相对湿度，在低于

70%的相对湿度时，固相粒子就会被干燥，成本低，对健康无害，适合作为试验用尘源，已被国家标准、美国标准和 ISO 等广泛采用，用于测试空气净化类产品性能。

（2）KCl 固态多分散气溶胶粒径分布范围为 0.3～10.0μm，与大气尘粒径分布和特性更为接近，而集中通风空调系统用空气净化装置主要用来处理室外新风，因此采用 KCl 气溶胶测试更能反映真实情况。

（3）KCl 固态多分散气溶胶接近 99%粒子的粒径小于 2.5μm，适合于用来作为 $PM_{2.5}$ 尘源。

采用 KCl 尘源以及发生方法进行测试，一个突出的优势是绝大多数的生产厂家、检测机构都不需要对现有的试验装置进行大的改造就可以满足新标准对于空气净化装置 $PM_{2.5}$ 效率测试的要求。图 5-2 给出了标准规定的固体 KCl 气溶胶发生装置的示意图。

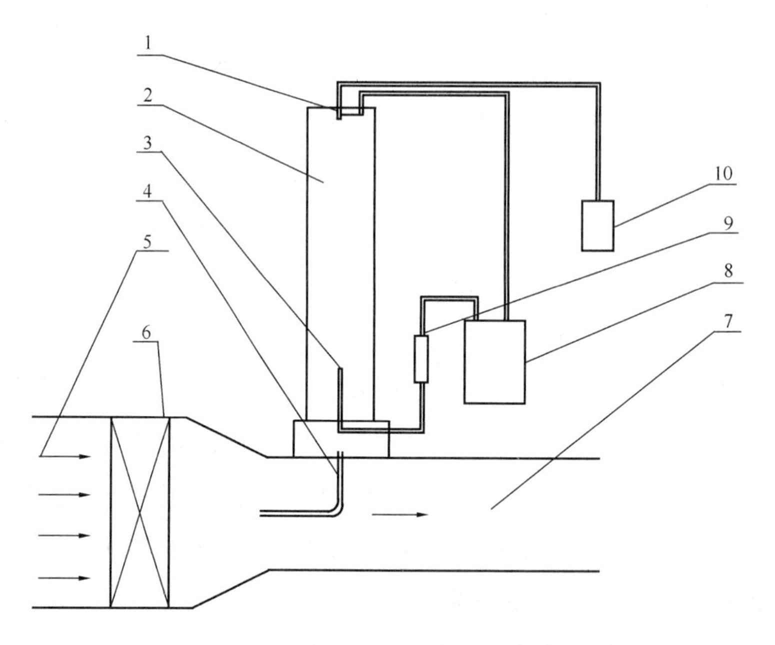

图 5-2 标准固体 KCl 气溶胶发生装置示意图

1—雾化喷嘴；2—干燥高塔；3—干燥空气入口；4—气溶胶出口；5—气流方向；6—高效空气过滤器（预过滤）；7—试验风道；8—气源控制器；9—中和器；10—溶液泵

该气溶胶发生装置的原理与前述美国标准 ASHRAE 52.2 一致，通过雾化喷嘴将规定浓度的 KCl 溶液雾化为多分散液体，然后对其干燥形成 KCl 颗粒，并采用中和器所产生的大量离子对其进行中和，使得 KCl 颗粒呈现玻尔兹曼平衡，即整体呈电中性，与环境空气颗粒物相一致。而为了使发生的多分散 KCl 颗粒更接近大气粒径分布，该标准与《空气过滤器》GB/T 14295—2008 一样，采用比美国标准更低的 KCl 溶液浓度。如前所述，美国标准希望在 0.3～10.0μm 整个区间都获得具有统计意义的试验结果，因此，也就需要在上述粒径区间内相对平均的 KCl 颗粒物浓度，因此，美国标准倾向选择尽可能高的 KCl 溶液浓度，以保证最终生成大粒径 KCl 颗粒物数量。根据美国标准 ASHRAE 52.2 规定，采用 300gKCl/1000mL 水的比例配制 KCl 喷雾溶液，该浓度已接近常温条件下 KCl 溶解度（20℃下 34g/100g 水）。而新标准以及《空气过滤器》GB/T 14295—2008 采用质量浓度为 10%的 KCl 溶液，其浓度不足美国标准的一半，因此，所生成的多分散固体 KCl 颗粒物更偏向小粒径，也与环境大气更为接近，表 5-4 给出了该标准规定条件下所得到的固体 KCl 颗粒物粒径分布。

《通风系统用空气净化装置》及《空气过滤器》GB/T 14295—2008 所规定的 KCl 固体颗粒物粒径分布特征 **表 5-4**

粒径分布（μm）			
0.3～0.5	0.5～1.0	1.0～2.0	>2.0
(65±5)%	(30±3)%	(3±1)%	>1%

5.1.4 $PM_{2.5}$净化设备性能的衰减

洁净空气量是直接反映空气净化器净化能力大小的指标，随着所处理的污染物总量的累积，空气净化器的性能会有所下降，通过测试即表现为洁净空气量的衰减。在我国，由于室内空气污染情况较为严重，导致空气净化器在实际使用过程中洁净空气量的衰减现象较为明显，因此将洁净空气量的衰减程度作为空气净化器的重要性能评价指标是十分必要的。由于空气净化技术种类较多，其洁净空气量发生衰减的机理也不尽相同。因此，以下分析我国目前最具代表性的污染物——$PM_{2.5}$导致洁净空气量衰减的原因。

以某品牌 4076 型空气净化器去除 $PM_{2.5}$的洁净空气量测试结果为例说明洁净空气量的衰减现象。该空气净化器共进行了 3 次去除 $PM_{2.5}$的洁净空气量测试，分

图5-3 空气净化器处理香烟烟雾实验

别为初次测试，处理200支香烟烟雾后的测试和处理400支香烟烟雾后的测试。其中，空气净化器处理香烟烟雾的实验是在 $3m^3$ 密闭环境舱中进行的，如图5-3所示。实验步骤如下：

（1）将待检验的空气净化器放置于 $3m^3$ 环境舱中心。把空气净化器调节到试验的工作状态，检查运转正常是否正常，保持空气净化器正常运转。

（2）启动循环风扇，在小环境舱内点燃10支香烟，发生的污染物可被卷入循环风扇搅拌所形成的空气涡流中去。关闭环境舱舱门，用 $PM_{2.5}$ 在线检测仪（图5-4）监控舱内 $PM_{2.5}$ 浓度变化。

（3）待香烟燃烧完毕，舱内 $PM_{2.5}$ 浓度低于 $35\mu g/m^3$ 时，打开舱门，继续在小环境舱内燃烧香烟。

（4）重复（2）、（3）过程，直至燃烧完实验所需的香烟总数。

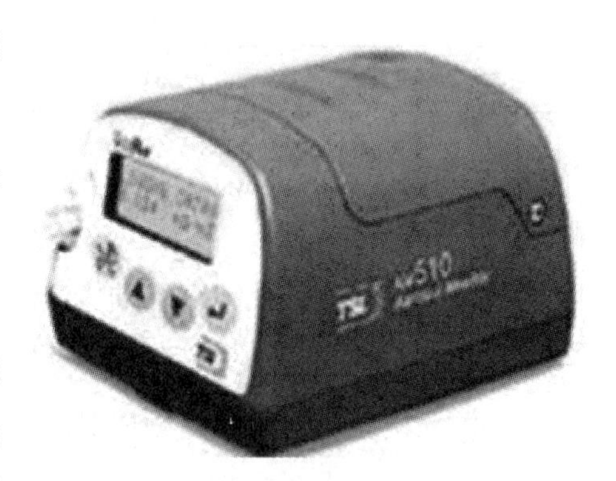

图5-4 $PM_{2.5}$ 在线检测仪

空气净化器的洁净空气量测试完全按照GB/T 18801规定的流程操作。由于连续在同一 $30m^3$ 环境舱中进行测试，环境舱的自然衰减情况基本不变，因此本书只进行了一次自然衰减测试。自然衰减测试和3次总衰减测试的结果如图5-5所示。

可以看出，该空气净化器在处理过200支香烟烟雾和400支香烟烟雾后，去除 $PM_{2.5}$ 的洁净空气量明显减小。初次测试时，该空气净化器的洁净空气量为 $117m^3/h$；在 $3m^3$ 密闭环境舱内处理200支香烟燃烧产生的烟雾后，洁净空气量下降为 $88m^3/h$，为初次测试的75%；在 $3m^3$ 密闭环境舱内处理400支香烟燃烧产生的烟

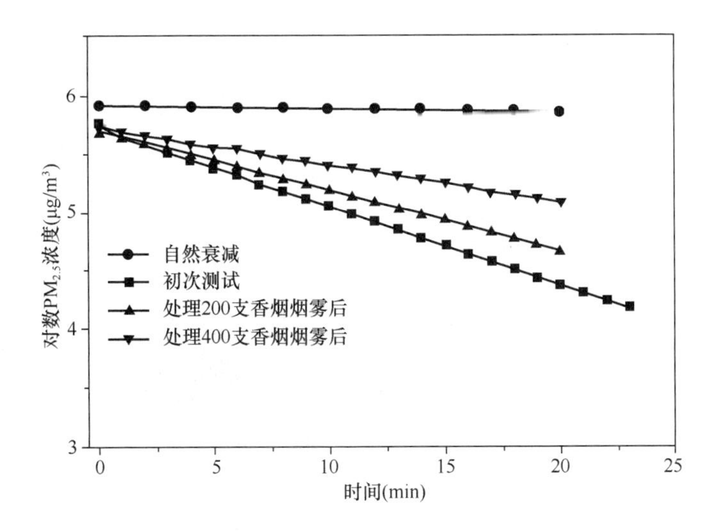

图 5-5 空气净化器使用前后去除 $PM_{2.5}$ 的洁净空气量对比

雾后，洁净空气量下降为 $50m^3/h$，仅为初次测试的 43%。由此可见，随着所处理的 $PM_{2.5}$ 总量的累积，空气净化器的洁净空气量产生了衰减。目前，绝大多数空气净化器采用过滤的手段去除颗粒物，因此洁净空气量产生衰减的原因是随着所处理的 $PM_{2.5}$ 总量的累积，滤网的容尘量逐渐增加，空气阻力变大，又因为风机是固定的，导致空气净化器的风量变小。由式（5-1）可知，空气净化器采用的多为 HEPA 滤网，其一次过滤效率高达 99%以上，因此空气净化器去除 $PM_{2.5}$ 的洁净空气量主要受风量影响，风量变小导致洁净空气量的衰减。

$$CADR = G\varepsilon \tag{5-1}$$

式中 $CADR$——洁净空气量，m^3/h；

G——空气净化器风量，m^3/h；

ε——滤网的一次过滤效率。

对于不同 $CADR$ 的空气净化器，需要用不同量的颗粒物进行快速老化，再分析老化后的性能衰减。由于《空气净化器》GB/T 18801 中采用燃烧标准香烟的方式产生颗粒物，为保持一致，同样采用燃烧标准香烟的方式产生 $PM_{2.5}$。在快速老化试验中需要燃烧的标准香烟总量计算如式（5-2）：

$$m_p = N \times CADR \times 0.27 = n_c \times m_c \tag{5-2}$$

式中 m_p——空气净化器处理的 $PM_{2.5}$ 总量，mg；

N——空气净化器运行天数，d；

n_c——需要燃烧的标准香烟数量，支；

m_c——一支标准香烟燃烧产生的$PM_{2.5}$质量，mg/支。

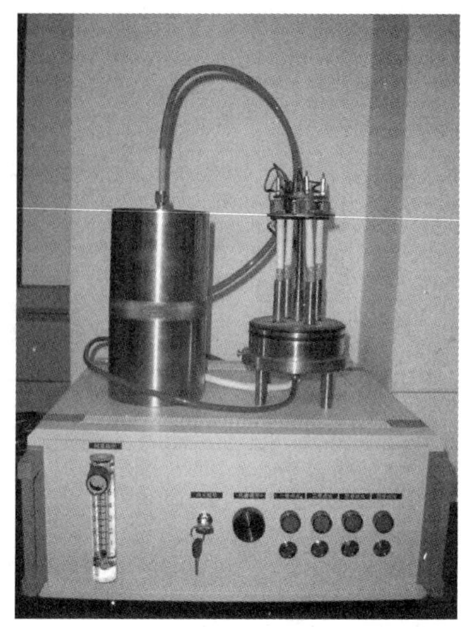

图5-6　香烟燃烧器

考察空气净化器实际使用6个月的情况，即N为180d。研制了香烟燃烧器用以分批燃烧香烟并将烟雾吹送至环境舱中，如图5-6所示，每次可以燃烧4支香烟，一支标准香烟燃烧产生的$PM_{2.5}$质量约为75mg。

考虑到测试的可行性，按照式（5-2）对空气净化器去除$PM_{2.5}$的洁净空气量进行分档，每档燃烧的标准香烟数量相同，如表5-5所示。

$PM_{2.5}$投入量分档　　　　**表5-5**

序号	洁净空气量（m^3/h）	计算时$CADR$取值（m^3/h）	$PM_{2.5}$投入量（mg）	香烟支数
1	$CADR \leqslant 150$	150	7290	97
2	$150 < CADR \leqslant 250$	200	9720	130
3	$250 < CADR \leqslant 350$	300	14580	194
4	$350 < CADR \leqslant 450$	400	19440	259
5	$450 < CADR \leqslant 550$	500	24300	324
6	$550 < CADR \leqslant 650$	600	29160	389
7	$650 < CADR$	650	31590	421

注：洁净空气量的取值范围及分档针对我国市场上常见的空气净化器。

5.1.5　测试方法的未来主要发展方向

如前述，对于如何科学评价空气净化装置对$PM_{2.5}$的净化能力，当前仍缺乏基于直接测量的标准化方法，因此，在这一方向上继续研究并最终实现建立空气净化设备在净化性能、全生命周期综合性能与能耗评价方法，仍是未来本领域前进的方向，而要实现这一科学评价体系的建立，仍有众多问题需要解决：

（1）确立新的标准测试尘源：现有的标准测试尘源不反映大气尘实际特征，因此难以满足直接测量的需要。而另一方面，目前广泛应用的 ASHRAE 负荷尘，其主要组成部分 ISO A2 细灰是地表沉降土，该粉尘主要用于汽车用过滤器的性能测试，作为道路扬尘的表征物，用其测试汽车过滤器是科学合理的，但对于测试一般通风用空气净化设备来说，该粒径尺寸明显偏大。

Bao[1]等人在 2011 年总结了全球部分城市大气尘粒径分布与目前测试用负荷尘粒径分布对比。发现，不管是美国、欧洲及我国广泛应用的 ASHRAE 粉尘，还是日本采用的 JIS 11 粉尘（关东亚黏土），其粒径都明显偏大，同时缺乏亚微米级粉尘。因此，难以真正模拟出空气净化设备在实际使用过程中的粉尘内部堆积过程。

所以，新标准尘源应尽可能反映实际大气尘特征，其具体特征应呈现为反映大气尘实际粒径分布特征的多峰多分散固体颗粒物，在此基础上，不仅可建立基于 $PM_{2.5}$质量浓度直接测量的净化过滤性能测试方法，并且可统一效率测试粉尘与负荷尘，从而建立可以真正对空气净化设备全生命周期性能及能耗模拟评估的科学评价方法。

（2）建立新的化纤滤材消静电试验方法：现有的异丙醇消静电试验方法过于严苛，无法比较出滤材制造方在静电驻极技术方面的优劣，只是简单地消除滤材所附加所有静电，限制技术未来发展方向。新的滤材消静电方法应基于空气净化设备实际使用环境中可能遭遇的最不利环境因素，如湿度、空气中具有消静电效果的特殊粉尘如导电金属等，其关键点是要以一种较低的试验强度，甄别不同化纤材料保有自身静电的能力，即驻极技术的优劣，从而真正建立促进行业健康向前发展的标准化技术体系。

5.2 $PM_{2.5}$建筑围护结构穿透机理及穿透系数测试方法

5.2.1 概述

1954 年，Gruber 和 Alpauth 首次将室内外颗粒物的浓度联系起来进行分析[2,3]，学术界自此开展了室内外颗粒物污染相关性方面的科学研究[4-7]，并逐步将研究重点转移到室外颗粒物进入室内的过程上，如传输、沉降、通风方式影响等。随着相关研究的增多和深入，越来越多的研究结果表明，室外大气颗粒物与建筑室内颗粒物污染有明显的相关性[8-17]，室内环境中来源于室外环境的$PM_{2.5}$占到30%～75%[18-21]。

室外环境的$PM_{2.5}$可以通过自然通风、机械通风系统、人员带入以及建筑围护结构缝隙穿透等途径进入室内，并且持续进行着迁移和转变[22-33]。室外$PM_{2.5}$经由建筑围护结构缝隙进入室内的过程是“穿透”过程，对于无持续正压保证的建筑，如住宅建筑或中央空调间歇运行的建筑，室外$PM_{2.5}$随渗透风经由建筑围护结构缝隙穿透是室外$PM_{2.5}$进入室内的主要途径之一，该过程的决定性参数是“穿透系数”，定义为随渗透风通过建筑围护结构缝隙进入室内的颗粒物比例，用以表征颗粒物穿透建筑围护结构的能力。

对$PM_{2.5}$围护结构穿透的研究现状、影响因素、测试方法等进行全面研究，对建筑室内$PM_{2.5}$污染的有效控制具有重要意义。而外窗作为连接室内和室外环境的重要部位，是室外$PM_{2.5}$向室内穿透的主要途径。因此，对于$PM_{2.5}$建筑围护结构穿透及其测试方法，将主要围绕外窗穿透进行研究，这样对于室内$PM_{2.5}$污染控制更具现实指导意义。

5.2.2　$PM_{2.5}$围护结构穿透实测

5.2.2.1　外窗穿透实测描述

如前文所述，以外窗作为建筑围护结构$PM_{2.5}$穿透的研究对象，通过实测了解围护结构$PM_{2.5}$穿透对室内$PM_{2.5}$浓度的影响。为达到研究目的，选择无人的房间，在室内和室外分别安装$PM_{2.5}$测试仪器进行同步测试；为对比不同外窗对$PM_{2.5}$的阻隔效果，在2处外窗不同开启方式的房间进行测试。

测试条件1（测点1）的测试房间面积约为30m^2，与室外环境相连的外窗为一东向塑钢平开窗，代表着较低气密性的外窗。测试条件2（测点2）的测试房间面积约10m^2，与室外环境相连的外窗为一北向断桥铝上悬窗，代表着较高气密性的外窗。

两处测点的室内均有一扇与走廊连通的门且均无内窗，测试期间外窗与门均关闭。两处测点室内均无空调通风系统，无室内污染源。因此，室内环境的$PM_{2.5}$可视为室外$PM_{2.5}$通过外窗穿透进入室内的。此处需要说明的是，室内$PM_{2.5}$浓度测试并不能精确得到$PM_{2.5}$通过外窗穿透进入室内的浓度，而是经过沉降、混合等作用后间接反映通过外窗穿透进入室内的$PM_{2.5}$的浓度。测点1和测点2均在室内和室外各放置1台颗粒物测试仪器进行同步、连续测试。

5.2.2.2 $PM_{2.5}$围护结构穿透分析

室外$PM_{2.5}$可以通过围护结构缝隙穿透进入室内，进而影响室内$PM_{2.5}$的浓度。从测试可知，室外$PM_{2.5}$通过外窗穿透进入室内的浓度受外窗气密性影响明显，即不同外窗气密性条件下，$PM_{2.5}$的穿透系数不同。对测点1和测点2的室内外$PM_{2.5}$浓度进行线性拟合，如图5-7所示。从图5-7可知，当室外$PM_{2.5}$浓度相同时，测点1的室内$PM_{2.5}$浓度大于测点2，即气密性较低的外窗相比气密性较好的外窗，$PM_{2.5}$外窗穿透系数更大。

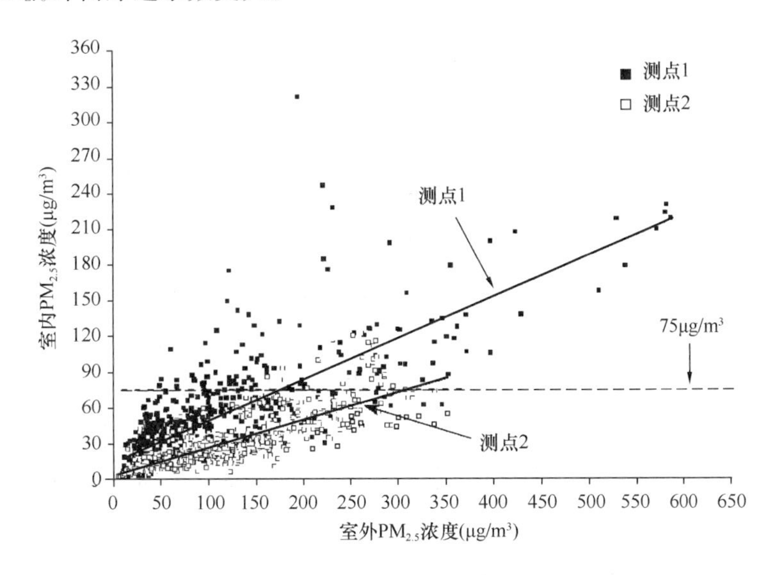

图5-7 气密性能不同的外窗对$PM_{2.5}$的阻隔作用

5.2.3 $PM_{2.5}$外窗穿透机理

由前文可知，$PM_{2.5}$围护结构的穿透系数并不是固定值，而是受多种因素影响，以实测结果为例，外窗气密性是影响穿透系数大小的因素之一。本节以外窗为研究对象，讨论外窗缝隙条件、穿透机理等内容。

5.2.3.1 外窗缝隙类型

（1）外窗构成与开启形式

外窗作为建筑围护结构的重要部分，担负着室内与室外沟通与分隔的多重作用，具有通风、采光、密闭、隔声、防水等多种功能。随着国家对建筑节能的重视，窗户节能是建筑节能的重要环节。通过外窗缝隙渗透能耗是窗户耗能的一部分，为降低外窗渗风耗能，应尽量减小外窗的缝隙。外窗主要的缝隙部位位于玻璃与窗扇处、窗扇与窗框间、窗框与墙体间、五金件连接处等。

根据现行国家标准《建筑门窗术语》GB/T 5823，窗可分为活动窗（具有可开启部分的窗）和固定窗（只带有固定扇的窗）。其中，活动窗又可按开启方式归纳为平开窗、推拉窗、悬窗及组合开启窗4类，活动窗的开启形式及描述见表5-6。对于一般民用建筑的外窗，表5-6中活动窗的开启形式并非都是常见的，与建筑设计和建筑所处的地域也有一定关系。

图5-8给出了常见的部分建筑外窗开启形式。

活动窗的开启形式及描述 **表5-6**

开启方式①	开启形式	描述
平开窗	侧边平开窗②	合页（铰链）装于窗侧边，平开窗扇向内或向外旋转开启的窗
	滑轴平开窗	窗扇上下装有折叠合页（滑撑），向室外或室内产生旋转并同时平移开启的平开窗
推拉窗	左右推拉窗③	窗扇在窗框平面内沿水平方向移动开启和关闭的窗
	上下推拉窗（提拉窗）	窗扇在窗框平面内沿垂直方向移动开启和关闭的窗
	提升推拉窗	开启扇需先垂直向上升起一定高度后再水平移动开启的推拉窗
悬窗	外开上悬窗	合页（铰链）装于窗上侧，向室外方向开启的上悬窗
	内开下悬窗	合页（铰链）装于窗下侧，向室内方向开启的上悬窗
	［外开］滑轴上悬窗	窗扇左右两侧上部装有折叠合页（滑撑），向室外产生旋转并同时平移开启形式的窗
	水平旋转窗（中悬窗）	旋转轴水平安装，窗扇可转动启闭的窗
	立转窗	旋转轴垂直安装，窗扇可转动启闭的窗
组合开启	推拉下悬窗	开启扇可分别采取下悬和水平移动2种开启形式的窗
	内平开下悬窗	开启扇可分别采取内平开和下悬开启形式的窗
	折叠推拉窗	多个用合页（铰链）连接的窗扇沿水平方向折叠移动开启的窗

注：① 开启形式系笔者根据国家标准《建筑门窗术语》GB/T 5823—2008第4.3节归纳。

② 国家标准《建筑门窗术语》GB/T 5823—2008中原文为“平开窗”，“侧边”系笔者所加。

③ 国家标准《建筑门窗术语》GB/T 5823—2008中原文为“推拉窗”，“左右”系笔者所加。

平开窗［图 5-8（*a*）］的技术成熟，具有可开启面积大、利于室内通风换气、密封和结构性能优良等特点，是目前普遍使用的一种窗型。推拉窗［图 5-8（*b*）］的主要结构是窗框和窗扇，其缺点是物理性能较差。受建筑节能发展影响，南方地区推拉窗较常见，而在北方地区则使用较少。常见的悬窗包括下悬窗［图 5-8（*c*）］和上悬窗［图 5-8（*d*）］。悬窗的物理性能较好，而且通风性好，能够阻止大风直接吹向人体。

（2）外窗缝隙类型与表征

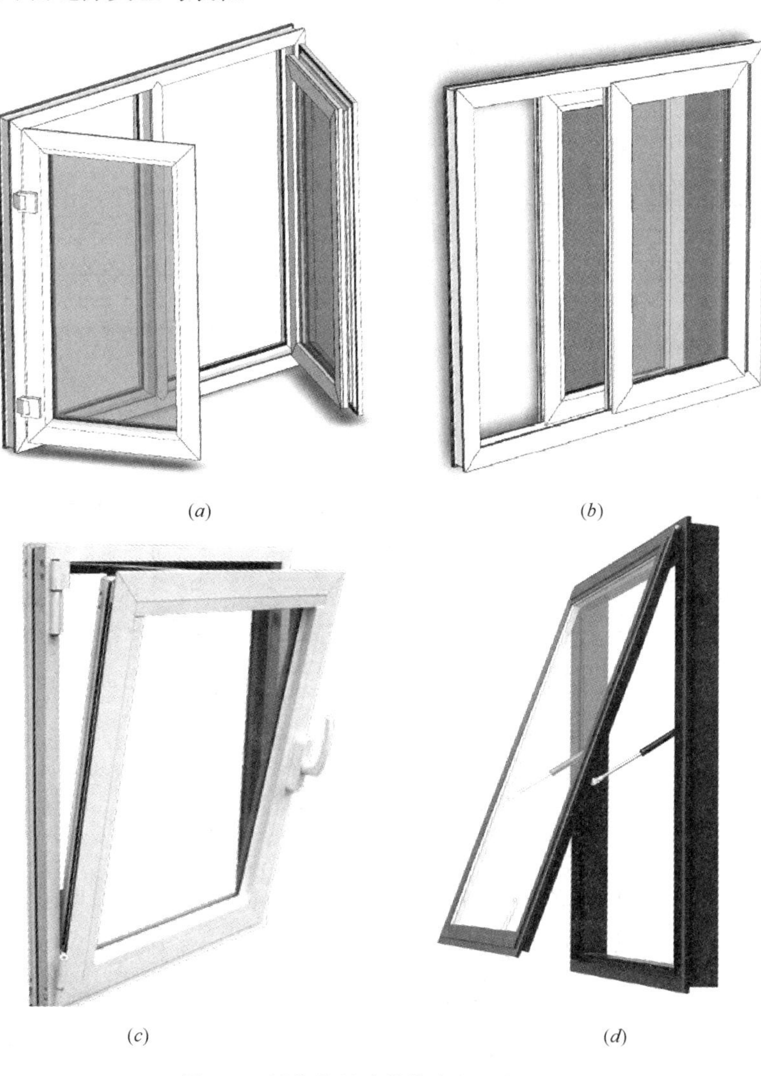

图 5-8 部分常见建筑外窗的开启形式

（*a*）平开窗；（*b*）推拉窗；（*c*）下悬窗；（*d*）上悬窗

由于玻璃与窗框之间密封和窗框与洞口之间密封与外窗加工和安装施工质量有关，若严格执行加工规程和施工要求，可保证这2个部位的密封性。所以本书不讨论通过它们的空气渗透，而将窗扇与窗框之间的缝隙作为研究对象。

1）缝隙类型

由于外窗种类和开启形式很多，所以所形成的缝隙类型也多种多样。根据开启类型来看，平开窗和推拉窗所形成的缝隙形状有直缝隙、L形缝隙、U形缝隙和Z形缝隙[34]。对具体缝隙进行简化，抽象出这几种外窗缝隙的剖面图如图5-9所示，图中W表示缝隙的深度，H表示缝隙的高度。

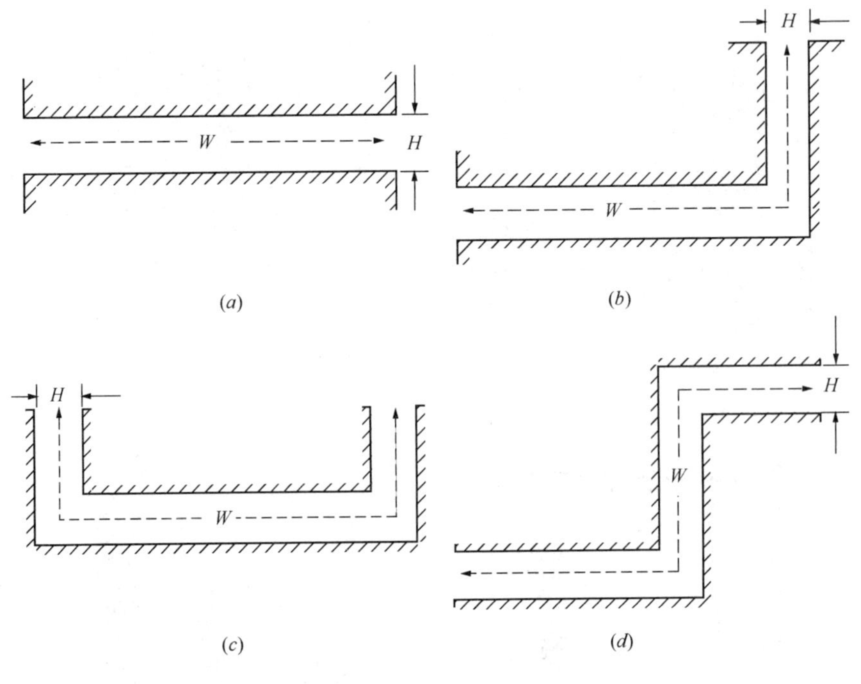

图5-9　外窗缝隙类型

(a) 直缝隙；(b) L形缝隙；(c) U形缝隙；(d) Z形缝隙

直缝隙和L形缝隙的剖面图分别如图5-9（a）和图5-9（b）所示，平开窗的窗扇与窗框压合形成的缝隙一般为L形缝隙，如果窗框边高度较小时，形成的缝隙可看作直缝隙。U形缝隙的剖面图如图5-9（c）所示，这种缝隙一般为推拉外窗导轨与窗扇形成的缝隙形式，推拉外窗侧边形成的缝隙都是直缝隙或L形缝隙。图5-9（d）所示的Z形缝隙一般出现在折叠窗中，对于建筑外窗不常见。

2）缝隙条件的表征

空气渗透量与缝隙条件有关，缝隙尺寸越大，通过缝隙的渗透风量就越多；同时，室外大气中的 $PM_{2.5}$ 并不能随着渗透风 100%地进入室内，部分 $PM_{2.5}$ 会被外窗缝隙截获，截获的原因与外窗缝隙条件有关，具体分析详见后文。因此，缝隙条件的表征可归纳为缝隙尺寸、缝隙几何形状和缝隙粗糙度，其中缝隙尺寸又包括缝隙高度和缝隙深度，外窗缝隙条件的表征物理量如图 5-10 所示。

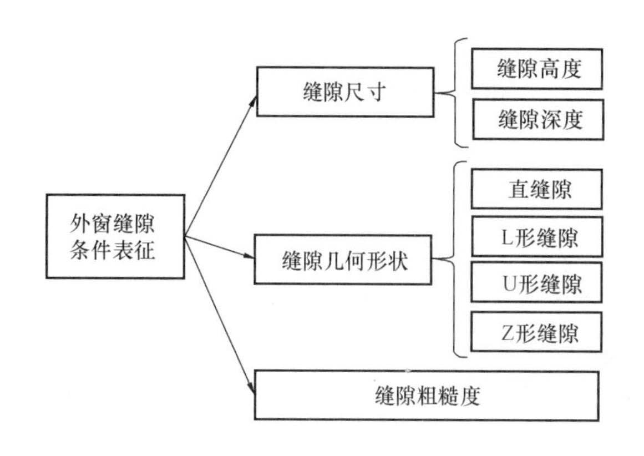

图 5-10 外窗缝隙条件的表征

一般地，缝隙尺寸决定了渗透风量的大小。一方面，在相同的压差下，外窗缝隙高度越大，渗透风量越大，反之渗透风量越小。另一方面，其他条件不变的情况下，缝隙深度越大，渗透风在缝隙内受到的沿程阻力越大，渗透风量越小；反之渗透风量越大，但外窗缝隙的深度一般较小。值得注意的是，伴随着建筑节能的推进，建筑外窗工艺水平也随之蓬勃发展，因而在现代建筑中，实际外窗使用了密封条对可开启窗扇和窗框进行密封，气密性能变得越来越好，虽然其缝隙类型与图 5-9 中类似，但缝隙的深度和缝隙高度却不容易测量。

缝隙的几何形状主要有直缝隙、L 形缝隙、U 形缝隙和 Z 形缝隙。在其他条件相同时，空气渗透量的大小与缝隙的几何形状有关，即几何形状越简单，渗透空气受到的阻力越小，渗透风量就越大，相反，若几何形状越复杂，渗透空气在缝隙中受到的阻力就越大，渗透风量越小。

缝隙粗糙度影响渗透风量的原因是空气渗透过程中的阻力，该因素与缝隙尺寸和缝隙几何形状共同作用。

（3）外窗气密性能影响因素

外窗气密性影响因素主要集中在五金件连接处、使用密封材料处。

1）五金件连接处

虽然外窗有多种材质和多种开启方式，且外窗是由多个部件构成的，但影响外窗气密性的主要部位可概括为五金件连接处和密封材料密封处。各个五金件连接处的严密程度都可能影响外窗的气密性能，影响最大的部位是窗执手处。

2）使用密封材料处

使用密封材料的目的就是保证部位的密封。因而，需要使用密封材料进行密封处理的部位就是影响外窗气密性能的关键部位，图5-11为外窗中需要进行密封的部位。

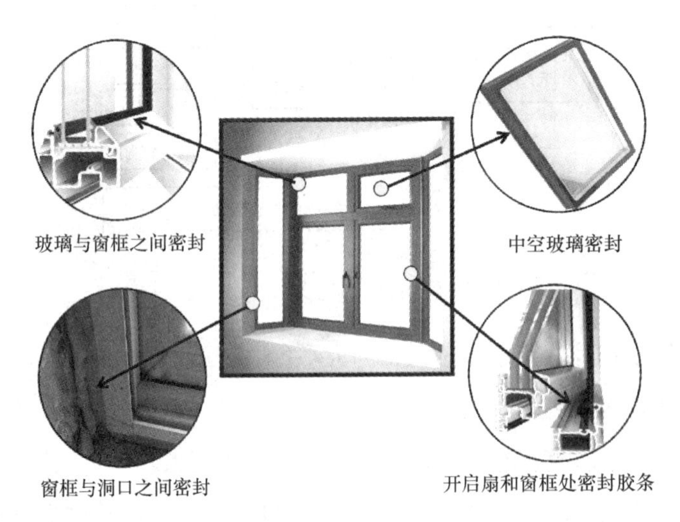

图5-11　外窗中密封材料的密封部位

外窗及其安装时使用密封材料的部位很多。中空玻璃处的密封目的是保证两层玻璃之间不进入空气，其严密程度与中空玻璃的生产和加工有关，其不影响外窗的气密性能。玻璃与窗框之间密封和窗框与洞口之间密封，对外窗气密性能有影响，若密封不严密，当室内外条件合适时，室外空气可通过上述部位渗透进入室内，但其严密程度与外窗加工和安装施工质量有关，若按照要求严格进行，可保证该部位的密封性。当可开启窗扇完全关闭时，会与窗框形成一定的缝隙，在同气候条件下，通过外窗进入室内的空气渗透量的大小取决于缝隙的尺寸，故可开启窗扇的密封是影响外窗严密程度的重要因素。

降低窗扇与窗框缝隙尺寸的方法是在可开启窗扇和窗框上安装密封条，通过窗扇关闭后密封条的挤压变形与贴合来降低缝隙的尺寸，进而减少空气的渗透量，实现外窗气密性能的提高。此外，外窗中的密封条还具有防水、隔声、防尘、防虫、防冻等诸多功能，对建筑内人员、外窗寿命和建筑节能均具有重要作用。密封条必须具有很强的拉伸强度，良好的弹性，还需要有比较好的耐温性和耐老化性。密封胶条的样式很多（部分样式见图 5-12），为了保证胶条与型材的紧固和使用效果，胶条的断面结构尺寸必须与外窗型材匹配。

设计合理的密封结构，并选用性能优良的密封胶条，加之良好的施工质量，可明显改善建筑外窗的气密性能。当外窗关闭时，密封胶条与窗框严密贴合可大大降低缝隙尺寸，因而密封条的选择和施工质量对外窗的气密性影响巨大。

图 5-12　外窗密封胶条样式

5.2.3.2　运动受力分析

对于包括 $PM_{2.5}$在内的悬浮颗粒物，运动时会受到多种作用力，这些作用力影响着颗粒物的运动与去除。颗粒物运动时受到的主要作用力有：重力、拖曳力、热泳力、空气压力梯度力和布朗力。

（1）重力

颗粒物的密度一般为 $1g/cm^3$[23]，其密度要大于空气的密度，因此颗粒物在运动过程中所受到的重力对其运动具有很大的影响。粒径为 d 的颗粒物所受重力按式（5-3）计算：

$$G_d = \frac{\pi}{6} d^3 \rho g \tag{5-3}$$

式中　G_d——颗粒物所受重力，N；

D——颗粒物粒径，m；

P——颗粒物密度，kg/m^3；

G——重力加速度，m/s^2。

由于颗粒物在运动中受到重力作用，所以颗粒物在随渗透风通过外窗缝隙进入室内的过程中，有一部分颗粒物会受到重力沉降作用而被去除。

（2）拖曳力

当颗粒物与周围空气存在相对运动时，会受到气体介质所施加的阻力，即拖曳力。拖曳力的作用是减弱颗粒物的相对运动。普通情况下，拖曳力的计算式为式(5-4)：

$$F_d = \frac{\pi d^2 \rho_a (u_a - u_p) C_d}{8 C_c} \tag{5-4}$$

式中 F_d——拖曳力，N；

ρ_a——空气密度，kg/m^3；

u_a——气流速度，m/s；

u_p——颗粒物速度，m/s；

C_d——拖曳系数；

C_c——Cunningham 滑动修正因数。

当颗粒物在外窗缝隙中运动时，由于受到重力作用而产生沉降时，与缝隙中的气流存在相对运动，此时气流对颗粒物产生了一个拖曳力和阻力。当拖曳力和重力达到平衡时，颗粒物的运动速度即达到稳定，该速度称为沉降速度。

（3）热泳力

热泳力的形成是由于温差产生的温度梯度。热泳力推动颗粒物向相对低温方向移动，并沉积于低温面，该过程也被称为热泳效应。热泳力的计算式为[35]：

$$F_{th} = -\frac{3\pi\mu^2 d H_{th}}{\rho_a T} \cdot \frac{dT}{dy} \tag{5-5}$$

式中 F_{th}——热泳力，N；

T——温度，K；

μ——空气动力黏性系数，Pa·s；

H_{th}——热泳力系数。

H_{th}的计算式为：

$$H_{th}=\frac{2.34}{1+3.42K_n}\cdot\frac{\frac{k_a}{k}+2.18K_n}{1+\frac{2k_a}{k}+436K_n} \tag{5-6}$$

式中 k_a——空气的热导率，W/(m·K)；

K——颗粒物的热导率，W/(m·K)；

K_n——颗粒物的流动性态。

K_n的计算式为：

$$K_n=\frac{2\lambda}{d} \tag{5-7}$$

式中 λ——平均自由程，m。

当存在温度梯度时，对于粒径小于1μm的颗粒物，其热泳力速度能够达到最大；对于粒径大于1μm的颗粒物，随着粒径尺寸的增加，热泳速度逐渐降低。对于室内环境，热泳力需要加以考虑，其原因是室内环境中存在供暖和空调系统，加之人员的存在，都是室内的热源。但对于外窗缝隙，气流通过的时间很短，基本不会发生温度变化。

(4) 空气压力梯度力

空气压力梯度力的物理意义是当颗粒物存在于一个压力分布不均匀的空间内时，由于颗粒物处在不同压力下而产生的压力。表达式为[36]：

$$F_p=V_p\frac{\mathrm{d}P_a}{\mathrm{d}i}=\frac{1}{6}\pi d^3\rho_a\frac{\mathrm{d}u_a}{\mathrm{d}t} \tag{5-8}$$

式中 V_p——颗粒物体积，m^3；

P_a——颗粒物受到的压力，Pa；

i——颗粒物所处空间的压力梯度法线方向。

建筑外窗两侧的压力差是渗透风产生的原因，也是渗透风进入室内的动力条件。

(5) 布朗力

颗粒物不受外力影响而以杂乱的方式扩散称之为布朗扩散。布朗运动是由颗粒物粒子与气体分子之间的随机相互作用引起的。布朗力的计算式为：

$$F_{bi} = \frac{\pi d^3 \rho \xi}{6} \cdot \sqrt{\frac{216 \mu \sigma T}{\pi \rho^2 d^5 C_c \Delta t}} = \xi \sqrt{\frac{6\pi \mu \sigma d T}{C_c \Delta t}} \tag{5-9}$$

式中 σ——Boltzmann常数；

ξ——颗粒物的涡扩散率。

对于粒径很小的颗粒物，布朗扩散起主导作用。对于粒径大于0.1μm的颗粒物，布朗扩散的作用可忽略。颗粒物，特别是粒径较小的颗粒物，外窗缝隙穿透过程中的布朗扩散是颗粒物去除的重要机理。

5.2.3.3 穿透机理

由上节颗粒物在运动过程中的受力可知，$PM_{2.5}$在运动过程中主要受到重力、拖曳力、热泳力、空气压力梯度力和布朗力的影响。而在$PM_{2.5}$外窗穿透过程中，外窗壁面和空气的温差可忽略不计，则热泳力可忽略。气流在缝隙中的流动为层流稳定流，则压力梯度为0；同时，由于外窗的缝隙深度较短，也可以近似认为缝隙入口与出口气流温度梯度很小，则可认为$PM_{2.5}$在外窗穿透过程中不受空气压力梯度力。$PM_{2.5}$受到的拖曳力与其受到的重力达到平衡时，具有稳定的沉降速度。因此，在$PM_{2.5}$外窗缝隙穿透过程中，主要受到重力、拖曳力和布朗力的影响。重力、拖曳力和布朗力是$PM_{2.5}$外窗穿透的主要影响因素，因此$PM_{2.5}$外窗缝隙穿透主要考虑三种穿透机理，即：重力沉降、布朗扩散和惯性拦截。

表征$PM_{2.5}$穿透外窗缝隙进入室内的重要参数是“穿透系数”，以符号P表示。穿透系数，定义为随渗透风通过建筑围护结构进入室内的颗粒物比例，用以表征颗粒物穿透建筑围护结构的能力[37]。可见，穿透系数是影响室外$PM_{2.5}$通过外窗缝隙进入室内的重要影响因素，也是$PM_{2.5}$穿透外窗缝隙机理最为相关的参数。$PM_{2.5}$外窗缝隙穿透的三种主要机理是重力沉降、布朗扩散和惯性拦截，因此在$PM_{2.5}$穿透过程中分别有与其对应的穿透系数，各穿透系数的综合作用决定了$PM_{2.5}$外窗穿透量。为便于讨论，在分析穿透机理时，做如下假设：当$PM_{2.5}$沉降在缝隙内表面时不会发生再悬浮状况；缝隙入口处的$PM_{2.5}$浓度均匀且不发生惯性碰撞而沉降；缝隙入口处的$PM_{2.5}$浓度与随气流进入缝隙中的$PM_{2.5}$浓度相等；缝隙内表面光滑；以外窗为讨论对象。

(1) 重力沉降

重力沉降是$PM_{2.5}$在外窗穿透中的重要沉降机理，尤其对于粒径较大的颗粒物，因其重力较大，所以更容易受重力沉降作用而沉积在外窗缝隙中。当重力沉降时间小于气流通过缝隙所需时间时，$PM_{2.5}$有足够的时间沉积，此时 $PM_{2.5}$会沉降在缝隙内；反之，当重力沉降时间大于气流通过缝隙所需时间时，$PM_{2.5}$就会穿透外窗缝隙。对于水平直缝，在重力作用下的穿透系数为[38]：

$$P_{\mathrm{g}} = 1 - \frac{W}{H}\frac{v_{\mathrm{s}}}{u_{\mathrm{m}}} \tag{5-10}$$

式中 P_g——重力作用下的穿透系数，$0 \leqslant P_g \leqslant 1$，当 $W \cdot v_s \geqslant H \cdot u_m$时，$P_g = 0$，即 $PM_{2.5}$不能穿透外窗缝隙；

W——缝隙深度，m；

H——缝隙高度，m；

v_s——$PM_{2.5}$的重力沉降速度，m/s；

u_m——缝隙内平均风速，m/s。

（2）布朗扩散

布朗扩散是指颗粒物粒子不受外力影响而以杂乱的方式扩散。即使在静止的空气介质中，粒径小于 1μm 的颗粒物也在随机地做着不规则运动，而且颗粒物粒径越小，布朗运动的剧烈程度越大。颗粒物做布朗扩散运动的原因是受到气体分子的随机碰撞，其撞击频率与气流中颗粒物的数量浓度正比，气流中颗粒物数量浓度越高，撞击频率就越大，因此在布朗运动下使颗粒物从高浓度向低浓度迁移扩散。布朗扩散作用下的 $PM_{2.5}$穿透系数为[39]：

$$P_{\mathrm{d}} = \exp\left(-\frac{1.967DW}{d^2 u_{\mathrm{m}}}\right) \tag{5-11}$$

式中 P_d——受布朗扩散作用下的穿透系数；

D——颗粒物扩散系数，可由 Stokes-Einstein 方程获得，即式（5-12）：

$$D = \frac{C_{\mathrm{c}}\sigma T}{3\pi\mu d} \tag{5-12}$$

式中 T——绝对温度，K；

（3）惯性拦截

惯性拦截的作用机理是当气流方向改变时，气流中粒径较大的颗粒物有足够的惯性脱离原来的流线而被缝隙内表面所截获。可见，对于非水平直缝，如 L 形缝隙、U 形缝隙以及 Z 形缝隙等，惯性拦截是一个重要的沉降机理。

惯性拦截的效率取决于斯托克斯数，气流产生的离心力可以产生比重力大得多的分离力使粒子与气流分离，处于斯托克斯区的球形粒子受到的离心力为：

$$F_c = \frac{\pi d^3}{6} \cdot (\rho_p - \rho) \cdot \frac{v_\theta^2}{r} \tag{5-13}$$

式中 F_c——处于斯托克斯区的球形粒子受到的离心力，N；

r——旋转气流流线半径，m；

v_θ——旋转半径 r 处气流和粒子的切向速度，m/s。

粒子沿径向运动时受到流体向心的径向阻力 F_d 为（5-14）：

$$F_d = 3\pi\mu d v_r \tag{5-14}$$

式中 v_r——旋转半径 r 处气流和粒子的向心径向速度，m/s。

当 $F_c = F_d$ 时，颗粒物粒子的终末离心沉降速度 v_{rs} 为：

$$v_{rs} = \frac{d^2(\rho - \rho_a)}{18\mu} \cdot \frac{v_\theta^2}{r} \tag{5-15}$$

式中 v_θ^2/r——离心加速度，m/s^2。

可见，粒子的终末离心沉降速度受气流旋转速度和旋转半径影响，即气流旋转速度越高，旋转半径越小，其 v_{rs} 越大，越能分离细小的颗粒物。对于外窗缝隙，可近似看成矩形界面管道，矩形缝隙的当量直径等于缝隙高度，即 $r=d$[23]。

5.2.3.4 穿透系数影响因素分析

（1）换气次数

由穿透系数的机理模型可知，$PM_{2.5}$穿透缝隙的影响因素之一是缝隙内的气流速度。在实际建筑中，缝隙内的气流速度无法准确测得，但由于产生了室内外的空气交换，进而影响了室内的换气次数。因此，在穿透系数的实验模型中，研究人员用换气次数（由围护结构缝隙渗透风导致）间接反映缝隙内的气流速度，并联合其他参数获得穿透系数[40]。

换气次数增大，则缝隙内气流速度加快，但颗粒物在缝隙内停留的时间却与颗粒物粒径大小有关，进而影响了穿透系数的大小。换气次数对穿透系数的影响过程如图 5-13 所示。对于小颗粒，当换气次数增大时，缝隙内的平均流速会随之增大，有利于颗粒物快速通过缝隙，从而具有较大的穿透系数；但对于大颗粒，结果却相反。研究发现[28,41]，对于$PM_{2.5}$范围内的颗粒物，粒径在 0.1～1μm 之间的颗粒物，换气次数的影响在10%以内；大于1μm的颗粒物，穿透系数随着换气次数的增大而减小。

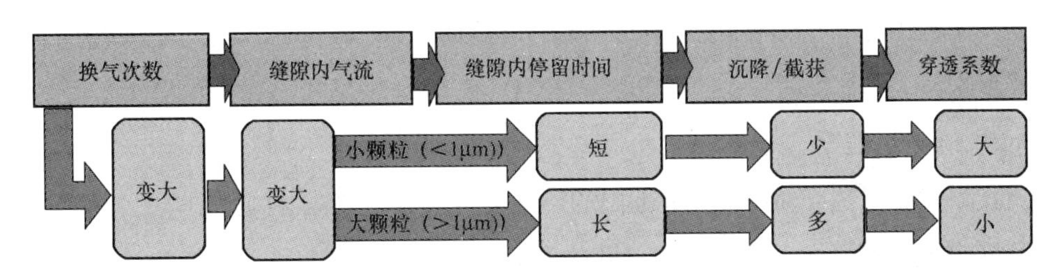

图 5-13 换气次数对穿透系数的影响过程

（2）缝隙条件的影响

缝隙条件是影响 $PM_{2.5}$ 穿透的又一重要因素。缝隙条件主要包括缝隙的几何尺寸以及缝隙的粗糙度。图 5-14 为缝隙条件对穿透系数的影响。

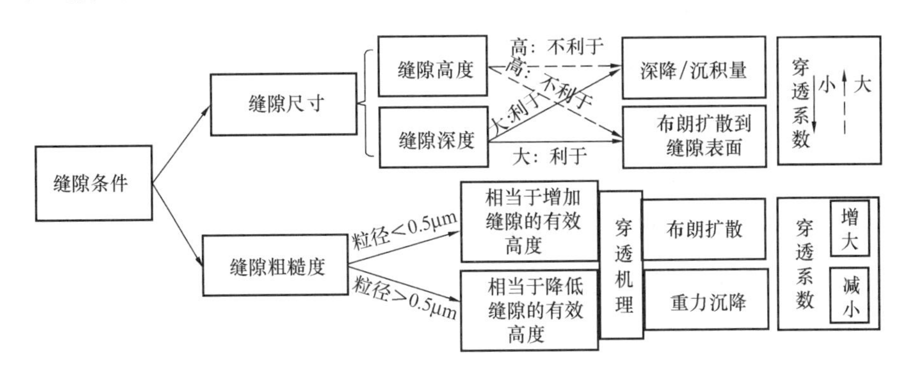

图 5-14 围护结构缝隙条件对穿透系数的影响过程

1）缝隙几何尺寸

缝隙几何尺寸包括缝隙高度和缝隙深度。缝隙高度的增加，不利于颗粒物的重力沉降和颗粒物通过布朗扩散运动到缝隙表面，降低了颗粒物的沉积量，导致穿透系数变大。缝隙深度的增加，则使得颗粒物有充足的时间进行重力沉降和布朗扩散，增加了颗粒物的沉降量，使穿透系数变小。由于实际建筑中的缝隙尺寸不容易测量，有研究者取1993年版ASHRAE Handbook里的最小、最佳和最大有效缝隙面积系数作为缝隙尺寸计算，发现有效缝隙面积系数对整个粒径范围的颗粒物穿透过程都有影响，但对于换气次数较小的情况影响较小[41]。水平/竖直缝隙面积比对颗粒物的穿透系数具有一定影响[41]，当换气次数较小时，这个因素的影响非常重要；当换气次数较大时，这个因素的影响较小，可以忽略。对于大颗粒物而言，虽然重力作用会受水平/竖直面积比影响进而影响穿透系数，但在大换气次数条件下，惯性作用占主导而重力作用相对较小，所以此时水平/竖直面积比对颗粒物的穿透系数影响不大。

2）缝隙粗糙度

缝隙表面粗糙度对$PM_{2.5}$范围内的不同粒径颗粒物的影响机理不同。相对于小粒径颗粒物，表面粗糙度会增加缝隙的有效高度，相对于大粒径颗粒物，表面粗糙度则会降低缝隙的有效高度。研究指出[23]，粒径小于0.5μm的颗粒物以布朗扩散为主要穿透机理，缝隙内粗糙度的存在，增加了缝隙相对于小粒径颗粒物的有效高度，故能够明显增加该粒径范围内颗粒物的穿透系数；而粒径大于0.5μm的颗粒物主要以重力沉降为主要沉积机理，由于缝隙内表面粗糙度的存在，当颗粒物达到粗糙度最高点时即受到拦截作用，进而沉积到缝隙表面，缝隙表面粗糙度的存在减小了缝隙相对于大粒径颗粒物的有效高度，因此不利于大粒径颗粒物的穿透。

5.2.4 外窗穿透系数计算和测试方法

5.2.4.1 穿透系数机理计算

$PM_{2.5}$外窗缝隙穿透受重力沉降、布朗扩散和惯性拦截3种主要机理影响。将3种作用机理看作是独立的，则$PM_{2.5}$穿透系数可表示为[42,43]：

$$P = P_g \times P_d \times P_i \tag{5-16}$$

式中 P_g、P_d、P_i——分别为重力沉降、布朗扩散、惯性拦截作用下的穿透系数。

研究发现[42]，惯性碰撞引起的颗粒物沉积是斯托克斯的函数，在$PM_{2.5}$穿透建筑围护结构时，惯性碰撞不是重要的沉积机理，可以忽略不计。因此，对于水平直缝，在仅考虑重力沉降和布朗扩散作用下，整理得到光滑缝隙中的穿透系数机理计算式为：

$$P = P_g \times P_d \tag{5-17}$$

式（5-17）中，P_g可由式（5-10）计算；P_d可用式（5-11）计算。

缝隙内表面的粗糙度能够增强颗粒物的沉降效果，假设颗粒物到达缝隙粗糙度顶点时沉降，则重力作用下和布朗扩散机理下的穿透系数修正分别见式（5-18）和式（5-19）[31]。

$$P'_g = 1 - \frac{Wv_s}{(H-d)u_m} \tag{5-18}$$

$$P'_d = \exp\left\{-\frac{1.967DW}{[H+2(h-e-d/2)]^2 u_m}\right\} \tag{5-19}$$

式中 h——缝隙内表面的有效粗糙高度，m；

E——颗粒物浓度边界层实际初始位置，m。

则考虑粗糙度后的穿透系数计算式为：

$$P = P'_g \times P'_d \tag{5-20}$$

5.2.4.2 穿透系数间接测试

穿透系数既可以通过机理推导获得，也可以通过质量平衡方程推导出穿透系数计算方法，在考虑换气次数、$PM_{2.5}$沉降等条件下设计相关的测试方案，从而通过间接测试的方法获得穿透系数。室内 $PM_{2.5}$浓度的质量平衡方程为“室内 $PM_{2.5}$浓度=室内 $PM_{2.5}$产生浓度+室外 $PM_{2.5}$渗透浓度−室内 $PM_{2.5}$排出浓度−$PM_{2.5}$沉积浓度+$PM_{2.5}$重悬浮浓度”，其数学表达式为：

$$\frac{dC_{in}(t)}{dt} = \frac{Q_{is}}{V} + a \cdot P \cdot C_{out}(t) - a \cdot C_{in}(t) - k \cdot C_{in}(t) + Q_s \tag{5-21}$$

式中 C_{in}——时间趋于无穷即稳定状态时室内 $PM_{2.5}$浓度，kg/m^3；

t——时间，s；

Q_{is}——室内 $PM_{2.5}$源产生量，kg/s；

V——房间体积，m^3；

a——换气次数；

P——穿透系数；

k——$PM_{2.5}$的沉降率；

C_{out}——室外 $PM_{2.5}$浓度，kg/m^3；

Q_s——$PM_{2.5}$重悬浮浓度，kg/m^3。

一般地，忽略 $PM_{2.5}$重悬浮的作用，则式（5-21）变为式（5-22）：

$$\frac{dC_{in}(t)}{dt} = \frac{Q_{is}}{V} + a \cdot P \cdot C_{out}(t) - a \cdot C_{in}(t) - k \cdot C_{in}(t) \tag{5-22}$$

假设室内无 $PM_{2.5}$发生源、室内 $PM_{2.5}$浓度稳定，则在测量了 $PM_{2.5}$下降曲线和换气次数之后，根据式（5-22）的质量平衡方程可推导出 P 的计算式[44]：

$$P=\frac{(a+k)C_{in}}{aC_{out}} \tag{5-23}$$

当室内存在颗粒物污染源时，同样假设室内$PM_{2.5}$浓度稳定，P可根据下式获得[45]：

$$\frac{C_{out}}{C_{in}-C_{s}}=\frac{k}{P}\left(\frac{1}{a}\right)+\frac{1}{P} \tag{5-24}$$

式中　C_s——室内$PM_{2.5}$源的散发浓度，kg/m^3。

式（5-23）和式（5-24）是现场测试中获得穿透系数最常用的方法。根据式（5-23）和式（5-24）可知，现场测试中需要测试的参数有室内$PM_{2.5}$浓度、室外$PM_{2.5}$浓度、换气次数和沉降率。其中室内外的$PM_{2.5}$浓度可以通过相关仪器直接测量得到，参数容易获得。而换气次数和沉降率的影响因素较多，不同房间其数值大小不尽相同。换气次数的大小与房间的体积、高度、送风方式、室内外压差等因素有关；$PM_{2.5}$的沉降率与颗粒物粒径大小、室内扰动、室内装饰材料、家具表面积等因素有关。因此，不同的建筑或房间会有不同的换气次数和$PM_{2.5}$沉降率，其穿透系数也会随之改变。

5.2.4.3　穿透系数直接测试

在实验室或现场设计合理的测试方案，从而实现穿透系数的直接测试，不仅测得的穿透系数接近真实结果，同时可以控制测试工况进而获得不同条件下的穿透系数结果，大大缩短穿透系数获得周期。

穿透系数直接测试方法仍以外窗为研究对象，以搭建的测试平台测试为例，说明穿透系数的直接测试方法，其他条件下的直接测试方法可参照本节所述方法，其思路是相似的。中国建筑科学研究院开展了基于$PM_{2.5}$围护结构穿透的相关研究工作，提出并建立了“建筑外窗颗粒物穿透性能测试台”，依托于该测试台，可以测得不同工况条件下的$PM_{2.5}$外窗穿透系数。不同于间接测试，直接测试是人为控制待测外窗两侧压差和室外侧$PM_{2.5}$浓度，且穿透进入室内部分的$PM_{2.5}$在未扩散至室内其他空间时即被采样，受扩散和沉降等作用的影响相对较低，因此将其忽略。

（1）测试台功能概况

“建筑外窗颗粒物穿透性能测试台”用于测试室外颗粒物经由建筑外窗穿透进入室内的能力。“建筑外窗颗粒物穿透性能测试台”能够对不同规格和不同开启形式的建筑外窗实现不同压差、温度、湿度、颗粒物浓度等物理条件下的建筑外窗颗粒物穿透性能进行测试。

（2）测试台构成

测试台的基本构成包括：送风机、风量调节装置、空气干燥装置、进风处理段、颗粒物发生装置、上游测试室、待测窗安装洞口、下游测试室、风扇、空气加湿装置、空气加热与制冷装置、温湿度监测与控制装置、压力/压差监测与控制装置、颗粒物检测装置、控制与数据采集系统、通风管道等。其连接形式为：将送风机、风量调节装置、空气干燥装置、过滤段、颗粒物发生装置、上游测试室、窗安装洞口及下游测试室依次连接，同时将进风处理段后的通风管道增加三通并将通风管道连接至下游测试室，以阀门启闭控制该通风管道的气流输送。空气加湿装置、空气加热与制冷装置、温湿度监测与控制装置位于上游测试室，颗粒物检测装置、风扇放置在上游测试室和下游测试室，建筑外窗颗粒物穿透性能测试台各构成部分的启停、控制、测试数据实时显示及存储均由控制与数据采集系统完成。

根据颗粒物发生装置所用产生气溶胶或颗粒物的物质类型、产生的颗粒物浓度、颗粒物检测装置类型（计重/计数）及测试要求等，测试台还可以增加如下部分或全部装置，构成第二种建筑外窗颗粒物穿透性能测试台的形式，其连接形式为：在颗粒物发生装置与上游测试室之间连接颗粒物干燥装置；在颗粒物干燥装置与上游测试室之间连接静电去除装置；在颗粒物检测装置入口处连接颗粒物浓度稀释装置。测试台的构成与连接示意图见图 5-15，其中虚线部分为形式二中增加的装置。

（3）测试台主要装置及功能

1）空气干燥装置：用以干燥送风。

2）进风处理段：内部设置粗效过滤器、中效过滤器和高效过滤器组合，用以过滤进风中的颗粒物，保证测试过程中无室外颗粒物源干扰。

3）颗粒物发生装置：用以产生测试用颗粒物。所用产生气溶胶或颗粒物的物质类型种类很多，包括 DEHS、PAO、DOP、NaCl、KCl、PSL、石蜡油等，可根据测试要求进行选择。该测试台的颗粒物发生装置是一款本体内配有压缩空气源的便携式气溶胶发生器，无需借助外来空气源，通过 2 个或 6 个 Laskin 喷嘴即可产生气溶胶，其技术参数见表 5-7。

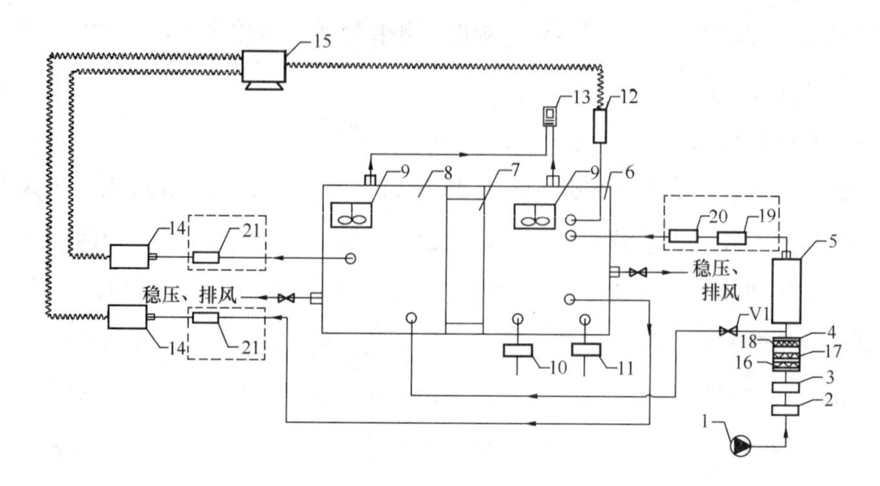

图 5-15　测试台的构成与连接示意图

1—送风机；2—风量调节装置；3—空气干燥装置；4—进风处理段；5-颗粒物发生装置；6—上游测试室；7—窗安装洞口；8—下游测试室；9—风扇；10—空气加湿装置；11—空气加热与制冷装置；12—温湿度监测与控制装置；13—压力/压差监测与控制装置；14—颗粒物检测装置；15—控制与数据采集系统；16—粗效过滤器；17—中效过滤器；18—高效过滤器；19—颗粒物干燥装置；20—静电去除装置；21—颗粒物浓度稀释装置；V1—阀门

颗粒物发生装置技术参数　　表 5-7

可使用的流量范围	50～2000cfm（1.4～56.6m³/min）
气溶胶发生浓度	100μg/L：流量 200cfm
	10μg/L：流量 2000cfm
气溶胶类型	多分散粒子（冷）
发生方法	2 或 6 个 Laskin Nozzles 喷嘴
压缩空气	不需要（内置空气压缩机）
壳体	压铸铝制外壳
可用气溶胶发生试剂（液体）	PAO-4，DOS，Ondina EL，DOP，Mineral Oil，Paraffin，Corn Oil

4）颗粒物检测装置：可根据需要选择计重型或计数型的颗粒物检测仪器。

5）待测窗安装洞口：可调节规格尺寸，以适应安装不同规格和不同开启形式的建筑外窗。

6）颗粒物干燥装置：用以干燥颗粒物。

7）静电去除装置：用以去除颗粒物携带的静电。

8）颗粒物浓度稀释装置：用以稀释颗粒物检测装置前的颗粒物浓度。

(4) 测试台主要控制方法

1) 颗粒物浓度控制

开启颗粒物发生装置，根据颗粒物检测装置的监测数据，调节和控制颗粒物发生装置产生的颗粒物浓度，以达到不同测试条件下的不同颗粒物浓度要求。在调节颗粒物浓度过程中及测试时，注意颗粒物浓度不应超过颗粒物检测装置的限值，否则应在颗粒物检测装置前加装颗粒物浓度稀释装置。

2) 测试压力控制

工作压力控制由压力/压差监测与控制装置和风量调节装置实现，二者相关联，以调节和控制送风量，进而控制所述颗粒物上游测试室和颗粒物下游测试室的压差，实现不同的压差条件。该测试台同时辅以压力表和稳压风机，用以控制和调节工作压力。

3) 温湿度控制

通过温湿度控制装置控制由空气加湿装置和空气加热与制冷装置产生的湿度和温度，使颗粒物上游测试室内实现不同的温度、相对湿度条件。

(5) 测试台布局

根据测试台的构成和连接方式，测试台的布局主要有三个功能空间：下游测试室、上游测试室、设备室，测试台的布局如图 5-16 所示。

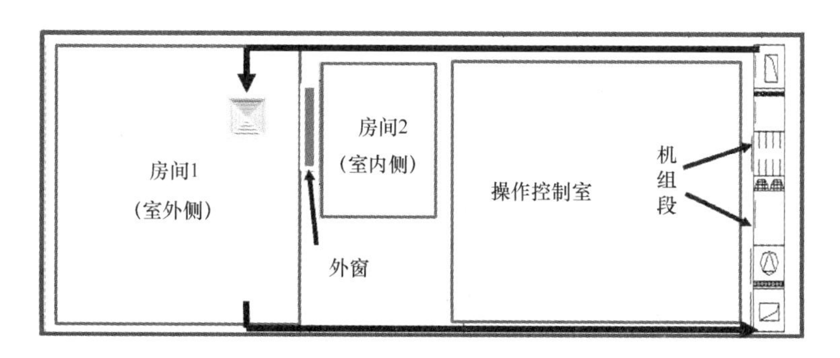

图 5-16 测试台布局

(6) 穿透系数测试步骤

建筑外窗颗粒物穿透系数测试流程如图 5-17 所示，并简述如下：

1) 安装待测窗：将窗安装在待测窗安装洞口，并确保窗框与外窗安装洞口之间密封。

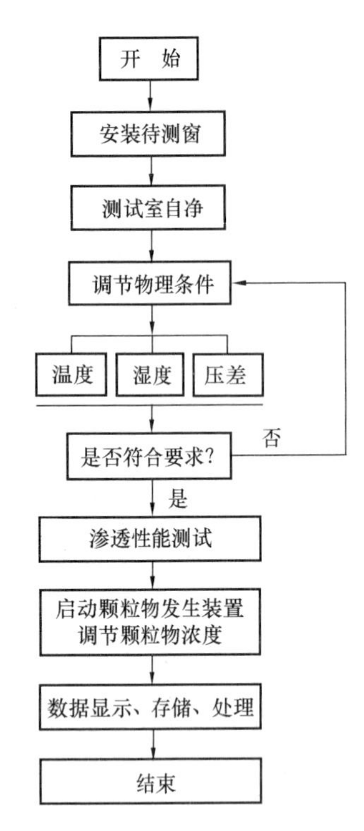

图 5-17　建筑外窗颗粒物穿透性能测试流程图

2）测试室自净：在步骤1）的基础上，关闭颗粒物发生装置，开启送风机、三通阀门、风扇、颗粒物检测装置。开启三通阀门的目的是将空气引入至下游测试室；开启风扇的作用是使上游测试室和下游测试室中的空气混合均匀。基本形式中的进风处理段的作用是降低空气中颗粒物的影响，此步骤的目的是降低上游测试室和下游测试室的既有颗粒物浓度。

3）调节测试物理条件：在步骤2）的基础上，关闭三通阀门，开启空气加湿装置、空气加热与制冷装置、温湿度监测与控制装置、压力/压差监测与控制装置、控制与数据采集系统，根据测试的相对湿度、温度、压差等要求，调节各控制装置，使其稳定在测试要求范围。

4）穿透性能测试：在步骤3）的基础上，启动所选颗粒物发生装置，调节颗粒物发生浓度，使其满足测试需要。相对湿度、温度、压差、上游测试室颗粒物浓度、下游测试室颗粒物浓度的显示和存储由控制与数据采集系统完成。通过调节颗粒物发生装置产生的颗粒物粒径尺寸和浓度大小，可测试不同粒径尺寸、不同浓度条件下，外窗颗粒物穿透的性能。

5）穿透性能计算：根据步骤4）中上游测试室颗粒物浓度和下游测试室颗粒物浓度计算穿透系数。

5.3　通风与净化联合解决方案

建筑室内环境受到室内多种污染源和室外污染物尤其是雾霾的综合影响，建筑通风与净化是治理室内污染的两种重要手段，如何充分发挥通风与净化各自的优势，实现通风与净化联合控制，是需要解决的关键问题。“十二五”期间，研究者在颗粒物净化技术、不同建筑类型的控制方案、考虑空间非均匀特征的控制方案等方面取得了初步进展。

5.3.1 低阻高效的梯度复合滤料技术

净化技术水平的完善是实现高效通风与净化联合的前提与基础，传统颗粒物净化技术在保证过滤效率的条件下，普遍存在阻力大、容尘量低的问题，导致运行能耗高、更换维护频繁，严重制约着实际净化效果的发挥。研究者通过不同种类过滤材料遴选、过滤结构优化等研究，研制出具有低阻力、高效率和大容尘量特征的颗粒净化技术和装置。

（1）颗粒物过滤材料遴选

针对不同类型空气过滤材料对颗粒物的过滤机理、影响滤料阻力的各个因素进行研究。主要对高效玻纤滤纸和驻极体滤料的性能进行了测试分析（基本参数见表5-8），基本性能参数测试结果见图5-18，滤料的微观结构扫描电镜结果见图5-19，孔径实验结果见表5-9。

空气滤料的基本参数　　表5-8

材料类型	材料分类	滤料编号	厚度（mm）	克重（g/m^2）
玻纤滤纸	F8	A	0.559	67.24
	H11	B	0.570	88.81
	H13	C	0.512	74.23
驻极体	150g/m^2	D	2.774	168.34
	200g/m^2	E	3.148	211.91
	250g/m^2	F	3.562	232.11

孔径实验结果　　表5-9

空气滤料类型	滤料编号	平均孔径压（kPa）	平均孔径（μm）	泡点压力（kPa）	泡点直径（μm）
玻纤滤纸材料	A	1.15	4.41	0.601	15.33
	B	1.89	4.58	0.681	10.47
	C	1.66	3.98	0.709	9.31
驻极体材料	D	0.12	54.70	0.054	122.20
	E	0.12	55.91	0.055	119.97
	F	0.11	58.48	0.06	115.76

经测试分析发现，高效玻纤滤纸具有较高的过滤效率，但其过滤阻力也很高；驻极体滤料在兼顾过滤效率的同时保持了较低的过滤阻力。驻极体滤料孔隙率大、通透性好，因而其过滤阻力小、滤料容尘量大、使用寿命长。玻纤滤纸由于玻璃纤

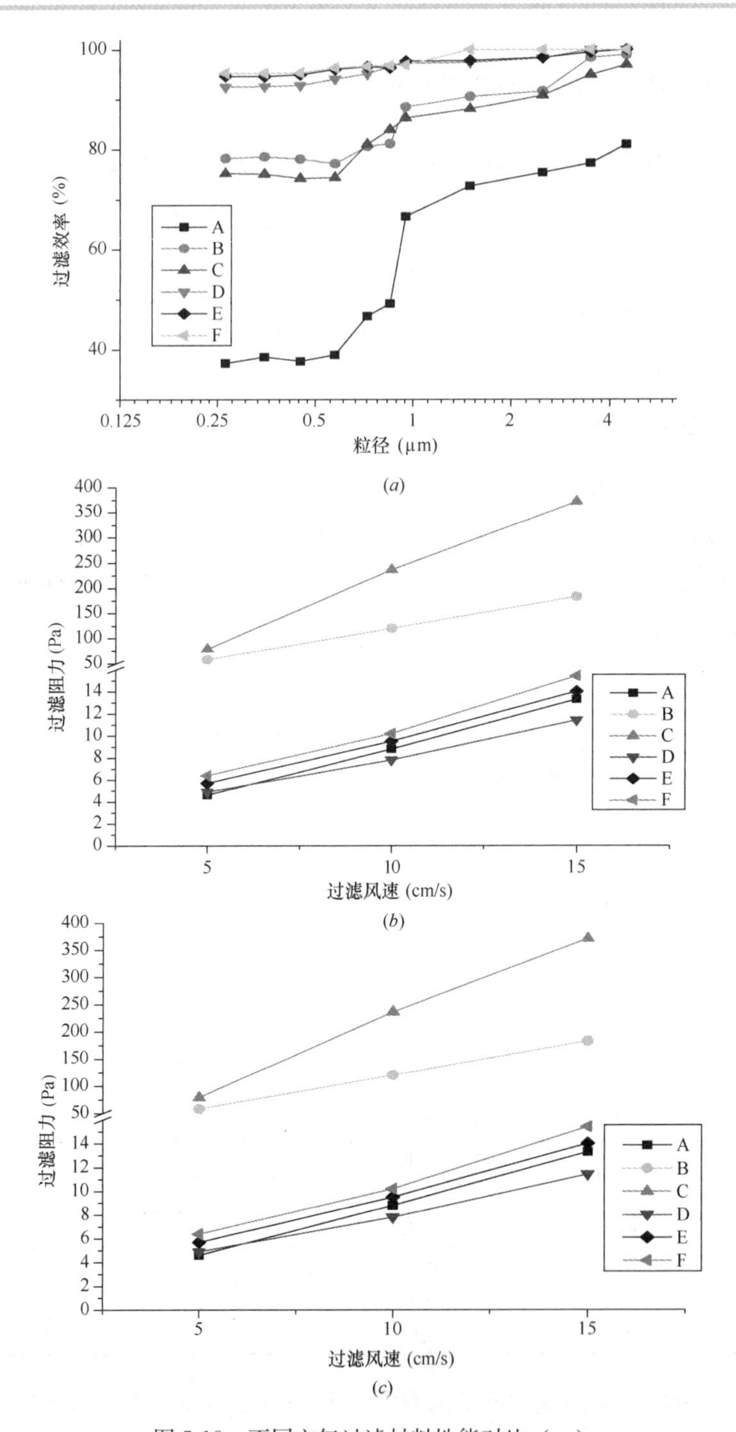

图 5-18　不同空气过滤材料性能对比（一）

(a) 滤速为 5cm/s 时分级过滤效率对比；(b) $PM_{2.5}$过滤效率对比；(c) 阻力对比

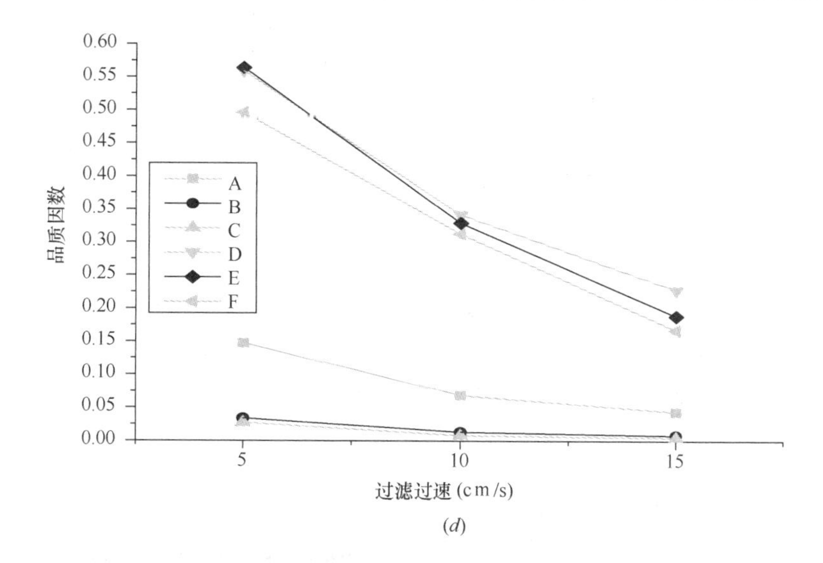

(*d*)

图 5-18 不同空气过滤材料性能对比（二）

（*d*）品质因数对比

(*a*) (*b*) (*c*) (*d*)

图 5-19 扫描电镜结果

（*a*）B 迎尘面；（*b*）C 迎尘面；（*c*）D 迎尘面；（*d*）E 迎尘面

维的抗折性较差，在使用过程中会影响过滤装置的使用寿命，而驻极体滤料并不存在上述问题。在室内环境空气品质的要求下，驻极体滤料作为具有低阻高效特征的空气过滤材料，适用性较强。

（2）梯度滤料技术研发

针对目前建筑环境净化系统对 PM_{10} 和 $PM_{2.5}$ 高净化效率、低阻力、大容尘量的要求，考虑驻极体滤料在净化颗粒物方面的良好性能（见图 5-20），研究者提出了梯度复合滤料技术，即将不同填充率的高效低阻驻极体滤料与中效滤料复合的滤料技术（见图 5-21）。该技术具有对颗粒物“粗细兼收”的特点，在确保过滤器效率等级达到亚高效的同时，梯度填充率可增大滤料容尘量，加强深层过滤效果，达

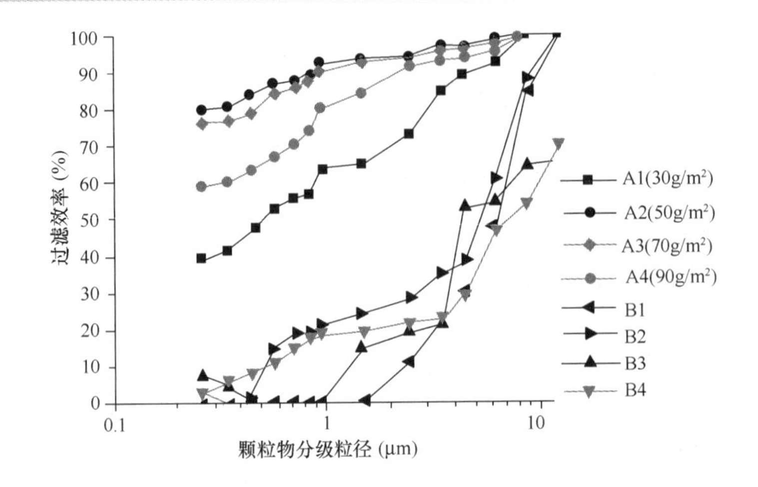

图5-20 0.2m/s过滤风速下驻极体滤料A与常用传统滤料B分级效率比较

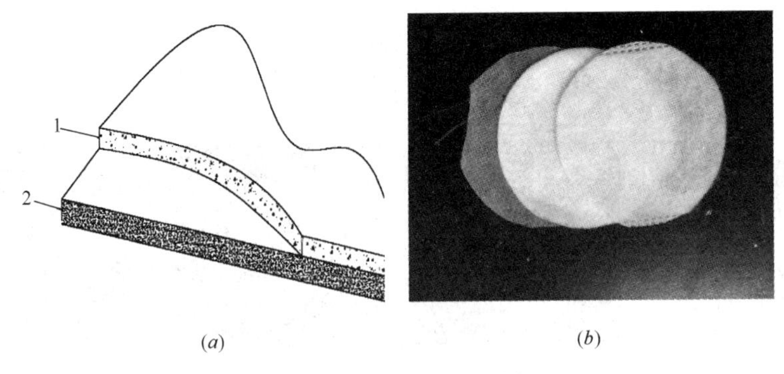

(a) (b)

图5-21 新型梯度滤料

(a) 结构示意图

1—迎尘面滤料；2—主过滤材料；

(b) 实物图

到延长过滤器使用寿命的目的。通过筛选合适的驻极体滤料和外层滤料（见图5-22），构建梯度复合滤料。对梯度滤料的测试发现（见图5-23），0.2m/s过滤风速下，复合滤料对PM_{10}分级粒径的过滤效率范围为70%～91%，对$PM_{2.5}$的过滤效率约为57%～87%，可满足人体健康对环境空气中PM_{10}和$PM_{2.5}$颗粒物提出的净化要求。复合滤料阻力较复合前内、外层滤料阻力之和略有上升，增幅在10%以内；在中效、高中效滤料的工作风速段内，复合滤料的初阻力随着滤速的升高而增大，但均低于100Pa。

基于该技术已开发出梯度滤料过滤器（见图5-24），国家质检结果表明，复合层空气过滤器达到亚高效过滤器等级要求（98.1%），过滤阻力显著降低（18.1Pa），

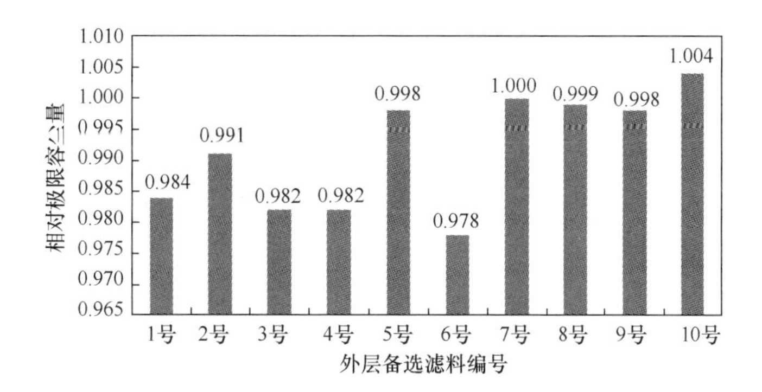

图 5-22 外层滤料的相对极限容尘量

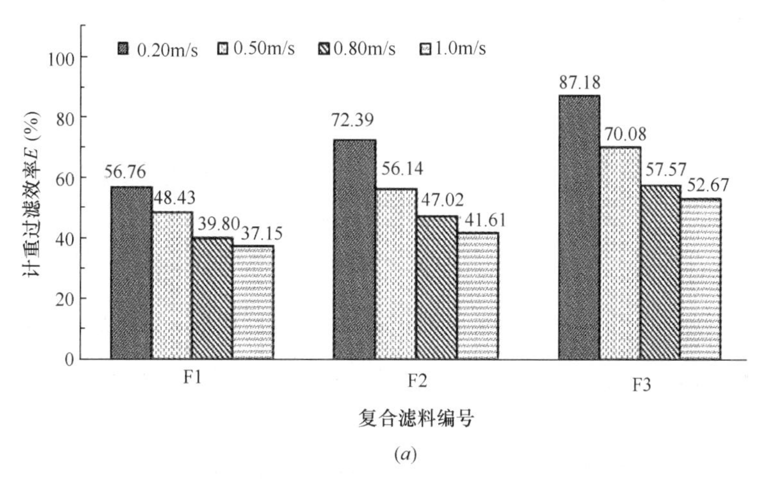

(a)

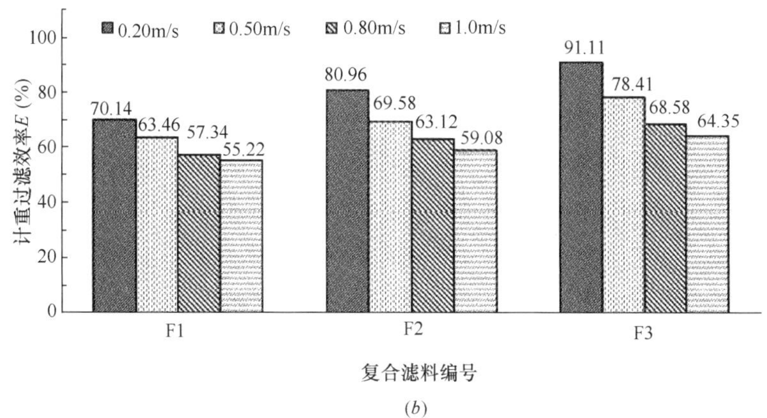

(b)

图 5-23 复合滤料性能测试（一）

(a) 复合滤料在不同风速下对 $PM_{2.5}$ 的计重效率；(b) 复合滤料在不同风速下对 PM_{10} 的计重效率

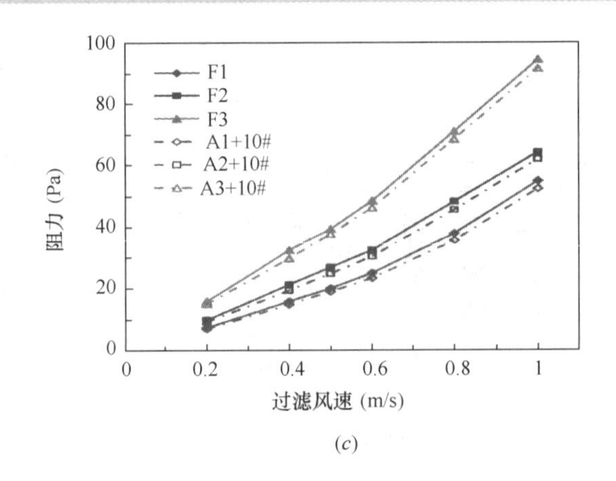

(*c*)

图 5-23 复合滤料性能测试（二）

(*c*) 复合滤料阻力与内、外层滤料阻力之和对比

图 5-24 新型梯度滤料过滤器

具有较高的容尘能力，净化效果良好。1m/s 过滤风速下，梯级滤料过滤器过滤阻力较结构相同的 F7 过滤器过滤阻力低 20Pa，是 F7 过滤器过滤阻力的 48%；梯级滤料过滤器容尘量是结构相同的 F7 过滤器容尘量的 1.71 倍（具体容尘量分别为：梯级滤料过滤器 145.1g，F7 过滤器 85g）。

5.3.2 住宅通风与净化

在长期工作过程中，净化装置阻力、效率等特性随容尘量的变化而改变，其实际净化效果、运行维护成本也随之改变。研究者首先建立了针对净化器实际容尘特性的净化效果全年预测模型，以合理评估通风与净化联合控制时的长期实际污染物控制效果。利用该模型对住宅开窗通风加房间净化器策略的可行性进行了分析。以 2 人间卧室为对象，2014 年北京市全年 $PM_{2.5}$浓度为室外条件进行计算，结果表明：模型中是否考虑容尘特性对于室内 $PM_{2.5}$浓度值、净化器实际运行能耗及滤材的使用寿命均有不同程度的影响（见图 5-25），考虑容尘特性的模型更接近净化装置的实际运行性能。

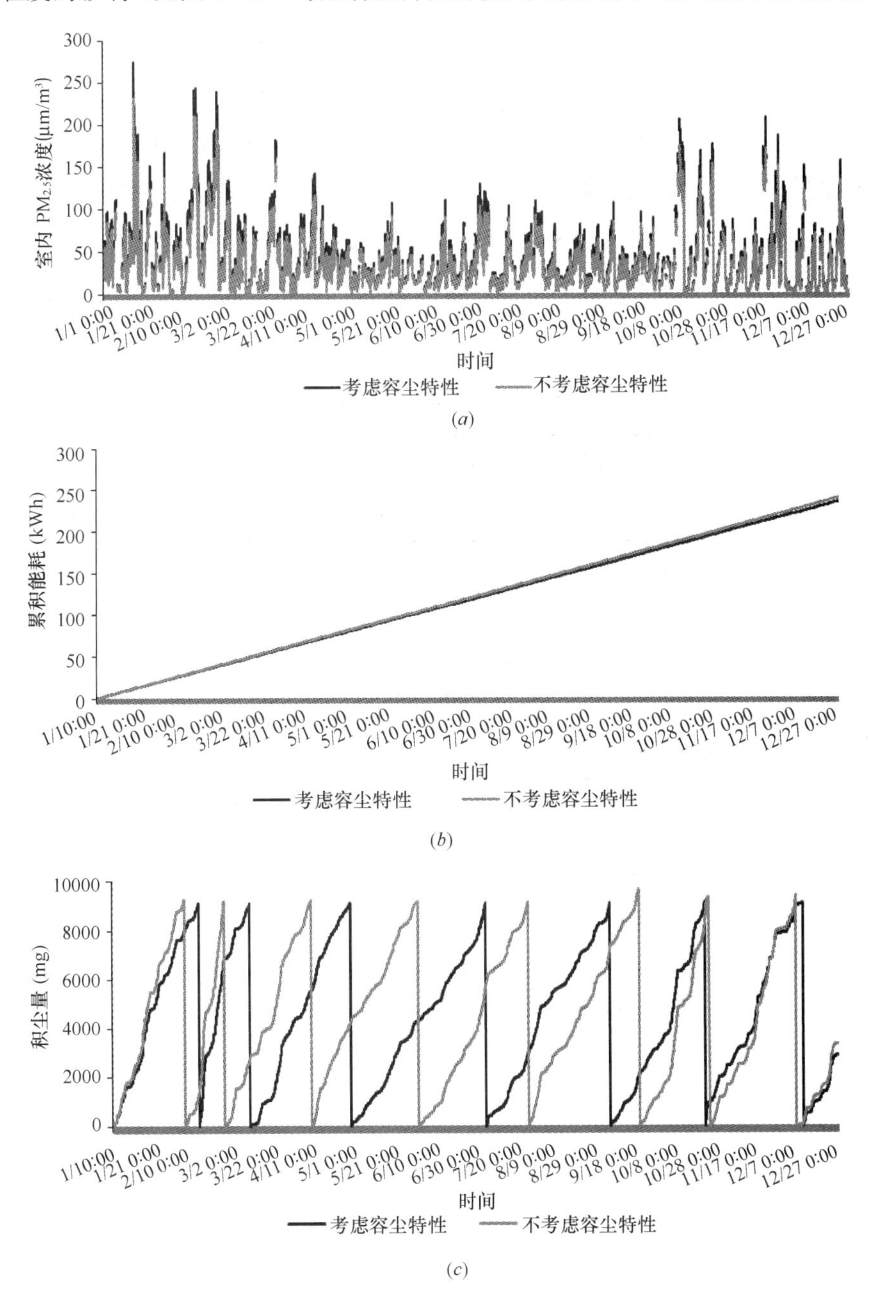

图 5-25 考虑实际净化特征的预测结果对比

(*a*) 全年室内 $PM_{2.5}$浓度变化；(*b*) 能耗变化；(*c*) 滤材积尘量

考虑净化特征下，对住宅开窗通风加移动净化器方案在不同运行策略下的保障结果进行分析，结果表明：对于间歇净化与全时净化方式，二者可达到接近的室内$PM_{2.5}$净化效果，但间歇净化的运行能耗远低于全时净化，且滤料的更换维护成本更低（见表5-10），建议采用；对于全时开窗与间歇开窗方式，间歇开窗方式可实现较高的$PM_{2.5}$净化效果，且运行能耗更低，滤料的更换维护成本更低，建议采用；对于开窗换气次数而言，综合考虑室内CO_2浓度水平，建议适当开窗。当开窗换气次数在1～3h^{-1}时可以同时控制室内污染物浓度水平（见表5-11），并将净化器的运行能耗和滤材的更换成本控制在合理范围。总体而言，在恰当的运行策略下，开窗通风加移动净化器方案可兼顾保障效果、能耗、更换维护因素，有效保障室内环境。

不同开窗加净化策略对比 **表5-10**

项 目	全时开窗		间歇开窗	
	全时净化	间歇净化	全时净化	间歇净化
75$\mu g/m^3$以下占比	86.3%	86.3%	96.1%	96.0%
35$\mu g/m^3$以下占比	57.0%	43.3%	78.1%	57.3%
年平均$PM_{2.5}$浓度/（$\mu g/m^3$）	40.0	45.7	23.5	35.4
1000ppm以下占比	100%	100%	100%	100%
年平均CO_2浓度（ppm）	633	633	796	796
运行能耗（kWh）	232.8	130.7	232.4	90.8
单个滤料面积（m^2）	4.17	4.17	4.17	4.17
更换次数	3.3	2.9	1.9	1.5
滤料总面积（m^2）	13.6	11.9	8.0	6.1

不同开窗换气次数对比（全时开窗加间歇净化） **表5-11**

项 目	1h^{-1}	3h^{-1}	5h^{-1}
75$\mu g/m^3$以下占比	98.5%	86.3%	76.9%
35$\mu g/m^3$以下占比	64.3%	43.3%	37.9%
年平均$PM_{2.5}$浓度（$\mu g/m^3$）	31.7	45.7	55.1
1000ppm以下占比	100%	100%	100%
年平均CO_2浓度（ppm）	886.4	633	580.0
运行能耗（kWh）	86.7	130.7	143.1

续表

项　目	$1h^{-1}$	$3h^{-1}$	$5h^{-1}$
单个滤料面积（m^2）	4.17	4.17	4.17
更换次数	1.3	2.9	3.8
滤料总面积（m^2）	5.6	11.9	15.8

对比开窗通风加净化器方案与带净化机械新风系统方案（见表5-12），可以发现合适的开窗通风加净化器方案较全天开启的机械新风方案能耗更低、更换次数更少，是更好的通风与净化解决方案；对于机械新风系统，采用仅有人时开新风策略时，能耗降低、更换次数减少，是机械新风系统下合适的运行策略。

移动净化器与机械新风方案对比　　表5-12

项　目	移动净化器		机械新风	
	间歇开窗 h^{-1}，间歇净化	间歇开窗 $3h^{-1}$，间歇净化	有人时开启	24h开启
75μg/m^3以下占比	98.5%	96.0%	96.7%	97.0%
35μg/m^3以下占比	64.8%	57.3%	79.8%	81.0%
年平均$PM_{2.5}$浓度（μg/m^3）	31.4	35.4	22.2	21.7
1000ppm以下占比	100%	100%	100%	100%
年平均CO_2浓度（ppm）	892.2	796	674	674
运行能耗（kWh）	85.1	90.8	74.3	105.7
单个滤料面积（m^2）	4.17	4.17	2.78	2.78
更换次数	1.3	1.5	3.6	4.2
滤料总面积（m^2）	5.4	6.1	9.9	11.7

考虑多数住宅已安装空调装置，为保障室内空气品质而新增净化装置或系统，将增加设备投资，且占据建筑使用空间。综合考虑成本投入和保障效果，提出在已有空调装置末端上直接加装净化组件进行净化的策略。利用家用空调加装$PM_{2.5}$过滤滤料，具有经济、高效、低阻、快速的特点。针对提出的净化方案，对典型的住宅空调进行了实际改造和性能测试分析。加装驻极体滤料后的空调器对$PM_{2.5}$的计重过滤效率由未加装时的3.36%显著提升至58.04%［见图5-26（*a*）］，过滤效率提高了16倍；由于驻极体滤料的低阻特性，加装滤料的初始阻力仅为51.6Pa。在相同条件下，尤其是对于空间较大的区域，加装滤料的家用空调器对住宅环境的$PM_{2.5}$的净化时效显著优于常规空气净化器［见图5-26（*b*）］。所进行的测试中，加

装滤料的空调器运行 15min 后室内 $PM_{2.5}$浓度即可降至 35ug/m^{3}以下，为达此浓度值，一般空气过滤器则需运行 50min 左右，且加装滤料的空调器运行 20min 内对室内 $PM_{2.5}$的去除率为一般空气净化器的 2.8～3.7 倍。结果表明，在适当增加阻力的情况下，采用末端加装净化段的方式，可有效降低室内的污染水平。

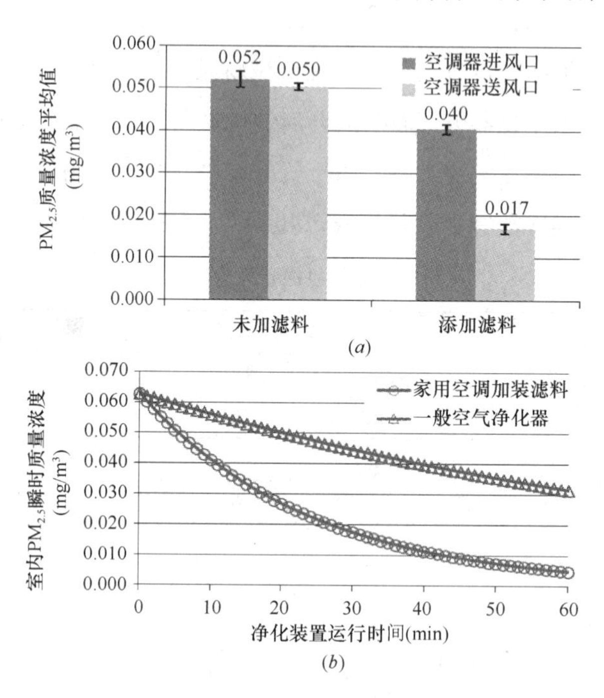

图 5-26 空调器末端加装滤料的净化效果

(*a*) 加滤料前后；(*b*) 与空气净化器对比

5.3.3 公共建筑通风与净化

对于安装全空气系统的公共建筑，在全空气系统的送风道或空调箱中增加高净化等级的功能段是可行方案，但净化段应在通风空调系统哪个位置安装、安装何种净化等级的净化组件，是需要考虑的关键问题。研究者针对净化组件安装位置和组件净化等级的优化开展研究，比较了在新风、回风、送风不同通风段加装净化功能段的污染物控制水平、容尘量、能耗等因素，结果见表 5-13。过滤段安装在不同位置所承担容尘率不同，并反映到运行寿命进而影响到运行管理及相关费用。采用新风管中加高效过滤段（需要时加装辅助风机），同时送风管中加中效过滤段的方式可更好地兼顾阻力和容尘量因素，具有更高的实用价值。

全空气系统不同净化方案的保障效果 表 5-13

方案	型号 1 过滤效率	过滤阻力	型号 2 过滤效率	更换时间 (h)	过滤阻力 (Pa)	增加能耗 (W)	更换时间 (h)	室内 $PM_{2.5}$ ($\mu g/m^3$)	容尘率 (mg/h)
送风整体加中效	中效 0.25	120		25935		30		128	37
送风整体加高中效	中高效 0.7	200		4796		50		46	56
送风整体加亚高效	亚高效 0.9	250		4463		62.5		29	61
新风过滤段+送风中效	亚高效 0.9	250	中效 0.25	6420	120	35.4	71921	61	53
新风过滤段+送风中效 2	亚高效 0.9	250	中效 0.5	6420	180	47.9	51789	40	58
原系统+新风过滤段	亚高效 0.9	250		6420		10.4		113	41

对于安装风机盘管加新风系统的公共建筑，可在风机盘管风口或新风段加装净化段，不同的安装位置和净化等级对净化保障效果影响较大。对不同净化段加装方案进行了分析，设计方案见表 5-14。

风机盘管系统净化段设置 表 5-14

FCU 工况	过滤器 1 位置	过滤器 1 效率	过滤器 2 位置	过滤器 2 效率
原系统+新风段亚高效净化	新风段	0.9	—	—
FCU 亚高效净化	FCU 送风段	0.9	—	—
新风亚高效+FCU 亚高效净化	新风段	0.9	FCU 送风段	0.9
新风亚高效+FCU 高中效净化	新风段	0.9	FCU 送风段	0.7
新风亚高效+FCU 中效 2 净化	新风段	0.9	FCU 送风段	0.5
新风亚高效+FCU 中效净化	新风段	0.9	FCU 送风段	0.25

计算结果见图 5-27，单独新风净化并不能保证在室外重度污染条件下房间内达到 75$\mu g/m^3$的净化目标；只在风机盘管加装净化段则其级别需达到亚高效才能满足室外重度污染情况下的要求；采用新风净化加风盘净化方案，风机盘管只需配备中效过滤器就能将污染物维持在较低水平。

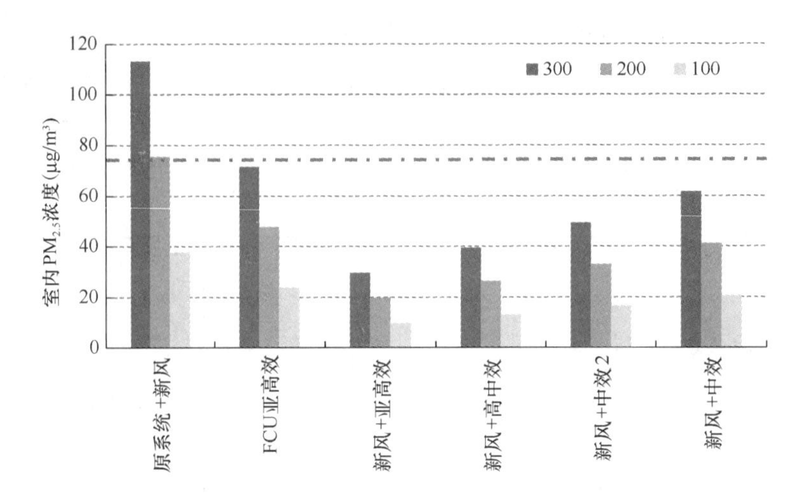

图5-27　风机盘管系统下不同净化方案的净化效果对比

在上述分析的基础上，针对办公建筑空间风机盘管末端加净化段的方案，实践了在风机盘管回风口加装驻极体空气滤料的方法，实现了对办公环境中 $PM_{2.5}$ 的净化。通过试验测试了平方米克重为150的驻极体空气滤料（ZJT150）在不同过滤风速下的过滤特性，并对其安装在空调上的应用效果进行了测试。测试结果表明：改装后风机盘管系统对 $PM_{2.5}$ 的过滤效率由2.86%提升至53.20%（见图5-28），过滤效率提高18倍；滤料具有低阻特性，改装后，高、中、低三种风档下空调回风口的初阻力均小于10Pa，对风机运行参数及能耗的影响可以忽略；与改装前相比，空调运行期间封闭的办公空间内 $PM_{2.5}$ 浓度的衰减速度显著增加（见图5-29）。

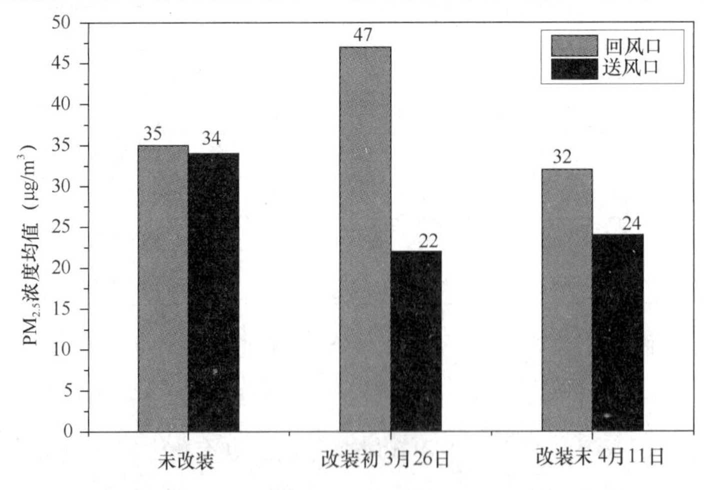

图5-28　加装ZJT150前后空调送、回风口 $PM_{2.5}$ 质量浓度对比

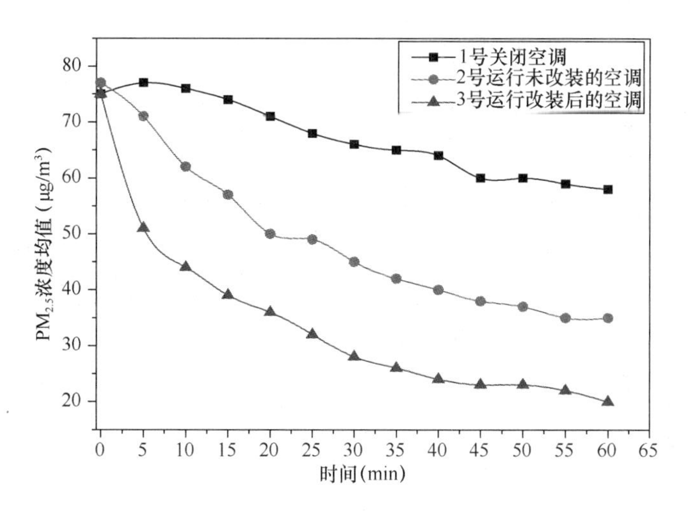

图 5-29　不同室内环境控制方式下 $PM_{2.5}$浓度衰减趋势

5.3.4　考虑空间非均匀特征的通风与净化

实际房间污染物存在空间非均匀分布特征，新风和净化装置对不同局部区域的影响存在差别。有效评价新风和净化对需保障区域的非均匀影响，利用其指导净化装置优化布置，才能使设计的净化方案高效实现对目标区域的空气品质保障。

（1）建立了非均匀分布下室内源辨识方法

室内非均匀分布特征下，污染源所处的位置不同，对室内存在需求区域的污染程度也将不同，有效辨识出污染源的真实位置和释放强度，是实现面向需求区域进行通风与净化的前提条件。针对室内在多个局部位置存在污染物释放源的典型污染场景开展辨识研究，在定量刻画特定气流组织下室内污染物三维分布传播机理的基础上，建立了固定流场条件下，仅利用有限个传感器快速辨识室内多个恒定污染源的释放位置与强度的方法，基本模型见式（5-25）。考虑辨识过程中可能存在的传感器读数随机误差、读数阈值（低于某一浓度，传感器无法读数）、释放时间未知等实际因素，研究了辨识方法在真实条件下的辨识可靠性。验证了辨识方法在真实辨识场景中的辨识可靠性（见图 5-30 和图 5-31），分析了传感器数量、布置、采样时间、采样间隔等对辨识精度的影响。上述研究为固定气流组织形式下室内源信息的快速获得建立了理论基础。

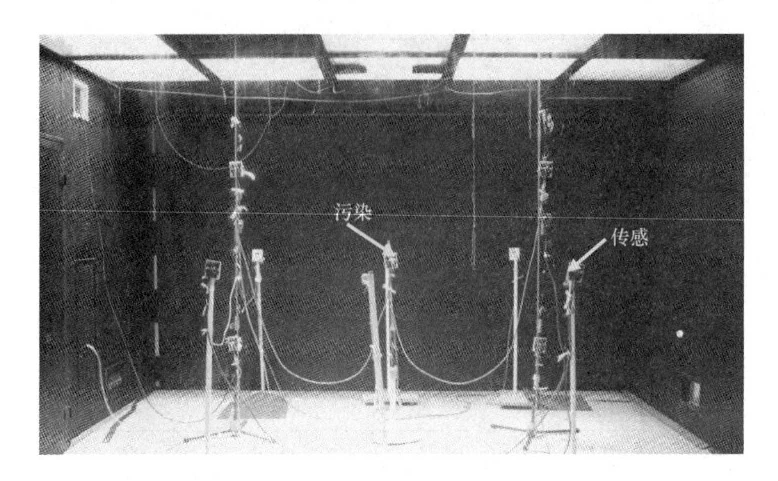

图5-30　辨识实验中传感器和污染源的布置

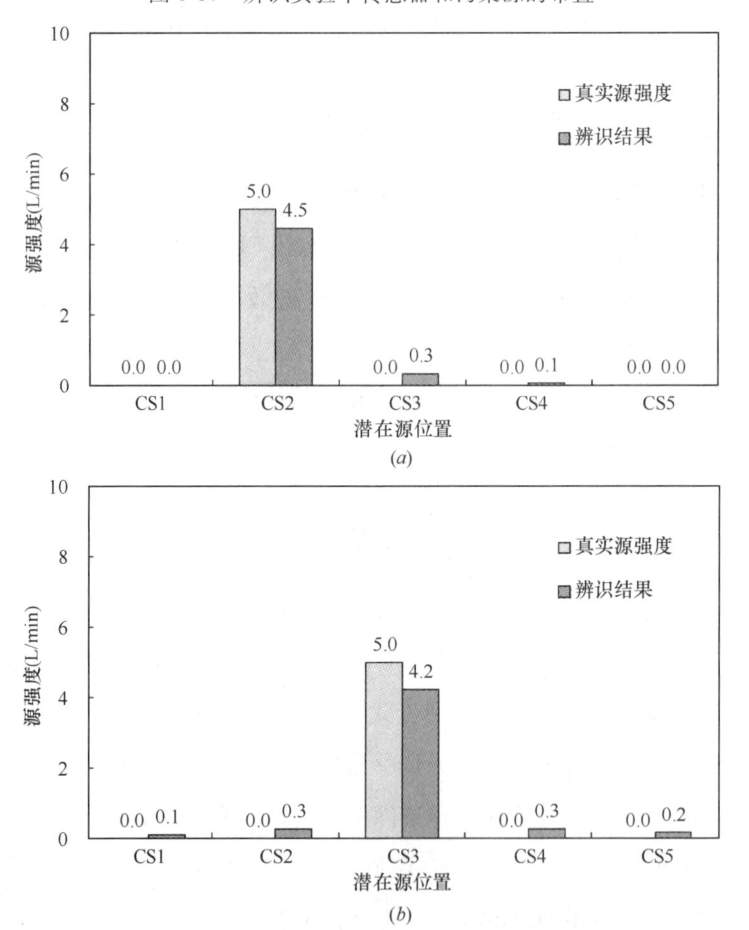

图5-31　不同源场景的辨识结果

（a）释放场景1；（b）释放场景2

$$\min f(\boldsymbol{x}) = \sum_{j=1}^{L} |x_{N+j}|$$

$$s.t.\ \mathbf{A}\boldsymbol{x} - \boldsymbol{b}$$

$$x_i \geqslant 0,\ i = 1,\cdots,N$$

$$\boldsymbol{x} = (x_1,\cdots,x_N,\ x_{N+1},\cdots x_{N+L})^T;$$

$$\boldsymbol{b} = (b_1,\ b_2,\ \cdots,b_L)^T$$

$$\mathbf{A} = (a_{j,i})_{L,N+L};$$

$$x_{N+j} = e_j,\ j = 1,\cdots,L;$$

$$(a_{j,N+i})_{L,L} = \begin{pmatrix} 1 & 0 & \cdots & 0 \\ 0 & 1 & \cdots & 0 \\ \cdots & \cdots & \cdots & \cdots \\ 0 & 0 & \cdots & 1 \end{pmatrix} \tag{5-25}$$

（2）提出了总风量和局部有效新风量的测量和评价方法

通风系统的通风量水平是保障室内空气品质的关键因素，传统通风量测量在遇到弯管段或局部阻力部件附近区域时，因所处区域的空气扰动强烈而难以实现准确测量。研究者利用示踪气体掺混原理，建立了示踪气体测量通风量的方法（见图5-32）。针对实际测量中释放点上游浓度不稳定的问题，对风量计算公式进行了改进，考虑了流动时间偏差的影响，并通过均值法消除随机波动的影响。对于常见的带回风通风系统，综合考虑了风道和房间中的循环时间，给出了回风总循环时间的

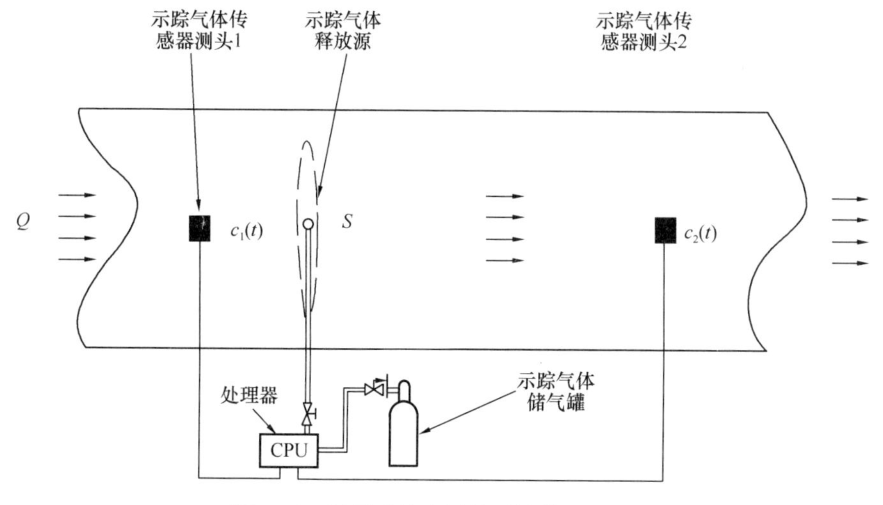

图 5-32 通风系统中风量测量装置原理图

计算公式，并分析了带回风系统中的测量误差。对于测量中最关键的掺混长度，通过理论分析指出影响因素有风速、截面尺寸及等效扩散系数。由于长直管段的掺混长度较长，提出了一些实际中可用的缩短掺混长度的措施，包括合理利用扰动部件的被动措施及优化释放头设计的主动措施，并利用模拟和实验验证了这些措施的有效性。该方法在弯道较多的管段处也可实现准确测量，克服了风速仪、微压差计等常规仪器需在长直管段处测量的局限性。

实际送入房间的新风有效到达房间不同区域进行稀释和排污的能力是不同的，对用于评价有效通风量的已有指标进行分析比较，提出采用局部纯净风量（Local/regional Purging Flow Rate，LPFR）进行局部有效新风量的量化（见图5-33）。局部纯净风量的计算公式见式（5-26），是流场的固有属性，可通过示踪气体方法测量得到。

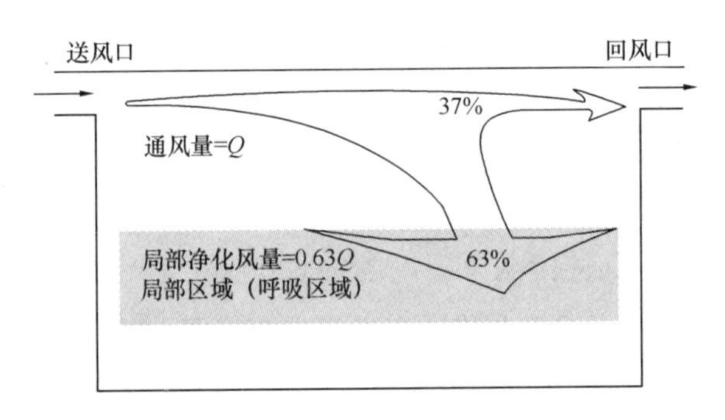

图5-33 局部纯净风量的概念图

$$Q_{u,p} = S_p / C_{pe}(\infty) \tag{5-26}$$

式中 S_p——污染物的释放速率，kg/s；

C_{pe}（∞）——污染物的稳定出口浓度，kg/m^3。

利用局部纯净风量对不同气流组织下新风有效输送到各区域的“量”进行评价，发现：同一气流组织下，不同区域的局部纯净风量不同，表明输送至不同区域的有效新风量不同，各区域内有污染物释放时，新风对各区域的排污能力不同；不同气流组织下相同区域的局部纯净风量不同（见图5-34），表明该区域内有污染物释放时，选用不同的气流组织，新风排污能力不同。局部纯净风量可用于指导针对局部区域保障的高效通风系统设计和实际运行控制。

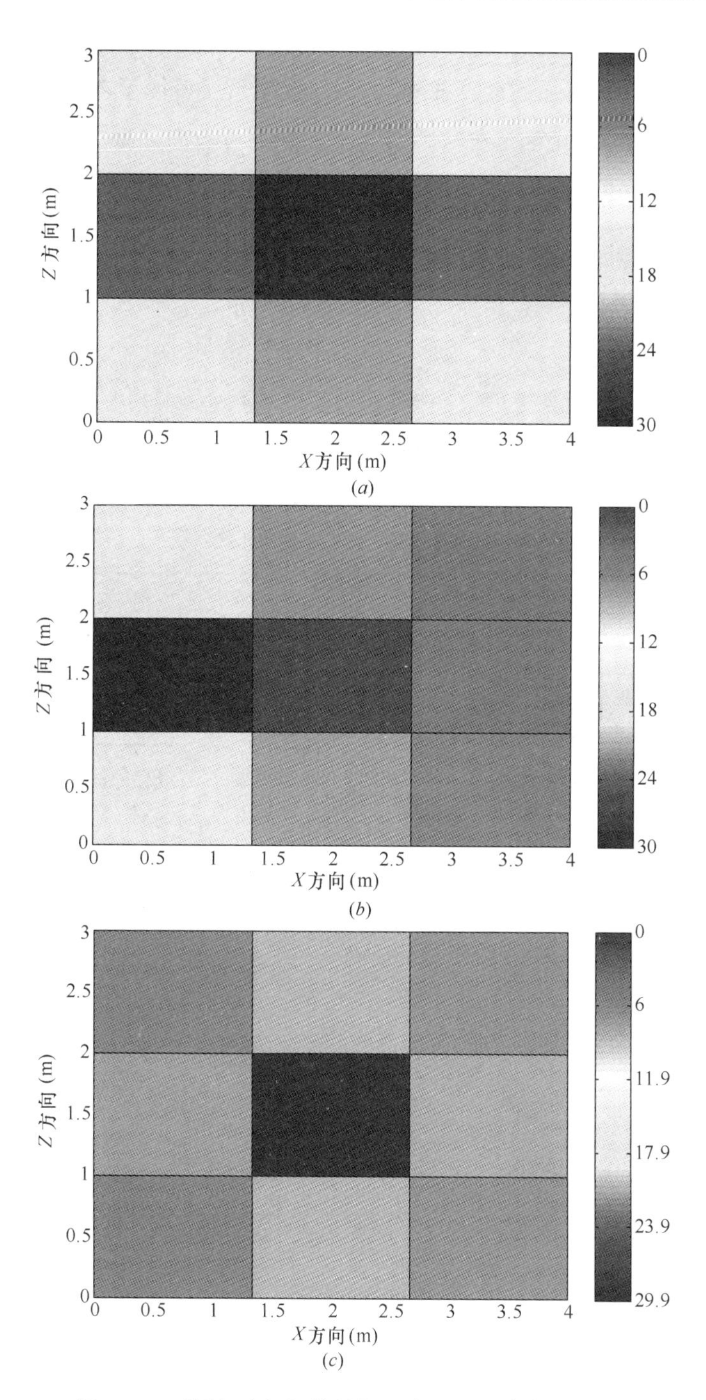

图 5-34 不同气流组织的局部纯净风量（单位：m^3/h）

（a）顶送两侧下回；（b）同侧上送下回；（c）底送顶回

基于区域空气交换的马尔可夫过程模型，建立了污染源的等效转移模型（见图5-35），并推导了等效源强的计算式（3-27）。等效源强表征了在保障区域之外的污染源（或汇）对保障区域的污染（或净化）程度。等效源强越大，表示对保障区域的污染越强（或净化效果越好）。等效源强指标，可为室内污染源污染水平的量化

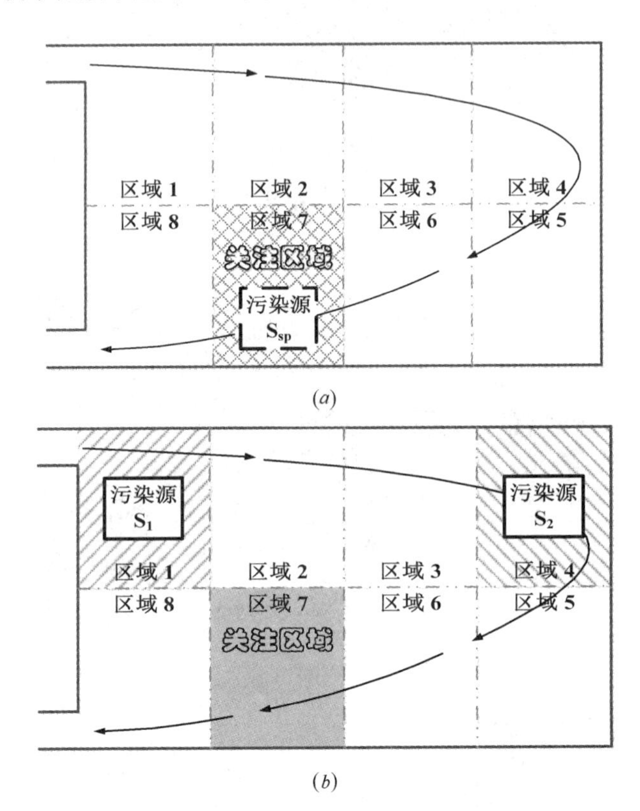

图5-35　等效源强度示意图

（a）真实源；（b）等效源

和净化器布置提供理论指导。

$$S_{sp,p}=\sum_{j}^{m}\left[\frac{Q_{u,p}}{Q}\cdot a(k,p)\cdot S_j\right] \tag{5-27}$$

（3）提出了面向局部空间、多变需求的通风策略

实际房间中可能仅某个局部区域需进行空气品质保障，也可能同时存在若干个区域需进行保障。传统通风控制主要保障整个房间，难以实现仅有效保障一个或多个局部区域的参数要求。研究者针对基于固定流场下室内参数非均匀分布规律，建

立了评价气流组织可否在任意两位置之间营造出参数差异的送风差异度指标［DP-SA，式（5-28）］，以刻画通风系统能否具备同时控制不同区域参数需求的潜力，从而指导面向多区域参数需求的通风系统设计；进一步建立了面向多位置参数需求的送风参数优化方法［式（5-29）］，一旦各需求位置或区域的空气品质需求指定，即可一次性快速优化出各送风口送风参数应调节到何值（见图 5-36），为面向非均匀环境的通风与净化策略的建立提供理论方法。

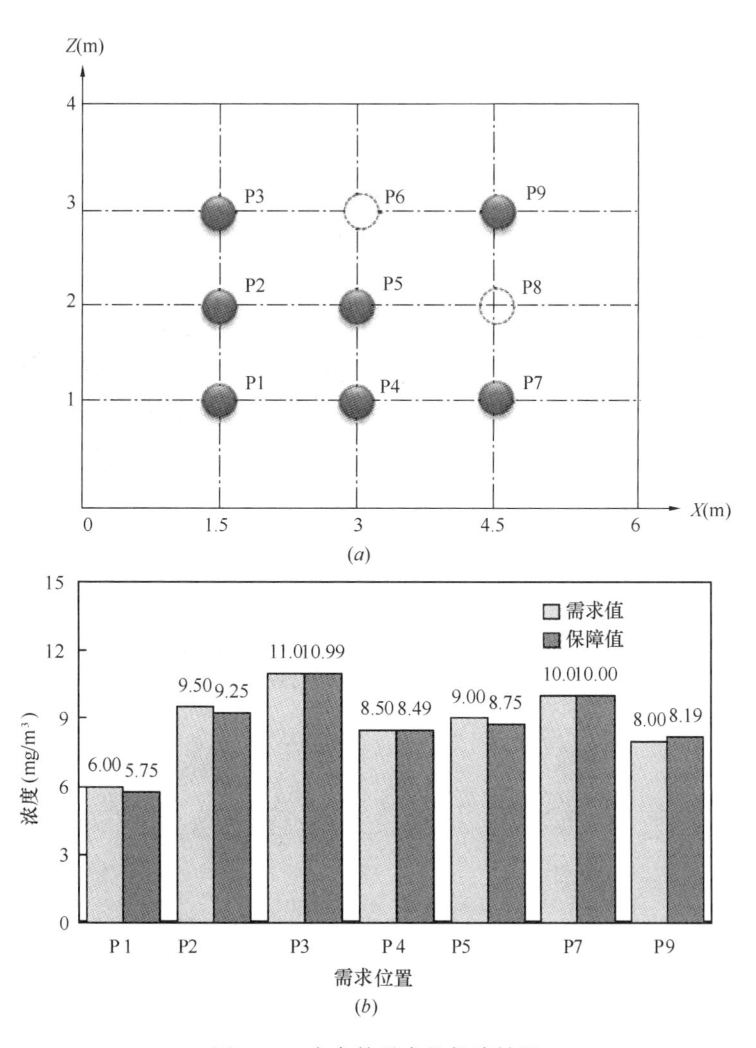

图 5-36 多参数需求的保障结果

（a）同时存在需求的位置分布；（b）数值方法展示保障效果

$$dp_{i,j}(\tau)=\sum_{n_S=1}^{N_S}\left|\Delta a_{S,ij}^{n_S}(\tau)\right| \tag{5-28}$$

式中 $\Delta a_{S,ij}^{n_S}(\tau)$ ——第 n_S 个送风口对任意两个区域的送风可及度的差；

N_S ——送风口数量。

$$\begin{aligned}&\min f(\phi_S^1,\cdots,\phi_S^{N_S})\\ \text{s. t.}&\sum_{n_S=1}^{N_S}[(\phi_S^{n_S}-\phi_o)a_{S,i}^{n_S}(\tau_i)]+\sum_{n_C=1}^{N_C}\left[\frac{J_\phi^{n_C}}{Q}a_{C,i}^{n_C}(\tau_i)\right]+\sum_{n_I=1}^{N_I}[(\overline{\phi}_0^{n_I}-\phi_o)a_{I,i}^{n_I}(\tau_i)]+\phi_o\\ &=\phi_{set,i}(\tau_i),i=1,\cdots,N\\ &\phi_{min}^{n_S}\leqslant\phi_S^{n_S}\leqslant\phi_{max}^{n_S},\ n_S=1,\cdots,N_S\end{aligned} \tag{5-29}$$

（4）提出了住宅净化器优化布置方法

净化装置保障效果取决于净化器自身参数和净化器布置位置，对于已经选购的净化器，如何在房间中合理布置，是普遍关注的问题。本书针对通过门窗自然渗风的典型住宅，对净化器的优化布置问题开展研究（见图 5-37），在室外污染物浓度

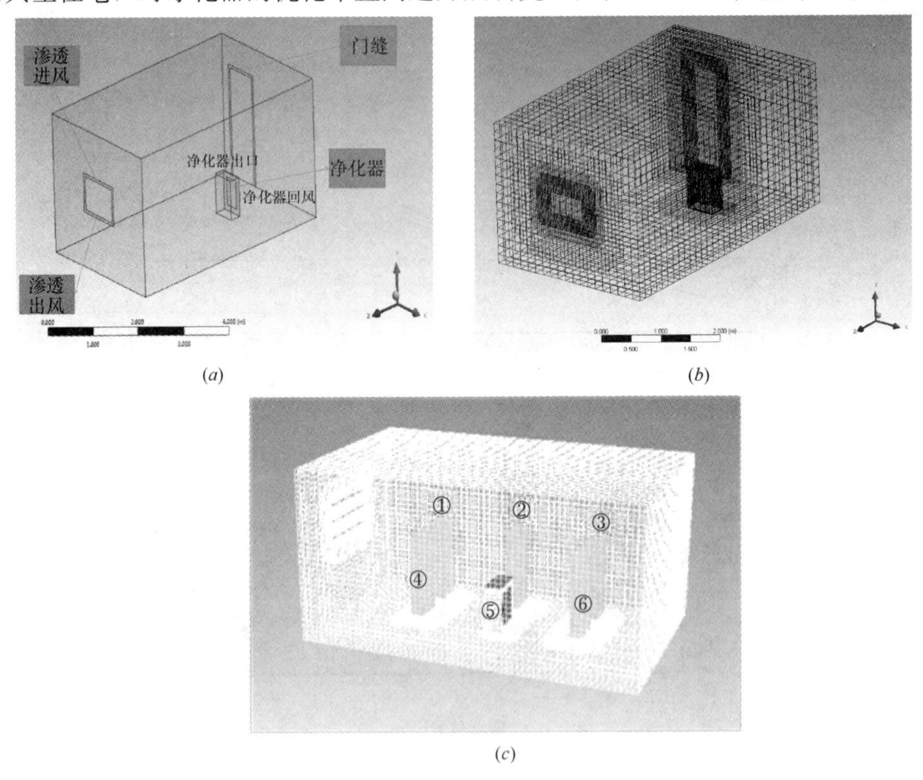

图 5-37 净化器布置模型

（*a*）建立模型；（*b*）网格划分；（*c*）污染源位置布置

为 300μg/m³时，不同净化器布置方案的结果见表 5-15。不同净化器位置对室内平均浓度水平影响较大。当净化器布置在中间位置时，工作区（1.25m）平均浓度与接近净化器标准要求（35μg/m³）；当净化器布置在靠门侧位置时，CADR 需增加至选用值的 1.1 倍才能达到同样的效果；而当净化器布置在靠窗的位置时，CADR 只需降低至选用值的 0.8 倍，即可有效保障浓度达标。

室内无源时不同净化器位置保障结果　　表 5-15

工况表	净化器位置	CADR 倍率	1.25m 平面平均浓度（μg/m³）
CASE-1	中间位置	1	38.3
CASE-2	靠门	1	44.04
CASE-3	靠门	1.1	38.47
CASE-4	靠窗 1/4	1	25.25
CASE-5	靠窗 1/4	0.8	31.54

考虑到室内人员的相关活动可能对净化效果的影响，在房间内不同位置设置污染源进行净化效果的研究。污染源强度取扫地时的 0.05mg/min，在房间内设置了 6 个污染源位置，其中位置 4、5、6 位于房间中线上相互间距相同，位置 1、2、3 位于中线与侧墙的中间。根据污染源均布的计算结果可以发现（见表 5-16），在增加室内污染的情况下，各工况的室内 $PM_{2.5}$浓度均有所升高。但不同位置上污染源所造成的影响不尽相同，即便在室内出现污染源的情况下，室内 $PM_{2.5}$的平均浓度也远低于 75μg/m³的国家标准限值。上述研究为住宅中净化器的选型和布置提供了参考。

室内有源时不同净化器位置保障结果（单位：μg/m³）　　**表 5-16**

净化器位置	污染源位置						
	1	2	3	4	5	6	均布
中间	48.6	42.8	38.9	48.2	—	37.9	45.44
靠近门	47.1	38.6	37.2	44.9	43.5	—	42.05
靠近窗	45.9	48.0	53.2	—	55.8	56.3	52.29

为科学指导人们合理选购和布置净化器，在净化器布置研究的基础上，开发了净化器布置和选型指导软件（见图 5-38）。室内稳态 $PM_{2.5}$浓度主要受到房间换气

次数的影响，因此需要输入房间的尺寸信息以及窗户类型，从而得到换气次数。由于室外污染物主要通过窗缝渗透进入房间，因此净化器距离窗户的放置位置对净化效果有影响，采用补偿系数的办法予以考虑，补偿系数已由CFD仿真结果得到。

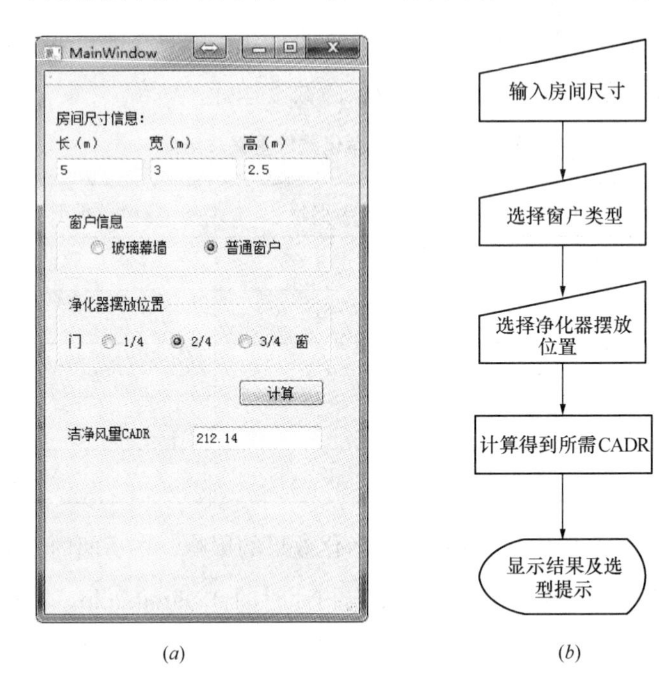

图5-38 净化器布置与选型指导软件

（a）软件界面；（b）计算流程

5.3.5 不同类型建筑的通风与净化工程示范

利用上述在通风与净化方面的研究成果，在住宅、公共建筑、体育场馆等不同类型建筑空间中进行了工程应用示范。

（1）住宅

作为居住者长期停留的建筑空间，住宅的空气品质改善，对于人员健康而言极为重要。在雾霾频发的情况下，基于研发的高效低阻净化组件，在北京、上海、南京、陕西等城市开展了住宅净化工程示范。示范的净化装置形式分为：家用净化器、多联机末端加装净化段。对安装净化装置后室内污染物控制效果进行了实地测试，部分住宅测试结果见表5-17。

住宅加装净化组件后的保障效果测试　　表 5-17

案例		①		②		③	
		加装前	加装后	加装前	加装后	加装前	加装后
机型		多联机		多联机		一体机	
送风口	尺寸	100mm×600mm×4		900mm×200mm×3		500mm×70mm×4	
	风速（m/s）	4.5	3.88	3.93	2.69	5.42	2.19
	风量（m^3/s）	1.08	0.93	2.12	1.45	0.76	0.31
	$PM_{2.5}$浓度（$\mu g/m^3$）	68	31	132	51	51	16
回风口	尺寸	950mm×300mm×3		1150mm×200mm×2		530mm×530mm×1	
	过滤风速（m/s）	1.26	1.09	4.61	3.15	2.71	1.10
	$PM_{2.5}$浓度（$\mu g/m^3$）	69	68	134	134	52	52
送风速度衰减（%）		—	14%	—	32%	—	60%
瞬时过滤效率（%）		1%	54%	1%	62%	2%	69%
初阻力（Pa）		—	0.24	—	6.83	—	3.70

（2）公共建筑

针对办公楼、医院、幼儿园、小学等不同类型的公共建筑，进行了净化示范（见图 5-39）。净化形式包括净化器、风机盘管末端加装净化段、建筑一体化净化系统。部分采用风机盘管加净化的示范测试结果见表 5-18。

(*a*)

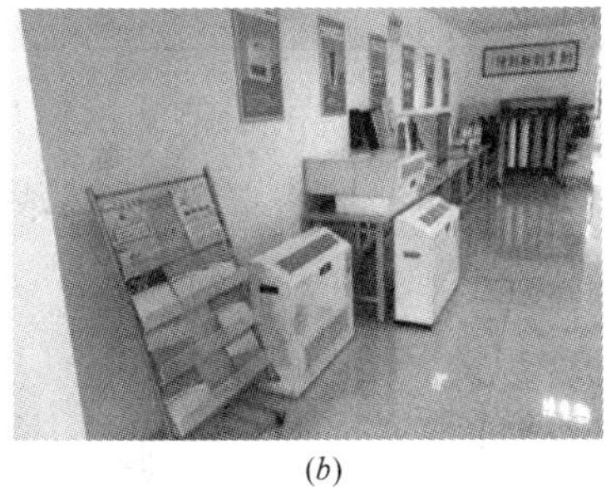

(*b*)

图 5-39　部分公共建筑净化示范点

(*a*) 雅居乐地产；(*b*) 东山国际企业研发园

办公建筑净化保障效果测试 **表 5-18**

<table>
<tr><td colspan="2">示范工程编号</td><td colspan="2">1</td><td colspan="2">2</td><td colspan="2">3</td><td colspan="2">4</td><td colspan="2">5</td><td colspan="2">6</td></tr>
<tr><td colspan="2">地点</td><td colspan="2">建设大楼</td><td colspan="2">建设大楼</td><td colspan="2">建设大楼</td><td colspan="2">建设大楼</td><td colspan="2">金鹰国际</td><td colspan="2">金鹰国际</td></tr>
<tr><td colspan="2">面积（m^2）</td><td colspan="2">24</td><td colspan="2">24</td><td colspan="2">60</td><td colspan="2">24</td><td colspan="2">24</td><td colspan="2">50</td></tr>
<tr><td colspan="2">空调类型</td><td colspan="8">风机盘管＋新风（侧送风，无吊顶）</td><td colspan="4">风机盘管＋新风（下送风，有吊顶）</td></tr>
<tr><td colspan="2">楼层</td><td colspan="2">32</td><td colspan="2">32</td><td colspan="2">23</td><td colspan="2">23</td><td colspan="2">10</td><td colspan="2">10</td></tr>
<tr><td colspan="2">功能</td><td colspan="2">会客</td><td colspan="2">办公</td><td colspan="2">办公</td><td colspan="2">会议室</td><td colspan="2">会议室</td><td colspan="2">大厅</td></tr>
<tr><td colspan="2">回风口尺寸（mm）</td><td colspan="2">85×16</td><td colspan="2">85×16</td><td colspan="2">120×16</td><td colspan="2">1775×260</td><td colspan="2">925×340</td><td colspan="2"></td></tr>
<tr><td rowspan="3">室外参数</td><td>温度（℃）</td><td colspan="2">23.5</td><td colspan="2">23.5</td><td colspan="2">24.9</td><td colspan="2">25.4</td><td colspan="2">24.5</td><td colspan="2">24.6</td></tr>
<tr><td>相对湿度（%）</td><td colspan="2">81.6</td><td colspan="2">81.6</td><td colspan="2">77.6</td><td colspan="2">84.4</td><td colspan="2">78</td><td colspan="2">77.7</td></tr>
<tr><td>$PM_{2.5}$浓度（$\mu g/m^3$）</td><td colspan="2">106</td><td colspan="2">106</td><td colspan="2">80</td><td colspan="2">91</td><td colspan="2">60</td><td colspan="2">47</td></tr>
<tr><td rowspan="4">添加滤料前</td><td>风速（m/s）</td><td colspan="2">4.46</td><td colspan="2">2.56</td><td colspan="2">2.33</td><td colspan="2">2.52</td><td colspan="2">2.55</td><td colspan="2">2.4</td></tr>
<tr><td>温度（℃）</td><td colspan="2">24.8</td><td colspan="2">21</td><td colspan="2">21.9</td><td colspan="2">25.3</td><td colspan="2">25</td><td colspan="2">24.5</td></tr>
<tr><td>相对湿度（%）</td><td colspan="2">72.3</td><td colspan="2">75.1</td><td colspan="2">69.7</td><td colspan="2">75.1</td><td colspan="2">74.4</td><td colspan="2">76.4</td></tr>
<tr><td>$PM_{2.5}$浓度（$\mu g/m^3$）</td><td colspan="2">48</td><td colspan="2">46</td><td colspan="2">49</td><td colspan="2">51</td><td colspan="2"></td><td colspan="2"></td></tr>
<tr><td rowspan="4">添加滤料后</td><td>风速（m/s）</td><td colspan="2">3.33</td><td colspan="2">1.78</td><td colspan="2">1.89</td><td colspan="2">2.35</td><td colspan="2">2.08</td><td colspan="2">2.03</td></tr>
<tr><td>温度（℃）</td><td colspan="2">21.2</td><td colspan="2">22</td><td colspan="2">20.6</td><td colspan="2">24.7</td><td colspan="2"></td><td colspan="2">23.2</td></tr>
<tr><td>相对湿度（%）</td><td colspan="2">70.4</td><td colspan="2">75.9</td><td colspan="2">71.5</td><td colspan="2">75.9</td><td colspan="2"></td><td colspan="2">80.4</td></tr>
<tr><td>$PM_{2.5}$浓度（$\mu g/m^3$）</td><td colspan="2">23</td><td colspan="2">24</td><td colspan="2">25</td><td colspan="2">18</td><td colspan="2">49</td><td colspan="2">44</td></tr>
<tr><td rowspan="5">测点 $PM_{2.5}$ 浓度（$\mu g/m^3$）</td><td></td><td colspan="2">测点浓度</td><td colspan="2">测点浓度</td><td colspan="2">测点浓度</td><td colspan="2">测点浓度</td><td colspan="2">测点浓度</td><td colspan="2">测点浓度</td></tr>
<tr><td>min</td><td>0</td><td>48</td><td>0</td><td>46</td><td>0</td><td>49</td><td>0</td><td>51</td><td>0</td><td>60</td><td>0</td><td>46</td></tr>
<tr><td>min</td><td>4</td><td>33</td><td>10</td><td>25</td><td>10</td><td>32</td><td>5</td><td>23</td><td>10</td><td>49</td><td>10</td><td>47</td></tr>
<tr><td>min</td><td>8</td><td>30</td><td>20</td><td>19</td><td></td><td></td><td></td><td></td><td></td><td></td><td></td><td></td></tr>
<tr><td>min</td><td>12</td><td>24</td><td>25</td><td>16</td><td></td><td></td><td></td><td></td><td></td><td></td><td></td><td></td></tr>
</table>

采用夹墙式净化系统的示范测试结果见图 5-40。可以看到，在室外污染情况下，开启净化系统后，可将室内 $PM_{2.5}$ 浓度降低到 $50\mu g/m^3$ 以下，关窗条件下 CO_2 浓度也可维持在 700ppm 左右的水平，室内多种污染物浓度均得到较好控制。

（3）体育场馆

体育场馆内由于人员运动剧烈，呈现与住宅和公共建筑不同的污染特征。本书针对羽毛球馆污染现状进行了测试分析，并在武汉体育学院羽毛球馆和松江大学城体育中心进行了净化工程示范（见图 5-41）。

对武汉体育学院羽毛球馆空气品质现状进行了测试分析。体育场馆为开窗自然

(*a*)

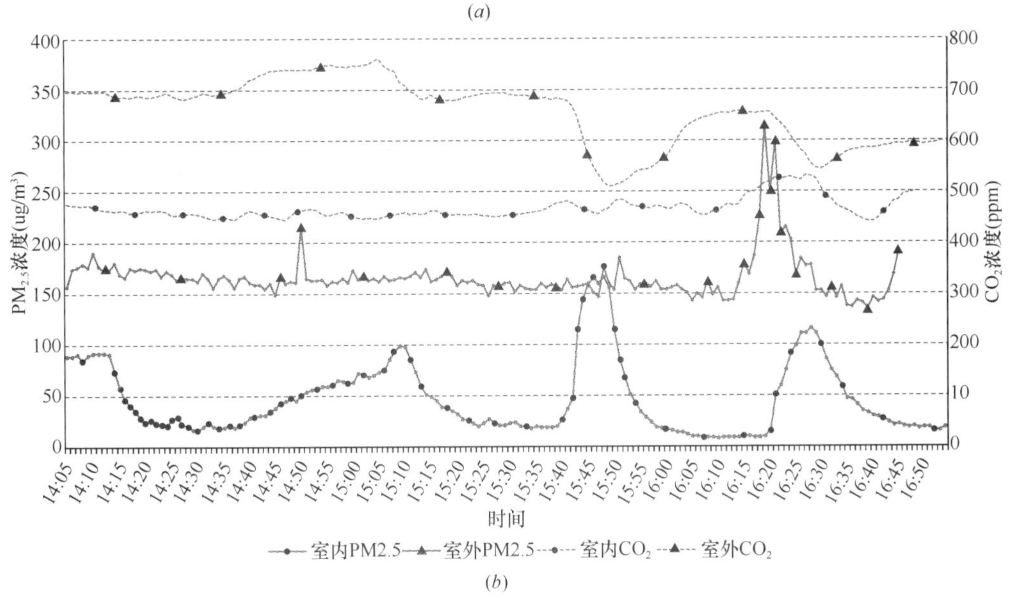

(*b*)

图 5-40 夹墙式净化系统在会议室应用效果实测

(*a*) 会议室应用夹墙式净化系统；(*b*) 雾霾天气下测试结果

通风建筑，主要测试参数包括：CO_2浓度、$PM_{2.5}$浓度、甲醛浓度、TVOC 浓度（见图 5-42）。发现：人员运动时，习惯于打开工作区的部分窗户进行通风换气，在此情况下，室外$PM_{2.5}$浓度会显著影响室内；人员总活动强度对CO_2和$PM_{2.5}$浓度均产生影响。人员越多，$PM_{2.5}$、CO_2浓度越高；甲醛、TVOC 逐时浓度均显著低于标准中的限值。

(*a*)

(*b*)

图 5-41 体育场馆净化示范点

（*a*）武汉体育学院；（*b*）松江大学城体育中心

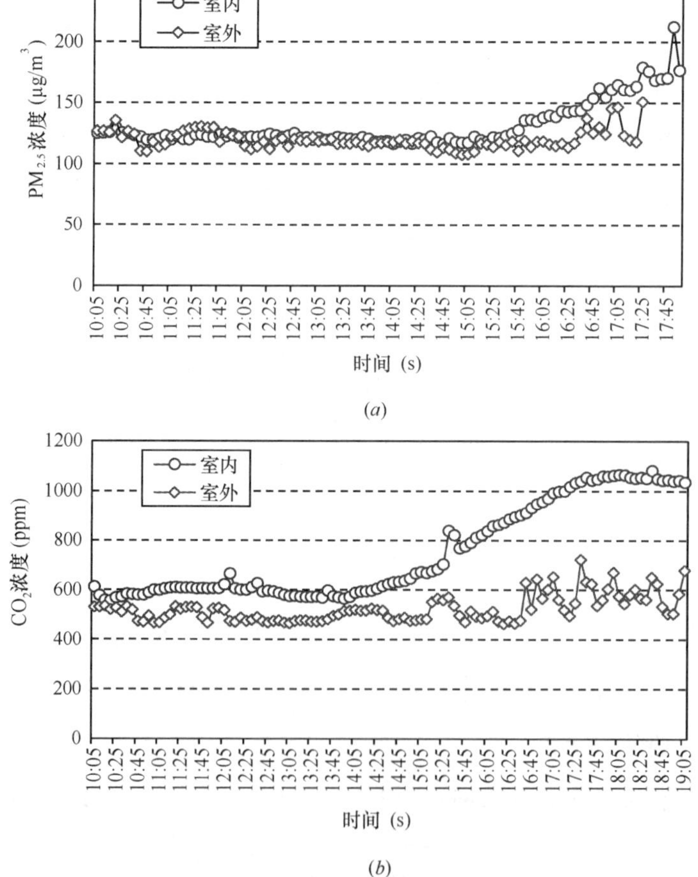

图 5-42 羽毛球馆内污染物逐时浓度变化（一）

（*a*）$PM_{2.5}$；（*b*）CO_2

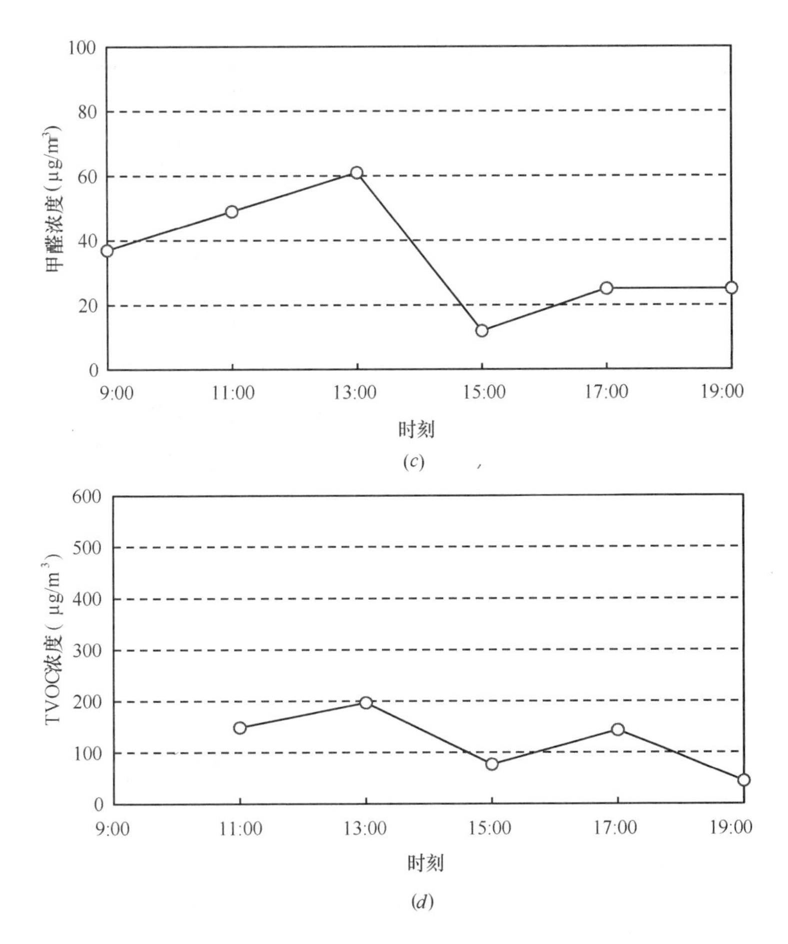

图 5-42 羽毛球馆内污染物逐时浓度变化（二）

（c）甲醛；（d）TVOC

综合考虑球馆内正常羽毛球活动对低风速的要求、净化装置和管道在空间中实际安装的限值条件、兼顾成本和净化性能，针对人员占据区域进行全空间保障或局部空间保障的灵活性问题，设计了由 6 组净化装置加送风道联合控制室内空气品质的方案（见图 5-43）。净化器出风口位于房间上部较高位置，在人员正常打球时，即使开启净化器也能保证出风速度较低，不影响羽毛球运动；在场馆各处均有人占据时，可全部开启 6 台净化器进行全区域保障；在仅局部若干场地有人占据时，可仅开启部分净化器，实现局部空间保障。经现场实测，净化机组对 $PM_{2.5}$ 的一次净化效率在 80%左右；净化系统在 1～2h 内即可显著降低 $PM_{2.5}$ 浓度，净化效果明显（见图 5-44）；机组送风射流引起运动区部分位置处风速较高，但大部分位置风速

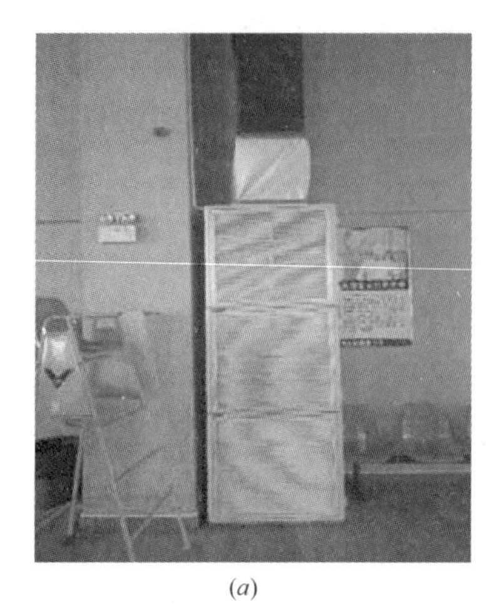

(*a*)

(*b*)

图 5-43　羽毛球馆净化系统

(*a*) 净化机组；(*b*) 净化送风管道

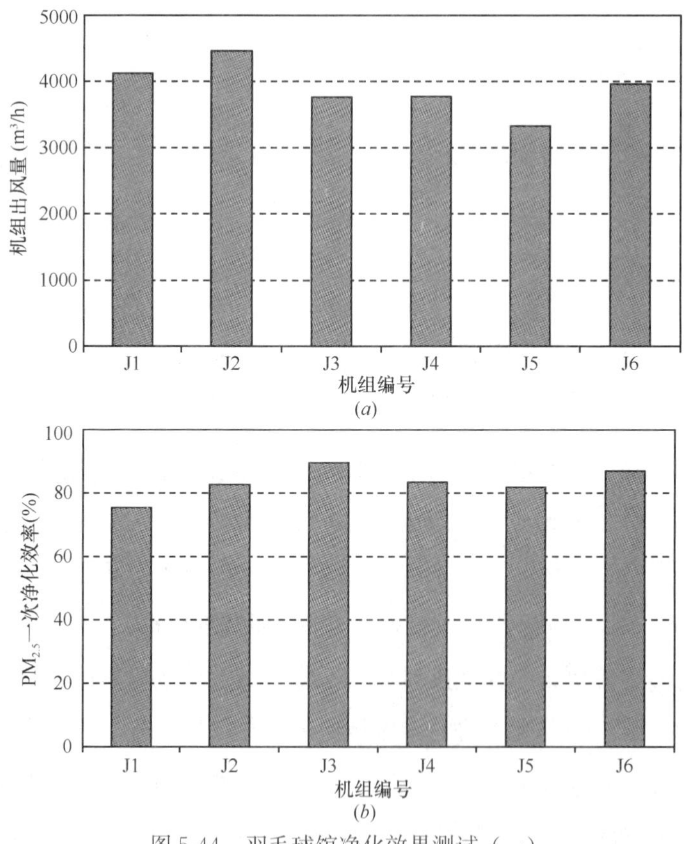

图 5-44　羽毛球馆净化效果测试（一）

(*a*) 机组出风量；(*b*) 机组一次净化效率；

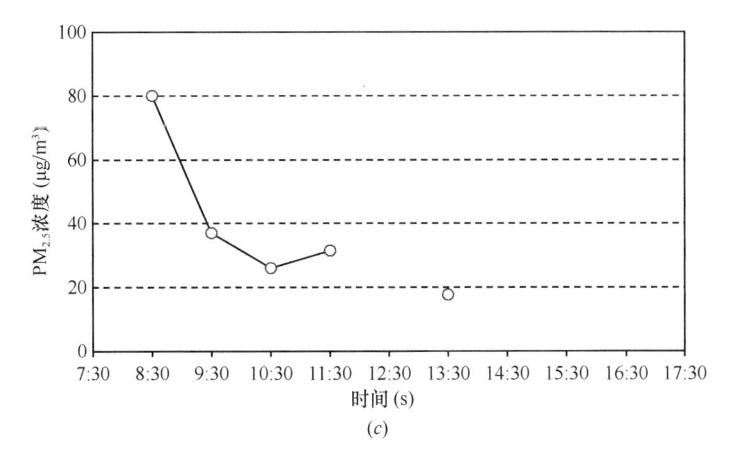

图 5-44 羽毛球馆净化效果测试（二）
（c）$PM_{2.5}$浓度逐时变化

较低（见图 5-45），对于一般风速控制要求的场合，可在羽毛球运动过程中保持净

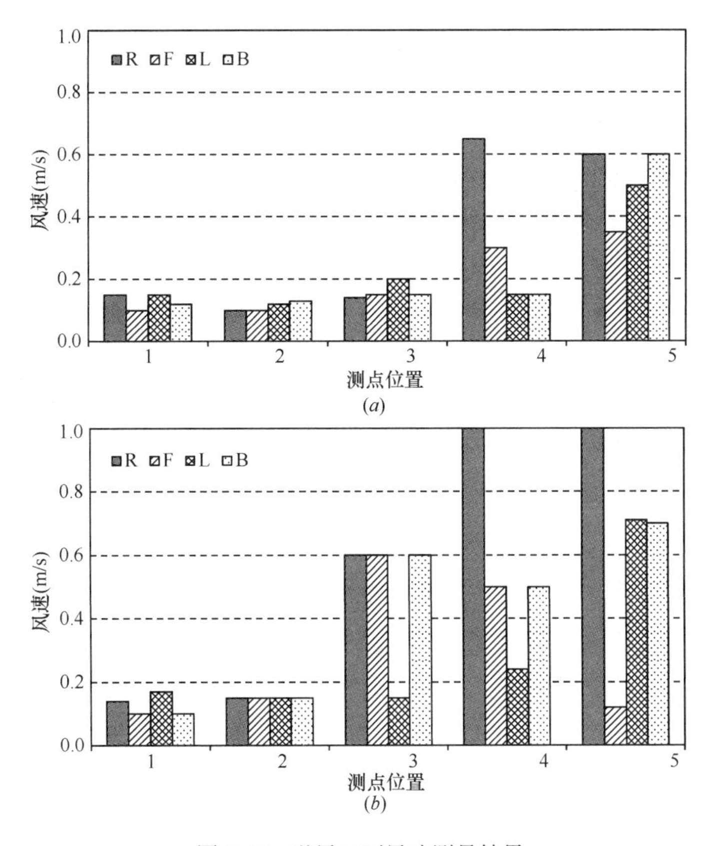

图 5-45 送风口下风速测量结果
（a）高度 1.0m 处；（b）高度 1.8m 处

化器开启，或置为低风量档。此外，场馆内安装了机械排风系统，在室外雾霾程度较低时，可开启机械排风系统进行新风稀释，也可仅利用开窗方式进行自然通风。通过新风系统与净化系统的合理开启，能有效实现通风与净化联合控制，达到有效控制室外雾霾和室内污染源的目的，为运动人群提供新鲜、健康的空气环境。

5.4 小　　结

本章对对“十二五”期间我国研究者在$PM_{2.5}$净化设备性能测试方法、建筑围护结构穿透机理及穿透系数测试方法以及通风与净化联合解决方案方面取得的研究成果进行了介绍，主要包括：

（1）提出了$PM_{2.5}$净化设备性能测试的方法

新颁布的国家标准GB/T 34012—2017在国内外首次采用直接测量的方法，对净化装置$PM_{2.5}$颗粒物一次通过净化效率的试验装置、试验方法、结果评价与分级，以及现场安装后的检测要求做出相应规定。同时，指出了发展符合实际的标准尘源和新的消静电试验方法是未来的发展方向。

（2）建立了$PM_{2.5}$外窗穿透系数测试方法和测试装置

阐明了在$PM_{2.5}$外窗穿透机理，建立了$PM_{2.5}$外窗穿透系数测试方法；研发了建筑外窗颗粒物渗透性能测试台，用于测试室外颗粒物经由建筑外窗渗透进入室内的能力，能够对不同规格和不同开启形式的建筑外窗实现不同压差、温度、湿度、颗粒物浓度等物理条件下的建筑外窗颗粒物渗透性能进行测试。

（3）研发了梯度滤料

针对净化装置实际使用中存在的阻力高、效率低、容尘量小等问题，提出梯度复合滤料概念，开发出低阻高效的空气梯度复合滤料和新型梯度滤料过滤器。达到亚高效过滤器等级要求（98.1%）；在1m/s过滤风速下，是F7过滤器过滤阻力的48%；容尘量是结构相同的F7过滤器容尘量的1.71倍。

（4）提出考虑过滤器性能变化及非均匀环境条件下保障室内空气品质的通风与净化联合解决方案

考虑过滤器使用过程性能的变化，提出了适宜住宅和公共建筑的通风与净化联合解决方案：住宅适合采用开窗通风加移动净化器方案、已有空调末端加净化段方案；公共建筑适合采用全空气系统加装新风高效和送风中效净化方案、风机盘管加新风系统加装新风亚高效和风盘中效方案；考虑空间非均匀特征，解决了包括局部污染源辨识、有效新风量评价、局部需求送风控制的室内污染控制关键问题，提出了净化装置的优化布置方案，为有效降低需求新风量、提高净化保障效果提供了理论指导。并在住宅、公共建筑和体育场馆内对以上技术开展了工程应用和示范。

本章参考文献

[1] Bao L. et al. Investigation on Size Distribution of Ambient Aerosol Particles for ISO Standardizationof Test Dusts for General Ventilation Air filters. Research Conference by The Society of PowderTechnology, Japan, Autumn, 2011.

[2] Liu DL. Air pollution penetration through airflow leaks into buildings. University of California, Berkeley, 2002.

[3] Gruber CW, Alpaugh EL. The Automatic Filter Paper Sampler in an Air Pollution Measurement Program. Air Repair, 1954, 4(3): 143-150, 171-172.

[4] Andersen I. Relationship between outdoor and indoor air pollution. Atmospheric Environment, 1972, 6(4): 275-278.

[5] Alzona J, Cohen BL, Rudolph H, et al. Indoor-outdoor relationships for airborne particulate matter of outdoor origin. Atmospheric Environment, 1979, 13(1): 55-60.

[6] Cohen AF, Cohen BL. Protection from being indoors against inhalation of suspended particulate matter of outdoor origin. Atmospheric Environment, 1980, 14(2): 183-184.

[7] Spengler JD, Dockery DW, Turner WA, et al. Long-term measurement of respirable sulfates and particles inside and outside homes. Atmospheric Environment, 1981, 15(1): 23-30.

[8] 程鸿，胡敏，张利文等．北京秋季室内外 PM2.5 污染水平及其相关性．环境与健康杂志，2009，26(9)：787-789.

[9] 张杰峰，白志鹏，丁潇等．空气颗粒物室内外关系研究进展[J]. 环境与健康杂志，2010，27(8)：737-741.

[10] 文远高．室内外空气污染物相关性研究[学位论文]. 上海：上海交通大学，2008.

[11] Massey D, Masih J, Kulshrestha A, et al. Indoor/outdoor relationship of fine particles less than 2.5μm (PM2.5) in residential homes locations in central Indian region. Building and Environment, 2009, 44: 2037-2045.

[12] Jones NC, Thornton CA, Mark D, et al. Indoor/outdoor relationships of particulate matter

in domestic homes with roadside, urban and rural locations. Atmospheric Environment, 2000, 34: 2603-2612.

[13] Polidori A, Arhami M, Sioutas C, et al. Indoor/outdoor relationships, trends, and carbonaceous content of fine particulate matter in retirement homes of the Los Angeles Basin. Journal of the Air & Waste Management Association, 2007, 57: 366-379.

[14] Meng QY, Spector D, Colome S, et al. Determinants of indoor and personal exposure to PM2.5 of indoor and outdoor origin during the RIOPA study. Atmospheric Environment, 2009, 43: 5750-5758.

[15] Challoner A, Gill L. Indoor/outdoor air pollution relationships in ten commercial buildings: PM2.5 and NO2. Building & Environment, 2014, 80: 159-173.

[16] Christopher M. Long, Jeremy A. Sarnat. Indoor-Outdoor Relationships and Infiltration Behavior of Elemental Components of Outdoor PM2.5 for Boston-Area Homes. Aerosol Science & Technology, 2004, 38(1): 91-104.

[17] Deng G, Li Z, Gao J. Indoor/outdoor relationship of PM2.5 concentration in typical buildings with and without air cleaning in Beijing. Indoor & Built Environment, 2015.

[18] Dockery DW, Spengler JD. Indoor-outdoor relationship of respirable sulfates and particles. Atmospheric Environment, 1981, 15: 335-343.

[19] Koutrakis P, Briggs SLK. Source apportionment of indoor aerosols in Suffolk and Onondaga Counties, New York. Environment Science and Technology, 1992, 26: 521-527.

[20] Ozkaynak H, Xue J, Spengler J, et al. Personal exposure to airborne particles and metals: results from the Particle Team Study in Riverside, California. Journal of Exposure Analysis and Environmental Epidemiology, 1996, 6: 57-78.

[21] 熊志明，张国强，彭建等．室内可吸入颗粒物污染研究现状．暖通空调，2004，34(4)：32-36.

[22] Azimi P, Zhao D, Stephens B. Estimates of HVAC filtration efficiency for fine and ultrafine particles of outdoor origin. Atmospheric Environment, 2014, 98(98): 337-346.

[23] Chithra VS, Nagendra S M S. Impact of outdoor meteorology on indoor PM10, PM2.5 and PM1 concentrations in a naturally ventilated classroom. Urban Climate, 2014, 10: 77 - 91.

[24] 田利伟．室内环境颗粒物浓度预测模型及污染控制策略研究[学位论文]．长沙：湖南大学，2009.

[25] Diapouli E, Chaloulakou A, Koutrakis P. Estimating the concentration of indoor particles of outdoor origin: A review. Journal of the Air & Waste Management Association, 2014, 63: 1113-1129.

[26] Chen C, Zhao B. Review of relationship between indoor and outdoor particles: I/O ratio, infiltration factor and penetration factor. Atmospheric Environment, 2011, 45: 275-288.

[27] Lai ACK, Fung JLS, Li M, et al. Penetration of fine particles through rough cracks. Atmospheric Environment, 2012, 60: 436-443.

[28] Liu DL, Nazaroff WW. Particle Penetration Through Building Cracks. Aerosol Science and Technology, 2003, 37: 565-573.

[29] Chen C, Zhao B, Zhou W, et al. A methodology for predicting particle penetration factor through cracks of windows and doors for actual engineering application. Building and Environment, 2012, 47: 339-348.

[30] Mosley RB, Greenwell DJ, Sparks LE, et al. Penetration of Ambient Fine Particles into the Indoor Environment. Aerosol Science and Technology, 2001, 34: 127-136.

[31] Tian L, Zhang G, Lin Y, et al. Mathematical model of particle penetration through smooth/rough building envelop leakages. Building and Environment, 2009, 44(6): 1144-1149.

[32] 田利伟，张国强，于靖华等．颗粒物在建筑围护结构缝隙中穿透机理的数学模型[J]，湖南大学学报(自然科学版)，2008，35(10)：11-15.

[33] Thornburg J, Ensor DS, Rodes CE, et al. Penetration of Particles into Buildings and Associated Physical Factors. Part I: Model Development and Computer Simulations. Aerosol Science & Technology, 2001, 34(3): 284-296.

[34] 段国权．门窗缝隙内渗透空气流动特性和渗风特性系数的研究及应用[学位论文]. 长沙：中南大学，2007.

[35] Talbot L, Cheng RK, Schefer RW, et al. Thermophoresis of particles in a heated boundary layer. Journal of Fluid Mechanics, 1980, 101(4): 737-758.

[36] 刘树森．口腔散发微生物气溶胶在室内传播和运动规律的研究[学位论文]. 天津：天津大学，2007.

[37] 李国柱，王清勤，赵力等．建筑围护结构颗粒物穿透及其影响因素．建筑科学，2015，31(s1)：72-76.

[38] Fuchs NA. The mechanics of aerosols. New York: Pergamon Press; The Machmillan Company, 1964.

[39] Lee KW, Gieseke JA. Simplified calculation of aerosol penetration through channels and tubes. Atmospheric Environment, 1980, 14: 1089-1094.

[40] 王清勤，李国柱，孟冲，等．室外细颗粒物(PM2.5)建筑围护结构穿透及被动控制措施．暖通空调，2015，45(12)：8-13.

[41] 陈淳．室外可吸入颗粒物对室内环境的影响及其控制[学位论文]．北京：清华大学，2011.

[42] Liu DL, Nazaroff WW. Modeling pollutant penetration across building envelopes. Atmos. Environ, 2001, 35: 4451-4462.

[43] Riley WJ, Mckone TE, Lai ACK, et al. Indoor particulate matter of outdoor origin: Importance of size-dependent removal mechanisms. Environmental Science & Technology, 2002, 36(2): 200-207.

[44] Tung TCW, Chao CYH, Burnett J. A methodology to investigate the particulate penetration coefficient through building shell. Atmospheric Environment, 1999, 33(6): 881-893.

[45] Long CM, Suh HH, Catalano PJ, et al. Using time-and size-resolved particulate data to quantify indoor penetration and deposition behavior. Environmental Science & Technology, 2001, 35: 2089-2099.

第6章　建筑室内空气质量综合控制

当前我国建筑室内空气污染是一个普遍存在的复合型污染问题，室内空气中对人体有不良影响的污染物达到几千种，每年还有许多新污染物被发现，这些污染物来自不同的源头，对室内空气污染的防治十分复杂，不可能依赖于单一或几个污染控制技术或治理产品来解决。另外，室内环境的实现是建筑物从设计、施工、验收和使用的整个过程的产物，在这个过程中，任何一个环节出现问题，都可能导致室内环境污染。

因此，室内空气质量的控制必然是一个复杂的系统工程，要实现室内污染有效防控，需要综合考虑建筑全寿命周期内污染因素，从污染源控制、通风改善、空气净化和运营监控等方面多管齐下，充分利用不同学科和行业的先进技术手段，在建筑工程的规划设计、施工安装、运营管理等各个环节和阶段应用系统解决方案，以实现“工程化、规模化”的室内健康环境综合保障。

本章从建筑室内空气质量控制设计技术、监控及运营管理技术以及综合控制示范工程三方面展开，对“十二五”期间我国科研工作者在建筑室内空气质量综合控制方面取得的进展和研究成果进行介绍。

6.1 建筑室内空气质量控制设计技术

在建筑规划设计阶段，影响室内空气质量的因素主要包括建筑设计（建筑物位置和周边环境情况、房间功能、功能分区等）、装饰装修设计（人造板、涂料等装修材料、家具的散发）、通风系统设计（系统形式、气流组织、净化方式和效率、新风量和新风采集位置以及新风途径）等。随着目前数值模拟技术的发展，在设计期对建筑室内浓度场、风场等参数进行预评估可以有效地发现设计存在的问题，起到防患于未然的作用。

6.1.1 室内空气质量控制设计要求及流程

6.1.1.1 设计要求

(1) 一般设计要求

在建筑工程设计阶段，涉及室内空气质量的设计要素众多。室内污染源包括装饰装修材料、家具、电器等生活用品散发的化学污染物，以及室内人员活动、吸烟、厨房油烟带来的颗粒物污染等；室外污染源包括室外大气污染、周边环境污染等带来的化学性污染、颗粒物污染等；由温度/湿度引起的围护结构和通风系统结露问题、人员病菌传播可能引起室内微生物污染，以及建筑及周边环境可能存在的氡等辐射性污染[1-3]，都是在设计阶段需要考虑的因素。此外，对室内环境设计要素，还需要考虑建筑噪声污染、光污染、热污染等因素。

建筑室内空气污染控制的目的是确保运行阶段的空气质量满足相关标准要求，从而降低人员空气污染物暴露风险[4]。控制手段主要分为源控制、通风控制以及净化控制3个方面，其中源头控制是降低室内污染的首选方案。落实到建筑工程设计方面，需要对建筑场址、围护结构、通风系统、装饰装修材料等内容进行针对性的设计和选择，面向IAQ保障设计的主要内容和设计要点如表6-1所示。

IAQ设计主要内容及要点 **表6-1**

设计内容	影响室内空气质量的潜在因素
建筑场址	区域大气环境质量（$PM_{2.5}$为主）； 上风向固定大气污染源； 污染场地环境风险（道路交通等类污染源）； 土壤氡浓度

续表

设计内容	影响室内空气质量的潜在因素
围护结构	漏水、结露（防水、防潮）； 气密性
通风系统	新风量； 气流组织（压差控制）； 机械通风系统设置（室外进风口位置、室内排风口位置、过滤器选择、冷凝水微生物污染等）
装饰装修材料	材料化学组分散发（甲醛、VOCs、SVOC）； 放射性物质含量； 材料维护与清洁

（2）专项设计要求

当前我国建筑室内空气污染的主要类型为化学污染和颗粒物污染。其中，以甲醛、VOCs为代表的有机污染物也是典型室内空气污染物，主要来源于建筑装饰装修材料、家具，以及其他建筑设备、电子产品、燃烧等人员行为产生的污染，可能导致哮喘、过敏、白血病、不孕症、癌症等多种疾病，对人员生命健康和生活质量产生重要影响[5-10]。另一方面，室外灰霾等细颗粒物（$PM_{2.5}$）污染已成为危害我国居民健康的第四大杀手。室外颗粒物能通过建筑的门、窗、缝隙、机械通风系统等途径进入室内，影响室内人员健康[11-15]。

针对我国室内空气污染严重的现状，特别是长江流域地区气候特点的城市建筑室内环境，重点选择以室内建材、家具引起的甲醛、TVOC类为代表的化学污染物，以及室外灰霾来源$PM_{2.5}$为特征污染物指标，在建筑工程设计中运用有效的技术方法和管理措施来控制室内目标污染物浓度，用于实现室内空气质量的设计保障。

因此，本章通过对污染物在建筑中的分布规律、暴露水平以及建筑材料污染物释放规律等重点问题的研究，系统考虑建筑材料标准、验收标准（GB 50325[16]）和卫生标准（GB/T 18883[17]）及我国施工技术规范等多个与室内空气质量相关的监管环节，提出室内空气质量控制设计流程、颗粒物及化学污染物控制设计方法，进而制订室内空气质量设计规范，并编制室内空气质量（IAQ）预评估设计软件。期望在建筑行业有效推广IAQ规范和软件，以解决目前建筑室内空气质量“设计中不能避免污染”这一难题，真正保障广大人民的身心健康，实质性推动建筑业及建筑材料业的可持续发展。

6.1.1.2 设计流程

以室内空气质量保障为出发点的建筑工程设计可分为四个阶段进行，包括概念设计、方案设计、初步设计和施工图设计。在概念设计阶段需要针对项目特点和要求收集原始资料和数据，确定工程设计依据，制定室内空气质量保障目标，落实设计的内容和范围。在方案设计阶段应根据项目具体情况和总体目标提出技术方案，以全寿命周期经济技术指标最优化作为判断标准进行多方案比选，形成优化方案，并提出设计参数和技术要求。在初步设计阶段按照技术方案的要求进行围护结构设计、通风系统设计和装饰装修材料的选择和评估，并对 IAQ 性能进行模拟预测，编写设计说明书、绘制设计图纸、编制设备材料表和工程概算书等设计文件。在施工图设计阶段设计内容以图纸为主，设计深度应满足施工、安装、材料设备采购和编制施工预算的要求。

体现在本书中，室内空气质量具体设计流程如图 6-1 所示。

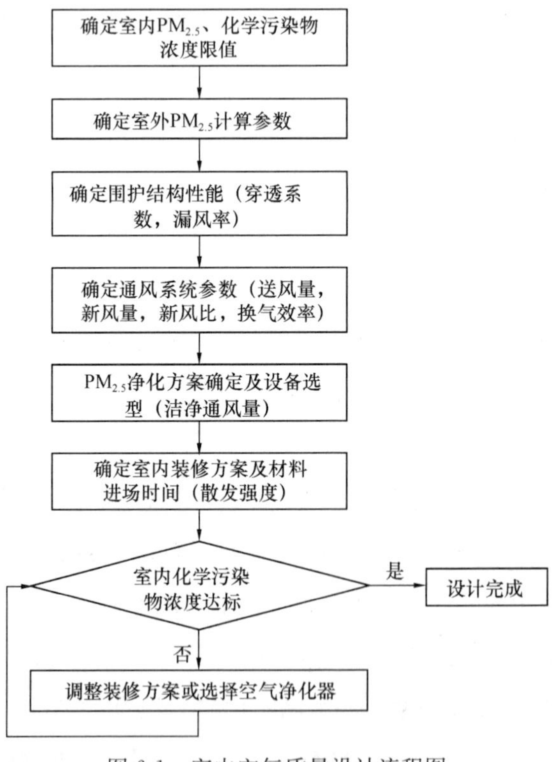

图 6-1 室内空气质量设计流程图

6.1.2 建筑室内空气质量控制设计方法

6.1.2.1 室内 PM2.5 污染控制设计方法

（1）设计原理

室内空气污染物的浓度计算依据质量守恒方程。采用式（6-1）根据不同的室内污染物浓度控制水平，计算得到所需通风净化设备的洁净新风量：

$$V\frac{\mathrm{d}C}{\mathrm{d}t}=G_{\mathrm{m}}+C_{\mathrm{out}}Q_{l}P+C_{i}Q_{i}-CQ_{\mathrm{o}}-C_{\mathrm{n}}\times CADR \tag{6-1}$$

式中 C——室内污染物控制浓度，$\mu g/m^3$；

C_i——送风中污染物设计浓度，$\mu g/m^3$；

C_{n}——净化设备入口端污染物浓度，$\mu g/m^3$；

C_{out}——室外设计浓度，$\mu g/m^3$；

V——房间体积，m^3；

Q_i——送风量，$\mu g/m^3$；

Q_l——漏风量，m^3/h；

Q_{o}——排风量，m^3/h；

$CADR$——洁净新风量，m^3/h；

P——穿透系数；

G_{m}——污染物散发量，$\mu g/h$。

注：本书采用稳态情况进行计算，即 $\frac{\mathrm{d}C}{\mathrm{d}t}=0$。

（2）设备选型

1）空气净化器

① 无新风空调系统：当设计房间内无新风系统时，采用空气净化器的洁净通风量（$CADR$）可根据式（6-2）计算。

$$CADR=\frac{G_{\mathrm{m}}+Q_{l}PC_{\mathrm{out}}-CQ_{\mathrm{o}}}{C} \tag{6-2}$$

式中 Q_{o}——排风量，等于漏风量，m^3/h。

② 有新风通风空调系统：当设计房间内有新风系统时，采用空气净化器的洁净通风量（$CADR$）可根据式（6-3）计算。

$$CADR = \frac{G_m + [C_{out}\alpha + C(1-\alpha)]Q_i + Q_l PC_{out} - CQ_o}{C} \tag{6-3}$$

式中 α——新风比，即新风量与总风量之比；

Q_o——排风量，等于送风量与漏风量之和，m^3/h。

2）空气过滤装置

① 新风净化：通风空调系统中新风净化过滤装置（过滤器）的洁净通风量（*CADR*）可根据式（6-4）计算。

$$CADR = \frac{G_m + C_{out}PQ_l + [C_{out}\alpha + C(1-\alpha)]Q_i - CQ_o}{C_{out}\alpha} \tag{6-4}$$

② 总风净化：通风空调系统中总风净化过滤装置（过滤器）的洁净通风量（*CADR*）可根据式（6-5）计算。

$$CADR = \frac{G_m + C_{out}PQ_l + [C_{out}\alpha + C(1-\alpha)]Q_i - CQ_o}{C_{out}\alpha + C(1-\alpha)} \tag{6-5}$$

③ 回风净化：通风空调系统中回风净化过滤装置（过滤器）的洁净通风量（*CADR*）可根据式（6-6）计算。

$$CADR = \frac{G_m + C_{out}PQ_l + [C_{out}\alpha + C(1-\alpha)]Q_i - CQ_o}{C(1-\alpha)} \tag{6-6}$$

3）洁净新风量（*CADR*）的选取

空调通风系统中空气过滤器或新风机的洁净通风量为其通风量与一次过滤效率的乘积，即式（6-7）：

$$CADR = \eta_0 \times Q \tag{6-7}$$

式中 Q——通风量，m^3/h；

η_0——一次过滤效率，%。

房间内部空气净化器的洁净通风量按照其检测报告或标识的 *CADR* 值计算。

6.1.2.2 室内化学污染控制设计方法

如本书第3章所述，本书中对室内装饰装修材料、家具的质量评价采用散发率标识。散发率的数据可根据国际国内标准方法测试获得，也可通过源散发模型计算得到，或通过已有相关数据库查询获得。

室内化学污染物散发强度应对各类污染物参数分别计算。各类污染物参数的散发强度可按式（6-8）计算（忽略化学反应等影响）。

$$G_{cp,j}=\sum_{i=1}^{n}E_{i,j}L_{i,j} \tag{6-8}$$

式中 $G_{cp,j}$——室内第 j 类化学污染物散发强度，mg/(m³·h)；

j——化学污染物参数，如甲醛、苯、甲苯、二甲苯、TVOC 等；

i——化学污染源，如地板、内墙涂料、油漆等；

E_i——室内第 i 个化学污染源散发率，mg/(unit·h)、mg/(m·h)、mg/(m²·h)、mg/(m³·h)；

L_i——室内第 i 个化学污染物负载率，unit/m³、m/m³、m²/m³、m³/m³。

运用质量守恒公式计算室内各化学污染物浓度如式（6-9）：

$$C_{cp,j}=C_{0,j}\times\exp\left(-\frac{Q}{V}\tau\right)+\left(C_s+\frac{G_{cp,j}V}{Q}\right)\left[1-\exp\left(-\frac{Q}{V}\tau\right)\right] \tag{6-9}$$

式中 $C_{cp,j}$——室内某点第 j 类化学污染物 τ 时刻的浓度，mg/m³；

$C_{0,j}$——室内某点第 j 类化学污染物的初始浓度，mg/m³；

Q——房间通风量，m³/h；

V——房间体积，m³；

τ——时间，h。

将计算得到的室内化学污染物浓度与设计目标值进行比对，判定其是否达标。

室内化学污染物的设计目标一般分为两类：满足验收要求的设计和满足运行要求的设计。满足验收要求的设计参数和设计值应满足表 6-2 的要求。医院、老年建筑、幼儿园、学校教室建筑参考Ⅰ类公共建筑规定，其他建筑参考Ⅱ类公共建筑规定。

满足验收要求的化学污染物设计参数和设计值　　表 6-2

污染物参数	Ⅰ类公共建筑		Ⅱ类公共建筑	
	一级限值	二级限值	一级限值	二级限值
甲醛（mg/m³）	≤0.02	≤0.04	≤0.03	≤0.05
苯（mg/m³）	≤0.02	≤0.05	≤0.02	≤0.05
TVOC（mg/m³）	≤0.12	≤0.25	≤0.15	≤0.30

注：1. 有通风系统时通风系统应正常运行时的 1h 平均浓度，无通风系统时关闭窗户 12h 后 1h 平均浓度。

2. 污染物分析方法参照《民用建筑工程室内环境污染控制规范》GB 50325[16]。

满足运行要求的设计参数和设计值应满足表6-3的要求。

满足运行要求的化学污染物设计参数和设计值 **表6-3**

序号	污染物参数	标准值（mg/m^3）
1	甲醛 HCHO	0.10
2	苯 C_6H_6	0.11
3	甲苯 C_7H_8	0.20
4	二甲苯 C_8H_{10}	0.20
5	总挥发性有机物 TVOC	0.60

注：污染物测试方法参照《室内空气质量标准》GB/T 18883[17]。

根据建筑室内使用建筑材料等级，把建筑分为低污染建筑、中污染建筑和高污染建筑。参照本书第3章中对建材的分级方法选择装饰装修材料，具体散发率数值见表6-4。低污染建筑是指建筑物中100%使用五星级材料或使用不超过20%的四星级材料。中污染建筑是指建筑物中100%使用四星级材料或使用不超过20%的三星级材料。高污染建筑是指不属于低污染建筑及中污染建筑的建筑。

装饰装修材料污染物散发率评价表 **表6-4**

材料类别	五星级	四星级	三星级
人造板及其制品	甲醛：$E \leqslant 0.01$ TVOC：$E \leqslant 0.06$	甲醛：$0.01 < E \leqslant 0.05$ TVOC：$0.06 < E \leqslant 0.1$	甲醛：$0.05 < E \leqslant 0.10$ TVOC：$0.1 < E \leqslant 0.5$
水性木器漆	甲醛：$E \leqslant 0.03$ TVOC：$E \leqslant 10$	甲醛：$0.03 < E \leqslant 0.05$ TVOC：$10 < E \leqslant 15$	甲醛：$0.03 < E \leqslant 0.05$ TVOC：$15 < E \leqslant 30$
溶剂型木器漆	无	甲醛：$E \leqslant 0.03$ TVOC：$E \leqslant 15$	甲醛：$0.03 < E \leqslant 0.05$ TVOC：$15 < E \leqslant 35$
内墙涂料（腻子）	甲醛：$E \leqslant 0.01$ TVOC：$E \leqslant 0.75$	甲醛：$E \leqslant 0.01$ TVOC：$0.75 < E \leqslant 2$	甲醛：$0.01 < E \leqslant 0.02$ TVOC：$2 < E \leqslant 5$
壁纸类	甲醛：$E \leqslant 0.01$ TVOC：$E \leqslant 0.3$	甲醛：$0.01 < E \leqslant 0.02$ TVOC：$0.3 < E \leqslant 0.5$	甲醛：$0.01 < E \leqslant 0.02$ TVOC：$0.5 < E \leqslant 1$
地毯类	甲醛：$E \leqslant 0.03$ TVOC：$E \leqslant 0.4$	甲醛：$00.03 < E \leqslant 0.05$ TVOC：$0.4 < E \leqslant 0.5$	甲醛：$0.03 < E \leqslant 0.05$ TVOC：$0.5 < E \leqslant 0.6$

6.1.3 建筑室内空气质量设计软件

为了实现以建筑室内空气质量为控制参数的建筑设计，研究者编制开发了一款建筑室内空气质量（IAQ）设计软件，用于民用建筑规划设计阶段对IAQ进行设计控制，可供建筑装饰装修设计人员、建筑暖通设计人员、建筑环境和绿色建筑咨询人员和科研人员，以及其他相关技术人员使用。软件通过对建筑几何参数、建材用量、通风参数设定，并且调用上海建筑科学研究院对大量建材污染物散发数据库模块（主要指 TVOC、甲醛），实现自动计算并评估室内化学污染物水平；同时通过对室外细颗粒物（$PM_{2.5}$）浓度、房间颗粒物穿透系数参数设定，评估室内颗粒物浓度水平。此外，软件按层次目标，可设定室内化学污染物阶段目标（运营阶段、竣工阶段）、颗粒物室内浓度分级目标，并依据建材化学污染物散发的等级，给出建筑 IAQ 优选设计方案。对不符合室内空气质量设定目标工况，可给出过滤、净化组件的选型设计方案。

6.1.3.1　IAQ 软件设计需求及设计要素

（1）软件设计需求

解决室内空气污染问题主要包括 3 个途径：减少污染源、通风稀释和合理组织气流、空气净化。其中源头控制是降低室内污染的首选方法。为有效预防或减少污染源污染，实现建筑 IAQ 规划设计阶段的预评估设计是防控室内空气污染的首要环节。

目前在我国，一般按新风量需求或凭经验值来设计，项目完成后再进行 IAQ 检测与评估。这种做法引发的矛盾是，一旦 IAQ 出现问题，源头治理就较为复杂。究其原因是因为以往我国对建筑装饰装修建材污染物散发水平缺乏有效的实验手段，对建筑内污染物的实际水平难以实现定量化的评估。由室外灰霾引起的室内细颗粒物污染控制研究更是处于探索阶段，设计中缺乏一个科学有效的 IAQ 设计工具，导致了设计的盲目性。

随着国家“十五”、“十一五”科研成果的应用实施，已建立起多个大型、中型、小型空气质量测试舱。近几年通过检测，已积累大量国内建筑装饰装修用建材、家具污染物散发数据，为 IAQ 软件研发与设计提供了有效的基础数据。在此基础上，研究适用于我国国情的 IAQ 设计模拟分析工具，建立与之相关的基础模型和数据，是当前建筑室内空气质量设计方向迫切需要解决的问题。

（2）软件设计要素

1）产品功能

围绕室内装饰装修材料、家具等污染物散发影响建筑室内空气质量的主要因素，基于实验舱物理实测数据，建立建材散发数据库，包括建材散发特性参数值（包括 TVOC 和甲醛），同时可实现数据库自定义添加功能，即实现开放式数据库拓展功能。以建材散发数据库为工具支撑，对建筑室内环境进行空气质量模型创建，并利用内置数学模型进行设计计算，可获得室内污染物挥发量、暴露量等空气质量数据，同时可辅助完成净化系统选型，以及建筑装潢材料的调整，最终实现对设计方案评估和优化。

从软件模块的设计角度出发，设计软件由项目基础管理、项目信息管理、设计预评估计算与分析管理和系统管理四部分组成。

① 项目基础管理。在项目基础管理中，操作员可进行设计项目的管理，例如新建、打开、保存、另存等。同时，在已打开的工程中，对设计项目的基础信息进行维护。

② 项目信息管理。项目信息管理主要针对项目基本信息，以及与建筑室内空气质量相关的参数进行维护和管理，操作员在该模块中对建筑室内环境的基础结构和装修装潢信息进行建模，并完成相关的维护和管理工作。

③ 设计预评估计算与分析管理。通过内置的数学模型，根据在项目信息管理模块中录入的各种原始数据与相关标准，对建筑室内空气质量进行预评估计算，并对预评估结果进行评测，包括验收评测、运营评测等。

④ 系统管理。系统管理分为前台和后台管理两部分，分别对隐性模拟参数和资源库进行维护和管理。该模块主要提供给专业管理人员使用，主要进行建材数据的管理。

2）标准依据

目前国内尚没有关于室内空气质量控制相关设计标准，“十二五”期间，由上海市建筑科学研究院申请的《公共建筑室内空气质量控制设计规范》已获得住房和城乡建设部批准，现已完成该规范的拟稿编制任务。本软件对 $PM_{2.5}$ 和甲醛、VOC 的室内污染控制限值均参照该规范，同时软件设计可编辑的环境限值窗口，以满足设计者个性化房间空气质量服务需求。

3）用户特点

设计软件的业务功能是针对建筑室内环境，在建筑室内装饰装修的设计阶段，根据设计方案为设计人员提供室内空气质量预评估，协助完善装饰装修方案，为空气质量提供技术保障。使用该软件的用户通常是建筑装饰装修设计人员和暖通设计人员，以及相关管理机构的管理人员和学术机构的研究人员。这些人员通常具有娴熟的计算机操作能力，并具备相应的建筑室内空气质量专业知识。

4）运行环境

① 硬件环境

CPU：配置 2 个 AMD Opteron 6212 8 核 64 位处理器，主频≥2.6GHz；

内存：配置 32GB DDR3 内存，支持≥16 个内存插槽；

硬盘数量：配置 3 块 300GB 10K SAS 硬盘，支持≥12 块热插拔 SATA/SAS 硬盘。

② 软件工具支撑环境

服务器：预安装 Windows Server 2008 ＋ SP2 操作系统；

业务应用系统工作站：建议使用 Win7 操作系统；

数据库平台：MS SQL Server 2010 Express Edition ＋ Entity Framework 4.0。

5）约束

本软件产品采用成熟、标准的 .NET 企业平台架构搭建，采用多层的分布式应用模型、组件再用、一致化的安全模型及灵活的事物控制，使系统具有更好的移植性，以适应应用环境复杂、业务规则多变、信息发布的需要，以及系统将来的扩展的需要。

6.1.3.2 IAQ 软件功能模块设计及界面

（1）功能模块设计

1）基本信息模块

项目信息模块需涵盖建筑工程 IAQ 评价设计单元的基本信息，包括项目名称、地址，以及项目设计竣工验收、运营时间的时间节点，以便于计算建材化学污染物散发衰减时间模型。

在环境基本信息中，分别考虑不同建筑 IAQ 设计等级下的室内化学污染物设计参数限值，以及 $PM_{2.5}$ 室内设计限值。同时选择城市，以考虑不同城市的室外 $PM_{2.5}$ 污染浓度，该设计浓度应参考各城市的历年（不少于）气象参考数据。在目前室外 $PM_{2.5}$ 监测数据不完善条件下，用户可自行输入参数设计限值。软件考虑用户对 IAQ 知识的差异性，对各类环境参数给出推荐默认值。软件分别考虑建筑竣工验收和建筑运营时的化学污染物指标和限值，主要参考国家标准 GB 50325 和 GB/T 18883，建筑运营 IAQ 主要考虑用户添置移动家具后对室内 IAQ 影响。

2）几何数据模块

对每个区域房间，要求输入房间几何尺寸/面积，同时可输入各类建材科目、用量。建材科目属性包括材料类别、厂家、批次等信息，均从建材数据库调用。

3）建材数据库模块

数据库化学污染物散发数据，包括甲醛、VOC（苯、甲苯、二甲苯、TVOC）类。各类建材、装饰装修材料按照一级目录分为地毯、胶粘剂、涂料、地坪、木制家具、门、板材、墙纸、地板等，按照各建材部品属性设置相应的分级子目录，包括涵盖各厂家对应产品及批次。所有建材均经过化学污染物散发标准测试结果得出，以保证数据库的真实可靠性，为装饰装修、暖通设计人员选材提供实际依据。数据库污染物散发率按照测试用量单位给出测试值和衰减率，根据建材入场时间段分别计算各建材的实际散发率。

当前编制的IAQ软件数据库，提供近3年上海市建筑科学研究院国家绿色建筑检测检验中心测试数据。数据库采用可扩展模式，为各类建材厂家新的建材部品编入数据库提供接口。

4）$PM_{2.5}$设计模块

房间$PM_{2.5}$控制，主要考虑室外$PM_{2.5}$通过围护结构渗透进入室内的影响，涉及输入参数包括$PM_{2.5}$渗透系数、房间的自然漏风率。室内源仅考虑高密度人群环境的人员$PM_{2.5}$散发。影响$PM_{2.5}$设计选型的因素还包括通风量、通风空调净化系统形式，即过滤滤网的安置位置，一般包括新风过滤、回风过滤和总送风过滤三种模式，以及混合模式。$PM_{2.5}$设计输出滤网的额定$PM_{2.5}$过滤效率，在一定通风过滤模式下，可能不满足房间过滤要求，需要在计算结果输出模块给出。

5）净化模块

对于建筑内不满足室内环境IAQ指标要求的情况下，应通过净化模块选用合理的净化设备。

6）模型管理模块

模型管理模块可集中显示用户输入数据信息，包括建筑项目基本信息、室内环境IAQ限值信息、建筑使用材料用量和计算时间、房间通风情况等内容。用户可在模型管理模块修改输入信息数据。

7）模型计算评估模块

通过建筑房间的输入信息，根据室内IAQ计算模型，可计算输出建筑用空气

过滤器的 $PM_{2.5}$ 额定效率，同时评估在一定通风条件下，判别选用建材的房间内甲醛、TVOC 等污染物浓度水平是否满足室内环境限值要求，并且可得到各类建材对室内污染的贡献比例等信息。

（2）界面设计

基于软件功能模块设计原则，建成 IAQ 软件主界面划分为功能菜单区、主操作区及状态栏。主功能菜单提供项目管理、模型管理、评估报告及资源库管理。其中，项目管理包含新建、打开、保存、另存为项目，如图 6-2 所示。模型管理包含项目基本信息、设计标准信息、房间与建材信息、建筑通风信息，如图 6-3 和图 6-4 所示。建材散发资源库管理包括材料分类信息、材料信息、生产厂家及批次信息。设计评估报告涉及模型计算、验收预评估、运营预评估，数模管理软件内置数学模型，可以实现对建筑室内甲醛、TVOC 等气体污染物和 $PM_{2.5}$ 相关数据的计算，软件数据处理流程见图 6-5。

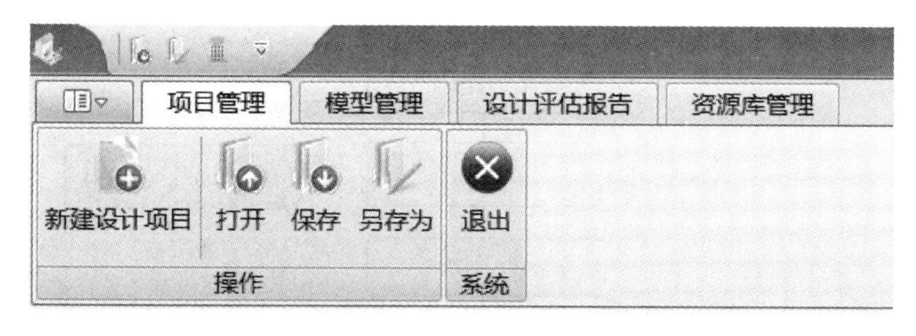

图 6-2 IAQ 设计软件主功能界面

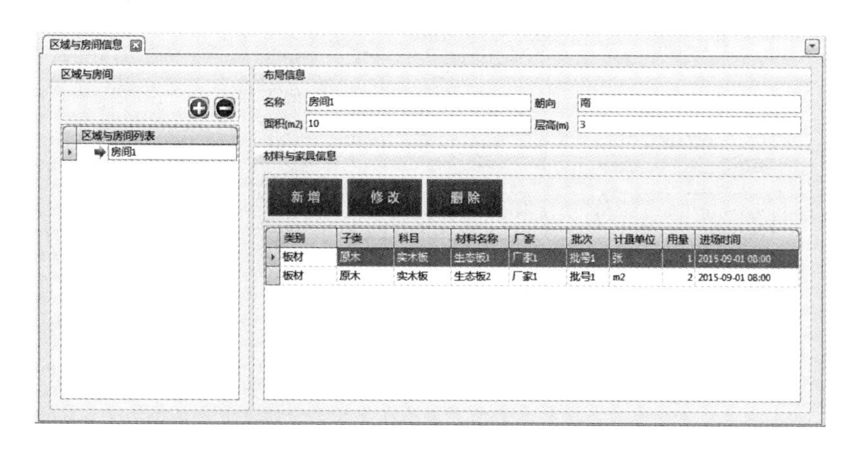

图 6-3 房间与建材信息界面

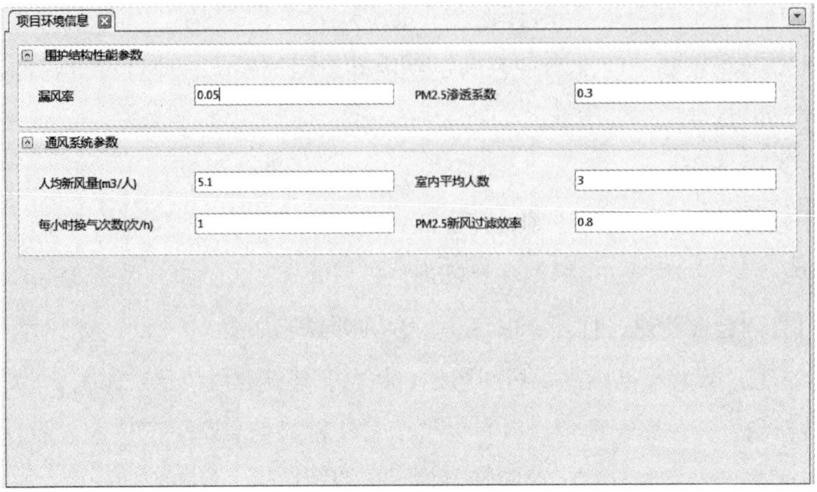

项目环境信息
围护结构性能参数
漏风率
0.05
PM2.5渗透系数
0.3
通风系统参数
人均新风量(m3/人)
5.1
室内平均人数
3
每小时换气次数(次/h)
1
PM2.5新风过滤效率
0.8

图 6-4 建筑通风信息界面

开始
房间布局和通风信息
颗粒物浓度相关设计与设备选型
房间内PM2.5浓度计算
装修材料清单
主要散发源的筛选
材料数据库是否存在?
否
是
补充数据
材料数据库
装修情况（装修时间和使用面积）
通风、净化器、门窗阻力等参数数据库
调用适当的参数模型
求解器求解
结果输出
结束

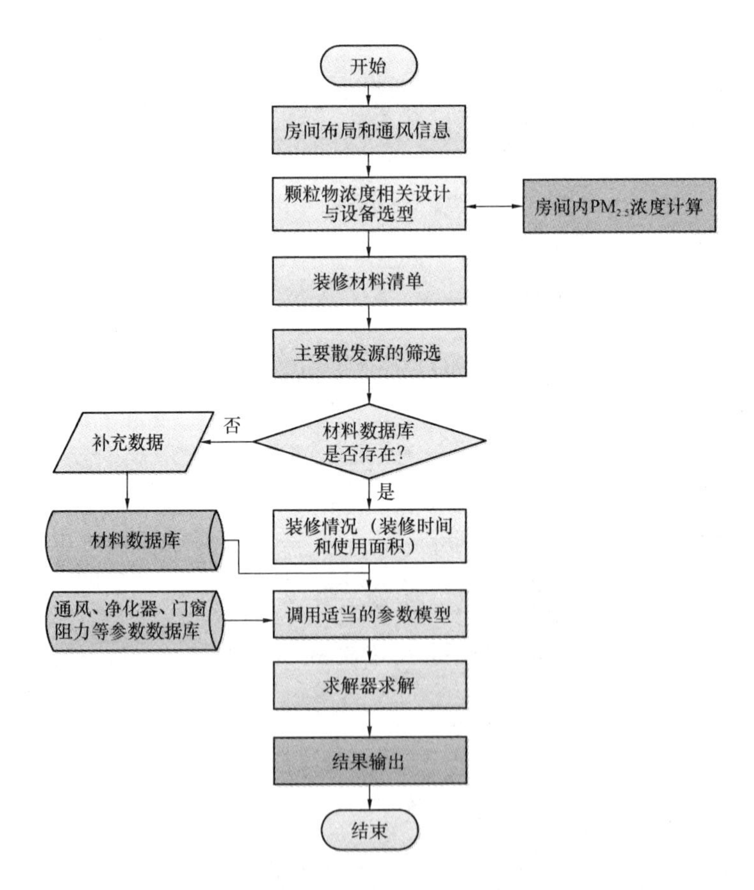

图 6-5 软件数据处理流程图

6.2 建筑室内空气质量监测及运营管理技术

6.2.1 室内环境污染监测系统关键技术

室内空气质量监控是伴随着室内环境污染的产生而一步步发展起来的，在西方发达国家，室内环境监测技术相对比较成熟，利用网络进行在线数据监测技术很普遍。目前，国外比较著名的室内环境检测仪器大多采用电化学和光学原理，测定范围比较广，精确度和稳定性都达到很高的水准。

国内的监测技术也分为有线监测和无线监测两种情况。有线监测方式一般具有稳定、可靠、数据传输率高等优点，但是与此同时，有线监测系统大多数存在着系统搭建复杂且造价偏高的不足，特别是对于监测点数目多、分布广、地形复杂的区域，有线监测系统造价偏高，施工难度也大，如果一旦第一次布置完成，就很难再次灵活改变布局，如果监测区域有变化，需要根据现场重新布置监测点，这样将会带来巨大的二次成本，系统可重用性很差。相比较而言，对于无线监测方式来说，组网简单、投资少、维护方便、成本相对较低，对于一些环境恶劣，不适合人力长期坚守的监测点，搭建无线传感器网络的监测系统是经济并实用的选择。但是仪器检测方法原理存在多样性、结构形式繁多、价格昂贵、过分依赖人来获得数据和进行信号处理、检测周期长、在线检测性能不好、精度低、不可靠、操作复杂。

当前，室内环境监测系统的发展趋势主要表现在以下几个方面：第一，将计算机技术应用在室内环境监测系统上，实现系统的多功能化、操作自动化、测量智能化，在线快速检测将是一个热门的发展方向，系统的整个测量过程趋向于自动化，用户不用手动选择量程和启闭仪器，诸如数据采集、数据传输和数据处理都由微处理器来完成。第二，灵敏度和精度以及稳定性将进一步的提高，同时具有数据处理功能，微处理器的使用可以使用软件来解决以前许多用硬件无法实现的问题，并且增加许多附加功能，把用户从繁琐的数据处理中解放出来。第三，仪器朝着微型化和专用化方向发展。第四，人机交互界面更加友好，使用户直接和系统进行对话发布命令来代替以键盘输入的方式给系统命令。

目前在国内的公共建筑室内空气质量监测上，还存在以下问题：

(1) 室内空气质量监测指标主要为 CO_2，对室内空气质量主要问题（甲醛、VOC 等）监测不全面，实际监测效果不明确；

(2) 需同时满足室内空气质量与最小运行能耗时，不同空调形式下的控制调节技术手段不一致；

(3) 较多室内空气质量监测系统运行管理缺乏可指导的技术规程，导致监测效果失准、传感器失效等后果。

因此，本书将为建立公共建筑室内空气质量监测系统提供技术支持，保障建筑运行期间的室内空气质量满足室内环境标准要求。

6.2.1.1 建筑室内空气质量在线监测系统概况

(1) 建筑室内空气质量在线监测系统概述

部分室内空气质量监测系统具备智能监测室内空气质量指标功能、自动控制送、排风装置，如图 6-6 所示。当空气质量达标后可以改变排风装置状态，节省了大量的人力看管和物力投入，节能减排，既适用于商务建筑（宾馆、酒店、写字楼），也适用于无人值守的机房；由于充分考虑到作为家居一部分的美观性和实用性，也可以应用于普通的居民家庭室内，改善室内空气质量。

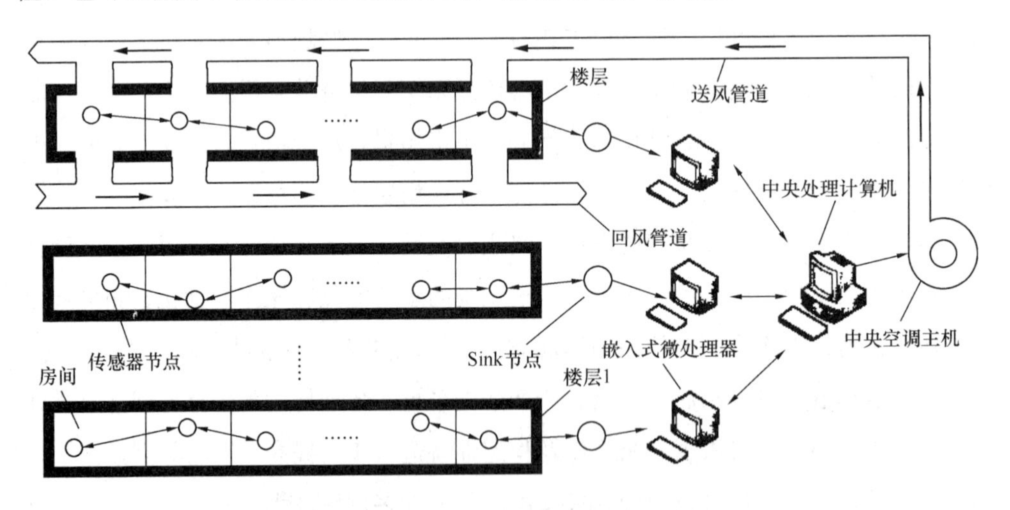

图 6-6 室内空气质量监测系统结构参考图

部分室内空气质量监测系统具备智能监测室内空气质量指标功能，但不能与新风系统或排风装置联动控制，需要将室内空气质量信息反馈到监测平台，再由专人进行控制与处理，如图 6-7 所示的北京奥运场馆的室内空气质量在线动态监测

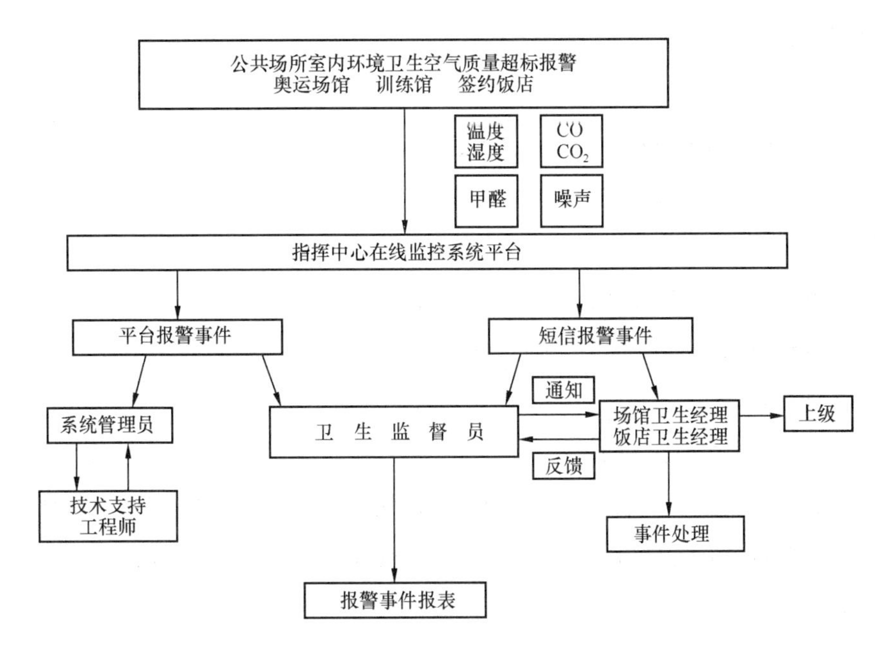

图 6-7 北京奥运场所室内空气质量在线动态监测系统

系统。

(2) 建筑室内空气质量在线监测系统基本功能要求

对建筑室内空气质量在线监测系统的基本功能要求进行了以下方面的调查:

1) 空气质量监测指标

通过文献调研,根据对污染物特性、控制阈值及各类型公共建筑污染类型的调研,初步得出各类型公共建筑室内空气质量建议监测指标,如表 6-5 所示。

各类型公共建筑室内空气质量建议监测指标 **表 6-5**

建筑类型	主要空气质量监测指标
办公楼	甲醛、苯系物、TVOC、颗粒物、CO_2、细菌总数
商场超市	甲醛、细菌、颗粒物、二氧化碳、TVOC
宾馆	甲醛、CO_2
学校教室	CO_2、颗粒物
医院	TVOC、苯系物、微生物、CO_2、颗粒物

2) 设备监测与控制

① 新风机组的监测与控制

新风机组是用来集中处理新风的空气处理装置,在室内空气质量监测系统中主要应具备以下功能：

（a）监测功能：

a）检查风机电机的工作状态，确定是处于“开”还是“关”；

b）测量风机出口空气温湿度参数，以了解机组是否将新风处理到要求的状态；

c）测量新风过滤器两侧的压差，以了解过滤器是否需要更换；

d）检查新风阀的状态，以确定其是否打开。

（b）控制功能：

a）根据要求启/停风机；

b）控制空气—水换热器水侧调节阀，以使风机出口空气温度达到设定值；

c）控制加湿器调节阀，使冬季风机出口空气相对湿度达到设定值；

d）根据要求调节新风机组风阀开启大小。

（c）保护功能：

在寒冷地区，冬季当由于某种原因造成热水温度降低或热水停止供应时，为了防止机组内温度过低，冻裂空气—水换热器，应自动停止风机，同时关闭新风阀门；当热水恢复供应时，应能重新启动风机，打开新风阀，恢复机组的正常工作。

（d）集中管理功能：

一座建筑物内可能有若干台新风机组，这样就希望采用分布式计算机系统，通过通信网将各新风机组的现场控制机与中央控制管理机相连；中央控制管理机应能对每台新风机组实现如下管理：

a）显示新风机组启/停状况，送风温湿度，风阀、水阀一周状态；

b）通过中央控制管理机启/停新风机组，修改送风参数的设定值；

c）当过滤器压差过大、冬季热水中断、风机电机过载或其他原因停机时，通过中央控制管理机报警。

② 空调机组的监测与控制

空气处理机组是将房间的温度、湿度控制在一定的允许范围之内，而不是像新风机组那样控制送风的参数；由于控制目标的改变，控制系统的组成环节发生了变化，采用的调节方法也有所不同。典型的一次回风空调机组可以实现如下功能：

（a）监测功能：

a）检查风机电机的工作状态，确定是处于“开”还是“关”；

b）测量风机出口空气温湿度参数，以了解机组是否将空气处理到要求的状态；

c）测量过滤器两侧的压差，以了解过滤器是否需要更换；

d）检查风阀的状态，以确定其是否打开。

（b）控制功能：

a）根据要求启/停风机；

b）控制空气—水换热器水侧调节阀，以使风机出口空气温度达到设定值；

c）控制加湿器调节阀，使冬季风机出口空气相对湿度达到设定值；

b）根据要求调节机组风阀开启大小。

（c）保护功能：

在寒冷地区，冬季当由于某种原因造成热水温度降低或热水停止供应时，为了防止机组内温度过低，冻裂空气—水换热器，应自动停止风机，同时关闭风道阀门；当热水恢复供应时，应能重新启动风机，打开风阀，恢复机组的正常工作。

（d）集中管理功能：

一座建筑物内可能有若干台机组，这样就希望采用分布式计算机系统，通过通信网将各新风机组的现场控制机与中央控制管理机相连；中央控制管理机应能对每台新风机组实现如下管理：

a）显示机组启/停状况，送风温湿度，风阀、水阀一周状态；

b）通过中央控制管理机启/停机组，修改送风参数的设定值；

c）当过滤器压差过大、冬季热水中断、风机电机过载或其他原因停机时，通过中央控制管理机报警。

6.2.1.2 建筑室内空气质量在线监测系统设计与实现

建筑室内空气质量在线监测系统的重点就是信号的采集和控制功能的实现，信号采集主要是对传感器技术的应用。传感器技术是完成对室内空气质量进行检测，实现信息的采集，给控制器提供输入信号，配合控制系统完成室内空气质量的监测。本书关注室内空气质量中温湿度以及控制质量的情况，所以传感器所要采集的信息包括：室内外的温湿度度、室内气体成分（这里选取 CO_2 和 TVOC 这种最典型的气体成分进行表征）。这部分所做的工作是传感器的正确选择以及信号的传输实现。

控制系统完成对各个环节的控制功能，系统的控制对象主要是温度和空气质量，采用三个独立的控制器来实现，完成控制算法的实现，以及与现场设备的通信。

在控制功能完成的基础上进行系统的集成，统筹系统间的相互关系，这是控制的升华。系统的集成就是要充分考虑空气质量控制进行自然通风与空调控制的协调，辐射热能与空调控制的协调，自然与人工的协调，以及舒适度和节约能耗之间的协调等。

在具体实现过程中楼宇空气质量系统是一个复杂的系统，其控制对象多样，控制目标的约束条件复杂，其特点如下：

（1）自动控制系统往往离不开各种检测控制仪表，仪表的选取与使用应与控制系统相配合，才能达到满意的控制效果。

（2）动态惯性大，并带有纯滞后时间。

（3）高度非线性特性，数学模型建立困难。

（4）干扰较多，有系统外部的也有系统内部的。

（5）相互联系复杂，互为因果关系，一方控制牵动其他方面甚至其他几方面控制结果。

由于室内空气质量控制系统具有复杂性，对变性和非线性的特点，经典理论缺乏对实际对象特性的精确描述能力，难以适应复杂的任务要求。尽管独立系统可以完成控制作用，但如何对系统进行集成，对互为因果的两个或多个系统如何进行控制，实现更好的节能和环境控制，目前尚没有得到很好的解决。

（1）控制系统整体架构

确定了系统的研究对象和目标，以及研究的重点和难点，接下来就要确定整个系统控制框架并分析所用的控制技术和方法。本书所选取的三个控制对象之间虽然有相关联系，但是，它们本身自成系统，可以独立地建立控制系统，完成控制目标，然后根据它们之间的内在联系，如：为了改善空气质量需要进行通风，可是室外进来的新风势必会影响室内的温度情况，引起温度的变化，进行优化改善（如：以节能为前提，确定控制的优先顺序等）达到既舒适又节能的目的。

针对上述分析的室内空气质量控制既相对独立又相互联系的特殊性，确定控制系统分三个层次，其整体架构如图 6-8 所示。

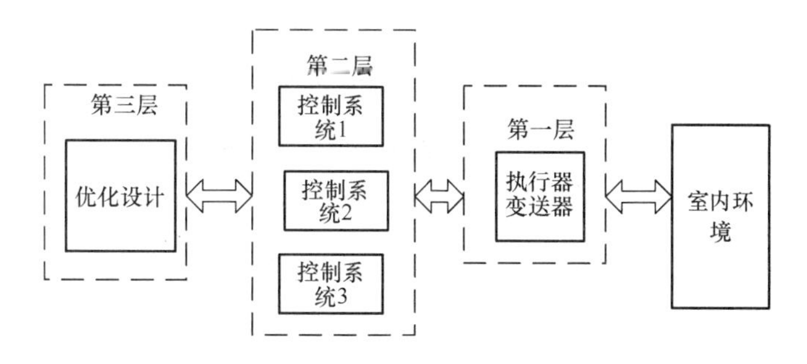

图 6-8 控制系统整体架构图

第一层完成的是现场信号传感器采集、上传，控制信号下载到执行器转化成物理量执行实际动作。

第二层对实际要进行控制的因素——温度、通风控制系统进行设计，分别实现它们的控制目标。第一层检测到的信号传递给本层作为控制系统的输入，通过控制系统运算得出的控制信号传递给第一层中的执行器，指导执行机构工作，达到室内空气质量的要求标准。

第三层对系统进行优化设计，首先考虑控制器本身的缺点，采用在线优化算法进行控制器参数优化；然后分析系统之间的内在联系，考虑整体水平，以能耗最小为目的进行优化计算，对控制系统的控制参数进行调整，达到系统集成优化控制。这一层是整个控制系统的“大脑”。

在控制器设计中，根据室内空气质量控制的特点——系统关系复杂，影响因素众多，建立数学模型困难并且有很大的时滞性，与传统的控制方法相比，采用模糊控制器具有很大的优点。模糊规则是通过对问题持有丰富经验的专业人员以语言的方式表达出来，而不需要精确的数学模型才能控制，并且其特有的模糊性使控制方法具有较广的适应性。但是模糊控制器也存在一些不容忽视的缺点：对于某些问题，不同的人持有的见解存在一定的差异，并且对于不同的房间结构及设施，即使对同一个房间在工作人员数量改变以及外界空气质量条件变化的情况下，其对应的控制规则也会略有不同，需要进行校正才能更好地完成控制。经过比较，采用遗传算法来对模糊控制器进行优化，定时进行控制规则和隶属函数的调整。

系统的集成首先是物理联系，对各个因素之间的相互影响最后归纳为对温度的影响，温度的变化是果，是主要因素；通风调节是因，温度的控制调节对它们的反作用相对要弱一些，它们是次要因素。为了避免相互耦合控制产生振荡，本控制系统实现时考虑忽略次要因素对主要因素的影响来维持系统的稳定。对温度变化进行预测，采用神经网络的方法可以直接反映通风对温度的作用，从而完成系统的集成调节作用。同时进行能耗的优化处理，根据相互影响作用考虑整体能耗，寻求能耗最小分配控制，实现能量优化控制，最终实现系统的集成控制。

（2）空气质量监测系统的数据采集系统设计

本监测系统所需采集的数据包括：

温度控制：室内温度、室外温度。

通风控制：室内CO_2浓度、室内 TVOC 浓度。

采用4个亚当模块进行数据采集通信工作：4017+，4017，4024，4055。

对室内外温度、室内外CO_2浓度、TVOC 浓度采用4017+模块进行采集。

上述信号的采集传输工作通过亚当模块 ADAM 4017+来完成，ADAM4017+是16位A/D 8通道的模拟量输入模块，可以采集电压、电流等模拟量输入信号。它为所有通道都提供了可编程的输入范围，它的模拟量输入通道和模块之间还提供了3000V的电压隔离，这样就有效防止模块在受到高电压冲击时而损坏。其支持8路差分信号，还支持 modbus 协议。各通道可以独立设置其输入范围，同时在模块右侧使用了一个拨码开关来设置 INT＊正常工作状态的切换。4017+还增加了4～20mA的输入范围，测量电流时，不需要外接电阻，只需打开盒盖设置跳线到△即可。

温湿度传感器采用 EE10 温湿度变送器，EE10 型室内温湿度变送器造型美观实用，便于安装及快速更换传感元件。所采用的高品质湿度传感器和微处理器控制的电路是其高精度和宽度范围选择的保证。相对湿度的标准输出信号是4～20mA或0～10V，温度输出信号在主动和被动之间可选。所有的 EE10 系列产品都可以配置高清晰的液晶显示。对于 EE10－FT 型号，相对湿度和温度值是交替显示的。其特点是：性价比高，易安装，长期稳定性好，可选显示，可溯源的校准。

CO_2浓度测量选用 VC1008T。VC1008T 是一系列安装方便、操作简单、成本低廉的CO_2传感/变送器。它是专门为在线楼宇以及其他需要检测CO_2含量的场所而设计的变送器。在线检测空气中CO_2含量，出厂设定标准测量是0～2，000ppm

CO_2（根据特殊的要求，测量的范围可以更高）。带有标准的线性输出：0～10V，4～20mA 及继电器开关输出，VC1008T 用于在线型通风系统控制，对节约能源和改善室内空气品质有很好的平衡作用。

有机气体浓度测量采用 AQS-300 系列空气质量传感器/控制器，可对室内空气中十多种有害气体污染物进行探测，输出信号可用于通风设备及空气处理机组的控制以及室内空气质量状况指示。可广泛应用于工业、商业、学校、交通及住宅空气质量内。在改善室内空气质量，创造舒适、高效、健康的生活、工作空气质量的同时，可实现设备节能运行。

AQS—300 系列空气质量传感器使用氧化锡半导体器件，专门探测可氧化气体，特别对汽化有机物敏感。这些物质是主要的空气污染物，这些气体包括：香烟烟雾、厨房烟雾、汽车尾气和溶剂挥发气体等。AQS-300 可以作为独立的控制器来探测空气质量，同时控制通风系统。也可以将空气质量信号传给楼宇自控系统做进一步控制。

4017 模块与 4017＋的功能基本相同，只是 4017＋添加了模拟电流信号的输入端口，不需要再外接电阻，这里采集的输入信号没有模拟电流信号，所以可以直接采用 4017 作为模拟输入信号采集模块的扩展。实践证明这是可以达到控制效果的。湿度信号的采集用作后续扩展。

（3）室内空气质量控制系统的设计与实现

温湿度和空气质量控制系统是以满足室内人员的健康和最大舒适度为前提设计的。智能建筑领域已经发展便开始成为建筑的发展方向，国内外专家学者纷纷从设备的改进、控制策略的创新进行研究，使建筑越来越智能化，控制的精度越来越高，现在研究已经不仅仅满足于安全、用户的要求等基本因素，开始考虑更多因素的提高如：舒适度、预测控制、美观、节能等，目前对智能建筑的研究正在向集成化、网络化发展，对系统的集成也是近几年来世界普遍关注的节能问题的最有效的方法，但集成的技术发展还不完善，因此，更好的集成、控制策略的选择及优化是本章的研究内容。

1）温湿度控制系统设计与仿真

室内温度控制系统的控制思路与通风控制系统的控制思路大致一样，都是一维模糊控制器的设计实现，输入是当前监测到的室内温度的情况与室温设定值的差值及差值的导数，根据模糊控制规则得到空调的控制方向，空调的动作调节室内温度，引起温度朝设定值方向变化，如此形成控制回路，最终达到稳定。控制框图如图 6-9 所示。

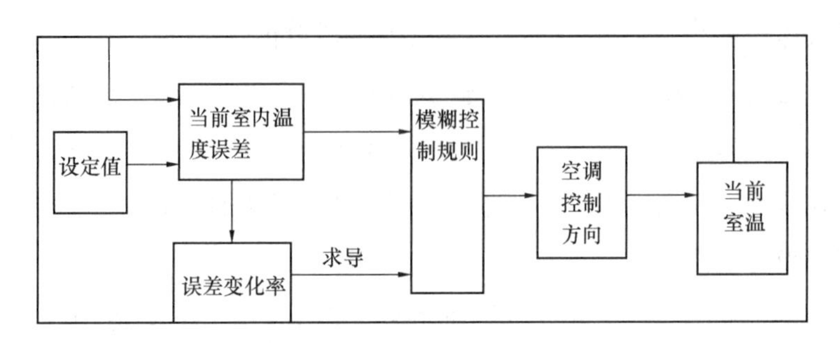

图 6-9　室内温度控制框图

室内温度仿真室内温度设定值，30℃是室内初始温度，误差和误差变化率作为模糊控制器输入，输出为空调频率，传递函数是根据室内热量守恒定律建立的空调动作与室内温度之间关系的数学模型。

控制目标是使室内温度稳定在用户的设定值保持不变，模糊控制规则如表 6-6 所示。

室温控制规则表　　　　**表 6-6**

EC \ E	NB	NM	NS	ZO	PS	PM	PB
NB	PB	PB	PB	PM	NS	NM	NM
NM	PB	PB	PB	PM	NM	NM	NB
NS	PB	PB	PB	PS	NM	NB	NB
ZO	PB	PB	PM	ZO	NM	NB	NB
PS	PB	PB	PM	NS	NB	NB	NB
PM	PB	PM	PM	NS	NB	NB	NB
PB	PB	PM	PS	NM	NB	NB	NB

控制结果如图 6-10 和图 6-11 所示，由仿真结果可以看出，在室内初始温度为 30℃的情况下，控制器通过调节空调的制冷/加热阀门开度，调节室内温度逐渐降低，最终稳定在用户设定值 26℃并且误差<0.5℃。控制目标完成，并且控制效果良好。

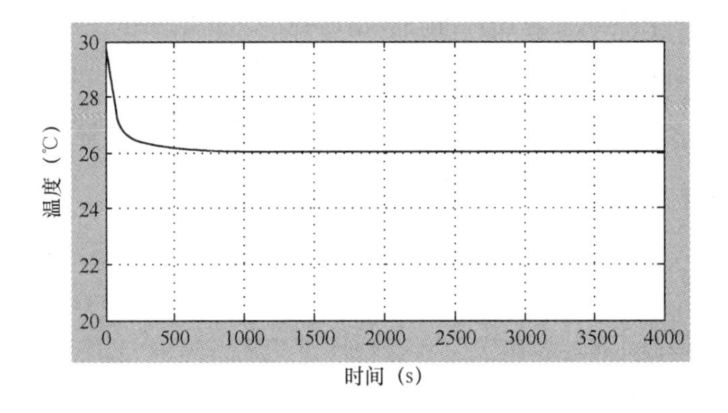

图 6-10 室温控制结果示意图

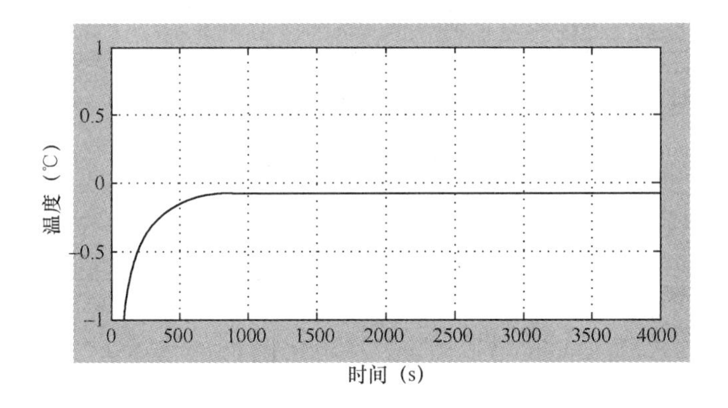

图 6-11 室温控制误差示意图

2）空气质量控制系统设计与仿真

本节主要研究的是室内空气中某些气体的控制，通过控制通风来实现。这里选取对人舒适和健康影响显著的 CO_2 和有机挥发气体总和（TVOC）作为控制对象。

通风系统按照通风动力的不同，可分为自然通风和机械通风两类。自然通风是依靠室外风力造成的风压和室内外空气温度差所造成的热压使空气流动的；机械通风是依靠风机造成的压力使空气流动的。自然通风不需要专门的动力，对某些建筑物是一种经济有效的通风方法。目前在我国农村住宅及城市普通住宅楼中广泛采用。但自然通风往往要受气象条件的限制，可靠性较差，有时不能完全满足室内全面通风的需要。

因为 CO_2 与 TVOC 一般不会同时超出国家规定标准值，对两种气体浓度进行监测，当其中一种预先将要超出标准临界值时控制器开始工作，开大通风阀门，最终使其浓度降低到标准值以下。这样实际上只有一种气体处于当前控制状态，实现了成本的降低以及控制的简化。控制器的输入是气体的浓度误差和误差的变化率，输出是通风阀门的开度。控制思路框图如图 6-12 所示。

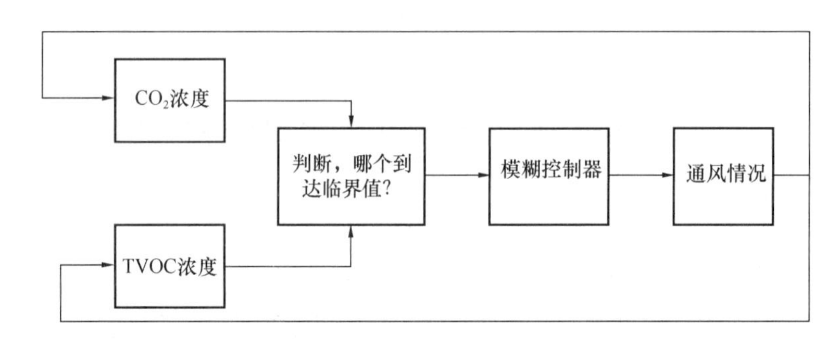

图 6-12 空气质量控制思想框图

如图 6-13 所示，根据质量守恒定律：在体积为 V 的房间内，污染源单位时间内散发的污染物量为 M，通风系统开动前室内空气中污染物的浓度为 C_1，如果采用全面通风稀释室内空气中的污染物，那么，在任何一个微小的时间间隔 dt 内，室内得到的污染物量（即污染源散发的污染物和送风空气带入的污染物）与从室内排出的污染物量之差应等于整个房间内增加（或减少）的污染物量。

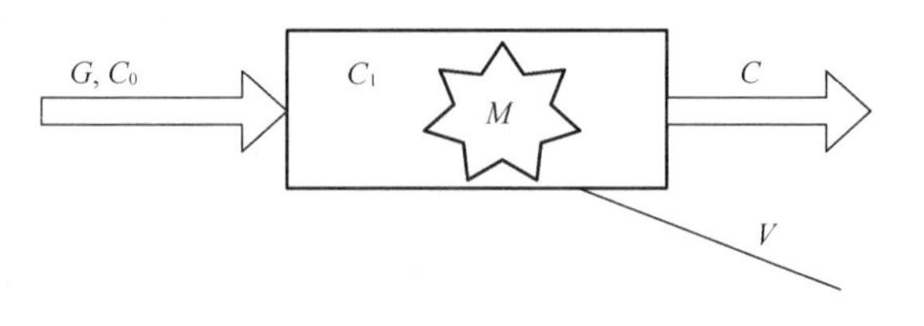

图 6-13 室内能量守恒示意图

以 CO_2 为例，具体参数如下：实验舱的体积为 8m×3m×2.5m，CO_2 排放这里只考虑人的因素，设室内常住人员是 1 人，呼吸排出 CO_2 的速率是 0.02m^3/h，为了简化计算假设新风中 CO_2 浓度为 0ppm，得到微分方程见式（6-10）。

$$\frac{0.02}{3600} - G * C = 60\frac{\mathrm{d}C}{\mathrm{d}t} \tag{6-10}$$

其中 0.001 是国家规定的 CO_2 浓度标准，其与当前室内 CO_2 浓度的差以及差的导数作为模糊控制器的输入，输出为通风阀门的开度，增益和增益 1 是量化因子，误差变化范围为 0.001，所以 K_e 取 3000，误差变化率根据经验值取 100000，常数 1 为 0.02/3600，增益 2 是 1/60，这部分是对通风量和室内 CO_2 浓度的转换。模糊控制器设计如图 6-16 所示。实验证明，隶属函数的形状对试验结果的影响不大，为了方便优化模糊控制器，这里选用三角函数作为模糊控制器的隶属函数，进行模糊化，方便以后模糊控制器的优化。

控制规则如表 6-7 所示。

通风控制模块控制规则 表 6-7

E / EC	NB	NM	NS	ZO	PS	PM	PB
NB	PB	PM	PS	ZO	NS	NM	NB
NM	PB	PM	PS	PS	NS	NS	NB
NS	PB	PM	PM	PS	ZO	NS	NB
ZO	PB	PB	PM	PM	PS	ZO	NB
PS	PB	PB	PM	PM	PM	PS	NB
PM	PB	PB	PB	PM	PM	PS	NB
PB	PB	PB	PB	PB	PM	PM	NB

根据经验，误差更直接地显示当前的空气中超标气体的含量情况，所以在控制规则编写过程中，误差占主导作用。

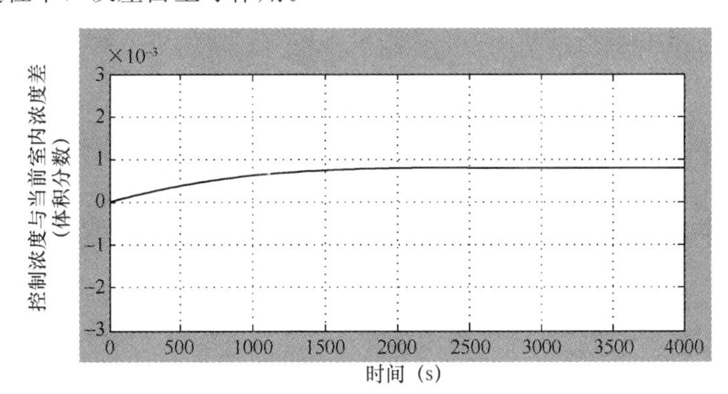

图 6-14 CO_2浓度控制结果

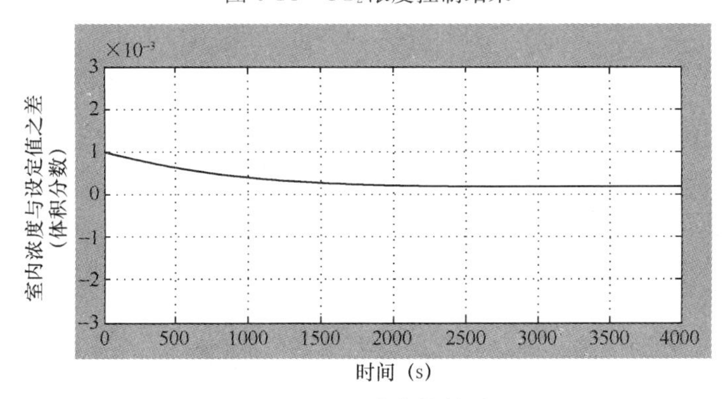

图 6-15 CO_2浓度控制误差

仿真结果如图 6-14 和图 6-15 所示，由图可见，CO_2浓度最终稳定在国家规定的标准值范围内，误差控制在趋于零的范围内，数量级与浓度相同，能够实现控制目标。

6.2.1.3　室内空气质量控制技术研究

本研究针对不同功能公共建筑室内空气质量特点，对比建筑室内空气质量现有监测与控制的技术体系，构建室内空气多目标综合在线监测系统，实现建筑室内空气质量的优化控制；在此基础上，综合研究改善公共建筑室内空气质量与建筑运行能耗的优化控制策略，结合公共建筑室内环境设备运行能耗及关键参数的控制管理，集成开发建筑室内空气质量与运行能耗数据网络管理与共享平台，研究基于改善公共建筑室内环境质量前提下建筑室内环境设备运行能耗水平和碳排放量的优化措施和设备，实现建筑室内空气质量与建筑运行能耗在线监测系统联合运行控制。通过调研，在梳理多种空调形式的室内空气质量控制模式的基础上，提出特定条件下的室内空气质量控制策略，其中，各常见空调形式的控制方法如下：

（1）风机盘管加新风系统的常见控制模式如图 6-16 所示。

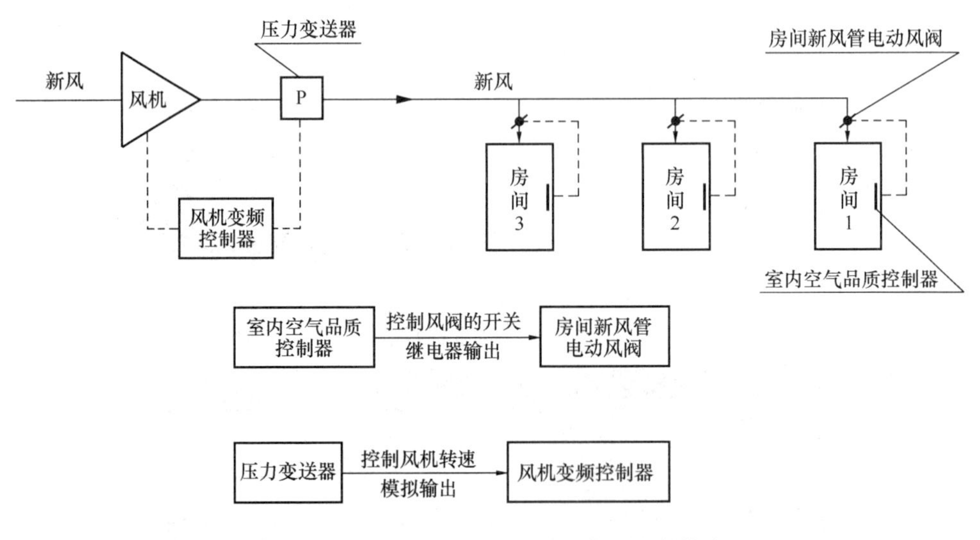

图 6-16　风机盘管加新风系统的常见控制模式

房间中的空气质量控制器（温湿度、CO_2、甲醛等传感器）将信号通过继电器输出给房间新风管的风阀，同时通过压力变送器控制风机转速，调整新风风量。

（2）全空气系统且单独送新风系统的常见控制模式如图 6-17 所示。

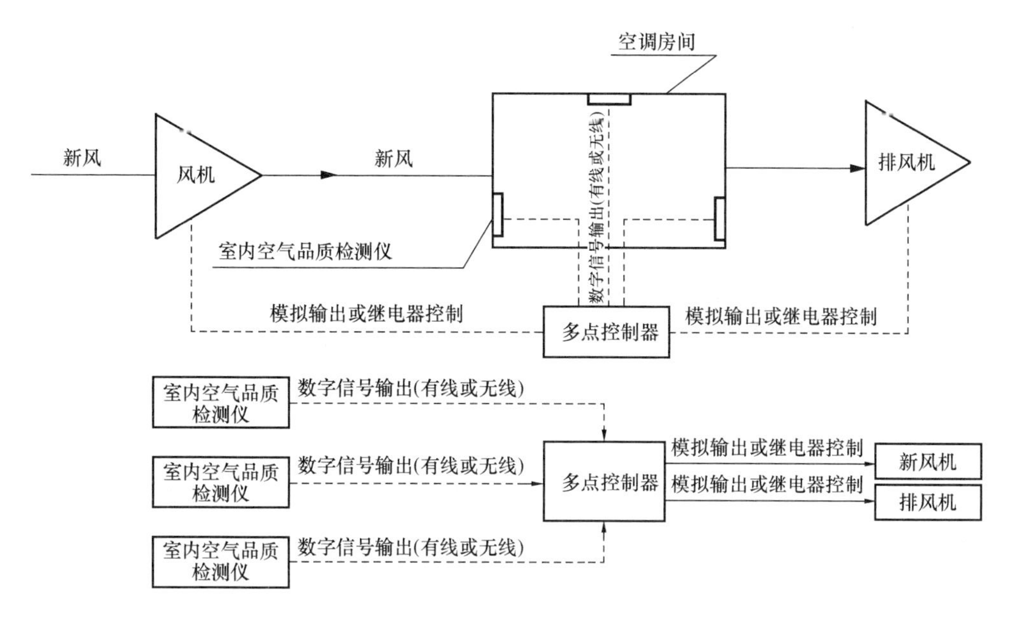

图 6-17 全空气系统且单独送新风系统控制模式

控制逻辑与风机盘管加新风系统大致相似，但由于一个房间的新风口数量较多，在控制程序上稍微复杂一些。

（3）全空气系统且新回风混合系统的常见控制模式如图（6-18）所示。

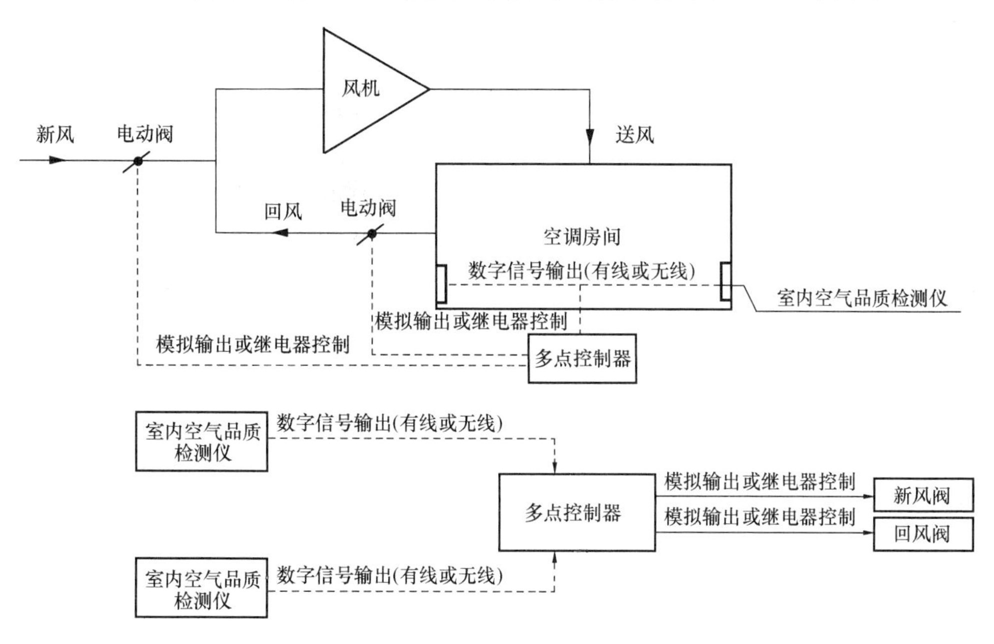

图 6-18 全空气系统且新回风混合系统的控制模式

此类空调形式的控制除需根据室内空气品质检测仪的信号控制新风的风量大小外，还需同时控制房间内回风的风量。由于还需进行多点控制的判断，此类空调形式的控制模式是三类中最复杂的一种。

6.2.2 基于无线传感网络技术的居室空气质量监测系统

传感器技术、计算机技术和通信网络技术的高速发展，带动了相关监测技术的进步与革新，现代监测技术已经不再是采集单一传感器信号和数据分析处理，而是综合多种技术，向智能化技术方向发展。在分析国内外空气质量监测技术的基础上，结合我国的客观实际条件，研制了面向居室的基于无线传感网络技术的空气质量监测系统，实现对室内空气污染物浓度参数和温湿度等条件参数的采集，并通过GPRS、WiFi 等多形式无线网络实现远程的数据监测、存储与分析。

6.2.2.1 分布式无线传感空气质量监测系统

(1) 监测系统的工作原理和组成

整个系统由多种气体传感器、温湿度传感器、气压传感器、无线微处理器单片机单元、具备 WIFI、蓝牙、GPRS 功能模块的移动终端（平板电脑、手机）及相应的嵌入式软件等部分组成。

无线传感模块装置，即系统监测前端的功能部分主要包含两个部分：一是数据采集模块，负责对空气质量参数的现场实时采集；二是无线通信模块，主要是采用 ZigBee 无线网络（ZigBee 模块的主要功能是建立行之有效的无线通信链路），实现将采集的空气质量数据安全上传到监测终端嵌入式计算机（平板电脑等）。

系统监测前端微机采集到一系列传感器的电量信号，并数字化转换，对采集得到的数据做初运算处理，得到被测气体浓度值或相关参数，将数据打包成约定格式发送到无线模块，数据再经由无线模块发送到嵌入式监测计算机（平板电脑、手机等）。终端嵌入式计算机（平板电脑、手机等）是虚拟仪器的载体，对监测数据进行分析、运算、存储和显示。监测软件是整个监测系统的关键和核心，通过基于 Android 、IOS 移动平台系统编程实现。

(2) 无线传感模块装置采集原则

影响空气质量的空气污染物很多，其中我国国家标准《室内空气质量标准》GB/T 18883 中规定限量的空气污染物有甲醛 HCHO、氨 NH_3、TVOC、苯系物

C_6H_6、臭氧 O_3、二氧化碳 CO_2 等。根据现有的空气质量监测要求，并考虑应用领域、系统的复杂程度、系统成本等，选择对空气质量影响比较大的一些监测项目，开发空气品质监测系统。

(3) 传感模块装置硬件系统

无线传感模块装置主要由现场传感器单元、采集转换数据处理单元、数据无线传输单元、电源供电 4 个单元集成。基于对系统设计的成本考虑，核心单元采用了低成本的 STM32、CC2530 等作为微控制器，远程数据传输模块采用了 CC2530 通信微机。

STM32 是意法半导体推出的 32 位 RISC（精简指令集计算机）微控制器系列产品，采用高性能的 ARM Cortex-M3 内核，工作频率为 72MHz，内置高速存储器（128K 字节的闪存和 20K 字节的 SRAM）。STM32 微处理器在外围相关电路作用下，构成最小系统，包括 3.3V 电源、8M 晶振时钟、复位电路、数字和模拟间的去耦电路、调试接口、串行通信接口等电路。STM32 系列处理器是新型的嵌入式微处理器，各方面的性能都优于 51 系列单片机，开发却与 51 系列单片机同样简便，STM32 微处理器有较高的处理速度，包含丰富的功能模块。

甲醛、苯、氨气等传感器主要采用电化学系列气体传感器，是定电位电解型传感器，被测气体与氧气在工作电极和对电极上发生相应的氧化还原反应并释放电荷形成电流，产生的电流大小与被测气体的浓度成正比，通过测试电流的大小即可判定被测气体浓度的高低。传感器的特点；低功耗、高精度、高灵敏度、线性范围宽、抗干扰能力强、优异的重复性和稳定性。

采用的臭氧传感器是定电位电解型传感器，通过电子线路将电解池的工作电极和参比电极恒定在一个适当的电位，在该电位下可以发生臭氧的电化学氧化或还原，由于氧在氧化和还原反应时所产生的法拉第电流很小，可以忽略不计，于是电化学反应所产生的电流与其浓度成正比并遵循法拉第定律，这样，通过测定电流的大小就可以确定浓度。

有机蒸气气体传感器采用多层厚膜制造工艺，在微型 Al_2O_3 陶瓷基片的两面分别制作加热器和金属氧化物半导体气敏层，封装在金属壳体内。当环境空气中有被检测气体存在时，传感器电导率发生变化。该气体的浓度越高，传感器的电导率就越高，传感器对甲苯、苯、甲醛等有机气体灵敏度高，可监测气体有甲苯、甲醛、苯、酒精、丙酮等，检测浓度范围为1～50ppm。

利用非色散红外（NDIR）原理的通用型、小型红外气体小模组对空气中的CO_2进行探测，其具有很好的选择性，无氧气依赖性。

数据无线传输单元为具备应用的多样性，所采用的关键通信技术有ZigBee通信、蓝牙以及无线WiFi通信。

1）ZigBee通信无线传感模块

ZigBee通信无线传感模块硬件上主要由两部分组成：CC2530负责的无线传感网络ZigBee的网络连接和通信；气体传感器负责数据采集。ZigBee是低功耗、低成本、低复杂度、低速率的近程无线网络通信技术：

① 低功耗；在低耗电待机模式下，2节5号干电池可支持1个节点工作6～24个月，甚至更长，这是ZigBee的突出优势。相比较，蓝牙能工作数周、WiFi可工作数小时。

② 低成本；通过大幅简化协议（不到蓝牙的1/10），降低了对通信控制器的要求，按预测分析，以8051的8位微控制器测算，全功能的主节点需要32kB代码，子功能节点少至4kB代码，而且ZigBee免协议专利费。

③ 低速率；ZigBee工作在250kbps的通信速率，满足低速率传输数据的应用需求。

④ 近距离；传输范围一般介于10～100m之间，在增加RF发射功率后，亦可增加到1～3km。这指的是相邻节点间的距离。如果通过路由和节点间通信的接力，传输距离将可以更远。

⑤ 短时延；ZigBee的响应速度较快，一般从睡眠转入工作状态只需15ms，节点连接进入网络只需30ms，进一步节省了电能。相比较，蓝牙需要3～10 s、WiFi需要3 s。

⑥ 高容量；ZigBee可采用星状、片状和网状网络结构，由一个主节点管理若干子节点，最多一个主节点可管理254个子节点；同时主节点还可由上一层网络节点管理，最多可组成65000个节点的大网。

⑦ 高安全；ZigBee提供了三级安全模式，包括无安全设定、使用接入控制清单（ACL）（防止非法获取数据）以及采用高级加密标准（AES128）的对称密码（以灵活确定其安全属性）。

⑧ 免执照频段；采用直接序列扩频在工业科学医疗 2.4GHz（全球）（ISM）频段。

ZigBee 通信无线传感采集系统的工作原理是监测计算机通过 RS 232 串口与 CC2530 无线协调器模块进行通信，上位机发送命令监测气体浓度，由 CC2530 无线协调器模块把监测命令下发给无线节点模块，ZigBee 通信无线传感模块通过 UART 通信把命令传递给 STM32 单片微机，微机接收命令并处理，同时接收传感器的数据包，解析数据包提取气体浓度值。相反的，把提取的气体浓度值由原路径反馈给监测上位机，从而实现了上位机对一个无线节点模块的控制。

如图 6-19 所示，一个无线协调器模块可以管控多个无线节点模块，这样可以完成上位机对多个 ZigBee 通信无线传感模块的控制，实时监测多个 ZigBee 通信无线传感模块的气体浓度值。

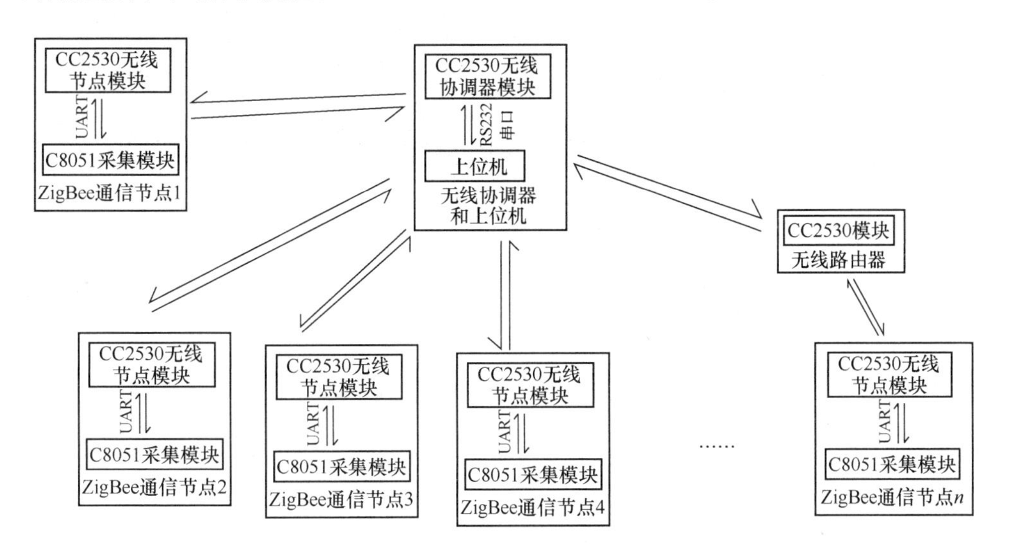

图 6-19 无线传感模块网络示意图

2）蓝牙通信无线传感模块

蓝牙通信无线传感模块可以分为三个部分：电压转换部分、蓝牙通信部分及传感器采集处理部分。

① 电压转换部分：电压转换的作用是把 220V 的交流电转化成能够满足模块工作的 5V 直流电压，通过输出低电压来对前端采集电路进行供电，使其正常工作，如图 6-20 所示。

② 蓝牙通信部分：这一部分主要是由 RF-BM-S01 低功耗蓝牙模块（见图6-21）和 STM32 单片机组成。在该通信模块中采用蓝牙模块的透传模式，STM32 可以通过模块的通用串口和移动终端进行双向通信，同时也对传感器部分传输的数据包进行解析和校验，提取数据包中气体的含量。移动终端可以通过 APP 发送读取如二氧化碳、甲醛等气体实时监测值的命令，蓝牙模块接受命令并转发给单片机，单片机处理命令之后接收由传感器部分传送的数据包，对该数据包进行解析和校验，保证提取气体数据的正确性。相反的，提取后的数据由单片机发出，经过蓝牙模块传递给移动终端，从而实现移动终端对气体浓度的实时监测。

图 6-20　墙壁嵌入式电压转换底板

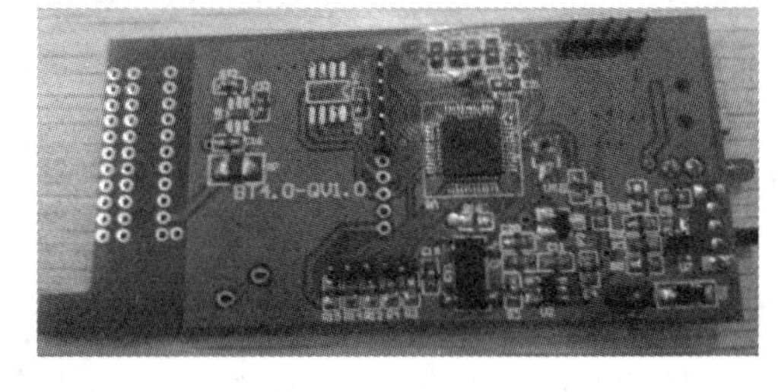

图 6-21　蓝牙模块实物图

③ 传感器部分：该部分主要用电化学模组，它采用高稳定性气体传感器、高性能微处理器，配合 USART 通信方式和 CRC 校验，使模块具有高可靠性。该部分通电后，气体传感器可以对二氧化碳、甲醛等气体产生微弱的电压值，经过放大和 AD 转换成气体浓度值，并把产生的数据包以 1 次/s 的频率向外发送给蓝牙通信部分，由蓝牙通信部分进行处理。

3）WiFi 通信无线传感模块

该模块同蓝牙通信模块的原理基本相似，也是以室内二氧化碳、甲醛等气体作为检测目标，以安卓、苹果智能手机或平板电脑作为移动终端来接收监测数据，用气体传感器来探测室内二氧化碳、甲醛等气体，同时能够生成一个数据包并把该数据包传输给单片机，单片机对数据包进行解析、提取气体浓度值，移动终端需要实时监测值时可以发送命令，通过 WiFi 模块来接收单片机提取的气体浓度值，从而达到在移动终端上对气体浓度实时监测的目的。该模块同样也可以分为三个部分：电压转换部分、WiFi 通信部分及传感器部分。

① 电压转换部分：WiFi通信模块内部电路需要的工作电压是5V左右，由于所需的工作电压低，所以不能直接接在220V的交流电上，需要经过这个电源转换电路来调节电压，从而输出一个使电路能够正常工作的电压范围。

② WiFi通信部分：主要由WiFi模块和STM32单片机组成。在通信过程中采用WiFi模块的透传模式，STM32可以通过模块的通用串口和移动终端进行双向通信，同时也对传感器部分传输的数据包进行解析和校验，提取数据包中气体的含量。移动终端可以通过APP发送读取一氧化碳、甲醛等气体实时监测值的命令，WiFi模块接受命令并转发给单片机，单片机处理命令之后接收由传感器部分传送的数据包，对该数据包进行解析和校验，保证所测气体数据的正确性。相反的，提取后的数据由单片机发出，经过WiFi模块传递给移动终端，从而实现移动终端对室内气体浓度的实时监测。

③ 传感器部分：该部分是以传感器为主体，采用高稳定性气体传感器、高性能微处理器，同蓝牙通信模块的传感器类似，都是用传感器来探测室内气体含量，同时会生成一个数据包，并把产生的数据包以1次/s的频率向外发送给WiFi通信部分，由WiFi通信部分进行处理。传感器的实物图如图6-22所示。

图6-22 墙壁嵌入式传感器基板

该电化学模组是通过USART进行通信的，模块工作于USART的主机模式，通过串口向上位机传输数据包。该电化学模组可以检测多种气体，如表6-8所示。

传感器类型编号及参数名称 **表6-8**

传感器类型编号	参数长度（字节）	参数名称
0×01	1	一氧化碳（CO-ME4）
0×02	1	二氧化氮（NO_2-ME4）
0×03	1	二氧化硫（SO_2-ME4）
0×04	1	硫化氢（H_2S-ME4）
0×05	1	一氧化碳（CO-ME3）

续表

传感器类型编号	参数长度（字节）	参数名称
0×06	1	二氧化硫（SO_2-ME3）
0×07	1	硫化氢（H_2S-ME3）
0×08	1	氧气（O_2-ME3）
0×09	1	氨气（NH_3-ME3）
0×0A	1	氯气（CL_2-ME3）
0×0B	1	一氧化碳（CO-ME2）
0×0C	1	苯（ME3）
0×0D	1	甲醛（ME3）
0×0E	1	二氧化氮（NO_2-ME3）

传感器发送数据包说明：如发送 AA A4 00 03 0C 05 00 00 5C 00 5A AE，其说明如表 6-9 所示。

传感器返回数据包　　表 6-9

传感器返回（例）											
Byte0	Byte1	Byte2	Byte3	Byte4	Byte5	Byte6	Byte7	Byte8	Byte9	ByteA	ByteB
起始字节	包类型	模组编号	模组编号	包长度	模组类型	气体浓度单位	有效小数	浓度低	浓度高	CRC 16 校验	CRC16 校验
0×AA	0×A4	0×00	0×03	0×0C	0×05	0×00	0×00	0×5C	0×00	5A	AE

气体浓度的精确度设置如表 6-10 所示。

传感器气体精确度设置　　表 6-10

有效小数		
序号	代号	状态
1	0×00	小数点后 0 位
2	0×01	小数点后 1 位
3	0×02	小数点后 2 位

气体浓度的单位见表 6-11。

传感器气体浓度设置　　表 6-11

气体浓度单位		
序号	代号	状态
1	0×00	PPM
2	0×01	VOL
3	0×02	LEL

气体数据包提取的示例：

如数据包 AA A4 00 03 0C 05 00 00 5C 00 5A AE，主要信息的提取：

AA 为包头；

A4 包类型-A4 为数据包；

00 03　　模组序号；

0C　　包的长度；

05　　一氧化碳模组；

00　　气体浓度单位为 PPM；

00　　小数点后 0 位；

5C 00　　十六进制 0×005C，即 92ppm；

5A AE　　CRC16 校验。

（4）分布式无线传感空气质量监测系统

分布式无线传感空气质量监测系统的嵌入式移动终端实体图及显示界面如图 6-23 所示。

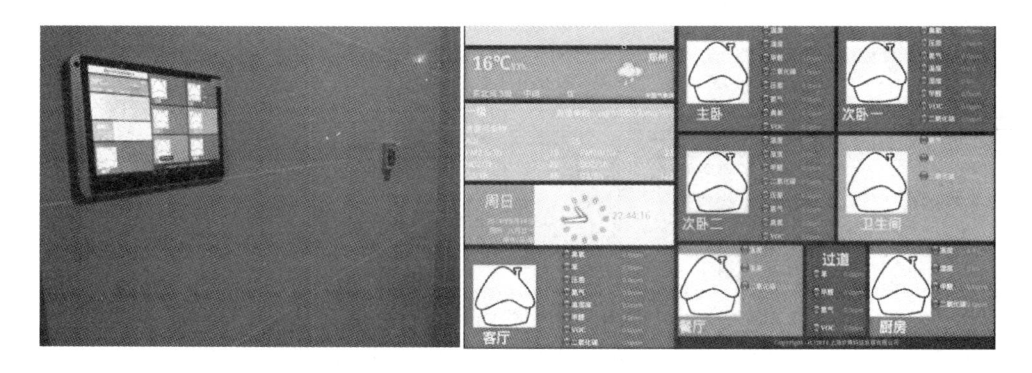

图 6-23　嵌入式移动终端及其显示界面（平板电脑）

远程监测计算机 VOC、甲醛、CO_2 数据及历史数据采集界面如图 6-24～图 6-27。

6.2.2.2　集成模式空气质量监测系统的模块产品

集成监测模块与手持移动终端如图 6-28 所示。模块产品内置气体浓度检测传感器采集电路，传感器可选配集成，主要传感器为甲醛传感器、$PM_{2.5}$ 传感器、VOC 传感器、二氧化碳传感器、臭氧传感器、氨传感器、温湿度传感器等，采用

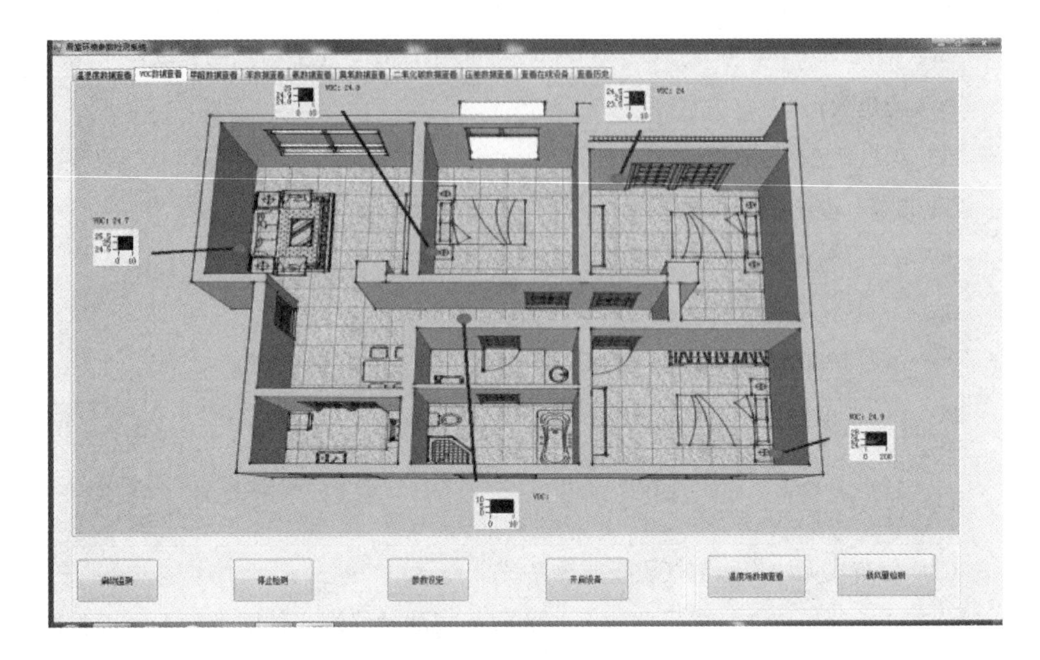

图 6-24　远程监测计算机 VOC 数据采集界面

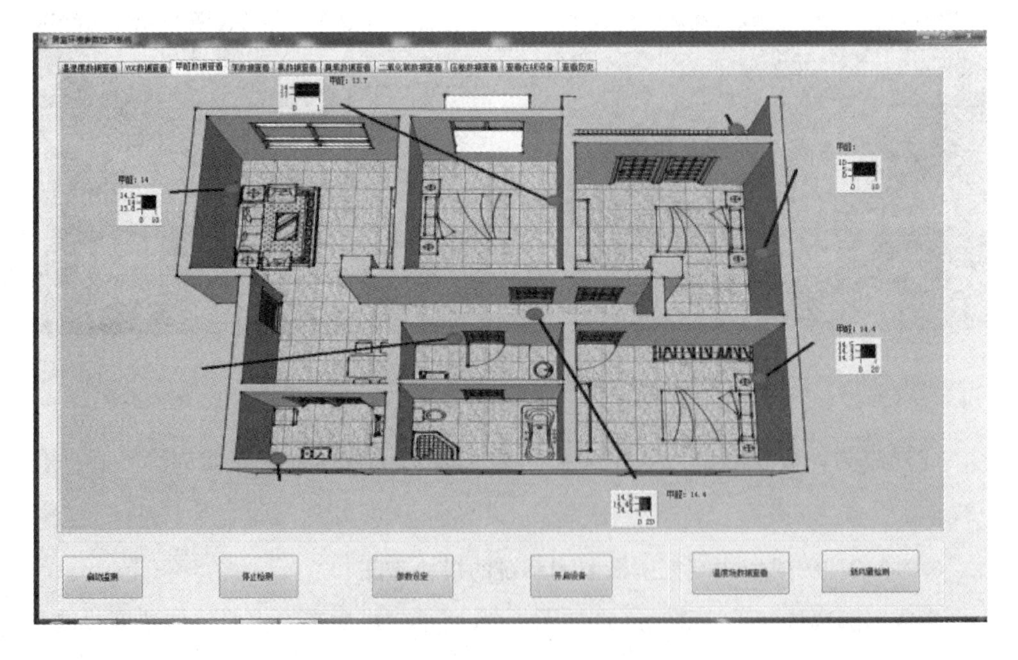

图 6-25　远程监测计算机甲醛数据采集界面

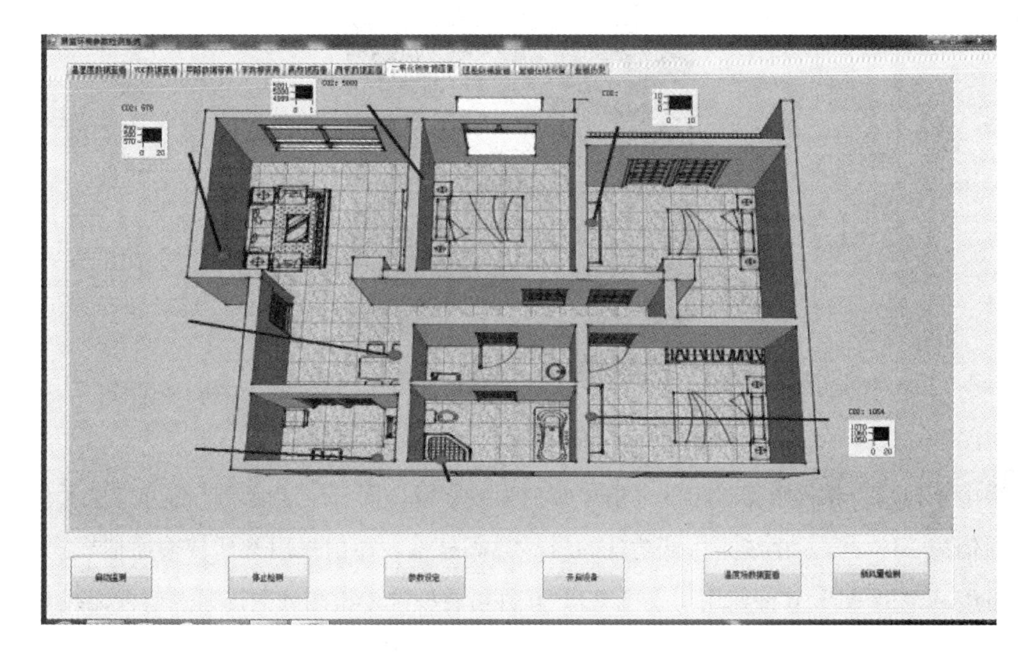

图 6-26 远程监测计算机二氧化碳数据采集界面

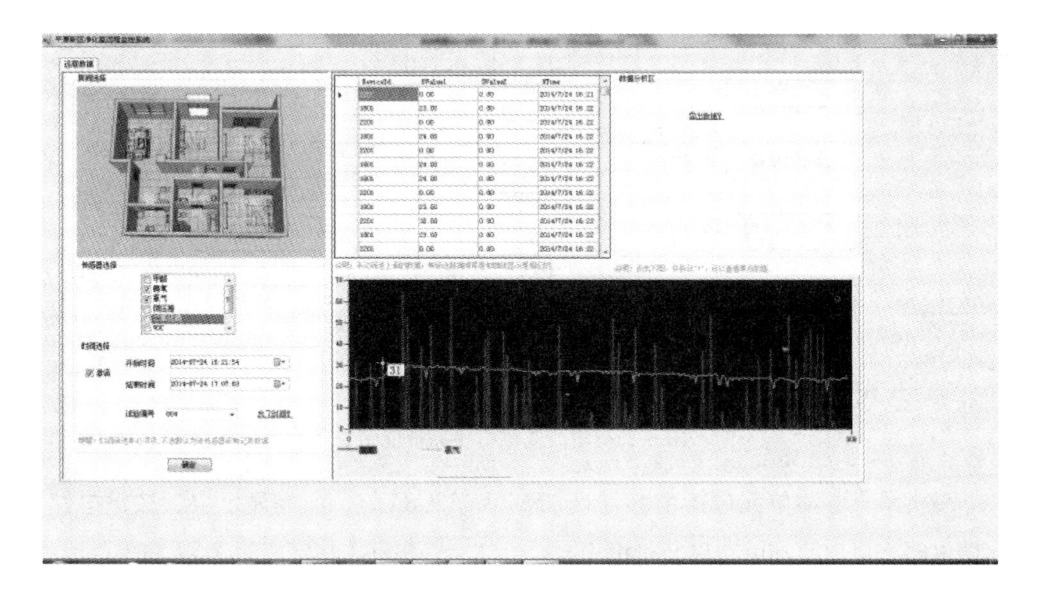

图 6-27 远程监测计算机历史数据读取界面

图 6-28　集成监测模块与手持移动终端

微电子技术，将传感器输出的电信号转变为数字量。同时，该模块产品可集显示和通信为一体，显示系统采用低功耗的液晶数码显示，通信采用蓝牙传输通信模式，可配套手机 APP 软件使用，手机 APP 软件可将模块中检测的数据通过蓝牙无线通信的方式获取，并可以图形化的界面显示 VOC/甲醛/CO_2浓度变化曲线。集成监测模块原理图和布置结构示意图如图 6-29 所示。

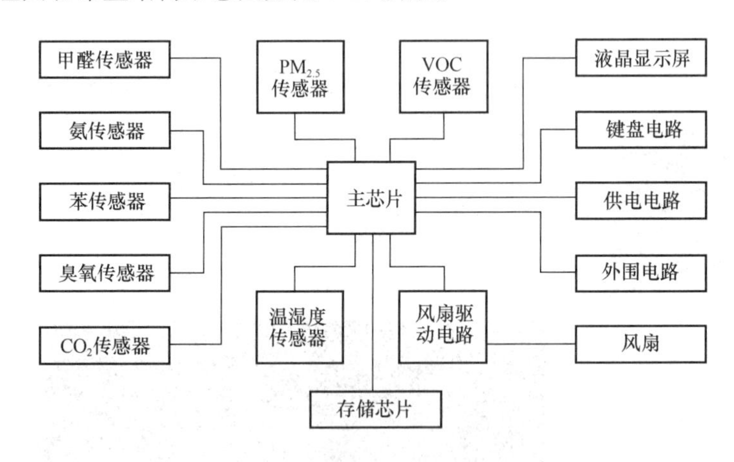

图 6-29　集成监测模块原理框图

微机采集驱动单元包括主芯片（STM8L152C8T6）、液晶显示屏、按键电路、存储电路、风扇驱动电路以及供电电路。主芯片 STM8L152C8T6 通过 SPI 总线的协议方式将采集到的数据存储到 M95320 型存储芯片中，应用主芯片（STM8L152C8T6）自带的液晶驱动模块连接液晶显示屏显示系统的相关信息，并以 I/O 采集的方式与按键电路连接。

气体传感装置单元由系列传感器通过焊接的方式与总线母板连接，传感器组件中 MH-Z14 型红外光 CO_2 传感器、ME3-O3 型电化学臭氧传感器、ME3-C6H6 型电化学苯传感器、ME4-NH3 型电化学氨传感器、ME3-CH20 型电化学甲醛传感器通过 UART 总线的通信方式与主芯片连接，MP502 型电化学 VOC 传感器产生的电压信号通过 I/O 的方式与主芯片中自带的 A/D 转换模块连接，ZPH01 型 $PM_{2.5}$ 传感器产生的脉冲信号通过 I/O 的方式与主芯片连接，SHT10 型温湿度传感器通过单总线的通信方式与主芯片连接。

以风扇空气驱动形成主动空气采样模式，主芯片 STM8L152C8T6 通过 I/O 口的方式控制风扇驱动电路以驱动风扇转动，使各空气传感器能够有效采集被测气体。

WiFi（或选配蓝牙等）通信部分主要是由 WiFi 模块和主芯片组成。在通信过程中采用 WiFi 模块的透传模式，主芯片可以通过模块的通用串口和移动终端进行双向通信，同时也对传感器部分传输的数据包进行解析和校验，提取数据包中气体的含量。

移动终端平板电脑和手机 APP（软件）发送读取气体实时监测值的命令，WiFi 模块接受命令并转发给主芯片，主芯片处理命令之后接收由传感器部分传送的数据包，对该数据包进行解析和校验，保证所测气体数据的正确性。相反的，提取后的数据由主芯片发出经过 WiFi 模块传递给移动终端，从而实现移动终端对室内气体浓度的实时监测。

移动终端平板电脑和手机 APP（软件）为主流操作系统（iOS，Android）APP 应用，监测模块产品与手机通过蓝牙或者 Wifi 连接。APP 包含显示监测实时值及历史值，能够绘制气体浓度曲线，能够与国家标准比较，显示超标情况及相应的对健康的危害程度，针对气体超标情况提出相应改善建议，如图 6-30 所示。

6.2.3 建筑能源监控平台研究

结合课题需求以及针对环境监控这个大平台，将能源监测与环境监测的平台建设分为两个阶段，结合实际需求，首先课题组研究解决了能源管理的问题，第二个阶段是根据环境污染物的分布特点和规律，在能耗平台上集成研发了环境监管平台。

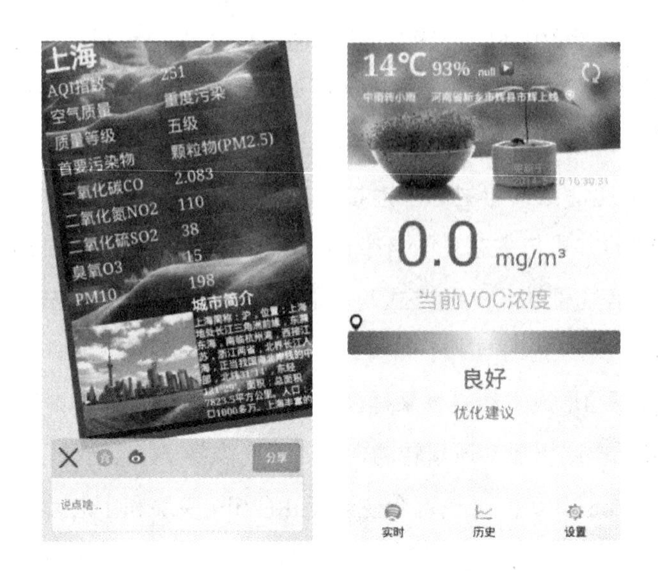

图 6-30　APP 图示

课题组于“十二五”期间研究开发并完成了“重庆市国家机关办公建筑和大型公共建筑节能监管体系”（下简称公共建筑能耗监测平台）和“重庆市可再生能源应用监测平台”（下简称可再生能源监测平台）的建设，通过远程传输等手段及时采集数据，实现建筑基本信息、能耗、运行状态的在线监测和动态分析功能。研究编制了重庆地区太阳能热水应用评估分析软件一套（正在申报），出版《太阳能光热技术的建筑应用——以重庆地区为例》专著一本。

6.2.3.1　公共建筑能耗监测平台

（1）监测内容

公共建筑能耗监测平台监测内容包括：

建筑基本信息：建筑名称、建筑地址、建设年代、建筑层数、建筑功能、建筑总面积、空调面积、供暖面积、建筑空调系统形式、建筑供暖系统形式、建筑体形系数、建筑结构形式、建筑外墙材料形式、建筑外墙保温形式、建筑外窗类型、建筑玻璃类型、窗框材料类型等。

能耗数据：电量、水耗量、燃气量（天然气量或煤气量）、集中供热耗热量、集中供冷耗冷量、其他能源应用量。其中，电量分为 4 个分项进行监测，包括照明插座用电、空调用电、动力用电和特殊用电等。

（2）主要功能

能耗监测：对选取的建筑物的耗能设备安装分项计量装置，通过实时采集、统计、分析各项能耗数据，实现对能耗的实时动态监测。

能耗统计：对重庆市国家机关办公建筑和大型公共建筑进行能耗的基本情况、能源消耗（水、电、气等能源形态）分类计量和分项计量，数据采集时间分时、日、周、月、季度、年度进行统计与分析。同时，结合统计数据找出建筑各设备的合理能耗水平，为建筑能源预警管理提供设备合理运行能耗标准值。

预警管理：通过设置监测数据的预警条件，在超过设备设定值时，平台向管理者发出警报（例如短信形式），提醒并督促建筑管理者改善设备运行状况，起到杜绝浪费、减小损失、科学利用能源的效果。

能耗公示：通过对监测建筑的能耗进行统计分析，按相关能耗对所有建筑进行排序、公示，做到节能效果的公开、公平、公正评比，敦促各项建筑节能工作的开展。

能耗趋势：系统平台提供分类、分项能耗，某个时间段的能耗趋势，按照总量、单位面积等方式进行分析。以利于建筑管理者对建筑能耗构成和用能情况进行分析，以便建筑节能运行管理措施的进行。

能源分析：分析系统平台实时采集所得数据并汇总形成报告，深度掌握各类型建筑的用能特征，掌握建筑各部分能耗的构成，为促进节能运行管理和高效节能改造措施的实施，提供更具说服力的数据支撑。

公共建筑能耗监测平台界面图如图 6-31 所示。

6.2.3.2 可再生能源监测平台

（1）监测内容

可再生能源监测平台监测内容包括：

太阳能热水系统监测参数：总辐射、集热系统循环流量、水箱内水温、环境温度、集热系统进出口温度、冷水温度、太阳能供热水温度等。

地源热泵系统监测参数：热泵机组用户侧进出口温度、机组输入功率、水泵输入功率、室内外温度、室外气象参数等。

（2）主要功能

① 可再生能源系统应用性能指标参数的实时在线监测：该监测系统采用实时

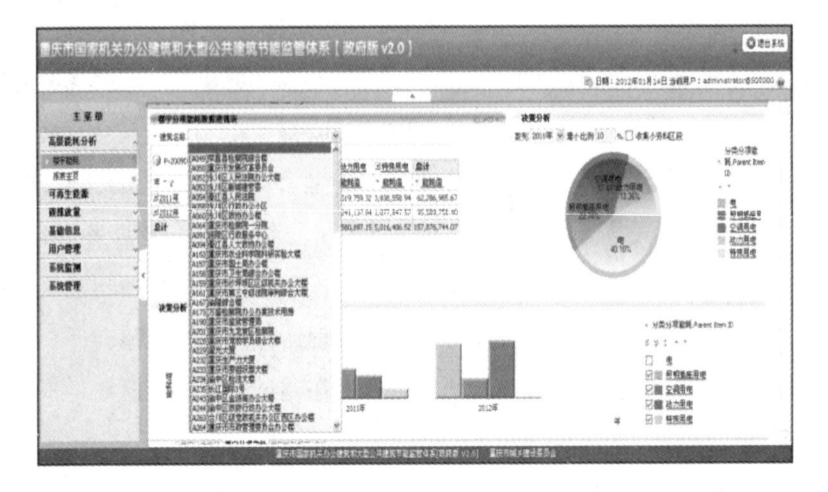

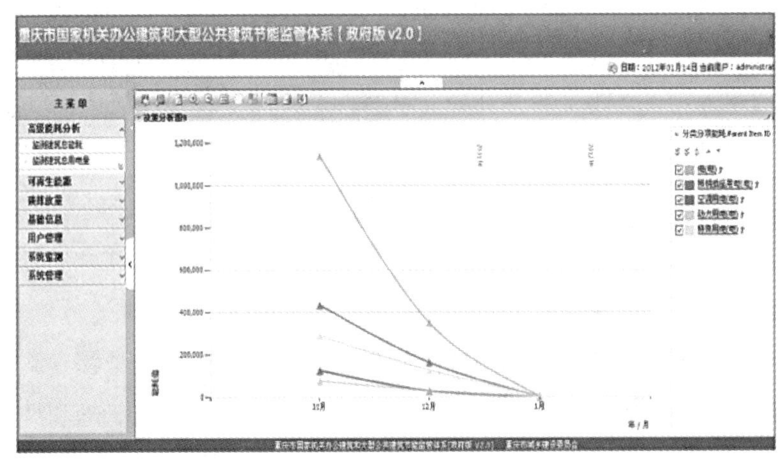

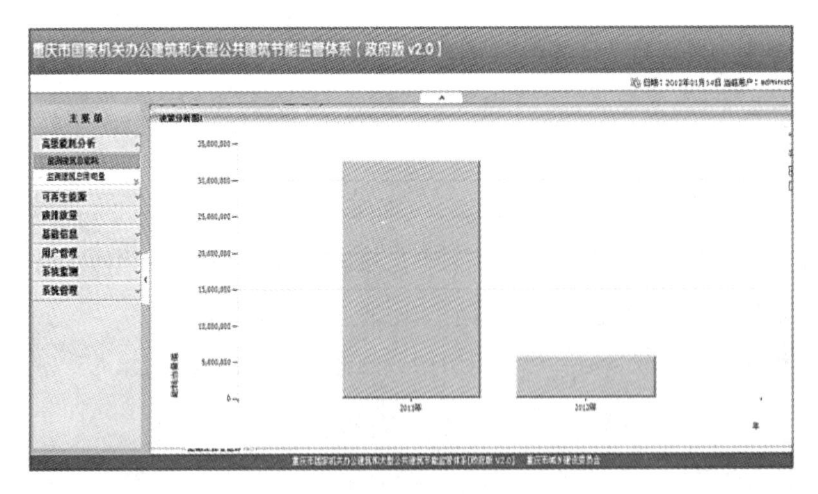

图 6-31　公共建筑能耗监测平台界面图（一）

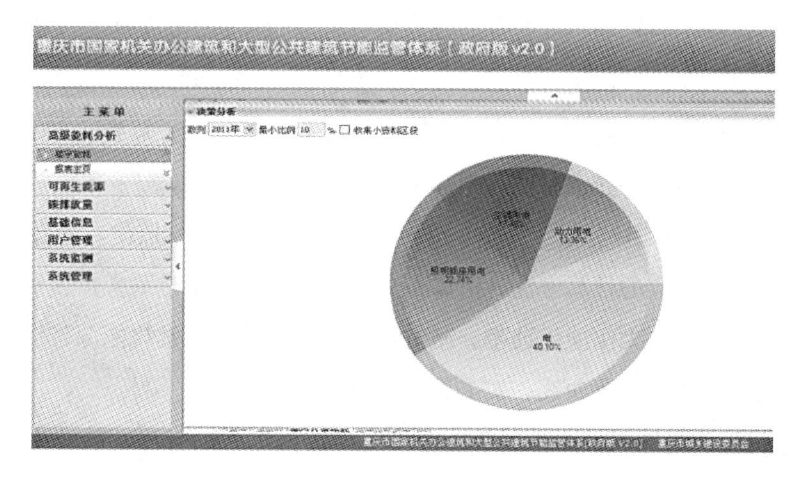

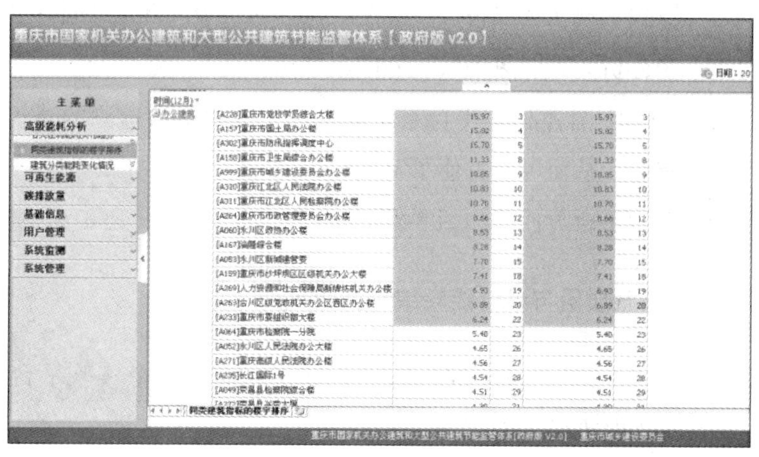

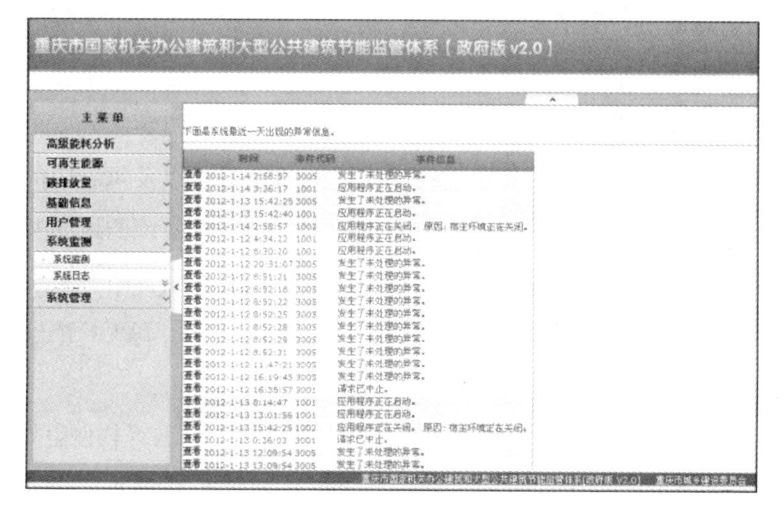

图 6-31 公共建筑能耗监测平台界面图（二）

监测、无线传输、客户端远程查看的方式对可再生能源系统的各类主要参数实现连续记录，实时发布。可以实现对室外环境参数、集热系统得热量、集热系统效率、太阳能保证率的实时监测。比如在登陆客户端之后可以实时了解当前太阳能热水系统的室外环境参数、供热水温度、集热系统参数等。

② 历史数据的统计分析：该监测系统通过对参数的实时监测，对监测值进行储存记录，根据相应的计算方法，可以得出监测时间段内集热系统得热量、水箱热损系数、集热效率、太阳能保证率、减排量、项目费效比、常规能源替代量等监测性能指标的值并绘制变化曲线，对参数进行分析。

③ 数据报表的导出：该监测系统可以实现数据报表的导出功能，用户可根据需要导出集热/总热/常规能耗热报表、节能效益评估报表和环境效益评估报表，从而便于用户进一步分析太阳能热水系统的应用效果。

④ 建筑信息管理：在本监测平台系统客户端中可以对所监测的建筑信息、系统原理图等进行查看，从而可以方便了解系统形式、建筑情况。

可再生能源监测平台界面图如图 6-32 所示。

6.2.4 室内空气质量与运行能耗综合监测平台

为了分析研究通风空调系统的运行能耗特点，需对整个实验平台中的设备（包括组合式空气处理机组、新风机组、风机盘管、风冷热泵、水泵、风机等）进行监控和动态调节；为了实现智能化控制，以及室内空气质量水平的最优化新风模式研究，需要对空调系统风系统和室内的环境水平（包括温湿度、风速、二氧化碳、TVOC 等）进行监测。整个实验平台采用以计算机为基础，可实现远程遥测、集中显示和自动控制的集中监控系统，对所有设备以及风管中的参数进行监控。可根据室内环境与能源的动态监测反馈，实现空调系统的风阀开度、送风温度、水泵转速、风机转速等系统参数的动态调控，从而实现空调系统能耗、送回风及新风风速、供回水温度、二氧化碳浓度、甲醛浓度、TVOC 浓度等参数的实时监控。

重庆大学开发的“重庆大学室内环境在线监控系统”已取得软件著作权，如图 6-33 所示。建筑室内环境监控测试平台的登录界面如图 6-34 所示，由简洁清新的画面构成，方便用户使用。

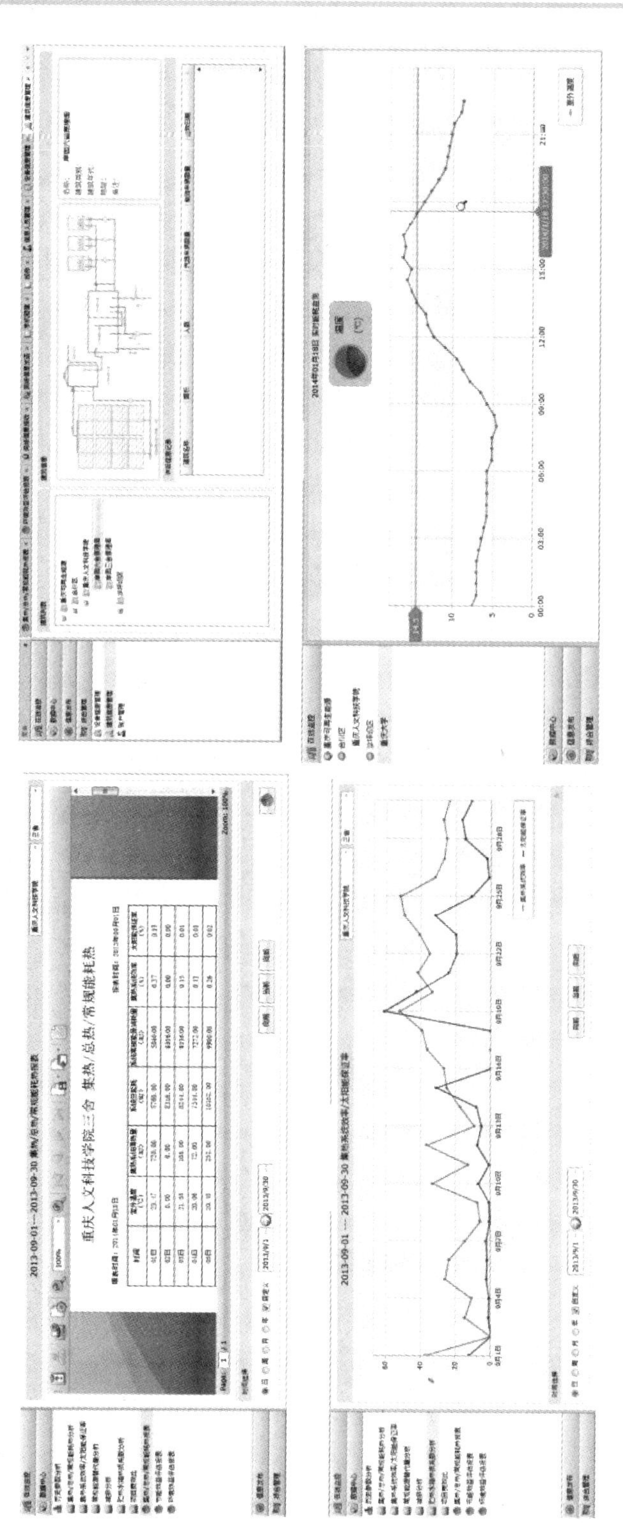

图 6-32 可再生能源监测平台界面图（一）

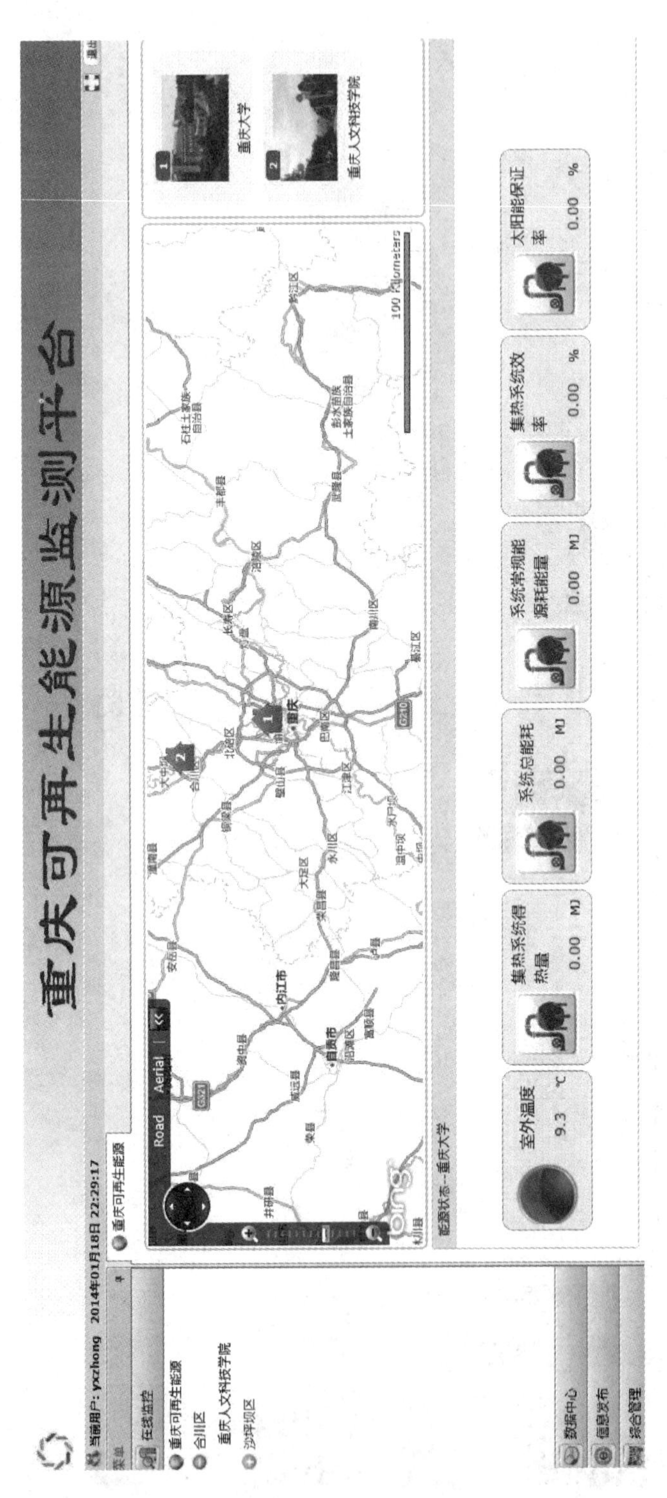

图 6-32　可再生能源监测平台界面图（二）

中华人民共和国国家版权局

计算机软件著作权登记证书

软件名称：重庆大学室内环境在线监控系统 V1.0

著作权人：重庆大学

开发完成日期：2015年09月20日

首次发表日期：未发表

权利取得方式：原始取得

权利范围：全部权利

登记号：2016SR036101

根据《计算机软件保护条例》和《计算机软件著作权登记办法》的规定，经中国版权保护中心审核，对以上事项予以登记。

图 6-33 室内环境在线监测系统著作权登记

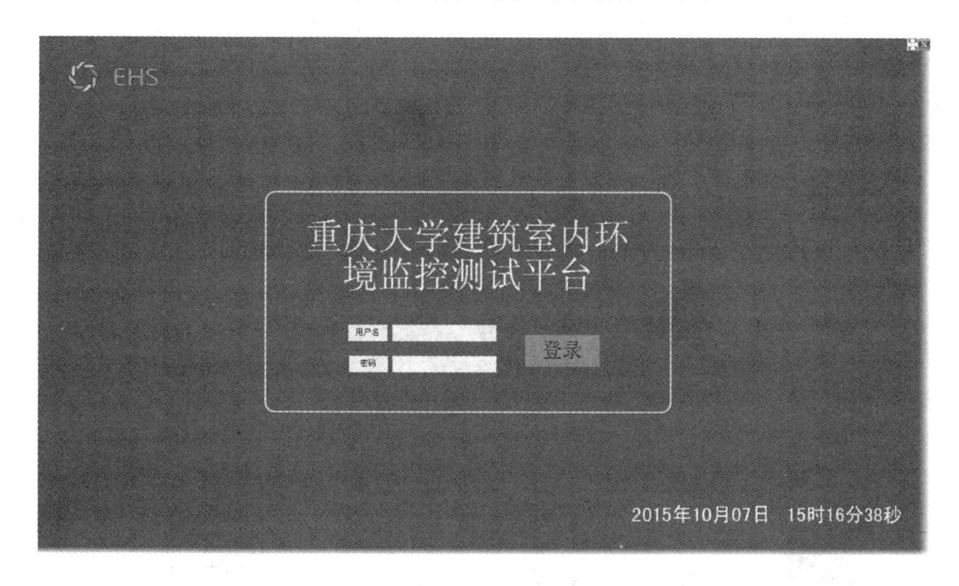

图 6-34 室内环境监控测试平台登录界面

平台能够对风系统以及水系统的参数进行监测，如风系统中的送风温度、风阀开度等参数。同时，能够对个别参数进行控制，如风阀开度。平台展示的风系统图和水系统图与实际工程图一致，能够直观地看出每个房间、每个区域的室内环境整体情况，并进行监测和控制，如图 6-35 所示。

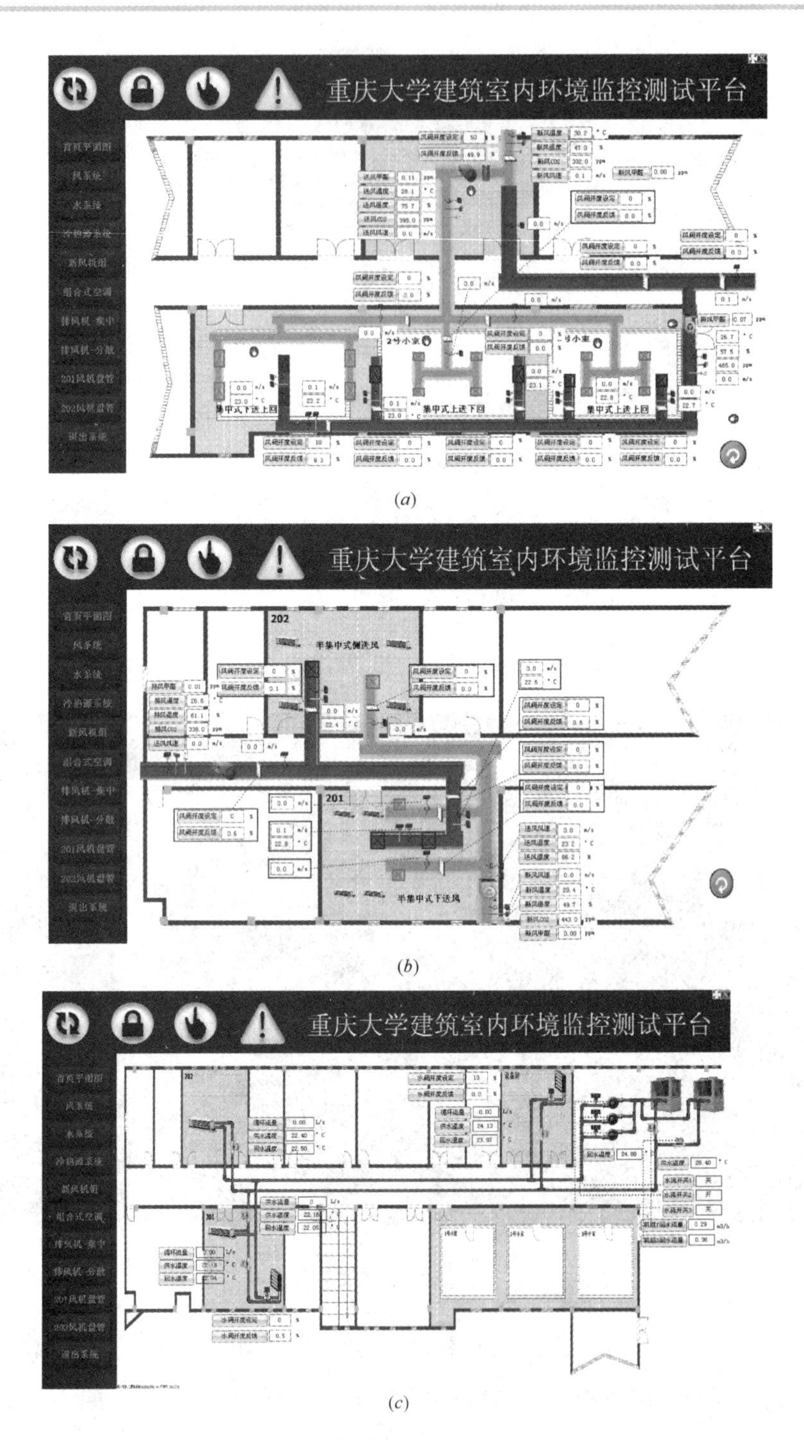

(a)

(b)

(c)

图 6-35 室内环境监测平台系统图（一）

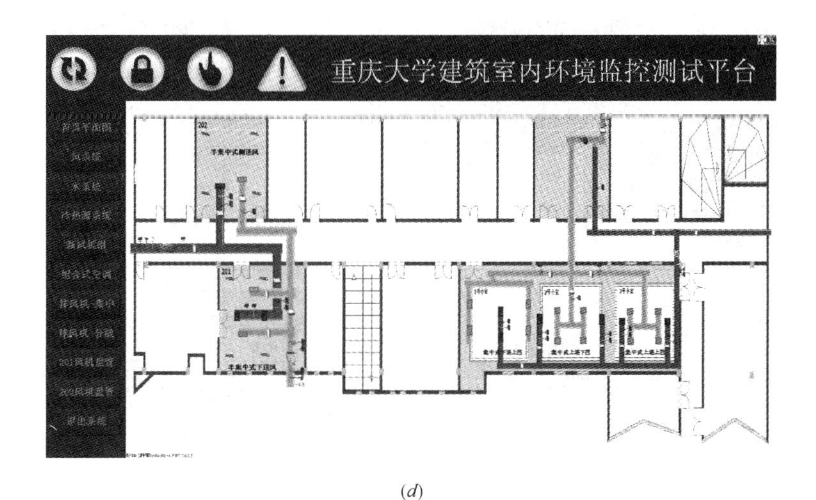

(*d*)

图 6-35 室内环境监测平台系统图（二）

平台对冷热源以及末端也进行了监测及控制，在冷热源端，着重针对能耗进行了监测，对供回水温度以及水泵和风冷热泵能耗进行了监测；在末端，对送风参数、回风参数及新风参数进行了监测，并能够控制风阀、水阀和送风温度，对送风量以及新风比等参数进行了调节。室内环境监测平台设备参数设置界面如图 6-36 所示。

6.2.4.1 空调系统自控要求概述

参考相关标准规范要求，结合实际确定了空调风系统和水系统中的测点位置：尤其是风量（风速）的测点布置，应设置于距上游局部阻力构件至少 5 倍管径，距离下游局部阻力构件至少两倍管径，当条件受到限制时，距离可适当缩短。

（1）集中通风空调系统

风系统：根据实验要求，需在组合式空气处理机组的新风管段、回风管段、送风管段，排风系统的排风管段处以及通往各个实验环境房间的送风回风支管段布置各种参数的测点，具体有温湿度检测、二氧化碳检测、风速检测等，如图 6-37 所示。

组合式空调机组：组合式空调机组表冷段进出水温度、流量，进出口空气温度、湿度；组合式空调机组再热段进出水温度、流量，进出口空气温度、湿度；组合式空调机组过滤段进出口静压，布置相应测点。测量末端空调机组的能耗，设置功率测点。集中通风空调系统风系统测点布置图如图 6-37 所示。

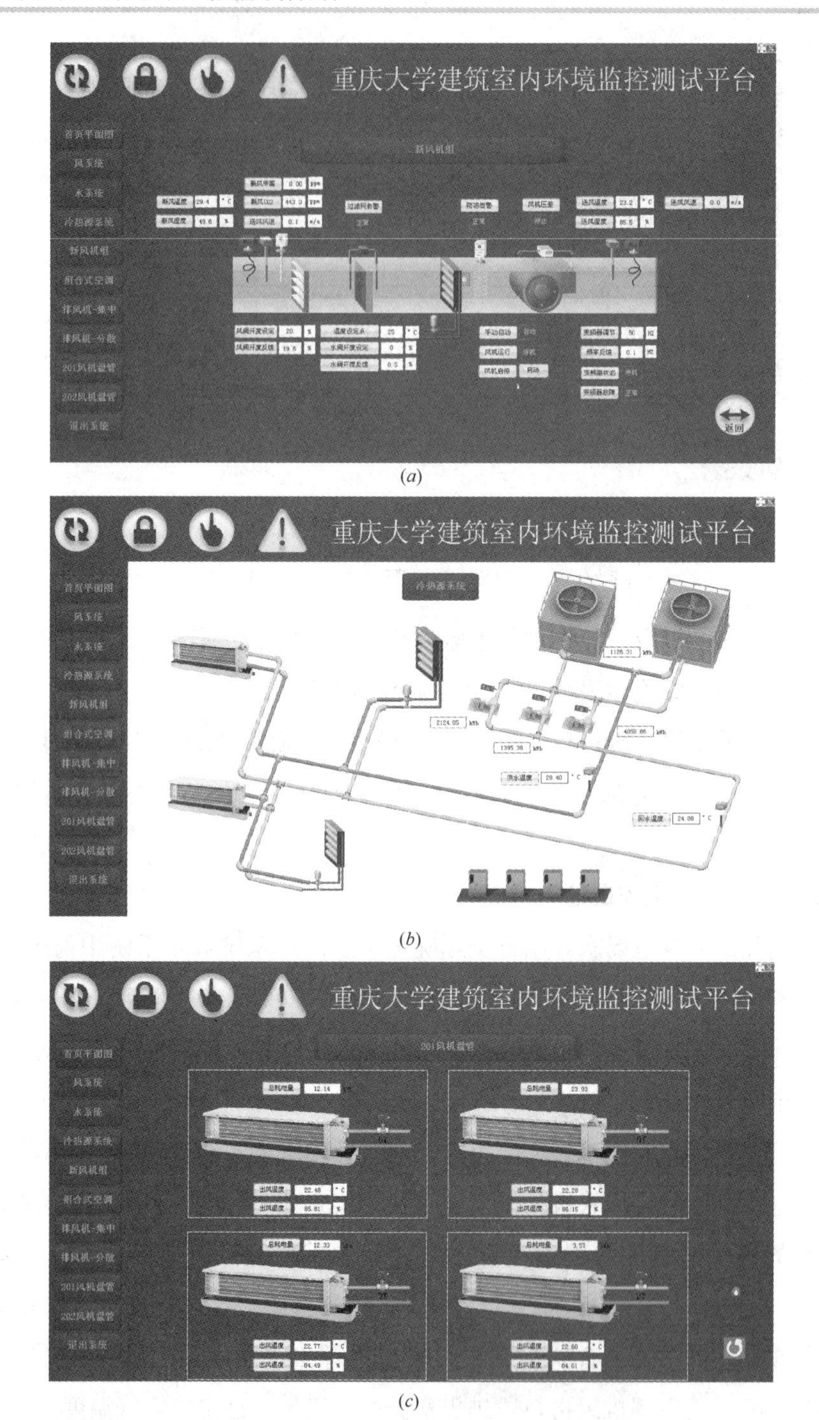

图 6-36　室内环境监测平台设备参数设置（一）

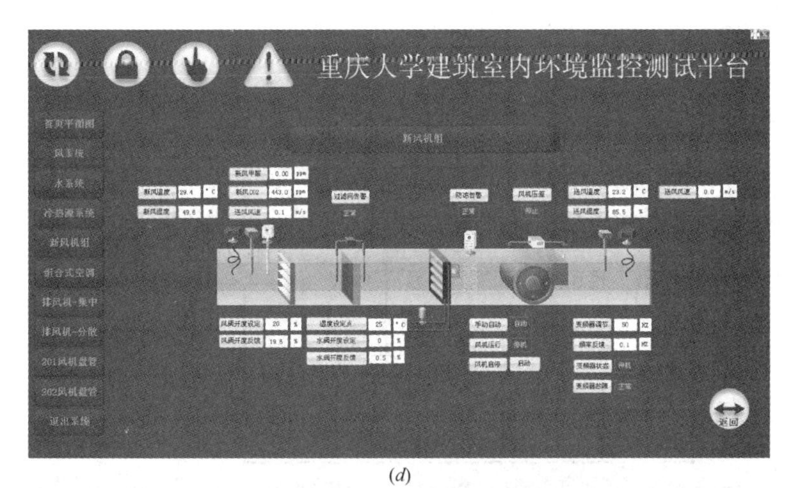

(*d*)

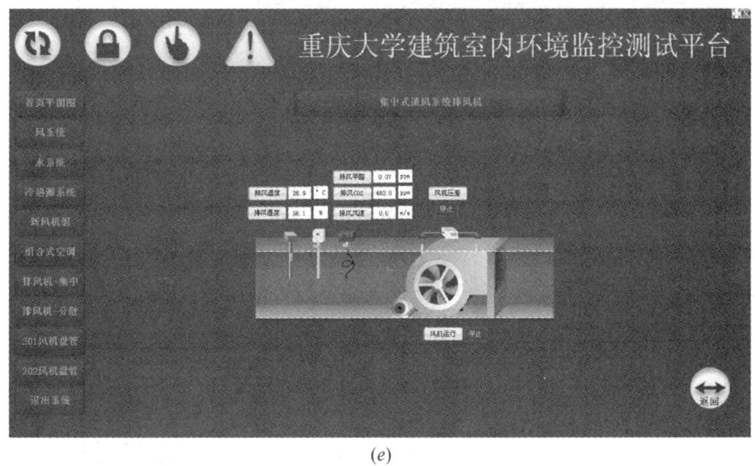

(*e*)

图 6-36 室内环境监测平台设备参数设置（二）

（2）半集中式空调系统

风系统：需要在新风机组的新风管段，排风机的排风管段，通往各个实验运行房间的新风支管、排风支管段处，风机盘管的送风管段布置各种参数的测点，具体有温湿度检测、污染物二氧化碳检测、污染物 TVOC 检测、风速检测等。

新风机组和风机盘管末端：风机盘管进出口水温度、流量，风机盘管出口静压；新风机组水管处进出口水温度、水量；新风机组进出口空气温度、湿度、静压；机组启停状态，布置相应测点；测量风机盘管和新风机组的能耗：设置功率测点。图 6-38 为半集中通风空调系统风系统测点布置图。

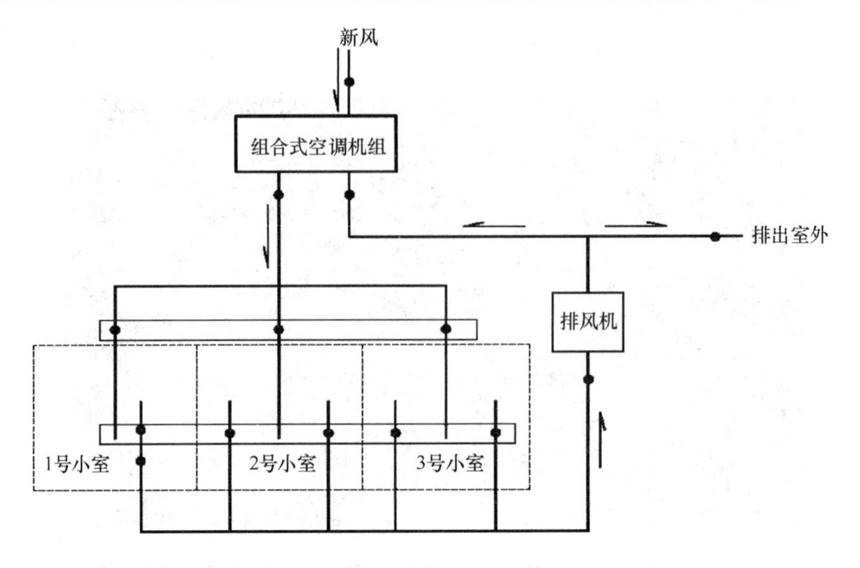

图 6-37 集中通风空调系统风系统测点布置图

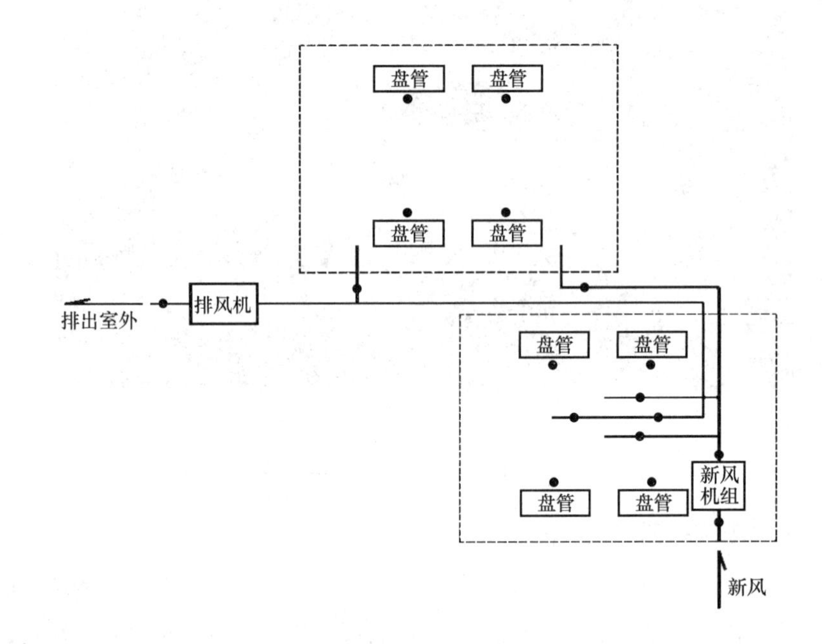

图 6-38 半集中通风空调系统风系统测点布置图

（3）机房设备监测

热泵机组：检测热泵机组冷冻水测的进出水温度、压力以及流量，布置水温、压力和流量测点。检测热泵机组电动机输入线端的输入功率，布置功率测点。

水泵：测量水泵流量，测量流量测点宜设在距上游局部阻力构件 10 倍管径，距下游局部阻力构件5倍管径处。压力测点应设在水泵进出、口压力表处。测量水泵的输入功率，在电动机输入线端布置功率测点。

6.2.4.2 室内测点要求概述

为了研究不同环境参数（包括热湿环境和室内污染物水平）对室内不同污染物的动态分布影响，以及研究通风空调系统运行时的特征污染物及其变化规律，需要在室内空间布置各种环境参数的在线监测系统，主要包括热湿环境参数和室内典型污染物浓度水平监测，采用计算机远程在线监测，将测点传感器检测参数传输到计算机进行显示和调控。

测量的参数包括：热湿环境参数，主要是温度、湿度和风速；室内典型污染物，包括二氧化碳（主要表征室内新风量测试的示踪气体和人体污染物释放水平）、TVOC（表征室内挥发性有机化合物的总体水平）、甲醛（表征室内主要污染物）。

（1）集中空调系统

结合《室内空气质量标准》GB/T 18883等相关标准以及环境小室实际情况，集中通风空调系统作用的环境小室测点布置主要考虑以下原则：

测试平面内测点均匀布置，竖直方向上均匀布置；

竖直方向上，0.4m为下风口中心高度；

竖直方向上，1.2m为成年人坐姿状态呼吸带高度；

竖直方向上，1.6m为成年人站立状态呼吸带高度；

竖直方向上，2.4m为接近房间顶部风口高度；

（2）半集中式空调系统

风机盘管加新风系统作用的房间测点主要考虑以下原则：

测试平面内测点均匀布置，竖直方向上均匀布置；

竖直方向上，1.2m为成年人坐姿状态呼吸带高度；

竖直方向上，1.6m为成年人站立状态呼吸带高度；

竖直方向上，2.8m为侧送、回风口中心高度。

6.2.4.3 空调系统不同试验工况的调试方案

（1）集中通风空调系统

1）气流组织形式对室内环境水平的影响

① 实验内容。三个环境小室分别采用不同的送回风形式（1号小室为置换送

风、2号小室为上送下回、3号小室为上送上回），在保证3个环境小室送风量相同（这个相同送风量的大小可以变化）的情况下，在线监测室内热湿参数和污染物浓度水平及其动态分布。

② 自控需求。调节送风支管的电动调节阀，使得3个环境小室的送风量（即每个环境小室所连接的送风支管监测风量之和）保持相同，同时，在此工况下，需要对整个系统进行监测与控制。

参数监测：包括整个系统中所有的传感器、设备（组合式空调系统、排风机、风冷热泵、水泵、新风机组、风机盘管等）的参数监测和显示。

设备联锁：使相关设备按某一指定程序顺序启停。联锁保护包括：组合式空调风机与集中空调系统的排风机；集中空调系统中新风管和排风管上的电动调节阀；新风机组和半集中空调系统的排风机；空气调节系统的电加热器应与送风机联锁，并应设无风断电、超温断电保护装置；电加热器的金属风管应接地。

能量计量：包括计量系统的冷热量、水流量及其累计值等，它是实现系统以优化方式运行、更好地进行能量管理的重要条件。

2）不同总送风量对室内环境水平的影响

① 实验内容。组合式空调机组在不同的总送风量工况下，即总送风量按照等差变化，但保证新风比不变的情况下，对室内环境水平（包括风场、温湿度以及典型污染物浓度）的动态分布特点进行在线监控。

② 自控需求。调节组合式空调变频风机的变频器，从而改变系统的总送风量（通过组合式空调出口处的风速测点来确定总的送风量并能显示出来），在此工况下，需要对整个系统进行检测与控制。以上实验过程中需要满足以下控制条件：保证三个环境小室的风量平均分配，通过改变集中空调系统送风管道上的阀门开度来达成；保证新风比不变并能显示其值，通过组合式空调的回风支管、新风支管上传感器所确定的回风量和新风量得到。

3）不同新风量对室内环境水平的影响

① 实验内容。在保证组合式空调机组总送风量不变的条件下，改变新风比，在不同的新风比工况下，对室内环境水平（包括风场、温湿度以及典型污染物浓度）的动态分布特点进行在线监控。

② 自控需求。不改变组合式空调机组中风机变频器的转速，从而使得总风量

（通过送风总管上布置的风速测点确定）保持不变。在此基础上，改变新风比（通过改变新风管上的阀门开度来调节新风量，通过通往机组的回风管和排往室外的排风管上的阀门开度调节回风量），并需要对整个系统进行检测与控制。

（2）半集中通风空调系统

1）气流分布形式对室内环境水平的影响

① 实验内容。201 房间以及 202 房间采用不同的送回风形式（201 房间采用上送上回，202 房间采用侧送侧回），在线监测室内热湿参数和污染物浓度水平和其动态分布。

② 自控需求。调节风机盘管的高中低档以确定房内回风量；调节新风管上总管、支管的阀门，确定房间内的新风量和排风量，并显示不同风量值。在两个房间风量不同或相同时，需要对整个系统进行监测与控制。

2）不同新风处理状态对室内环境水平的影响

① 实验内容。在两个安装半集中通风空调系统的房间内做独立的实验，将新风处理至不同的状态（一种是处理至室内焓值，不承担室内负荷；另一种是低于室内焓值，承担部分室内负荷），在其不同工况下，需要对系统、设备（组合式空调机组、排风机、风冷热泵、水泵、新风机组、风机盘管等）和室内参数传感器进行在线监测，并实现其数据的实时显示。

② 自控需求。调节新风机组的空调水流量来改变新风机组处理的新风负荷，从而造成不同的新风处理状态（从新风不承担室内负荷，到承担部分室内负荷，再到承担室内全部负荷这一变化的整个过程）。同时，在这些不同工况下，需要对整个系统进行监测与控制。

3）不同新风量对室内环境水平的影响

① 实验内容。在两个房间内做独立的实验，只考虑房间总送风量不变时，在不同新风比的工况下，对室内热湿参数和污染物浓度水平及其动态分布的在线监测。

② 自控需求。在总送风量不变时，通过调节风机盘管的高中低档和新风支管的阀门来改变新风比，并在不同新风比工况下，需要对整个系统进行监测与控制。

本节主要通过研究的内容即实验台所需具备的功能入手，并结合空调系统和室内环境的设计监测内容和方法，综合实际出发来完成整体实验台的设计。实验台拟研究通风空调系统不同形式、不同运行模式、不同调控策略对室内空气质量水平

（主要是热湿环境和典型污染物）的影响，分析系统能耗和设备性能与室内空气质量水平的相关性，进而提出适宜于不同类型公共建筑的室内空气质量的运行管理策略。实验台的整体设计可以分成两个大的方面来考虑，一个是空调系统的部分，一个是监控系统的设计。

空调系统：从一般商场建筑与办公建筑的空调系统考虑，将空调系统分成集中与半集中两个部分，分别对应商场和办公建筑的室内环境测试台。关于空调系统的设计方面，根据实际的空调设计规律进行并完成相应的空调系统形式、风系统、设备选取、水系统以及冷热源等的设计。

监控系统：从空调系统以及室内环境两个方面的监测内容出发，考虑相应的监测要求，进行必需的监控设置选择。为了分析研究通风空调系统的运行能耗特点，需对整个实验平台中的设备（包括组合式空气处理机组、新风机组、风机盘管、风冷热泵、水泵、风机等）进行监控和动态调节；为了实现智能化控制，以及室内空气质量水平的最优化新风模式研究，需要对空调风系统和室内的环境水平（包括温湿度、风速、二氧化碳、TVOC 等）进行监控。

6.2.5 室内环境质量和运行能耗综合在线监测运行管理平台

目前，国内外关于建筑室内环境质量以及相关运行能耗的理论已有一定的研究。然而在传统的公共建筑物业管理的基本思路上，与现有的节约能源、提升包括空气质量在内的服务质量依然有不小的差距。我国公共建筑室内环境质量与运行能耗现状可以归纳为：效果差、能耗高。很多公共建筑能源审计与实地调查结果都显示，我国的公共建筑室内环境质量不容乐观，然而相应的空调能耗个体差异巨大，其主要原因有以下几方面：

（1）组织管理问题

1）工作目标不够明确

传统的物业管理方的管理目标依然是保证建筑设备的正常运行，而未将提供良好的室内环境质量服务纳入到工作目标中。认为只要是设备还能启动，空调的风口能吹出冷风，管理方的工作就合格了。而实际上运行管理方的责任是很大的，他们要为两方服务：一是使用方，运行管理方要保证其对室内环境的所有要求；二是建筑的业主方，运行管理人员要保证建筑内的所有设备能够正常、安全地使用，并尽量控制系统的运行成本。但是，目前业主方一般都不参与设备的运行管理，甚至没有意识到建筑内设备的节能运行能够给自己带来经济效益，所以也不会对其监管。

2）未纳入管理人员的年度绩效

正是因为整体物业管理方的管理目标在室内环境质量方面的缺失，才导致室内环境质量的服务目标尚未纳入管理人员的年度绩效。这将会使得公共建筑室内环境质量的优劣问题经常被管理人员所忽略，即使主观上有潜在的意识，愿意去处理相关的事务，但是由于没有制度性的保障，往往可能产生一时性的处理措施，而无法获得长期的效果。

（2）技术手段问题

1）运行状态缺少及时监测

公共建筑往往室内空间较多，且不同功能空间对室内环境质量的要求也各不相同。在实际操作中，物业管理人员缺乏技术措施来及时掌握室内环境质量状态和水平，有些建筑干脆忽略不管；有些物业管理方则指派专人对放置于建筑室内各个主要空间内的环境计量设备进行读数，全楼一遍读取下来需要花费半天时间，而且手写的数据也不便统计分析。在这种技术手段缺失的公共建筑内，物业管理人员无法第一时间获得室内环境质量状况，很可能导致所存在的质量问题只有通过使用者的投诉才能处理。

2）运行模式缺乏技术指导

对于影响建筑室内环境质量最大的中央空调系统，其操作模式往往是保证室内环境质量的关键因素，比如说在一天的运行周期内，何时应该开启空调，何时应该关闭空调；在全年季节变化的过程中，何时应该制冷，何时应该制热，何时应该自然通风。这些问题若是处理不当，往往既大量消耗能源，又使室内环境质量恶化。目前的物业管理人员仅凭经验进行操作或是统一接受上级指令，若无相关数据反馈，问题将长期存在。

6.2.5.1 公共建筑室内环境质量和运行能耗综合在线监测运行管理平台需求分析

室内空气质量与能源运营管理平台是在既保障室内空气质量又优化用能设备以降低建筑能耗的要求基础上，进行公共建筑内的室内空气质量和能耗监测信息采集、处理、存储、显示、报警、统计分析、报表和决策支持等功能的软件系统。它通过在公共建筑各个房间内放置室内空气质量传感器节点，实时采集房间内的温度、湿度、CO_2浓度、甲醛浓度等各种室内空气质量参数，通过对空调自控系统的布点，采集室内环境保障相关的设备端（包括制冷机组、锅炉、热泵机组、水泵、空调机组、新风机组等）的能耗参数（有功功率）、状态参数（新风比、频率等）；同时通过对各类设备的运行信息、维护信息等进行记录，将管理流程标准化和信息化，依靠IT技术对运营设备系统进行信息化管理和优化运行决策依据，从而保障运行目标的实现。它的重要作用在于：1）所采集的信息可以通过网络存储到数据库中，为保障空气质量、节能降耗分析做好准备，并据此提出改进室内空气质量与能耗运行方案；2）平台提供的实时预警功能可以提醒管理人员调节空调或关闭照明以节约能源，从而实现了公共建筑的智能化节能降耗。比如，夏季室内空调制冷温度过低或者非工作时间室内照明未关闭时，控制中心可根据无线传感器网络节点采集的数据与设定的阀值比对，通过实时声光报警提醒管理人员调节空调或关闭照明以节约能源。

从公共建筑室内空气质量与能源运营管理平台设计的最初意义出发，考虑到平台的实时性、安全性、可维护性等的应用特点，以及在线监测管理平台界面设计的可视、友好、可理解等要求，设计的公共建筑环境在线监测管理软件平台应具有相应的功能和特性。

（1）室内空气质量相关功能

1）在线实时监测

目前各种建筑环境是一种高度的分布式能耗状态，为了达到最佳的节能效果，应及时了解公共建筑中各环境参数，从而为节能采取有效的措施，尤其是在环境参数超出公共建筑设定的有效范围的时，系统的在线实时显示就显得更为重要了。利用无线传感器网络对所有房间的温度、湿度、光照、电量等进行实时的采集、处理，从而了解公共建筑内的环境状况和能源使用情况，实现建筑能耗的在线实时监测。所设计的系统应能够实时地在线显示公共建筑环境的各参数，以供管理人员参考设定合适的数值，对公共建筑的能耗进行监控。

2）环境信息配置

采集信息的节点被部署在公共建筑各个房间内，由于不同房间的环境参数有可能各不相同，为了区分每个节点传输上来的环境信息各自属于哪个房间的，必须对节点和其所在房间号、监测值上下限、采集周期等进行配置，使得软件能将采集到的信息对应到每个房间。由于需要对所采集信息与事先设定的阈值进行比较，根据比较判断发出警报，而不同公共建筑环境下报警值可能有所不同。所以，所设计的系统应能提供用户根据公共建筑的实际情况调节各监测参数报警阈值的功能。

3）数据的可视化呈现与友好的人机交互

数据的可视化呈现是指将公共建筑环境监测系统现场采集的数据信息转化为直观的、以图形或图像表示的、随时间和空间变化的形式，从而使得获取的数据信息清晰易懂，降低操作人员的认知负担。所设计的在线监测管理平台应做到数据的可视化显示，即通过图形化方式实时显示公共建筑中的环境和能耗信息，包括温度、湿度、光照等能耗参数。基于平台对实时数据的图形化显示（如实时立体图显示、实时二维曲线显示），用户可以很方便地通过终端或监控中心的图形用户界面对公共建筑环境中的信息进行观察与统计，也可以调用数据库中的数据进行计算、统计、图形显示等。同时根据相关的数据信息采取对应的管理措施，实现人机交互功能。这是公共建筑环境监测系统应用的重要部分，对能耗控制起着关键作用。管理平台可以通过将实时数据与对应参数的阈值进行分析，对异常状况做出实时声光报警，提醒管理人员调节空调或关闭照明以节约能源，实现建筑能耗在线监测。同时，管理人员也可以通过软件平台实施简单的配置与反馈控制。

4）历史数据的保存和显示

系统采集到的数据不仅用于实时显示，实现实时在线监测，还要保存下来用于后续的查询、分析和统计。系统保存的数据主要包括当前数据、历史数据、报警数据和各种报表等，并且在需要的时候将这些历史数据显示在界面上，为公共建筑能耗分析及智能化节能降耗提供原始数据，从而为管理层的决策提供数据依据和方案支持。这是在线监测管理平台设计的另一个重要功能。

（2）节能运营系统相关功能

1）冷量提供能随负荷变动。根据末端风机的负荷变化自动调整系统冷量供应，同时针对水循环系统和主机负荷不匹配的问题，对冷冻水泵、冷却水泵、冷却塔风机等中央空调设备做出最优化的控制策略，使各部分设备协调工作，达到系统最优化运行，实现系统的节能。

2）引入变频控制。如果中央空调设备已经具有变频功能，则无此需求。如果中央空调是定频设备，则需引进变频控制系统，通过变频控制，解决风机或水泵等定频设备在启动和关停瞬间的大电流损耗，同时更好地保护机器设备。

3）实时监控设备。用户登录中央空调管理平台后，就可以获得中央空调在实际工作环境的实际情况，主要包括设备的运行状态、温度、湿度、CO_2 浓度、用电度数、电压、电流等，并且用户可以对设备进行必要的状态切换，实现空调的自动启停，而无需派操作人员到现场操作控制面板，从而突破了空间的限制，实现设备的远程管理。

4）自动预约功能。通过预约功能，客户可以预先设定空调设备在不同时间点的状态启停或温度微调，如在上班时间前先开启冷气，或在下班时间后自动切回面板控制或关闭电源。用户也可以自由设定每月、每周、每日空调使用安排。

5）智能自动微调。通过智能化的控制获得更多的人性化体验，可通过平台预先设定，使设备按照一定的规则操作，例如当环境温度超过 26℃时，空调自动调整为制冷模式，当环境温度低于 26℃时，空调调整为换气模式，这样不用限制，实现设备的远程管理。

6）可视化的操作。管理系统可提供各个用户环境平面图，让用户按照设备的实际分布直接将控制模型摆放在平面图上，这样就可以直接在界面上选择设备，并进行相关的设置和操作。

7）异常自动告警。一旦空调设备出现异常，现场的监控设备立即将告警信息上报给上一层管理系统，上一层管理系统在分析之后将告警内容以中文短信的方式通知相关维护人员，维护人员即可及时赶到现场处理。

8）数据监测记录。管理系统长期保存各种数据报表，如温度、湿度、用电量等，并可以通过图表的方式展现这些数据，为管理人员进行建筑的能耗统计提供数据分析以及为现场设备控制策略提供参考依据。

（3）平台的其他基本功能

1）平台软件的可维护。软件可维护性的定义为：软件能够被理解、校正、适应及增强功能的容易程度。可维护性可通过 7 个质量特性来衡量：可理解性、可测试性、可修改性、可靠性、可移植性、可使用性和效率。为实现所设计的公共建筑环境监测管理平台软件可维护这一特点，系统至少应该具备界面设计的可理解性以及数据管理的可靠性和效率等质量。

2）平台运行的安全性。安全性包括管理平台安全性和数据安全性。只有授权人员才能对平台的管理应用程序和配置应用程序进行操作，这就需要一个身份权限认证。系统管理人员在输入正确的用户名和密码后才能进入管理系统，他人无法对系统进行任何的管理和配置操作，从而保证平台的安全性。因此，在平台设计的过程中应准确设置操作人的权限问题。数据安全性则采用数据签名的方式完成数据安全性的认证。

（4）系统业务流程分析

在需求分析阶段，就要对需要解决的问题进行详细分析，弄清楚系统的要求，包括要输入什么数据、输出什么结果等，因此可以通过业务流程图和数据流程图让设计者更加清楚设计的需求。业务流程图就是通过一些规定的符号连接和连线来描述一个具体业务的处理过程，利用它可以有助于分析人员进行系统设计，图 6-39 是本系统的简单业务流程。

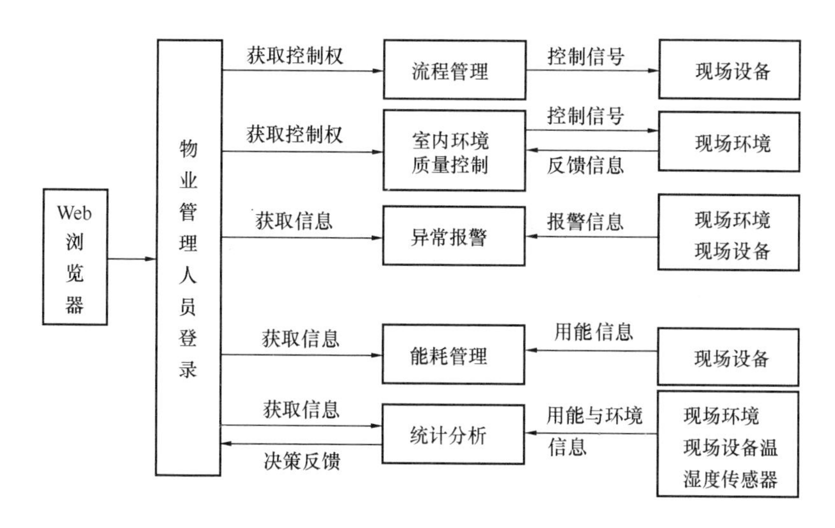

图 6-39 室内空气质量与能源运营管理平台业务流程

6.2.5.2 公共建筑室内空气质量与能耗综合在线监测运行管理系统

（1）首页

1）主显示区

主显示区由基本信息区、统计图表区组成。

2）功能区

图 6-40 建筑基本信息界面

基本信息区：显示主要区域信息，点击相关建筑，整体首页进行切换。如图6-40所示。

（2）环境监测

1）室内环境

按楼层监测房间内的二氧化碳浓度、温湿度和挥发性气体浓度。

2）远程抄表

提供远程设备远程抄表报表，并且能够实时监测设备的运行状态是否正常。

界面由选择区、操作区、设备状态区、设备参数报表区组成，如图 6-41 所示。

使用步骤：

① 在选择区选择所需抄表的建筑及设备类型；

② 在操作区选择开始和结束时间；

③ 点击查询；

④ 显示设备状态及最近整点设备参数报表。

注：a. 设备状态分为 正常 、 异常 。异常表示设备处于非正常状态。

b. 设备参数报表根据操作区所选时间更新，设备状态区不会根据时间变化，只显示实时状态。

（3）能耗监测

1）回路监测

监测所有电表的运行情况，如图 6-42 所示。

对各个建筑的不同设备进行分类监测，可以查询各设备中不同参数的运行状况。

界面由选择区、监测参数区、操作区、图表区、报表区组成。

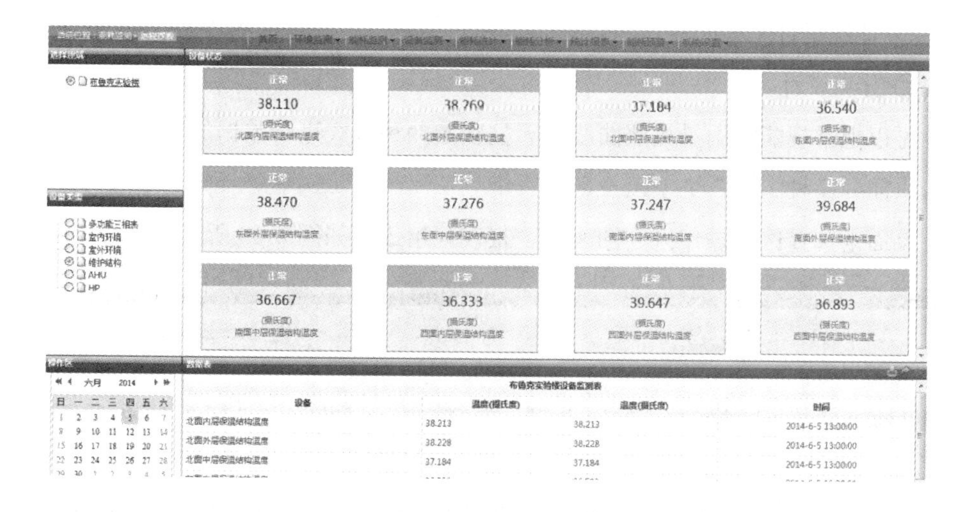

图 6-41 远程监测界面

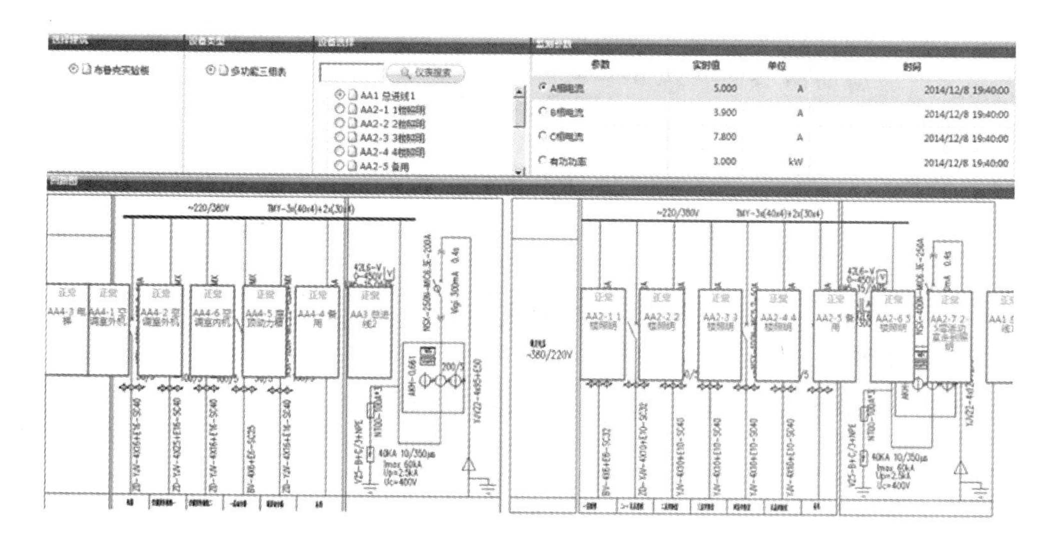

图 6-42 电表远程状态监测界面

使用步骤：

① 在选择区选择对应建筑、设备类型及对应设备；

② 选择设备的监测参数；

③ 在操作区选择开始和结束时间；

④ 点击查询；

⑤ 显示相关图表及对应能耗数据报表。

2）能耗统计

① 分项统计

可以把常规能源用量按照曲线图、柱状图两种方式进行数据的统计，可以根据时间、能源品种、分析类型以及区域查询。

界面由选择区、操作区、图表区、报表区组成，如图 6-43 所示。

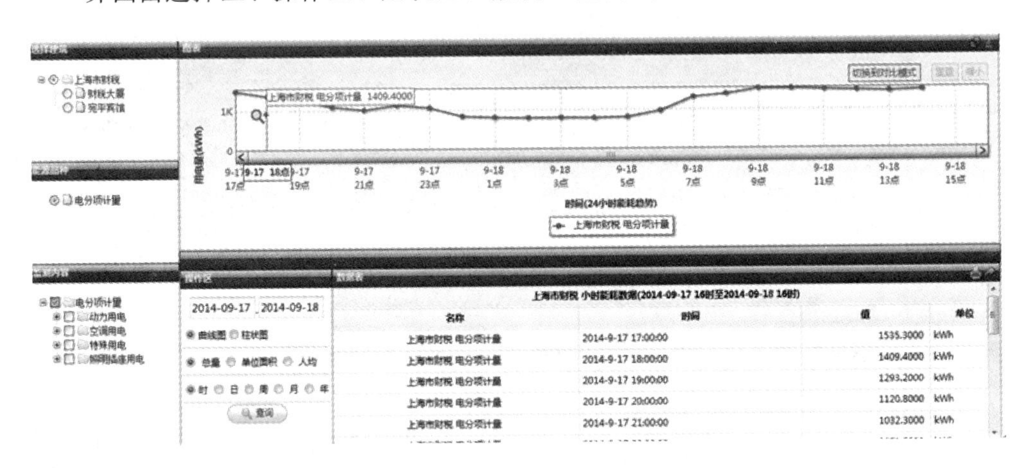

图 6-43 能耗分项统计界面

使用步骤：

（a）在选择区选择对应建筑、能源品种及需要监测的内容；

（b）在操作区选择开始和结束时间；

（c）在操作区选择要显示的图表类型及相关统计周期；

（d）点击查询；

（e）显示相关图表及对应能耗数据报表。

② 构成统计

若选择比较类型为组成比，并确定其他条件后，生成组成比的饼图，即所选项按总量的百分比来显示。

（4）环境与能耗分析

1）横向分析

通过相同分项、不同时间的用能对比，发现不合理用能及节能空间。界面由选择区、操作区、分析结果区、能耗对比区、能耗参照区、总体对比区组成。

2）使用步骤：

① 在选择区选择对应建筑、能源品种及需要监测的内容；

② 在操作区选择开始和结束时间（可按照月或日类型比较）；

③ 点击查询；

④ 显示相关图表及对应能耗数据报表。

3）构成分析

对能耗构成情况及构成变化趋势进行分析，从而找出不合理用能构成。

界面由选择区、操作区、能耗趋势区、动态分布区、统计排行区、构成分析区组成，如图 6-44 所示。

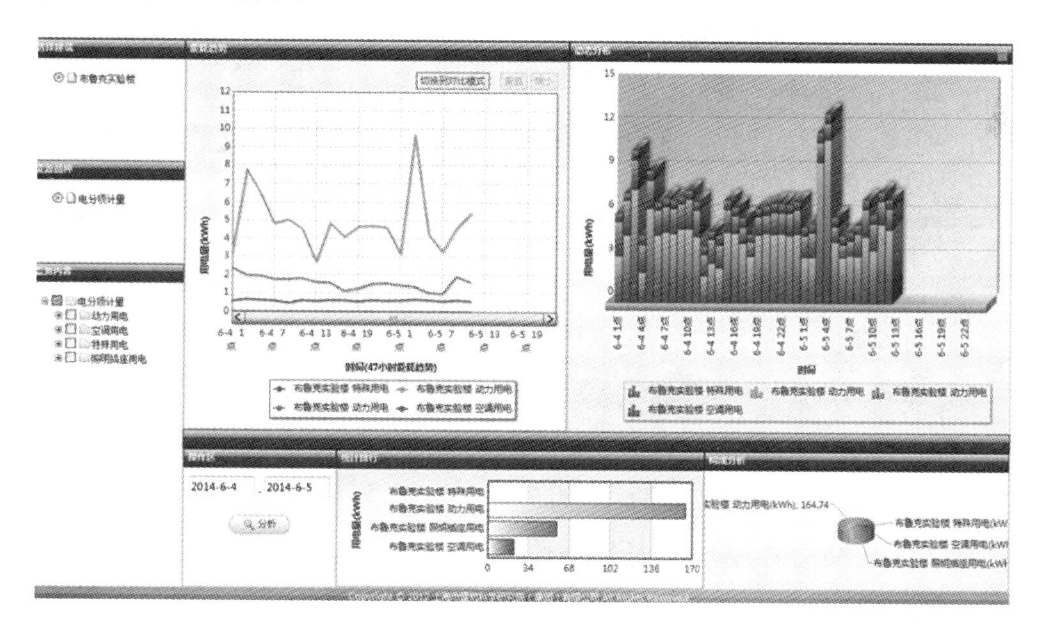

图 6-44 能耗环境构成分析界面

使用步骤：

① 在选择区选择对应建筑、能源品种及需要监测的内容；

② 在操作区选择开始和结束时间；

③ 点击查询；

④ 显示相关图表及对应能耗数据报表。

4）对比分析

通过不同分项、相同时间的用能对比，发现不合理用能及节能空间。

界面由选择区、操作区、选择区、能耗构成区、能耗趋势区、数据报表区组成，如图 6-45 所示。

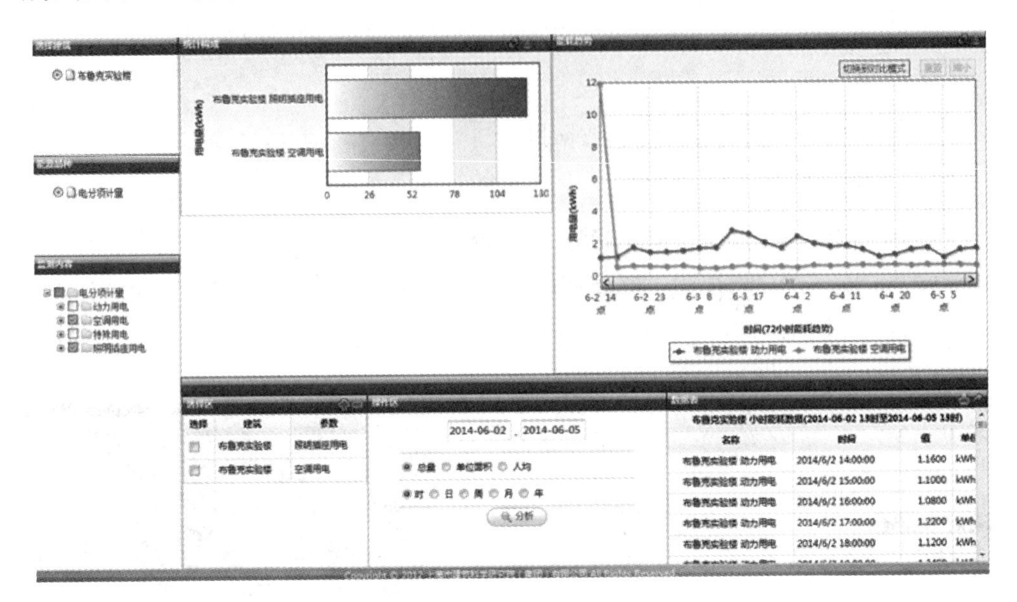

图 6-45　能耗环境对比分析界面

使用步骤：

① 在选择区选择对应建筑、能源品种及需要监测的内容；

② 在监测内容内选择要对比的分项；

③ 在选择区点击增加至选择区；

④ 在操作去选择时间及汇总类型；

⑤ 点击查询；

⑥ 显示相关图表及对应能耗数据报表。

注：如需删除，在选择区选择要删除的内容，点击进行删除。

（5）统计报表

1）能耗统计表

针对楼层电耗，按照小时、日、月生成报表，如图 6-46 所示。

2）环境监测表

对各个建筑，不同设备，按整点生成设备参数监测表，报表如图 6-47 所示。

3）物业报表

根据不同建筑的各个设备，按照所选时间进行能耗抄表，自动查询当前抄表

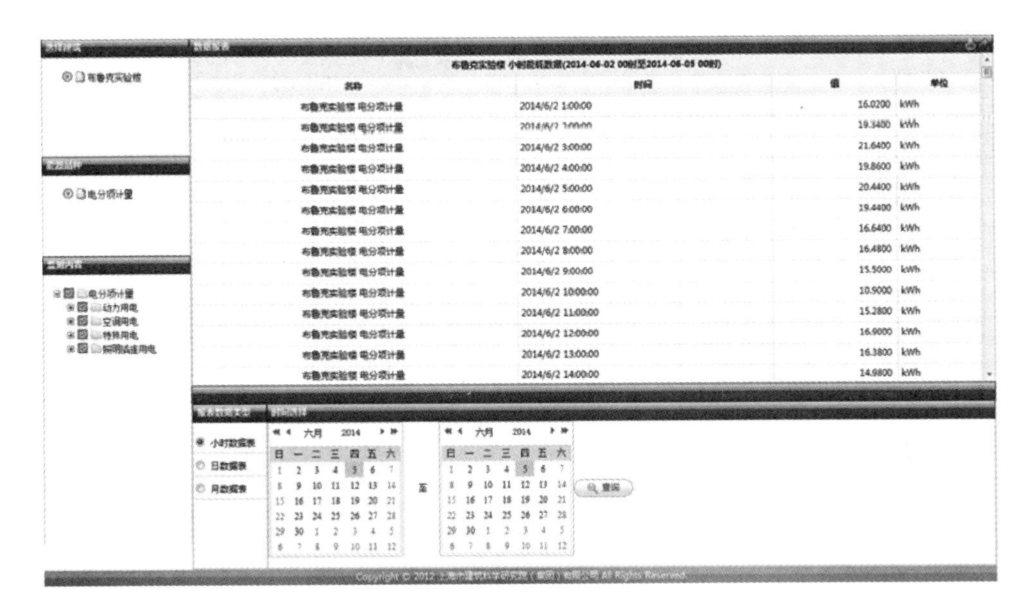

布鲁克实验楼 小时能耗数据(2014-06-02 00时至2014-06-05 00时)

名称	时间	值	单位
布鲁克实验楼 电分项计量	2014/6/2 1:00:00	16.0200	kWh
布鲁克实验楼 电分项计量	2014/6/2 2:00:00	19.3400	kWh
布鲁克实验楼 电分项计量	2014/6/2 3:00:00	21.6400	kWh
布鲁克实验楼 电分项计量	2014/6/2 4:00:00	19.8600	kWh
布鲁克实验楼 电分项计量	2014/6/2 5:00:00	20.4400	kWh
布鲁克实验楼 电分项计量	2014/6/2 6:00:00	19.4400	kWh
布鲁克实验楼 电分项计量	2014/6/2 7:00:00	16.6400	kWh
布鲁克实验楼 电分项计量	2014/6/2 8:00:00	16.4800	kWh
布鲁克实验楼 电分项计量	2014/6/2 9:00:00	15.5000	kWh
布鲁克实验楼 电分项计量	2014/6/2 10:00:00	10.9000	kWh
布鲁克实验楼 电分项计量	2014/6/2 11:00:00	15.2800	kWh
布鲁克实验楼 电分项计量	2014/6/2 12:00:00	16.9000	kWh
布鲁克实验楼 电分项计量	2014/6/2 13:00:00	16.3800	kWh
布鲁克实验楼 电分项计量	2014/6/2 14:00:00	14.9800	kWh

图 6-46 能耗统计报表界面

布鲁克实验楼设备监测表

设备	A相电流(A)	B相电流(A)	C相电流(A)	有功功率(kW)	有功电度(kWh)	时间
AA1 总进线1	0.000	0.000	0.000	0.000	0.240	2014-6-5 13:00:00
AA2-1 1-AL01	2.100	0.700	2.000	0.800	955.900	2014-6-5 13:00:00
AA2-2 1-AL02	0.400	0.400	0.900	0.100	525.480	2014-6-5 13:00:00
AA2-3 1-AL03	0.500	0.300	1.400	0.300	630.120	2014-6-5 13:00:00
AA2-4 1-AL04	0.400	0.300	0.300	0.000	400.400	2014-6-5 13:00:00
AA2-5 备用	0.000	0.000	0.000	0.000	0.000	2014-6-5 13:00:00
AA2-6 1-AL05	0.100	0.100	0.200	0.000	112.000	2014-6-5 13:00:00
AA2-7 2-5层活动室走到照明	0.000	0.000	0.700	0.100	478.900	2014-6-5 13:00:00
AA3 总进线2	10.200	7.300	9.300	6.100	2789.480	2014-6-5 13:00:00
AA4-1 空调室外机	0.200	0.200	0.700	0.100	331.960	2014-6-5 13:00:00
AA4-2 空调室外机	1.400	1.300	1.900	0.200	2253.360	2014-6-5 13:00:00
AA4-3 电梯	5.100	1.600	5.900	3.200	451.780	2014-6-5 13:00:00
AA4-4 备用	0.000	0.000	0.000	0.000	0.000	2014-6-5 13:00:00
AA4-5 屋顶动力箱	8.700	6.300	7.000	5.000	2101.640	2014-6-5 13:00:00
AA4-6 空调室内机	1.100	0.200	0.000	0.200	340.020	2014-6-5 13:00:00

图 6-47 环境监测报表界面

数、上月同期抄表数、计算实际使用量，报表如图 6-48 所示。

（6）系统设置

1）角色管理

布鲁克实验楼物业报表

设备	本月抄表时间	本月抄表数	上月抄表时间	上月抄表数	实际使用数
AA1 总进线1	2014-12-8 19:00:00	0.24	2014/11/8 19:00:00	0.24	0.00
AA2-1 1楼照明	2014-12-8 19:00:00	4574.86	2014/11/8 19:00:00	3936.96	637.90
AA2-2 2楼照明	2014-12-8 19:00:00	1501.42	2014/11/8 19:00:00	--	--
AA2-3 3楼照明	2014-12-8 19:00:00	1424.92	2014/11/8 19:00:00	1355.80	69.12
AA2-4 4楼照明	2014-12-8 19:00:00	943.62	2014/11/8 19:00:00	923.64	19.98
AA2-5 备用	2014-12-8 19:00:00	0.00	2014/11/8 19:00:00	0.00	0.00
AA2-6 5楼照明	2014-12-8 19:00:00	14350.14	2014/11/8 19:00:00	14331.62	18.52
AA2-7 2-5层活动室[illegible]照明	2014-12-8 19:00:00	1732.54	2014/11/8 19:00:00	1613.04	119.50
AA3 总进线2	2014-12-8 19:00:00	27377.80	2014/11/8 19:00:00	24074.44	3303.36
AA4-1 空调室外机	2014-12-8 19:00:00	3143.94	2014/11/8 19:00:00	2980.84	163.10
AA4-2 空调室外机	2014-12-8 19:00:00	22526.76	2014/11/8 19:00:00	22096.86	429.90
AA4-3 电梯	2014-12-8 19:00:00	1946.18	2014/11/8 19:00:00	1758.00	188.18
AA4-4 备用	2014-12-8 19:00:00	85.64	2014/11/8 19:00:00	85.64	0.00
AA4-5 屋顶动力柜	2014-12-8 19:00:00	20583.22	2014/11/8 19:00:00	18149.50	2433.72
AA4-6 空调室内机	2014-12-8 19:00:00	2248.88	2014/11/8 19:00:00	2069.06	179.82

图 6-48　物业报表界面

默认页面显示本系统所有角色的名称，点击角色名称后，显示该角色所包含的功能权限，并可以在此页面上对权限进行调整。

点击右下方的“新增”按钮，可以进行新角色的添加。输入角色名称，对权限进行勾选后，点击“保存”按钮。

2）用户管理

默认页面显示所有用户的清单列表。点击列表中的用户名称，可以查看该用户的基本信息，可以对用户的名称、密码以及所属的角色进行修改。

点击右下方的“新增”按钮，可以新增用户，在输入框中输入相应的信息，并点选该用户所属的角色，点击“保存”按钮。该用户就直接继承了该角色所拥有的所有权限。

系统会根据每个登录用户的所属角色，自动生成系统菜单，对于没有权限的功能将被隐藏。

6.2.6　能源与环境监控系统应用设计手册编制

随着国民经济的高速增长及城镇化进程的加速，形成了大型公共建筑的大规模扩张，数量众多，地理位置分散，无法统一管理，公共建筑设备运营管理及建筑能源消耗成为难点，设计基于互联网的环境与能源监控管理平台，是近几年来室内环境监测及能源管理的主要方向。

为了整合公共建筑中室内环境监控、能源应用、设备运营管理及其他能源应用等相关系统的要求，提出一体化的解决方案，实现公共建筑室内环境监测与能源的有效利用，本设计以“系统整合、集中管理、分区控制、全员参与”为设计思路，根据不同建筑的功能及位置分区，实现每个分区的独立能源计量和设备控制，将常用能源管理手段按区域进行管理，再通过网络化平台将各个分区的数据信息汇集到建筑能源管理平台，从而对整个建筑的能源利用进行集中化管理；既满足了分散控制，又实现了集中管理；达到应用技术手段保障室内环境、提升节能意识、全员参与的目的。

环境与能源监控系统首先可以对室内环境参数、设备参数等进行系统总揽，全面、实时查看建筑物室内环境状况及总能耗。在此基础上实现在线监测，实现环境、能耗数据、机电设备节能、电能管理监测等，为数据分析奠定基础。数据分析可以得出监测参数的历史分析、趋势分析、排名分析、指标分析等。系统管理人员可以通过网络信息接收/发送手机短信、邮件等方式，向管理范围内发布相关的空气质量指标、能效指标，宣传环保节能意识，提供各个区域空气质量和能耗数据统计报表及排名等。该系统除上述功能之外，还可以实现建筑信息管理、设备信息管理、机电设备运行管理、能耗指标管理及用户权限管理等综合管理，可创建并更改多类建筑对象的基本项，包括建筑名称、建筑地址、建筑年代、建筑层数、建筑功能、建筑总面积、空调面积、供暖面积、建筑空调系统形式、能源经济指标（电价、水价、气价、热价等）等；并可结合建筑物实际添加附加项信息。同时还能对重点机电设备信息进行统一管理，包括：厂家、型号、技术参数、购买时间、维护保养记录、实际运行效率、备品备件数量等。建筑使用期间还能实现机电设备的运行管理，即建筑各类机电设备的远程启停、启停时间统计、设备累计运行时间统计等，可以根据各类机电设备的维护保养要求及时提醒管理人员。对于能耗指标，可以根据要求设置相关能耗指标的最大值、最小值、平均值及同类建筑标杆建筑能耗指标，超标警示。为保证系统的安全性，权限系统采用多层级区域权限体系解决方案，可以设置用户级别等，建立多级的权限区域，为不同的用户或用户组分配权限。

为了保证系统的推广性和实用性，建筑设备管理系统采用集散式控制系统，具有对建筑环境（室内外）参数的监测功能，能够满足对建筑物的物业管理需要，实现数据共享，以生成节能及优化管理所需的各种相关信息分析和统计报表，具有对机电设备（污水泵、屋顶排风机、公共区域照明、楼层空调、新风机组）测量、监视和控制功能，确保各类设备系统运行稳定、安全和可靠并达到节能和环保的管理要求。为了提高用户使用的舒适度，应具有良好的人机交互界面并采用中文界面，同时共享所需的公共安全等相关系统的数据信息等资源。系统组成按建筑规模大小可分为以下三种。

（1）2万m^2以下的小型公共建筑

该系统由绿色建筑环境与能源与环境监控主机（壁挂式）、区域管理控制器及现场设备组成。

（2）2万～5万m^2的中型公共建筑

该系统由绿色建筑环境与能源监控主机（琴台柜）、区域管理控制器、控制模块及现场设备组成。

（3）5万m^2及以上的大型公共建筑

该系统由能源管理平台、绿色建筑环境与能源监控主机（琴台柜或壁挂式）、区域管理控制器、控制模块及现场设备组成。

6.2.7 室内环境运营管理

6.2.7.1 室内环境污染实际测试

人们在装修美化家庭过程中，选用的装修材料大多包含对人体、环境有毒有害的物质，极易造成室内环境污染，对人体健康造成危害。一般装修污染主要分为物理污染和化学污染：1）物理污染主要是指放射性物质产生的污染，如γ射线、氡及其子体。2）化学污染主要是由有机或无机有害物质产生的污染，如甲醛、苯、氨、TVOC等。室内环境空气质量监测及结果分析是为了保护室内环境，提高室内环境空气监测质量，规范室内环境空气监测行为，保障人体健康。依据《中华人民共和国环境保护法》第十一条“国务院环境保护行政主管部门建立监测制度、制订监测规范”的要求，制订了《室内环境空气质量监测技术规范》。为了了解装修对室内空气污染状况，依据《室内环境空气质量监测技术规范》中规定的室内环境空气质量监测的布点与采样、监测项目与相应的监测分析方法等内容，对重庆市沙坪坝区装修竣工后的教育类办公建筑室内环境进行了监测，对近似的房间采用提前封闭 12h、开窗通风的不同方式对比分析通风对室内装修污染的影响。此次监测项目为：甲醛、TVOC。其中布点和采样点位的数量根据室内面积大小和现场情况确定，要能正确反映室内空气污染物的污染程度。对于小于 50m^2 的房间，应设 1～3 个点；50～100m^2，设 3～5 个点；100m^2 以上，至少设 5 个点。布点方式：多点采样时应按对角线或梅花式均匀布点。

由图 6-49 可知，关闭门窗 12h 后，相比于正常通风状态下，室内 TVOC 浓度显著增加；但关闭门窗 12h 后，TVOC 浓度为 1.647mg/m^3，超过标准（0.6mg/m^3）2.75 倍；正常通风时，TVOC 浓度为 0.769mg/m^3，超过标准 1.28 倍；正常通风房间关闭的书柜、抽屉内 TVOC 浓度均严重超标，书柜中 TVOC 浓度为 1.49mg/m^3，超过标准 2.48 倍；抽屉内污染物浓度为 1.933mg/m^3，超过标准 3.22 倍。

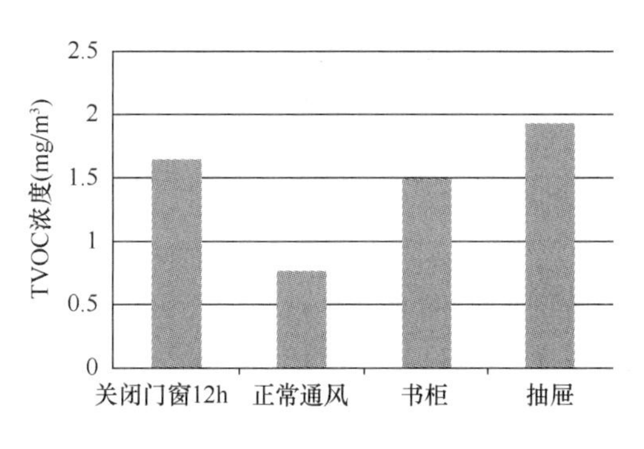

图 6-49 不同预处理情况下新装修建筑 TVOC 浓度

可见室内装饰装修材料、家具等散发是室内挥发性有机物的主要来源。

由图 6-50 可知，关闭门窗 12h 后，相比于正常通风状态下，室内甲醛浓度均有显著增加；关闭门窗 12h 后，甲醛浓度为 0.07mg/m^3，虽然没有超过标准（0.1mg/m^3），但是浓度相对较高；正常通风时，甲醛浓度为 0.01mg/m^3，与室外浓度相差不大；正常通风房间关闭的书柜、抽屉内甲醛浓度均严重超标，其中抽屉中更为严重。书柜中甲醛浓度为 0.16mg/

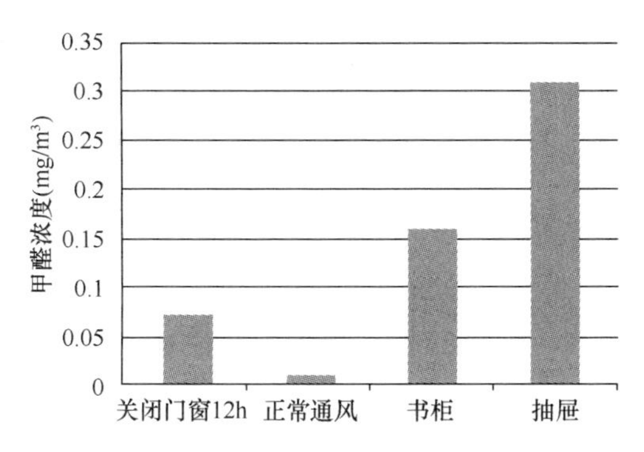

图 6-50 不同预处理情况下新装修建筑甲醛浓度

m^3，超过标准1.6倍。抽屉内污染物浓度为0.31mg/m^3，超过标准3.1倍。

以上实验结果说明室内装饰装修材料、家具等散发是室内甲醛的主要来源。

通风12h后，室内甲醛浓度基本下降为正常浓度，但是室内TVOC浓度虽然降低，但仍超过标准1.28倍，故TVOC污染物仅通过通风措施无法全部稀释，TVOC主要来自油漆、涂料和胶粘剂，也来自于人造板、泡沫隔热材料、塑料板材、壁纸、地毯、挂毯和化纤窗帘及其他装饰品等，广泛存在于装修材料中。可见，仅仅通风12h TVOC浓度仍然不能满足室内空气质量标准，应加大通风的效率和通风时间。房间通风12h后，关闭的抽屉和书柜中甲醛和TVOC浓度严重超标，抽屉中污染物超标更为严重，超标高达3倍以上，故在通风时应该敞开抽屉和书柜，避免污染物处于密闭空间无法散发。

6.2.7.2 室内环境运行管理关键技术

（1）预通风优化控制法

基于商场建筑的实际功能，在提出商场建筑室内空气品质改善措施时需要多方面全方位考量，不仅需要考虑如何在实际运行中改善室内空气品质，还需要未雨绸缪，有目的、有意识地在建筑运营之前采用事先预防改善措施，削弱建筑室内初始高浓度的空气污染物的影响，故本书提出的预通风优化控制措施，是针对最主要影响商场建筑室内空气环境的时间因素提出的改善措施。

1）预通风优化控制及其时间计算方法模型的提出

主观调查问卷显示，公共建筑内接近60%的在室人员反映刚进入建筑时为最不可接受的时段；现场测试结果中部分污染物的全天变化规律也显示，公共建筑早晨时段部分空气污染物浓度偏高。改善公共建筑早晨时段室内空气品质为降低室内空气污染、提高建筑室内人员舒适健康状况提供了可能。因此，需要针对特定时段即早晨时段公共建筑室内空气品质提出改善策略方法，建筑通风是最好的解决方法之一。建筑通风采用自然或机械送风的方式把建筑物室内污浊的空气排至室外，把新鲜的空气补充入建筑，从而保持符合卫生标准要求的室内空气，保证在室人员的舒适和健康。通常而言，通风越好，对人们的健康越有利，通风不足会导致室内污染源产生的污染物无法及时排除，增加室内二氧化碳或不良气味的感知，增加室内潮湿问题产生和加剧的可能性。同时，主观问卷调查结果显示，室内超过80%的被调查人员认为通风可以有效改善建筑室内空气品质。因此选择在早晨通风的方法，即采取事先改善的预通风优化控制措施来改善公共建筑室内空气品质。

预通风作为一项可以有效降低室内污染物浓度的优化措施，能够减轻全天室内空气污染物浓度并降低污染物峰值。由于建筑夜间门窗关闭，污染物的集聚效应导致早晨污染严重，建筑早晨预通风行为既可以降低建筑初始污染物浓度，也可以有效阻碍真菌和霉菌的滋生。然而国内外对建筑预通风时间长短的研究十分有限，大多数研究或工程实践中设计建筑预通风时间为 1h，但是取 1h 的原因并不清楚。基于公共建筑使用期间室内各污染物浓度间存在显著相关性，特别针对办公建筑在早晨时段部分污染物浓度显著偏高的现象，早晨在建筑开始前期的建筑预通风作为一项有效降低建筑室内各空气污染物初始浓度的手段，可以确保公共建筑营运时间内良好的空气品质。但是，由于无法确定 1h 的预通风是否适用于特定地区的办公建筑，本书以重庆地区商场建筑为例，提出了商场建筑早晨预通风时间计算方法，计算公式如式（6-11）。

$$qc_s \mathrm{d}\tau + M\mathrm{d}\tau - qc\,\mathrm{d}\tau = V\mathrm{d}c \tag{6-11}$$

式中 q——通风量，m^3/s；

M——室内污染物散发量，g/s；

c_s——送风空气中污染物质量浓度，g/m^3；

c——某时刻室内空气中污染物质量浓度，g/m^3；

V——房间容积，m^3；

$\mathrm{d}c$——在 $\mathrm{d}\tau$ 时刻室内空气污染物质量浓度增量，g/m^3；

τ——时间间隔，s。

设初始条件：$\tau = 0, c = c_1$，如果 $\frac{q}{V}\tau \ll 1$，通风量的近似解为式（6-12）：

$$q = \frac{M}{c_2 - c_s} - \frac{V}{\tau} \cdot \frac{c_2 - c_1}{c_2 - c_s} \tag{6-12}$$

利用式（6-12）作为计算商场建筑预通风时间 T 的基础方程，为简化计算，认为建筑早晨通风量 Q 值稳定，取 $\tau = 5s$，以满足近似求解条件。在认为室内污染物浓度下降趋势保持稳定的基础上，比较室内污染物在早晨实际运行阶段和预通风阶段室内污染物散发量 M，计算预通风时间长短。

2）针对重庆商场建筑的预通风优化计算

根据现场测试结果可知，重庆地区商场建筑早晨刚开始营业阶段室内甲醛浓度较全天其余时段甲醛平均浓度水平偏高，特别是C1建筑，如表6-12所示，其冬季室内早晨甲醛浓度极高，超过国家标准要求，由于初始高浓度的甲醛污染，使得该商场全天各时段甲醛浓度均偏高。

C1商场冬季全天甲醛浓度检测结果（单位：mg/m^3） **表6-12**

建筑名称	测试时间	测试时段						
		10：00	11：30	13：00	14：30	16：00	17：30	19：30
C1	工作日	0.16	0.12	0.14	0.12	0.10	0.11	0.09
	周末	0.19	0.11	0.09	0.09	0.10	0.11	0.10

为解决C1商场冬季室内甲醛初始浓度偏高的问题，以甲醛作为基准污染物，计算为消除初始高浓度的甲醛所需要的预通风时间长度。以冬季工作日测试的甲醛浓度值为例，为使建筑室内初始甲醛浓度值$C_1=0.16mg/m^3$在1.5h内基本降低至11：30时段的$0.12mg/m^3$（表6-16），室内甲醛污染物浓度的下降趋势需保持在每5s下降$0.037\mu g/m^3$（$C_2=C_1-3.7\cdot10^{-5}=0.159963mg/m^3$）；在维持商场早晨原有通风状况不变的基础上，提前开启建筑对外开口和通风系统，使建筑室内初始CO_2浓度值$=0.16mg/m^3$在预通风时间T内降低至国家标准要求$C'=0.1mg/m^3$，则$T=135min$。

因此认为在该商场现有通风能力下，C1商场冬季工作日营业前预通风时间达到135min时，即可确保建筑早晨开始营业时室内初始甲醛浓度维持在国家标准要求范围内。同理，计算冬季商场周末早晨预通风时间T为115min。因此，整体上该商场建筑只要以现有的通风系统进行约2h的预通风，即可确保早晨建筑内初始CO_2浓度降低至国家标准要求限值内，保障建筑全天室内空气品质。这一结论与Rackes等人的研究结果基本一致，即在早晨开展1h左右的设计最小新风量水平的预通风即可保证室内污染物浓度峰值出现下降，当采用2倍设计最小新风量水平的预通风即可保障降低全天室内污染物浓度均值。这一结论等同于在保持设计最小新风量水平条件下，延长预通风时间至2h可以保障降低全天室内污染物浓度均值，故本书提出的预通风计算模型与这一结论相符合。

预通风时间计算模型立足于重庆地区大型商场建筑室内不同区域空气品质全天实时监测结果，通过提出针对性的预通风调控措施，对重庆地区冬季C1商场室内甲醛浓度超标现象提出了解决方案。利用室内污染物质量守恒方程，以室内污染物浓度变化规律为理论基础，在商场污染源散发量和空调系统稳定运行的基础上，提出一种简化计算商场预通风时间的方法模型，并根据实测数据进行验证，计算结果显示了该计算方法的科学性和有效性，具有重要的理论和现实意义。当然，尽管延长预通风时间是一项有效改善商场建筑室内环境的事先预防改善方法，商场建筑在运行阶段仍存在部分时段、部分区域空气污染严重的问题，需通过在建筑实际运行中采用优化的通风控制策略来保障优质的室内空气品质。

（2）多参数动态新风控制系统

尽管预通风优化控制措施作为一种提前改善公共建筑室内空气品质的方法，可以降低商场建筑早晨室内空气污染物浓度，削弱初始高浓度空气污染物的不利影响。但是改善公共建筑室内空气品质，仅依靠事先改善的方式是不够的，还需要综合考虑如何在实际运行中改善室内空气品质。实测结果显示，商场建筑室内典型空气污染参数的分布特征会随着时间、空间、人流量、室外污染物本底值、热湿等因素的变化产生相应变化，需要采用一种合理的新风调控策略通过控制以上多种影响因素的变化情况，有效提高公共建筑室内空气品质。因此，本书立足于客观分析结果，结合现有新风控制技术，设计一种在公共建筑实际运行时的改善措施，即多参数动态新风控制系统并进行相应理论和实验测试论证该新风系统控制方案的可行性。

本书在综合研究分析多种新风控制系统的基础上，提出一个全面的、综合的动态新风控制系统。多参数动态新风控制系统的出发点在于解决公共建筑室内空气污染严重的现象，故该系统立足于控制公共建筑运行阶段室内空气品质主要影响因素，包括时间因素、空间因素、热湿参数因素、人流量因素、室外污染物浓度因素等，以实现公共建筑良好的室内空气品质营造。由于室外污染物浓度因素主要与室外环境相关，新风系统对其大小的可控性不强，因此在本新风系统设计过程中忽略此因素；室内外温差因素对商场建筑室内空气污染物的影响程度偏低，且受到室外环境因素影响不易控制，故在本新风系统设计过程中忽略此因素；空间因素主要针对污染物的空间分布规律，同一新风系统所覆盖的区域范围有限，对于空间因素的控制应着重在空调系统设计阶段，将商场污染状况类似的区域设置在同一空调系统内，通过对不同新风系统的分区控制以实现商场不同楼层不同区域的空气污染控制。综上，本动态新风控制系统主要以时间因素控制、人流量因素控制、热湿参数因素控制为主要控制因素，以多参数的复杂控制为控制手段，以公共建筑室内空气品质、热湿状况以及节能效果为最终控制目标，在改善商场建筑室内环境质量、保障在室人员身体舒适健康的基础上，实现建筑能耗的节约。

1）既有新风控制技术方法研究及其缺陷分析

现有新风控制技术方法很多，包括传统变风量系统，基于焓差、温差的新风控制系统，基于CO_2污染物浓度的新风控制系统以及综合性新风控制系统等。不同的新风控制系统，尽管主要控制参数不同，但是都面临着利用新风改善室内空气品质需求与建筑节能需求的矛盾，下面是对现有新风控制系统的控制效果研究。

① 传统变风量系统的新风控制

变风量空调系统（VAV）是通过变风量箱调节送入房间的风量和新回风混合比来控制某一空调区域温度的一种空调系统，它是基于室内温度测量的控制系统，其新风控制策略包括两个方面，控制系统新风比恒定或控制系统新风量恒定。把新风阀开度和回风阀开度置于某一固定位置、调整总送风量为固定新风比的调控策略；当系统总送风量不断减小导致新风量降低至设计最小新风量时，必须采取控制最小新风量恒定的新风控制策略，维持建筑室内最小新风量的供应，使任何负荷情况下的新风量都能满足室内最小新风量的要求。

传统变风量系统新风控制存在的缺陷包括：新风控制策略仅针对冬夏两季，缺乏对过渡季节室内环境的营造，其控制策略不完整；尽管传统VAV系统中的新风控制策略在一定程度上考虑了建筑节能因素与环境因素，即维持设计最小新风量，但是由于设计最小新风量没有考虑建筑室内实时环境情况，忽略其动态变化特性，特别是当人员在室率低且在室率变化剧烈时，相应新风控制策略并不能实现最大限地节约能耗，也并不一定满足室内的实际空气品质需求。因此，鉴于传统VAV系统的控制方法和控制手段的缺陷，笔者认为其并不适用于室内环境复杂多变的商场建筑。

② 采用基于焓差/温差控制的新风调控系统

基于焓差控制的新风控制策略以焓差作为判断依据，根据室外空气焓值（h_{OA}）、室内回风焓值（h_{NA}）和送风焓值（h_{SA}）之间的代数关系，判断建筑所处的季节环境，进而选择相应的新风控制策略，如图6-67所示。同理，以温差为控制依据的新风调控策略，其基本思想与基于焓差的新风控制策略完全一致，只是以温度作为判断依据，下面以基于焓差控制的新风调控系统为例进行介绍。

当室外空气焓值（h_{OA}）大于室内回风空气焓值（h_{NA}）时，一般情况下出现此类情形的季节通常夏季。此时应采取控制最小新风的方法，以减少新风能耗，在保障建筑室内热湿环境和室内空气品质满足人员需求的基础上，实现建筑节能；当室外空气焓值（h_{OA}）小于室内回风空气焓值（h_{NA}），又大于室内设定送风焓值（h_{SA}）时，一般情况下出现此类情形的季节通常过渡季节或者某些地区夏季的早晨或晚上。此时对集中空调系统而言，新风的控制策略为加大新风量。需要注意的是，并不一定采取全新风供应形式，应在保障节约建筑能耗和保障室内环境水平，即热湿环境和空气质量品质的基础上寻求一个平衡点，以此作为实际供给的新风量，使系统最大限度地利用了新风提供的冷量以减少空调系统的能耗；当室外空气焓值（h_{OA}）小于室内设定送风焓值（h_{SA}），可以调节新回风阀门，通过加大新风量（非全新风），使一定量的新风与室内回风充分混合后达到室内设定的送风状态点。此时，新风负担了建筑内的所有冷负荷，冷热源系统并不为建筑提供冷量；当室外空气焓值降低到一个限值后，一般情况下通常为冬季，此时应采取控制最小新风的方法，以减少新风的耗能情况。具体控制策略如图 6-51 所示。

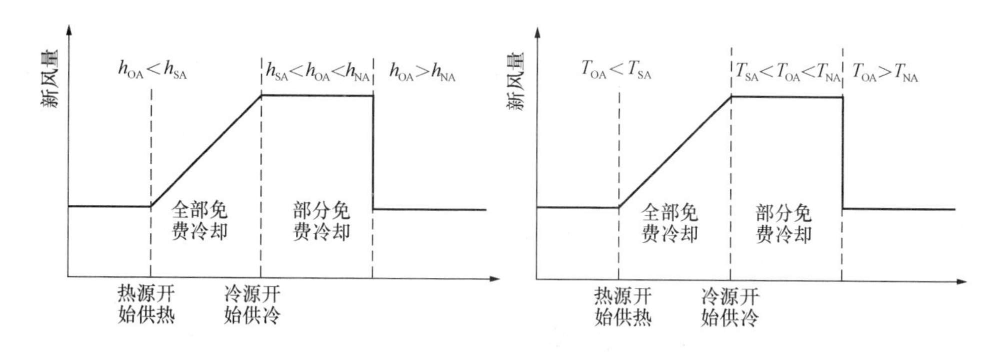

图 6-51　基于焓差/温差控制的新风调控模式

基于焓差/温差控制的新风系统在采用加大新风的工况下，容易出现过冷现象，此时需要通过暖通空调系统的调控来解决这一问题；基于焓差/温差控制的新风系统在冬季和夏季新风供给量仅维持设计最小新风量，没有考虑建筑室内实际的环境需求状况，并不能最大限度地节约系统能耗，也并不一定满足室内的实际空气品质需求；在温差或焓差的选择上，应基于实测地区的气候、地理环境、仪器的精密度以及实验条件，在干燥地区采用基于温差的控制系统，在高温潮湿地区采用基于焓差控制的新风控制系统。

③ 基于CO_2检测的新风控制系统

基于CO_2检测的新风控制系统是在合理量化人的生理过程的基础上发展而来的。以CO_2作为一种由人员产生的典型污染物，通过检测室内实际CO_2浓度大小，预测室内在室率，并相应调节新风阀的开度来控制新风量。基于CO_2检测的新风控制策略适用于实际在室率随时间经常性变化的建筑。基于CO_2检测的新风控制共有三种控制策略，分别为设定点控制、比例控制和指数控制。普遍采用比例控制新风策略，设定室内CO_2浓度上限值和下限值，相应调整供应新风量大小，适合在不同类型、不同人员密度的建筑内使用。

基于CO_2检测的新风控制系统，尽管考虑了室内污染物的变化情况，保证了室内良好的空气品质需求并降低建筑能耗，却忽略了不同季节、不同室内外空气参数条件下对新风的合理利用；单独使用基于CO_2检测的新风控制策略，忽略了室内热湿环境的营造；室内仍然存在许多由建筑设备、建筑材料或某些特定的人类活动（如燃烧）等产生的其他种类的空气污染物，单纯控制CO_2的新风控制系统具有不完备性和不确定性。

④ 在室率检测控制的新风控制策略

基于在室率检测的需求控制新风系统的基本原理是把人作为主要室内典型污染源，通过直接或间接测量到的建筑室内实际人员数量，动态调控新风供应量，达到控制CO_2、气味的目的，实现对新风量的调控。该新风控制系统与基于CO_2检测的新风控制系统的基本思想、基本原理一致。

⑤ 基于CO_2和非人员产生污染物检测的新风控制系统

基于CO_2和非人员产生污染物检测的新风控制系统是在基于CO_2检测的新风控制系统上发展而来的，其主要的控制对象为CO_2和以另一种典型的不以室内人员为污染源的建筑室内空气污染气体，它在一定程度上弥补了基于CO_2检测的新风控制策略在原理上的不足，营造了更为优质的建筑室内环境。

基于CO_2和非人员产生污染物检测的新风控制系统的关键是对于非人员产生的典型空气污染物的选择。氡气、VOC、TVOC等空气污染物都曾在以往文献中被选为典型控制污染物。建筑类型、房间使用功能、建筑材料、建筑所处周边环境以及建筑的地理位置，都会对建筑室内污染物类型、浓度、分布、变化规律产生影响，进而影响到典型控制污染物的选取。基于CO_2和非人员产生污染物检测的新风控制系统与基于CO_2检测的新风控制系统的基本思想类似，都忽略了室内热湿环境的营造，忽略了不同季节、不同室内外空气参数条件下对新风的合理利用，在某些季节情况下达不到最佳的节能效果。

⑥ 综合性新风控制系统

综合性新风控制系统指的是将两种或两种以上新风控制策略结合起来，形成一个更为完善、合理的综合新风控制策略。例如在变风量系统中采用基于焓差和CO_2测量的新风控制策略，基于焓差和在室率测量的新风控制策略，基于焓差和CO_2、氡气测量的新风控制策略等。

综合性新风控制系统综合了两种或以上新风控制策略，弥补了单个新风控制策略的不足。尽管理论上它是解决建筑节能需求和室内环境需求矛盾冲突的最佳方法，但是目前的综合性新风控制方法基本上都无法做到兼顾各个方面，全面性不强。如无法解决焓差控制下的建筑过冷问题、多污染物控制下的新风阀门动作程序设计等。

2）动态新风系统及多参数调节控制法的提出

本书提出的多参数动态新风系统的控制模型，通过设定焓值、温度、甲醛和CO_2对比的基值，以及各个阀门的初始开度值，在控制程序条件下，通过传感器，控制其和执行器的合理检测、分析、处理和动作，实现满足建筑室内空气及热湿环境以及季节性节能要求。

本书提出的多参数动态新风系统是对基于焓差的新风调控系统、基于CO_2和非人员产生污染物检测的新风控制系统以及建筑室内热湿参数控制系统三种控制系统的综合应用。这三种控制系统均立足于多种因素控制方法，重点针对时间因素、热湿参数因素、人流量因素来实现在公共建筑实际运行过程中改善室内空气环境的目的。通过基于焓差的新风调控技术，可以实现公共建筑时间因素中季节因素和季节性室内热湿参数因素的调控；通过基于CO_2污染物的检测控制技术，可以实现公共建筑室内人流量因素的调控，而人流量的不同也在一定程度上影响了不同时间条件下的空气污染水平，故基于CO_2污染物的检测控制也兼顾了时间因素（周末/工作日，全天不同时段）；通过热湿参数控制技术，可以实现公共建筑室内热湿参数因素的调控；对非人员污染物的检测控制，可以实现对公共建筑室内多种污染物因素的控制。

模型中，多参数动态新风系统的控制首先是以焓差控制技术为基础，依靠该技术合理判定季节因素，进而确定空调系统所处工况。通过监测室外焓值参数，实现季节性判定和工况决策功能，是主要针对时间因素（季节）和热湿参数因素提出的改善控制措施。以重庆地区商场建筑为例，基准值的设定如下：焓值 h_s 为夏季送风设定温湿度对应的焓值，当建筑采用一次回风时，其值为机器露点所对应的焓值；h_N 为夏季室内设计温湿度对应的焓值（重庆地区认为室内设计温度为 26°C，室内设计湿度为 60%，其对应焓值大小为 59.6kJ/kg）；h_w 为建筑管理人员设定的冬季系统开始运行时的室外温湿度对应的焓值，该值大小由建筑管理人员设定。应用时，根据实时监测的室外新风焓值 h 判定系统所处工况，即决定空调机组的制热或制冷模式，在确定系统工况的基础上，进一步根据室内的实际环境情况判断新风阀门动作情况，如表 6-13 所示。

基于焓差控制的季节性工况控制　　表 6-13

焓值	$h>h_N$	$h_s<h<h_N$	$h_w<h<h_s$	$h<h_w$
工况判断	工况 1	工况 2	工况 3	工况 4
空调机组模式	制冷模式	制冷模式	—	制热模式
系统所处季节	夏季	过渡季	过渡季	冬季
阀门初始开度	$K_{ini}=K_{min}$	$K_{ini}=K_{max}$	$K_{ini}=K_{min}$	$K_{ini}=K_{min}$
系统新风模式	根据室内污染物浓度判断新风量	过渡季节全新风模式	过渡季节的加大新风模式	根据室内污染物浓度判断新风量

在焓差控制的基础上，当系统所处季节在冬季和夏季时，需要通过基于 CO_2 和非人员产生污染物检测的新风控制来进一步确定新风阀门的开度情况，这是本新风系统的关键技术之一，也是针对人流量因素提出的改善控制策略。目前我国现有的新风调控中的污染物浓度控制绝大多数采用设定点控制或简单的比例控制的方法，当控制多种污染物（污染物数量大于式等于 2）时，会出现可操作性差或者动作指令矛盾的问题。多参数动态新风系统通过合理选择建筑室内典型污染物，利用一定的控制程序和控制方法控制相关污染物参数，实现建筑空气品质的多参数、比例动

态性控制，弥补了我国现有污染物浓度控制技术设计上的不足，降低了过量通风现象的发生率。

在非人员产生的典型空气污染物的选择上，可根据建筑实际情况，通过改变污染物信号处理模块的工作模式，选择采用不同的非人员产生污染物传感器，甚至可以设置多种传感器进行建筑内空气品质的实时测量。以重庆地区商场建筑室内空气品质实地调研监测为基础，因此选择甲醛作为非人员产生的典型空气污染物。

污染物浓度调控均采用比例控制方法，设定室内CO_2和甲醛浓度上限值和下限值，当建筑室内任何一种污染物浓度达到上限值时，新风阀门开度加大，新风供应量增加；当建筑室内两种污染物浓度均达到设定下限值时，新风阀门减少，新风量供应量降低，当阀门调整至设计最小开度（一般设定为10%）后不再减小，以便维持设计新风量。污染物浓度设定上限值应依照国家标准《室内空气质量标准》GB/T 18883—2002确定，污染物浓度设定下限值则根据实际建筑室内污染物浓度现状制定。本书中考虑重庆地区商场建筑实地调研监测结果，对下限值浓度大小进行调整，最终设定室内CO_2浓度上、下限值分别为700ppm和1000ppm，甲醛浓度上、下限值分别为0.1 mg/m^{3}和0.05mg/m^3，如表6-14所示。

基于室内CO_2浓度和甲醛浓度的新风阀门开度调节方法　　表6-14

甲醛浓度 \ CO_2浓度	<700ppm	700～1000ppm	>1000ppm
<0.05mg/m^3	执行器动作，新风阀门开度调小	执行器不动作，新风阀门开度保持不变	执行器动作，新风阀门开度调大
0.05～0.1 mg/m^3	执行器不动作，新风阀门开度保持不变	执行器不动作，新风阀门开度保持不变	执行器动作，新风阀门开度调大
>0.1mg/m^3	执行器动作，新风阀门开度调大	执行器动作，新风阀门开度调大	执行器动作，新风阀门开度调大

注：每次阀门开度调节过程中调大或调小度相同，取值为5%或10%

以重庆地区C1商场某天的测试数据散点图分布为例，如图6-52所示，通过直

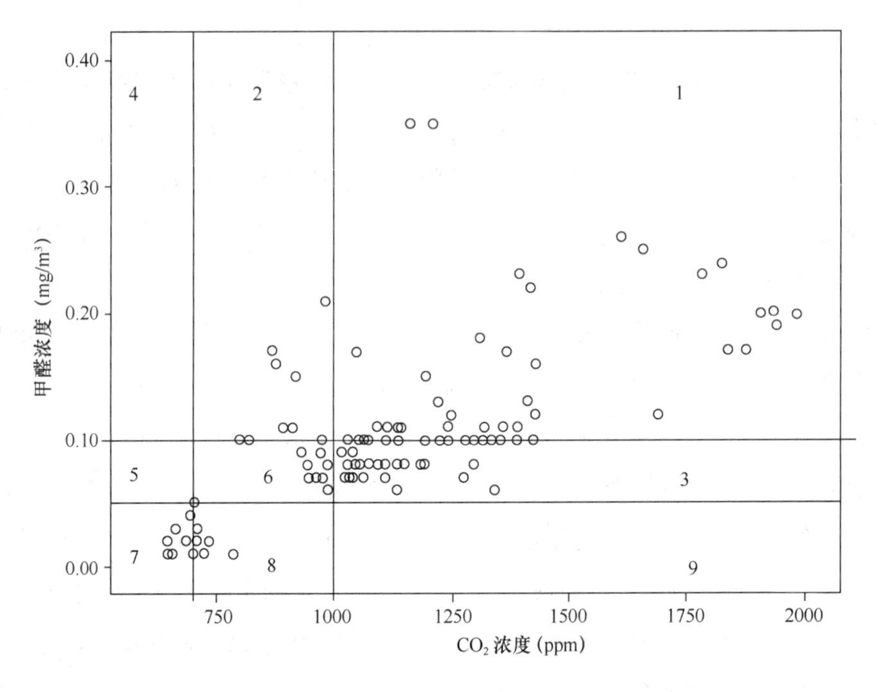

图 6-52 两种污染物浓度区域分布图示

观的污染物浓度图形分布来分析设计调控方式：当测得的两种污染物浓度分布在1、2、3、4、9这五个区域内时，阀门的开度需相应调大；当测得的两种污染物浓度分布在5、6、8这三个区域内时，阀门的开度相应保持不变；当测得的两种污染物浓度分布在区域7时，阀门的开度相应调小。由此可知，该调控系统的主要目的是为了使室内污染物浓度向区域5、6、8靠近，并尽量使房间内两种污染物浓度分布在区域6中。

在上述焓差控制和污染物检测控制的基础上，依然存在过渡季节建筑室内过冷现象。为解决这一问题，本书又采用热湿环境控制技术，应用于过渡季节工况3条件下，在检测新风焓值为$h_w<h<h_s$时，利用室内的温度传感器测量建筑室内温度，判断建筑是否出现由于新风量过大导致的过冷现象，控制空气加热器的启动和关闭。当建筑出现过冷现象时，即室内测量温度低于设定值t_N时，开启组合式机组内的空气再热器，提高送风温度，最大限度地保持室内良好的热环境；当测量值大于t_N时，关闭组合式机组内的空气再热器，最大限度地节约建筑能耗。具体见表6-15。

工况3下室内热湿参数调控方法 **表6-15**

室内温度 t	CO_2浓度 / 甲醛浓度	<700ppm	700～1000ppm	>1000ppm
$t<t_N$	<0.05mg/m^3	新风阀门开度调小；机组内的空气再加热装置开启	新风阀门开度保持不变；机组内的空气再加热装置开启	新风阀门开度调大；机组内的空气再加热装置开启
	0.05～0.1mg/m^3	新风阀门开度保持不变；机组内的空气再加热装置开启	新风阀门开度保持不变；机组内的空气再加热装置开启	新风阀门开度调大；机组内的空气再加热装置开启
	>0.1mg/m^3	新风阀门开度调大；机组内的空气再加热装置开启	新风阀门开度调大；机组内的空气再加热装置开启	新风阀门开度调大；机组内的空气再加热装置开启
$t>t_N$	CO_2浓度 / 甲醛浓度	<700ppm	700～1000ppm	>1000ppm
	<0.05mg/m^3	新风阀门开度调小；机组内的空气再加热装置关闭	新风阀门开度保持不变；机组内的空气再加热装置关闭	新风阀门开度调大；机组内的空气再加热装置关闭
	0.05～0.1mg/m^3	新风阀门开度保持不变；机组内的空气再加热装置关闭	新风阀门开度保持不变；机组内的空气再加热装置关闭	新风阀门开度调大；机组内的空气再加热装置关闭

综上，通过焓差控制技术的应用，可以实现依靠室外焓值精确断定工况的空气调节效果，是针对季节性因素和室内热湿因素的控制方法，帮助解决建筑在过渡季

节情况下利用新风提供全部或部分冷量的问题，不仅实现了良好的节能效果，还降低了室内空气污染物浓度水平；通过多种污染物检测控制，明确了冬夏季节对应的新风比计算方法，是针对室内人流量因素、确保建筑室内空气品质的有效控制策略，同时可以防止出现过量通风或通风量偏小的现象；热湿参数控制技术，可以防止建筑过渡季工况3下出现的由于引入过量新风导致建筑室内温度偏低的过冷现象，提高建筑在室人员热舒适，保障整个新风系统控制的连贯性、系统性。

3）多参数动态新风系统控制技术

本书提出的多参数动态新风系统综合完善了多种新风控制技术，最终形成了一个适用于公共建筑的全年新风调控系统。理论上，该新风系统做到了多参数综合性控制，考虑了时间上的可持续性，可以实现良好的节能效果和室内环境保障功能。然而，欲实现本动态新风系统在现实中的合理应用，还需要解决技术可行性研究这个关键问题。

① 技术可行性分析

就本动态新风系统而言，其技术可行性研究主要针对三种控制技术，即焓差控制技术、多参数污染物浓度控制技术和热湿参数控制技术。目前，焓差控制技术以及热湿参数控制技术的可行性及控制效果已在许多研究中被验证，特别是设定点的温度控制技术，在许多工程实践中被使用。由于本新风系统的关键是为了确保公共建筑室内空气品质，降低室内空气污染水平，因此保障公共建筑室内空气品质的多参数污染监测技术的可行性是需要重点探讨的，故技术可行性的理论论证集中在论证多参数污染物调控技术的有效性及可靠性。

首先单独以控制室内CO_2浓度为例进行相应计算。根据ASHRAE标准，当人员在步行的轻体力劳动条件下，二氧化碳的产生率为0.5L/min，根据重庆地区公共建筑实地监测结果，室外CO_2浓度值基本在400～500ppm之间，认为室外CO_2浓度值c_0＝450ppm。为简化计算，以重庆大学城市建设与环境工程学院实验楼建设的实验平台集中通风空调小室作为计算模型，小室面积6m×5.5m，按照标准规定的普通商场人员密度3人/m^2计算，实际房间人数应为11人，按照标准规定的人均新风量大小为20m^3/人计算，则总的新风量应为220m^3。在采用露点送风的条件下，经计算得到室内总送风量为q＝1067m^3/h。设定室内初始新风阀门开度值为20%，送风CO_2浓度为c_s＝（4500.2＋c20.8）ppm，经计算得到室内CO_2浓度值

为 c_2=1996ppm>1000ppm。这显示，在此种新风量条件下，该房间模型室内 CO_2 浓度不满足标准要求，其 CO_2 浓度明显超出标准要求。此时应调节新风阀门开度值 K（以每次调大 5%为例），K 值调大至 25%。经过计算得到室内 CO_2 浓度值为 c_2=1687ppm>1000ppm，按照设计要求，继续按照 5%的增量依次加大阀门开度值，直到计算结果显示 c_2<1000ppm。通过计算，当阀门开度值 K=60%时，室内 CO_2 浓度值为 965ppm<1000ppm。计算结果如表 6-16 所示。

基于室内 CO_2 浓度的阀门开度调节方法理论计算实例（一）　　表 6-16

室内总风量（m^3/h）	1067	1067	1067	1067	1067	1067	1067	1067	1067
室内初始人数（人）	11	11	11	11	11	11	11	11	11
阀门开度值（%）	K=20	K=25	K=30	K=35	K=40	K=45	K=50	K=55	K=60
室内 CO_2 浓度（ppm）	1996	1687	1481	1334	1223	1137	1069	1012	965

依照此计算方法，当室内初始人员发生变化，如室内人员增加或减少，则室内 CO_2 浓度发散量也相应增加或减少。故当室内初始人员数量大于设计人员数量时，若阀门初始开度值仍为 20%，显然阀门的开度则需要按照上述计算方法重新进行计算，且阀门开度值一定是逐步增大的。当室内初始人员数量减少时，假定室内初始人员数量为 3，则通过计算知，室内 CO_2 浓度值为 c_2=840ppm，在 700ppm 和 1000ppm 之间，则阀门开度值 K 保持不变即可，计算结果如表 6-17 所示。

基于室内 CO_2 浓度的阀门开度调节方法理论计算实例（二）　　表 6-17

室内总风量（m^3/h）	1155
室内初始人数（人）	3
阀门开度值（%）	K=20
室内 CO_2 浓度（ppm）	840

当室内人员值进一步减少为 1 人时，阀门初始开度值对应下的室内 CO_2 浓度为 582ppm<700ppm，则此时意味着室内 CO_2 浓度偏低，新风的供应量偏大。倘若适当减小阀门开度，则相应暖通空调系统处理新风所耗费的能量也相应降低。因此，适当减小阀门开度值，直至室内 CO_2 污染物浓度增加至一个较为合理的范围内，这样不仅节约了新风能耗，同时满足室内空气 CO_2 浓度需求。计算结果如表 6-18 所示。

基于室内 CO_2 浓度的阀门开度调节方法理论计算实例（三）　　表 6-18

室内总风量（m^3/h）	1133	1133	1133
室内总人数（人）	1	1	1
阀门开度值（%）	$K=20$	$K=15$	$K=10$
室内 CO_2 浓度（ppm）	582	627	715

此时，新风阀门的开度值由 20%降低至 10%，在总的送风量保持为 1133m^3/h 不变的前提下，新风量相应降低了 50%。建筑内暖通空调系统处理新风的能耗也相应减少，系统的冷耗理论上降低了 50%。因此，当建筑室内人员偏少时，基于 CO_2 污染物浓度控制的新风调控系统在理论上可以实现很高的节能量。

综上，在系统仅单独控制 CO_2 这一个污染物参数的条件下，按照设计调控方式可以实现良好的室内空气品质控制。因此，单独控制甲醛浓度时，采用相同的控制方法和手段，唯一的不同之处是甲醛作为非人员产生污染物，其散发量不根据室内人员的变化而发生变化。在控制过程中，当没有从室外引进污染源时，其室内甲醛的散发量 M 值相同，利用式（6-27）进行相应计算，同样可以获得良好的室内甲醛控制效果。

当同时控制室内 CO_2 和甲醛污染时，以实验平台集中通风空调小室作为计算模型，面积 6m×5.5m，按照标准规定的普通商场人员密度 3 人/m^2 计算，实际房间人数应为 11 人；按照标准规定的人均新风量大小为 20m^3/人计算，则总的新风量应为 220m^3。在采用露点送风的条件下，经计算得其室内总送风量需达到 $q=$ 1067m^3/h。对于 CO_2，根据 ASHRAE 标准，当人员在步行的轻体力劳动条件下，其二氧化碳的产生率为 0.5L/min；对于甲醛，认为在整个控制过程中，没有从室外引入甲醛污染源，其室内甲醛的散发量保持恒定，假定室内甲醛浓度的散发量为固定值，即 $M=20$mg/h。室外甲醛浓度偏低，根据重庆地区测试结果显示，建筑室外甲醛浓度值一般在 0～0.02mg/m^3 之间，取室外甲醛浓度值 $c_0=0.01$mg/m^3；取室外 CO_2 浓度值 $c_0=450$ppm。假定房间初始新风阀门开度值为 20%，则送风 CO_2 浓度为 $c_s=(4500.2+c_2 0.8)$ppm；送风甲醛浓度 $c'_s=(0.010.2+c'_2 0.8)$。经计算得到室内 CO_2 浓度值为 $c_2=1996\text{ppm}>1000\text{ppm}$；甲醛浓度值 $c'_s=0.104$mg/m^3。由此可知，在此种新风量条件下，该房间模型室内 CO_2 和甲醛浓度均不满足标准要求，浓度均超出标准要求。此时应调节新风阀门开度值 K（以每次调大 5%

为例），K 值调大至25%。经过计算得到室内 CO_2浓度值 $c_2=1687\text{ppm}>1000\text{ppm}$，甲醛浓度值 $c'_s=0.085\ \text{mg/m}^3<0.01\text{mg/m}^3$，这说明室内甲醛浓度已不是主要矛盾，应根据室内 CO_2浓度继续加大阀门开度值，继续按照5%的增量依次加大阀门开度值，直到计算结果显示 $c_2<1000\text{ppm}$。通过计算得到，当阀门开度值 $K=60\%$ 时，室内 CO_2浓度值为965ppm，甲醛浓度为0.041mg/m³。此时室内两种污染物浓度满足设计要求，阀门开度值保持不变。计算结果具体见表6-19。

基于室内 CO_2 浓度和甲醛浓度的阀门开度调节方法理论计算实例　　表 6-19

室内总风量（m³/h）	1067	1067	1067	1067	1067	1067	1067	1067	1067
室内总人数	11	11	11	11	11	11	11	11	11
阀门开度值（%）	$K=20$	$K=25$	$K=30$	$K=35$	$K=40$	$K=45$	$K=50$	$K=55$	$K=60$
室内 CO_2 浓度（ppm）	1996	1687	1481	1334	1223	1137	1069	1012	965
室内甲醛浓度（mg/m³）	0.104	0.085	0.072	0.064	0.057	0.052	0.047	0.044	0.041

通过对 CO_2和非人员产生污染物浓度调控技术的理论可行性论证后发现，该控制策略可行，与焓差控制方案中的1、2和4工况结合，可以实现公共建筑室内良好的空气品质，同时也最大限度上节约了建筑能耗。更进一步而言，当需要控制更多种类的污染物时（大于2种），其控制方式的复杂化可视为控制维度的复杂化，也就是将室内污染物浓度分布的散点图扩展至3维及以上，最终的控制目的是实现多种污染物浓度分布位于某个或多个固定范围内。

② 实验论证

(a) 实验地点

多参数动态新风系统的实验论证是在重庆大学城市建设与环境工程学院实验楼里的实验台中完成的，依托于国家科技支撑计划项目“建筑室内空气污染检测及运营管理技术研究”。本多参数动态新风系统的针对对象是商场建筑，商场建筑中的暖通空调系统普遍为集中式通风空调系统，本研究实地调研监测的两栋大型商场建筑采用的也是此类系统，因此，以实验台中的集中式通风空调小室中作为实测验证平台。鉴于商场建筑室内气流分布形式普遍为上送上回，故选择气流组织形式为上送上回的实验小室开展测试。实验小室系统平面示意图如图 6-53 所示。

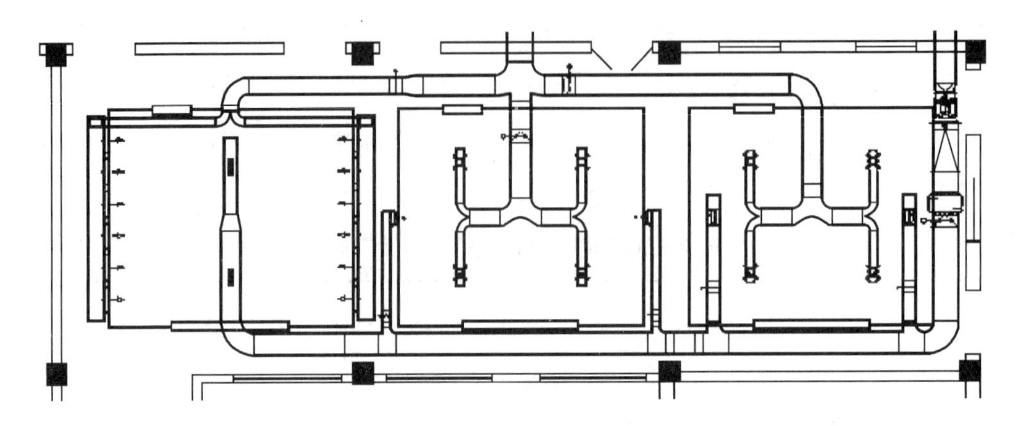

图 6-53 实验小室系统平面示意图

（b）实验方案

由于实验论证的测试时间为 2014 年 8 月，是夏季的一个晴天，故系统实际工况为工况 1，空调系统制冷，工况实验测试的目的是论证该工况下的多参数动态新风系统的可行性及其对室内多种典型空气污染物浓度的控制效果。选择 CO_2 和甲醛作为控制参数进行实时动态检测，实验小室测试房间面积为 6m×5.5m，根据《室内空气质量标准》GB/T 18883—2002 的要求，房间需设置 2 个测点，分别为于房间对角线的三等分点上，此外，测点位置还应避开通风口，距墙壁的距离大于 0.5m，且测点高度保持在人体呼吸带高度范围内，即 0.5～1.5m 之间。测试时间为 2014 年夏季 8 月 25～26 日，测试使用仪器：CO_2 浓度测试仪器与实地调研监测所用仪器相同，为 Telaire7001 二氧化碳检测仪；甲醛浓度传感器为 NE/CH20-3001 型传感器，通过调整仪器设置，实时显示并记录污染物浓度的变化情况；采用温湿度传感器 HOBO U12-012 实时记录温湿度变化情况，进一步明确该控制方案在保障空气品质的基础上，是否会对室内热湿环境造成影响。实验开始前，运行暖通空调系统，鉴于测试时系统所处工况为工况 1 条件下的制冷工况，故新风阀门初始开度设计为 10%，待小室中 CO_2 和甲醛浓度达到较为稳定的状态后，根据室内两种空气污染物的检测浓度，按照设计的控制方法进行室内新风量调节，并绘制室内两种污染物的浓度变化曲线，验证该多参数污染检测控制技术。

(c) 实验结果

可行性论证实验房间于 2014 年 7～8 月处于设备安装阶段，房间内有大量装修材料，室内存在大量甲醛污染源，实验前一晚保持门窗关闭的状态，使污染物浓度积聚以满足实验条件。实验开始前开启暖通空调系统，维持 10％的新风量通风 1h，待室内甲醛和 CO_2 浓度稳定后，再根据室内污染物浓度进行调节。实验中每次阀门调大或调小维持在 5％的开度，每台 CO_2、甲醛和温湿度传感器每一分钟记录一次数据，实验开始 50min 后室内污染物和温湿度基本处于稳定状态，为进一步验证该控制方案的稳定程度，继续运行实验 50min，共计 100min。

实验结果如图 6-54～图 6-57 所示，图中显示，当暖通空调系统正常运行时，保持室内新风阀门开度为 10％，房间内初始甲醛浓度均值超过设定上限值要求，达到了 0.17mg/m^3，初始 CO_2 浓度偏低（587ppm），未达到设定下限值 700ppm。按照多参数污染检测控制技术，主要根据污染物是否超上限值的情况进行新风量的调节，因此开大阀门 K＝15％；10min 后甲醛浓度均值为 0.13mg/m^3，仍然超过设定上限值，CO_2 浓度均值为 576ppm，故继续加大阀门开度 K＝20％；20min 后甲醛浓度均值为 0.10mg/m^3，仍然超过设定上限值，CO_2 浓度均值为 565ppm，故继续加大阀门开度 K＝25％；此后甲醛浓度持续降低达到 0.5～0.6mg/m^3 保持稳定。整个实验过程中，室内人员数量较少且稳定，因此室内 CO_2 浓度均值基本在 550ppm 上下波动，波动范围在 50ppm 之间。因此实验结果表明，该控制技术方案

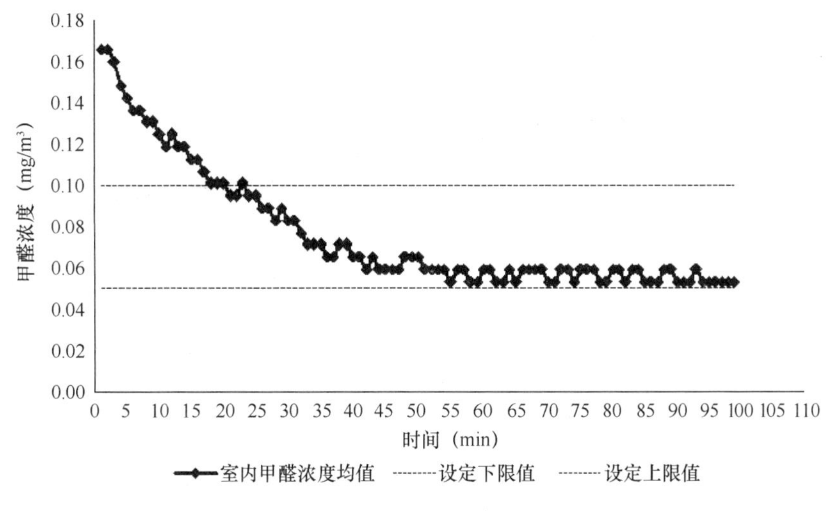

图 6-54 多参数污染检测控制技术下室内甲醛浓度变化规律

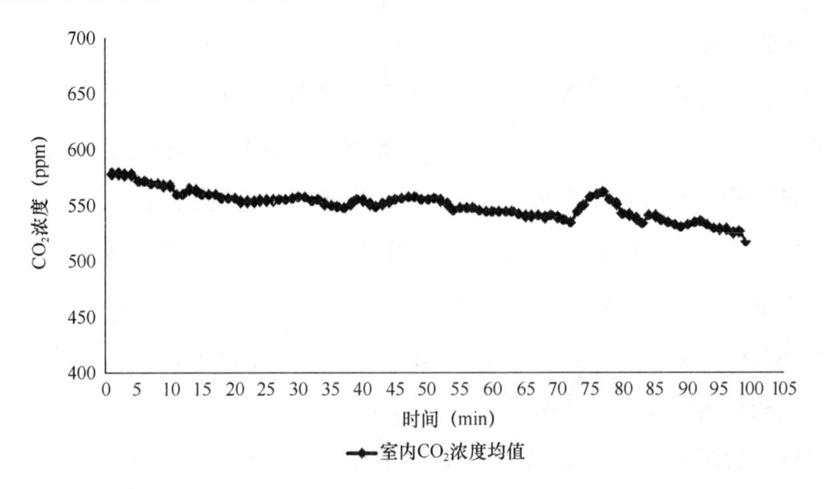

图 6-55 参数污染检测控制技术下室内 CO_2 浓度变化规律

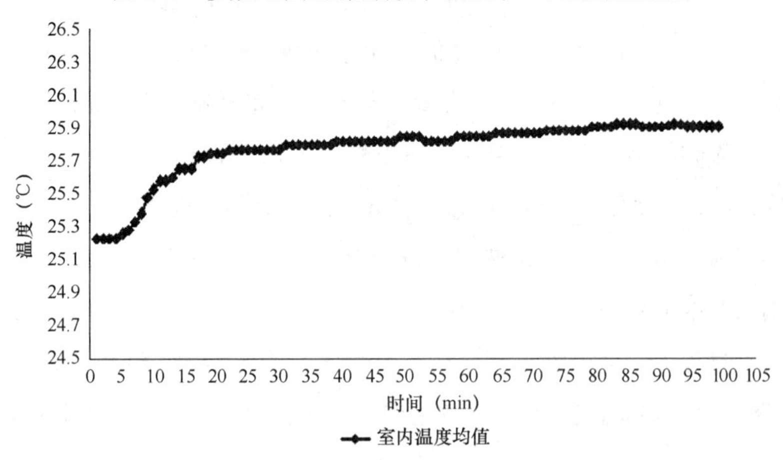

图 6-56 多参数污染检测控制技术下室内温度变化规律

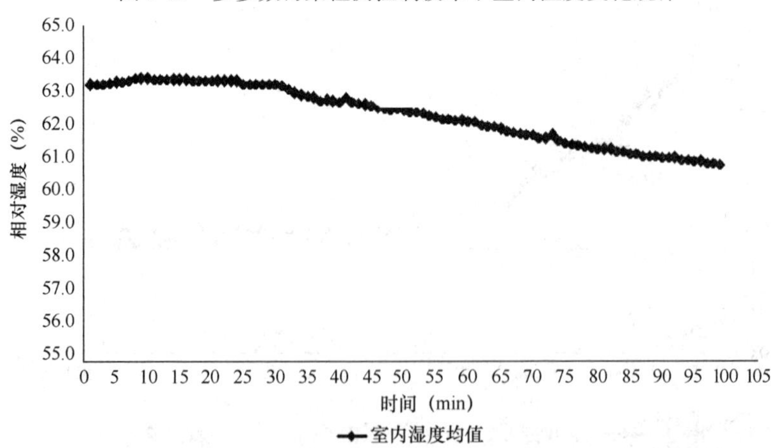

图 6-57 多参数污染检测控制技术下室内湿度变化规律

可以保证建筑室内两种污染物浓度稳定在设计要求范围内。实验结果还显示，室内温度稳定在25～26℃之间，相对湿度稳定在60%～65%之间。由于系统冷量一定，随着新风阀门开度的增大，室内温度呈现缓慢上升的趋势，随着室内温度的上升，室内相对湿度呈现缓慢的下降趋势，但总体上，室内热湿参数都满足标准要求，室内热湿状况良好，可以满足室内人员热舒适要求。

综上，动态新风控制系统不仅可以维持控制系统的稳定运行并避免被控对象的频繁动作，还可以在保障良好的室内空气品质的同时，维持较为舒适的室内热湿环境，具有出色的整体控制效果。因此，通过理论和实测论证，本书提出的动态新风控制系统在采用多参数污染检测控制技术的基础上，能够可靠有效地维持室内空气品质水平且保证良好的室内热湿环境。

6.3 建筑室内空气质量综合控制示范工程

6.3.1 武汉绿街项目

6.3.1.1 项目简介

武汉朗诗绿色街区项目用地位于武汉市汉阳区龙阳大道与龙阳湖南路交叉口处，二环线以内。项目净用地面积51094.44m^2（含绿化带用地17196m^2），总建筑面积为150174m^2，其中地上建筑面积为121605m^2，地下面积为28569m^2，项目效果图如图6-58所示。

武汉属于夏热冬冷地区，从2011年7月开始，朗诗恒温绿色街区针对武汉地区特殊的地理气候环境，因地制宜地发展实体住宅社区。社区内无需空调、地暖、加湿器，可达到20～26℃室内舒适温度及30%～70%室内舒适湿度。采用全新风集中送风系统，节能率可达80%以上，绿色环保。

6.3.1.2 综合控制思路

项目全部精装修，采用源控制的思路，设计选材使用国际知名品牌，以用于满足室内建材低散发控制要求。根据示范工程项目提供的装饰装修材料表、装饰装修施工图纸、暖通空调系统图纸等设计资料，通过污染物散发测试和模拟计算等技术手段预测室内装饰装修工程竣工后的室内典型空气污染物浓度，并与GB 50325中

图 6-58 武汉朗诗绿色街区项目建筑效果图

所限定的污染物浓度限值进行比对，对装饰装修工程对室内空气质量的影响进行评价。

主要技术内容包括：

（1）地板、内墙涂料等建材的甲醛、TVOC 散发率测试结果分析；

（2）项目工程分析，包括装修材料暴露量分析、通风系统分析；

（3）IAQ 预评估方法，室内空气典型污染物浓度模拟计算。

6.3.1.3 综合控制策略

（1）建材散发率测试结果分析

根据项目提供的装饰装修材料表和样板房装修情况，筛选出地板、胶合板、木饰面、细木工板和乳胶漆 5 种潜在的室内化学污染源材料进行检测评估。建材污染物散发的实验舱测试如图 6-59～图 6-61 所示。建材散发率测试参照《Determination of the emission of volatile organic compounds from building products and furnishing — Emission test chamber method》ISO 16000-9：2006[18]进行。

1）建材甲醛散发测试结果与分析

五种材料的甲醛散发率测试结果如表 6-20 所示，采用第 7 天的甲醛散发率作为后续模拟计算的参数。

图 6-59 地板测试

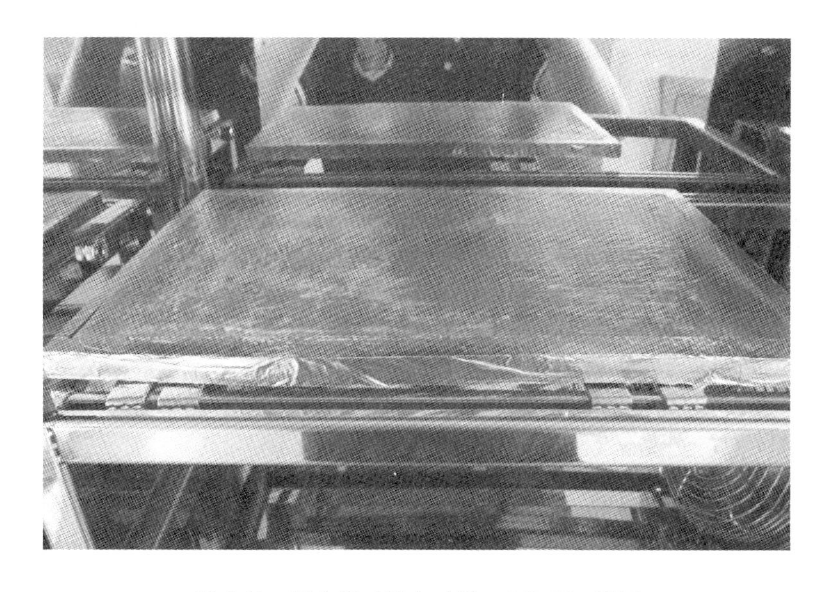

图 6-60 胶合板（细木工板、木饰面）测试

建材甲醛散发率测试结果 [单位：mg/(m^2·h)] **表 6-20**

测试时间	地板	胶合板	细木工板	乳胶漆
7d	0.01	0.06	0.01	0.01

图6-61　乳胶漆测试

2）建材TVOC散发测试结果与分析

五种材料的TVOC散发率测试结果如表6-21所示，采用第7天的TVOC散发率作为后续模拟计算的参数。

建材TVOC散发率测试结果［单位：mg/(m^2·h)］　**表6-21**

测试时间	地板	胶合板	细木工板	乳胶漆
7d	0.15	0.08	3.35	0.08

（2）工程分析

1）功能房间选取

本次预评估的对象选择A3户型、B2户型、C3户型、D1户型和K户型等5种不同的户型，综合考虑建材典型污染物散发率测试结果、竣工交付时的装饰装修情况和不同户型不同功能区域潜在的室内空气污染健康风险，将选取标准层不同户型的主卧、次卧（儿童房）、书房、客餐厅、浴室、厨房作为本次室内空气质量预评估的对象。户型平面图分别见图6-62～图6-66。

2）装饰装修材料暴露量分析

基于对不同户型各个预评估房间装饰装修施工图的分析，各房间的装饰装修材料暴露量情况汇总见表6-22。

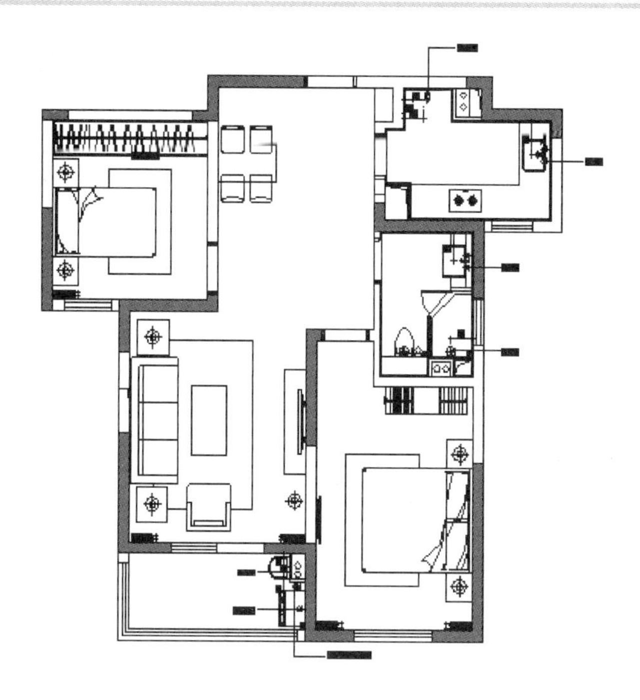

图 6-62 A3 户型平面图

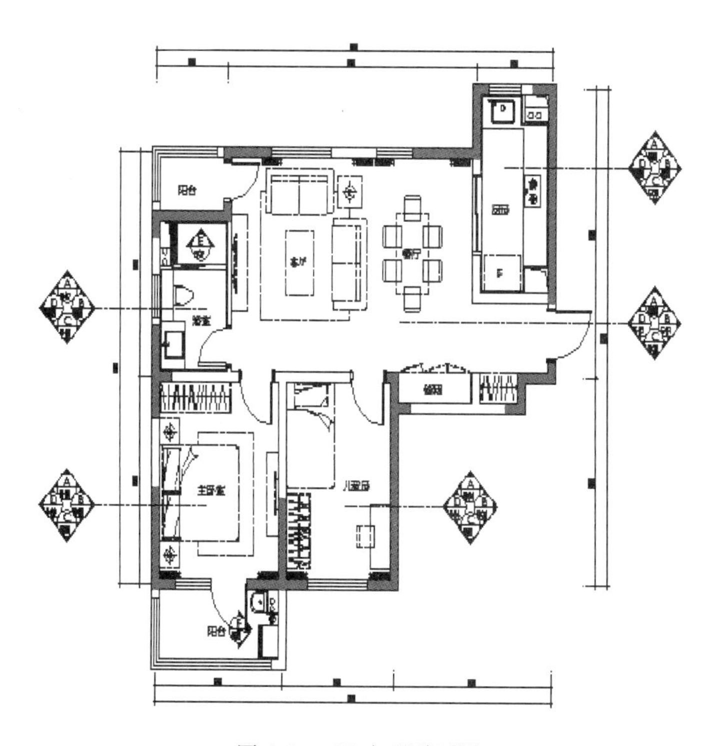

图 6-63 B2 户型平面图

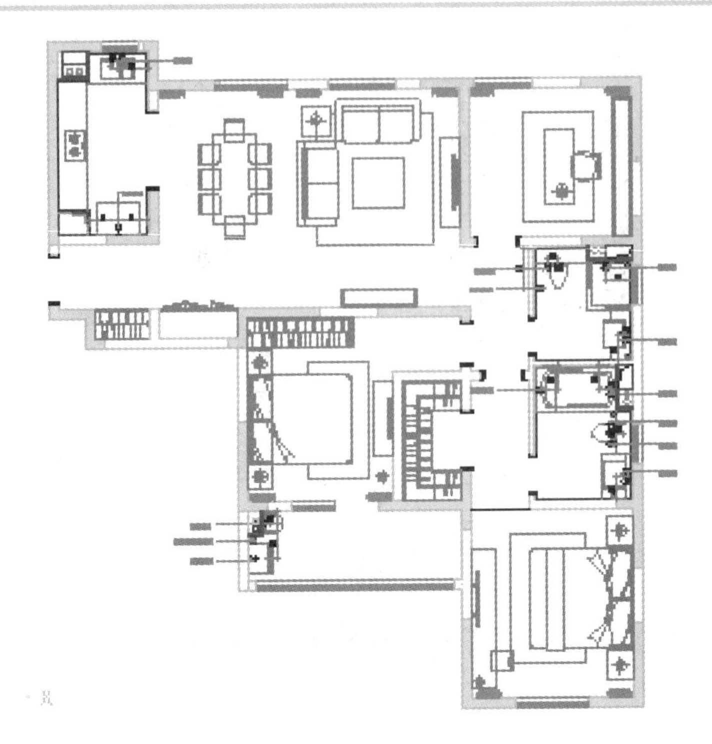

图6-64　C3户型平面图

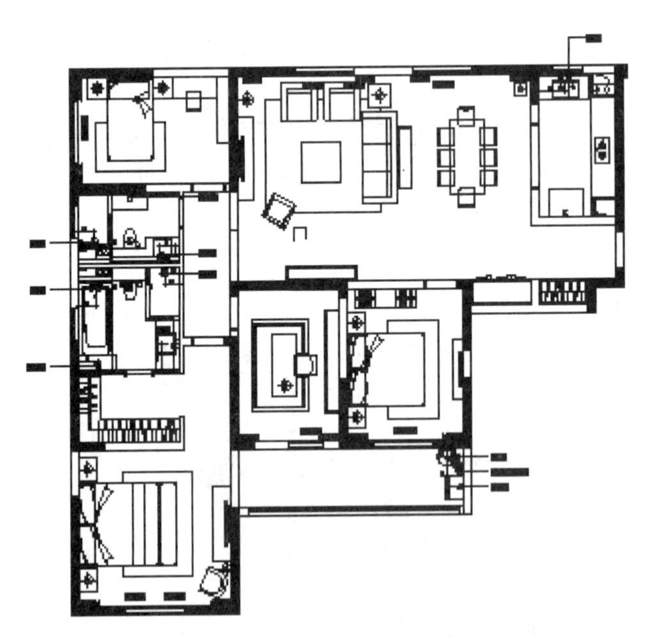

图6-65　D1户型平面图

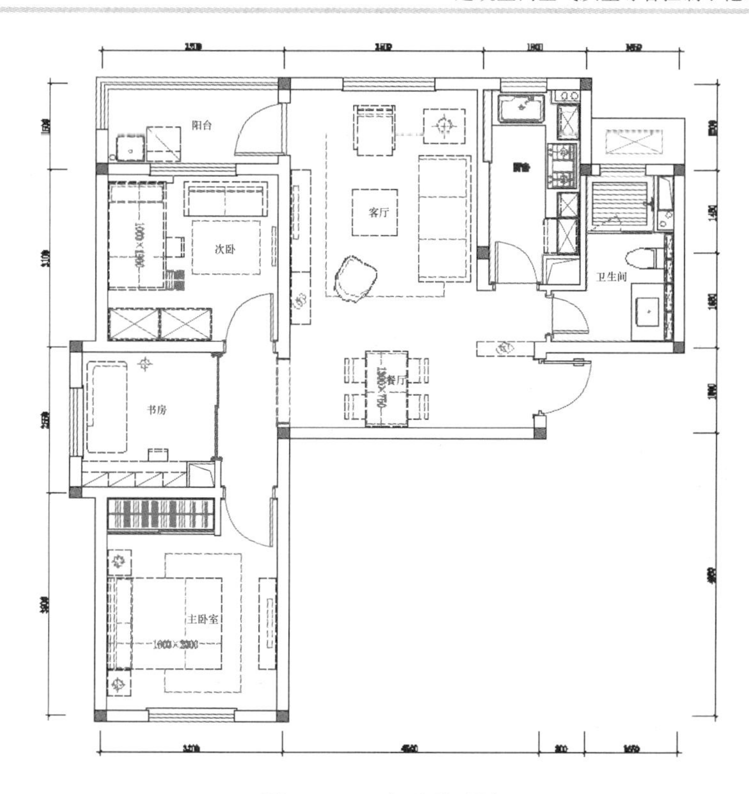

图 6-66 K 户型平面图

装饰装修材料暴露量汇总表（单位：m^2） **表 6-22**

户型	房间	地面	立面			顶面
		地板	胶合板	细木工板	乳胶漆	乳胶漆
A3 户型	主卧	13.49	1.78	1.20	38.17	13.49
	儿童房	9.26	1.78	0.90	29.33	9.26
	客餐厅	25.48	10.66	1.18	55.67	25.48
	厨房	6.34	5.73	0.00	2.35	6.34
B2 户型	主卧	12.48	1.74	0.85	31.03	12.48
	儿童房	10.92	1.78	0.93	30.35	10.92
	客餐厅	26.25	16.22	1.37	40.96	26.25
	厨房	10.26	4.96	0.00	2.44	10.26
C3 户型	主卧	13.20	3.33	1.31	44.24	13.20
	次卧	11.10	1.78	1.09	34.65	11.10
	书房	11.20	1.78	0.94	30.35	11.20
	主卫	5.70	3.87	0.00	3.02	5.70
	客餐厅	25.16	10.14	1.71	46.72	25.16
	厨房	8.97	4.32	0.00	3.43	8.97

续表

户型	房间	地面	立面			顶面
		地板	胶合板	细木工板	乳胶漆	乳胶漆
D1户型	主卧	24.36	14.82	1.91	47.21	24.36
	次卧	11.70	1.78	1.00	29.74	11.70
	书房	10.14	1.78	0.77	25.73	10.14
	主卫	7.16	3.26	0.00	3.39	7.16
	儿童房	11.76	1.78	0.99	29.22	11.76
	客餐厅	40.30	8.28	1.85	55.88	40.30
	厨房	8.14	3.68	0.00	2.50	8.14
K户型	主卧	12.48	1.78	1.03	32.18	12.48
	次卧	9.92	1.78	0.91	27.80	9.92
	书房	6.12	1.78	0.75	22.03	6.12
	卫生间	5.12	3.06	0.00	3.29	5.12
	客餐厅	21.35	4.27	1.21	36.08	21.35
	厨房	6.12	4.97	0.00	2.26	6.12

3）通风系统分析

根据《民用建筑供暖通风与空气调节设计规范》GB 50736—2012[19]的要求，设置新风系统的居住建筑，所需最小新风量宜按换气次数法确定。本项目建筑换气次数按0.8h^{-1}进行设计，预评估房间的总新风量见表6-23。

预评估房间总新风量与通风效率 **表6-23**

户型	房间	体积（m^3）	换气次数（h^{-1}）	新风量（m^3/h）	通风效率
A3户型	主卧	37.03	0.80	29.62	1.00
	儿童房	27.77	0.80	22.22	1.00
	客餐厅	39.77	0.80	31.81	1.00
	餐厅	32.82	0.80	26.26	1.00
	厨房	22.36	0.80	17.88	1.00
B2户型	主卧	32.82	0.80	26.26	1.00
	儿童房	28.72	0.80	22.98	1.00
	客餐厅	69.04	0.80	55.23	1.00
	浴室	14.20	0.80	11.36	1.00
	厨房	26.98	0.80	21.59	1.00

续表

户型	房间	体积（m^3）	换气次数（h^{-1}）	新风量（m^3/h）	通风效率
C3 户型	主卧	34.72	0.80	27.77	1.00
	次卧	29.19	0.80	23.35	1.00
	书房	29.46	0.80	23.56	1.00
	主卫	14.99	0.80	11.99	1.00
	客餐厅	66.16	0.80	52.93	1.00
	浴室	12.69	0.80	10.15	1.00
	厨房	23.59	0.80	18.87	1.00
D1 户型	主卧	64.07	0.80	51.25	1.00
	次卧	30.77	0.80	24.62	1.00
	书房	26.67	0.80	21.33	1.00
	主卫	18.82	0.80	15.05	1.00
	儿童房	30.93	0.80	24.74	1.00
	客餐厅	105.99	0.80	84.79	1.00
	浴室	13.14	0.80	10.51	1.00
	厨房	21.41	0.80	17.13	1.00
K 户型	主卧	32.82	0.80	26.26	1.00
	次卧	26.09	0.80	20.87	1.00
	书房	16.10	0.80	12.88	1.00
	卫生间	13.45	0.80	10.76	1.00
	客餐厅	56.15	0.80	44.92	1.00
	厨房	16.10	0.80	12.88	1.00

（3）IAQ 控制预评估结果

1）室内典型污染物浓度模拟计算

采用 ISO 16814[20]中 B 3.1.2 方法进行稳态条件下的污染物浓度计算，即式（6-13）。

$$q_v = \frac{G_h}{C_{h,i} - C_{h,o}} \times \frac{1}{\varepsilon_v} \tag{6-13}$$

式中 q_v——新风量，m^3/h；

G_h——污染物的散发速率，mg/h；

$C_{h,i}$——室内污染物的浓度，mg/m^3；

$C_{h,o}$——室外污染物的浓度，mg/m^3；

ε_v——通风效率。

假设预测的污染物室外浓度为 $0mg/m^3$，室内污染物浓度由式（6-14）计算得到。

$$C_{h,i}=\frac{G_h}{q_v}\times\frac{1}{\varepsilon_v} \tag{6-14}$$

从装饰装修材料散发测试的结果来看，地板、乳胶漆和木饰面为主要的污染物散发源头，相比而言，其他材料的散发量可以忽略。因此，将地板、乳胶漆和木饰面的甲醛、TVOC 散发率带入公式计算。各户型甲醛和 TVOC 浓度模拟计算结果如表 6-24～表 6-33 所示。

A3 户型甲醛浓度模拟计算结果　　　　**表 6-24**

房间	污染源	比面积散发率 $E[mg/(m^2\cdot h)]$	材料面积 $S(m^2)$	散发速率 $G_h(mg/h)$	新风量 $q_v(m^3/h)$	单个污染源计算浓度 $C(mg/m^3)$	计算总浓度 $C_T(mg/m^3)$
主卧	地板	0.010	13.490	0.135	29.624	0.005	0.026
	胶合板	0.060	1.780	0.107		0.004	
	细木工板	0.010	1.200	0.012		0.000	
	乳胶漆	0.010	51.660	0.517		0.017	
儿童房	地板	0.010	9.260	0.093	22.218	0.004	0.027
	胶合板	0.060	1.780	0.107		0.005	
	细木工板	0.010	0.900	0.009		0.000	
	乳胶漆	0.010	38.590	0.386		0.017	
客餐厅	地板	0.010	25.480	0.255	115.888	0.002	0.015
	胶合板	0.060	10.660	0.640		0.006	
	细木工板	0.010	1.180	0.012		0.000	
	乳胶漆	0.010	81.150	0.812		0.007	
浴室	地板	0.010	4.440	0.044	10.225	0.004	0.031
	胶合板	0.060	3.370	0.202		0.020	
	乳胶漆	0.010	7.200	0.072		0.007	
厨房	地板	0.010	6.340	0.063	17.884	0.004	0.028
	胶合板	0.060	5.730	0.344		0.019	
	乳胶漆	0.010	8.690	0.087		0.005	

A3 户型 TVOC 浓度模拟计算结果 **表 6-25**

房间	污染源	比面积散发率 E[mg/(m^2 · h)]	材料面积 S(m^2)	散发速率 G_h(mg/h)	新风量 q_v(m^3/h)	单个污染源计算浓度 C(mg/m^3)	计算总浓度 C_T(mg/m^3)
主卧	地板	0.150	13.490	2.024	29.624	0.068	0.348
	胶合板	0.080	1.780	0.142		0.005	
	细木工板	3.350	1.200	4.020		0.136	
	乳胶漆	0.080	51.660	4.133		0.140	
儿童房	地板	0.150	9.260	1.389	22.218	0.063	0.344
	胶合板	0.080	1.780	0.142		0.006	
	细木工板	3.350	0.900	3.015		0.136	
	乳胶漆	0.080	38.590	3.087		0.139	
客餐厅	地板	0.150	25.480	3.822	115.888	0.033	0.130
	胶合板	0.080	10.660	0.853		0.007	
	细木工板	3.350	1.180	3.953		0.034	
	乳胶漆	0.080	81.150	6.492		0.056	
浴室	地板	0.150	4.440	0.666	10.225	0.065	0.148
	胶合板	0.080	3.370	0.270		0.026	
	乳胶漆	0.080	7.200	0.576		0.056	
厨房	地板	0.150	6.340	0.951	17.884	0.053	0.118
	胶合板	0.080	5.730	0.458		0.026	
	乳胶漆	0.080	8.690	0.695		0.039	

B2 户型甲醛浓度模拟计算结果 **表 6-26**

房间	污染源	比面积散发率 E[mg/(m^2 · h)]	材料面积 S(m^2)	散发速率 G_h(mg/h)	新风量 q_v(m^3/h)	单个污染源计算浓度 C(mg/m^3)	计算总浓度 C_T(mg/m^3)
主卧	地板	0.010	12.480	0.125	26.258	0.005	0.026
	胶合板	0.060	1.740	0.104		0.004	
	细木工板	0.010	0.850	0.009		0.000	
	乳胶漆	0.010	43.511	0.435		0.017	
儿童房	地板	0.010	10.920	0.109	22.976	0.005	0.028
	胶合板	0.060	1.780	0.107		0.005	
	细木工板	0.010	0.930	0.009		0.000	
	乳胶漆	0.010	41.270	0.413		0.018	

续表

房间	污染源	比面积散发率 $E[mg/(m^2 \cdot h)]$	材料面积 $S(m^2)$	散发速率 $G_h(mg/h)$	新风量 $q_v(m^3/h)$	单个污染源计算浓度 $C(mg/m^3)$	计算总浓度 $C_T(mg/m^3)$
客餐厅	地板	0.010	26.250	0.263	55.230	0.005	0.035
	胶合板	0.060	16.218	0.973		0.018	
	细木工板	0.010	1.370	0.014		0.000	
	乳胶漆	0.010	67.205	0.672		0.012	
浴室	地板	0.010	5.400	0.054	11.362	0.005	0.023
	胶合板	0.060	2.125	0.128		0.011	
	乳胶漆	0.010	8.162	0.082		0.007	
厨房	地板	0.010	10.260	0.103	21.587	0.005	0.024
	胶合板	0.060	4.961	0.298		0.014	
	乳胶漆	0.010	12.699	0.127		0.006	

B2户型TVOC浓度模拟计算结果 **表6-27**

房间	污染源	比面积散发率 $E[mg/(m^2 \cdot h)]$	材料面积 $S(m^2)$	散发速率 $G_h(mg/h)$	新风量 $q_v(m^3/h)$	单个污染源计算浓度 $C(mg/m^3)$	计算总浓度 $C_T(mg/m^3)$
主卧	地板	0.150	12.480	1.872	26.258	0.071	0.318
	胶合板	0.080	1.740	0.139		0.005	
	细木工板	3.350	0.850	2.848		0.108	
	乳胶漆	0.080	43.511	3.481		0.133	
儿童房	地板	0.150	10.920	1.638	22.976	0.071	0.357
	胶合板	0.080	1.780	0.142		0.006	
	细木工板	3.350	0.930	3.116		0.136	
	乳胶漆	0.080	41.270	3.302		0.144	
客餐厅	地板	0.150	26.250	3.938	55.230	0.071	0.275
	胶合板	0.080	16.220	1.298		0.023	
	细木工板	3.350	1.370	4.590		0.083	
	乳胶漆	0.080	67.205	5.376		0.097	
浴室	地板	0.150	5.400	0.810	11.362	0.071	0.144
	胶合板	0.080	2.125	0.170		0.015	
	乳胶漆	0.080	8.162	0.653		0.057	

续表

房间	污染源	比面积散发率 $E[mg/(m^2 \cdot h)]$	材料面积 $S(m^2)$	散发速率 $G_h(mg/h)$	新风量 $q_v(m^3/h)$	单个污染源计算浓度 $C(mg/m^3)$	计算总浓度 $C_T(mg/m^3)$
厨房	地板	0.150	10.260	1.539	21.587	0.071	0.137
	胶合板	0.080	4.961	0.397		0.018	
	乳胶漆	0.080	12.699	1.016		0.047	

C3 户型甲醛浓度模拟计算结果 **表 6-28**

房间	污染源	比面积散发率 $E[mg/(m^2 \cdot h)]$	材料面积 $S(m^2)$	散发速率 $G_h(mg/h)$	新风量 $q_v(m^3/h)$	单个污染源计算浓度 $C(mg/m^3)$	计算总浓度 $C_T(mg/m^3)$
主卧	地板	0.010	13.200	0.132	27.773	0.005	0.033
	胶合板	0.060	3.330	0.200		0.007	
	细木工板	0.010	1.310	0.013		0.000	
	乳胶漆	0.010	57.442	0.574		0.021	
次卧	地板	0.010	11.100	0.111	23.354	0.005	0.029
	胶合板	0.060	1.780	0.107		0.005	
	细木工板	0.010	1.089	0.011		0.000	
	乳胶漆	0.010	45.745	0.457		0.020	
书房	地板	0.010	11.200	0.112	23.565	0.005	0.027
	胶合板	0.060	1.780	0.107		0.005	
	细木工板	0.010	0.945	0.009		0.000	
	乳胶漆	0.010	41.550	0.416		0.018	
主卫	地板	0.010	5.700	0.057	11.993	0.005	0.031
	胶合板	0.060	3.867	0.232		0.019	
	乳胶漆	0.010	8.723	0.087		0.007	
客餐厅	地板	0.010	25.155	0.252	52.926	0.006	0.040
	胶合板	0.060	10.139	0.608		0.015	
	细木工板	0.010	1.709	0.017		0.000	
	乳胶漆	0.010	71.878	0.719		0.018	
浴室	地板	0.010	4.827	0.048	10.155	0.006	0.067
	胶合板	0.060	6.489	0.389		0.051	
	乳胶漆	0.010	7.589	0.076		0.010	
厨房	地板	0.010	8.970	0.090	18.873	0.006	0.033
	胶合板	0.060	4.324	0.259		0.018	
	乳胶漆	0.010	12.399	0.124		0.009	

C3 户型 TVOC 浓度模拟计算结果 **表 6-29**

房间	污染源	比面积散发率 E[mg/(m^2·h)]	材料面积 S(m^2)	散发速率 G_h(mg/h)	新风量 q_v(m^3/h)	单个污染源计算浓度 C(mg/m^3)	计算总浓度 C_T(mg/m^3)
主卧	地板	0.150	13.200	1.980	27.773	0.071	0.404
	胶合板	0.080	3.330	0.266		0.010	
	细木工板	3.350	1.310	4.389		0.158	
	乳胶漆	0.080	57.442	4.595		0.165	
次卧	地板	0.150	11.100	1.665	23.354	0.071	0.390
	胶合板	0.080	1.780	0.142		0.006	
	细木工板	3.350	1.089	3.647		0.156	
	乳胶漆	0.080	45.745	3.660		0.157	
书房	地板	0.150	11.200	1.680	23.565	0.071	0.353
	胶合板	0.080	1.780	0.142		0.006	
	细木工板	3.350	0.945	3.165		0.134	
	乳胶漆	0.080	41.550	3.324		0.141	
主卫	地板	0.150	5.700	0.855	11.993	0.071	0.155
	胶合板	0.080	3.867	0.309		0.026	
	乳胶漆	0.080	8.723	0.698		0.058	
客餐厅	地板	0.150	25.155	3.773	52.926	0.095	0.405
	胶合板	0.080	10.139	0.811		0.020	
	细木工板	3.350	1.709	5.725		0.144	
	乳胶漆	0.080	71.878	5.750		0.145	
浴室	地板	0.150	4.827	0.724	10.155	0.095	0.243
	胶合板	0.080	6.489	0.519		0.068	
	乳胶漆	0.080	7.589	0.607		0.080	
厨房	地板	0.150	8.970	1.346	18.873	0.095	0.190
	胶合板	0.080	4.324	0.346		0.024	
	乳胶漆	0.080	12.399	0.992		0.070	

D1 户型甲醛浓度模拟计算结果 **表 6-30**

房间	污染源	比面积散发率 $E[mg/(m^2 \cdot h)]$	材料面积 $S(m^2)$	散发速率 $G_h(mg/h)$	新风量 $q_v(m^3/h)$	单个污染源计算浓度 $C(mg/m^3)$	计算总浓度 $C_T(mg/m^3)$
主卧	地板	0.010	24.360	0.244	51.253	0.005	0.036
	胶合板	0.060	14.824	0.889		0.017	
	细木工板	0.010	1.906	0.019		0.000	
	乳胶漆	0.010	71.568	0.716		0.014	
次卧	地板	0.010	11.100	0.111	24.617	0.005	0.026
	胶合板	0.060	1.780	0.107		0.004	
	细木工板	0.010	1.089	0.011		0.000	
	乳胶漆	0.010	41.439	0.414		0.017	
书房	地板	0.010	10.140	0.101	21.335	0.005	0.027
	胶合板	0.060	1.780	0.107		0.005	
	细木工板	0.010	0.772	0.008		0.000	
	乳胶漆	0.010	35.875	0.359		0.017	
主卫	地板	0.010	7.155	0.072	15.054	0.005	0.025
	胶合板	0.060	3.262	0.196		0.013	
	乳胶漆	0.010	10.544	0.105		0.007	
儿童房	地板	0.010	11.760	0.118	24.743	0.005	0.026
	胶合板	0.060	1.780	0.107		0.004	
	细木工板	0.010	0.993	0.010		0.000	
	乳胶漆	0.010	40.979	0.410		0.017	
客餐厅	地板	0.010	40.300	0.403	84.791	0.005	0.022
	胶合板	0.060	8.276	0.497		0.006	
	细木工板	0.010	1.851	0.019		0.000	
	乳胶漆	0.010	96.181	0.962		0.011	
浴室	地板	0.010	4.995	0.050	10.509	0.001	0.029
	胶合板	0.060	3.640	0.218		0.021	
	乳胶漆	0.010	7.803	0.078		0.007	
厨房	地板	0.010	8.140	0.081	17.127	0.005	0.024
	胶合板	0.060	3.682	0.221		0.013	
	乳胶漆	0.010	10.638	0.106		0.006	

D1户型TVOC浓度模拟计算结果 **表6-31**

房间	污染源	比面积散发率 E[mg/(m² · h)]	材料面积 S(m²)	散发速率 G_h(mg/h)	新风量 q_v(m³/h)	单个污染源计算浓度 C(mg/m³)	计算总浓度 C_T(mg/m³)
主卧	地板	0.150	13.200	1.980	51.253	0.039	0.219
	胶合板	0.080	3.330	0.266		0.005	
	细木工板	3.350	1.310	4.389		0.086	
	乳胶漆	0.080	57.442	4.595		0.090	
次卧	地板	0.150	11.100	1.665	24.617	0.068	0.370
	胶合板	0.080	1.780	0.142		0.006	
	细木工板	3.350	1.089	3.647		0.148	
	乳胶漆	0.080	45.745	3.660		0.149	
书房	地板	0.150	11.200	1.680	21.335	0.079	0.390
	胶合板	0.080	1.780	0.142		0.007	
	细木工板	3.350	0.945	3.165		0.148	
	乳胶漆	0.080	41.550	3.324		0.156	
主卫	地板	0.150	5.700	0.855	15.054	0.057	0.124
	胶合板	0.080	3.867	0.309		0.021	
	乳胶漆	0.080	8.723	0.698		0.046	
儿童房	地板	0.150	3.500	0.525	24.743	0.021	0.106
	胶合板	0.080	5.120	0.410		0.017	
	细木工板	3.350	0.220	0.739		0.030	
	乳胶漆	0.080	12.017	0.961		0.039	
客餐厅	地板	0.150	25.155	3.773	84.791	0.045	0.189
	胶合板	0.080	10.139	0.811		0.010	
	细木工板	3.350	1.709	5.725		0.068	
	乳胶漆	0.080	71.878	5.750		0.068	
浴室	地板	0.150	4.827	0.724	10.509	0.069	0.176
	胶合板	0.080	6.489	0.519		0.049	
	乳胶漆	0.080	7.589	0.607		0.058	
厨房	地板	0.150	8.970	1.346	17.127	0.079	0.157
	胶合板	0.080	4.324	0.346		0.020	
	乳胶漆	0.080	12.399	0.992		0.058	

K户型甲醛浓度模拟计算结果 **表 6-32**

房间	污染源	比面积散发率 $E[mg/(m^2 \cdot h)]$	材料面积 $S(m^2)$	散发速率 $G_h(mg/h)$	新风量 $q_v(m^3/h)$	单个污染源计算浓度 $C(mg/m^3)$	计算总浓度 $C_T(mg/m^3)$
主卧	地板	0.010	12.480	0.125	26.258	0.005	0.026
	胶合板	0.060	1.780	0.107		0.004	
	细木工板	0.010	1.032	0.010		0.000	
	乳胶漆	0.010	44.660	0.447		0.017	
次卧	地板	0.010	9.920	0.099	20.872	0.005	0.028
	胶合板	0.060	1.780	0.107		0.005	
	细木工板	0.010	0.912	0.009		0.000	
	乳胶漆	0.010	37.722	0.377		0.018	
书房	地板	0.010	6.120	0.061	12.876	0.005	0.035
	胶合板	0.060	1.780	0.107		0.008	
	细木工板	0.010	0.748	0.007		0.001	
	乳胶漆	0.010	28.145	0.281		0.022	
卫生间	地板	0.010	5.115	0.051	10.762	0.005	0.030
	胶合板	0.060	3.058	0.183		0.017	
	乳胶漆	0.010	8.408	0.084		0.008	
客餐厅	地板	0.010	21.350	0.214	44.920	0.005	0.024
	胶合板	0.060	4.275	0.256		0.006	
	细木工板	0.010	1.206	0.012		0.000	
	乳胶漆	0.010	57.427	0.574		0.013	
厨房	地板	0.010	6.120	0.061	12.876	0.005	0.034
	胶合板	0.060	4.968	0.298		0.023	
	乳胶漆	0.010	8.383	0.084		0.007	

K户型 TVOC 浓度模拟计算结果 **表 6-33**

房间	污染源	比面积散发率 $E[mg/(m^2 \cdot h)]$	材料面积 $S(m^2)$	散发速率 $G_h(mg/h)$	新风量 $q_v(m^3/h)$	单个污染源计算浓度 $C(mg/m^3)$	计算总浓度 $C_T(mg/m^3)$
主卧	地板	0.150	12.480	1.872	26.258	0.071	0.344
	胶合板	0.080	1.780	0.142		0.005	
	细木工板	3.350	1.032	3.457		0.132	
	乳胶漆	0.080	44.660	3.573		0.136	

续表

房间	污染源	比面积散发率 E[mg/(m^2·h)]	材料面积 S(m^2)	散发速率 G_h(mg/h)	新风量 q_v(m^3/h)	单个污染源计算浓度 C(mg/m^3)	计算总浓度 C_T(mg/m^3)
次卧	地板	0.150	9.920	1.488	20.872	0.071	0.369
	胶合板	0.080	1.780	0.142		0.007	
	细木工板	3.350	0.912	3.055		0.146	
	乳胶漆	0.080	37.722	3.018		0.145	
书房	地板	0.150	6.120	0.918	12.876	0.071	0.452
	胶合板	0.080	1.780	0.142		0.011	
	细木工板	3.350	0.748	2.506		0.195	
	乳胶漆	0.080	28.145	2.252		0.175	
卫生间	地板	0.150	5.115	0.767	10.762	0.071	0.157
	胶合板	0.080	3.058	0.245		0.023	
	乳胶漆	0.080	8.408	0.673		0.063	
客餐厅	地板	0.150	21.350	3.203	44.920	0.071	0.271
	胶合板	0.080	4.275	0.342		0.008	
	细木工板	3.350	1.206	4.039		0.090	
	乳胶漆	0.080	57.427	4.594		0.102	
厨房	地板	0.150	6.120	0.918	12.876	0.071	0.154
	胶合板	0.080	4.968	0.397		0.031	
	乳胶漆	0.080	8.383	0.671		0.052	

2）预评估结论

根据数值计算的结果来看，本项目A3户型功能房间预估甲醛浓度在0.015～0.031 mg/m^{3}范围，TVOC浓度在0.118～0.348 mg/m^{3}范围；B2户型功能房间预估甲醛浓度在0.023～0.035 mg/m^{3}范围，TVOC浓度在0.137～0.357 mg/m^{3}范围；C3户型功能房间预估甲醛浓度在0.027～0.067 mg/m^{3}范围，TVOC浓度在0.155～0.405 mg/m^{3}范围；D1户型功能房间预估甲醛浓度在0.022～0.036 mg/m^{3}范围，TVOC浓度在0.106～0.390 mg/m^{3}范围；K户型功能房间预估甲醛浓度在0.024～0.035 mg/m^{3}范围，TVOC浓度在0.154～0.452mg/m^{3}范围。所有房间的甲醛和TVOC浓度均低于标准GB 50325对Ⅰ类民用建筑所规定的浓度限值（甲醛：0.08 mg/m^3；TVOC：0.5 mg/m^3），符合竣工验收时污染物浓度控制的要求。

6.3.2 布鲁克 IAQ 实验保障房

6.3.2.1 项目简介

布鲁克项目位于浙江省湖州市长兴县，建筑面积约 $2500m^2$，定位为绿色精品酒店，共有标准房间 48 间，套房 4 套。布鲁克实验保障房是首次在具有潮湿、温暖、南部气候的地区对这一类型的房屋进行的尝试，项目于 2014 年 5 月竣工。项目建成实景如图 6-67 所示。

图 6-67 长兴布鲁克项目实景图

该建筑利用本身的构造达到保温隔热的性能，减少或不使用主动供应的能源，与中国传统的住宅建筑相比，该保障房可以节省 95%的能耗，实现环保节能的最佳效果。被动式建筑简约的设计、摆设和普通家庭相差无几，但在一个科技系统的支撑下，即便是在炎热天气下，室温始终保持在 26℃左右，湿度则保持在 65%，与此同时还有全年新风连续输送，以保证房间的高舒适性。

6.3.2.2 综合控制思路

该项目遵循绿色、健康、可持续发展的理念，同时为营造一个洁净的室内空气环境，全面遵循了室内空气质量从设计、施工到运营的全过程控制。

在设计阶段，在建筑 $PM_{2.5}$ 防控方面，通过对新风过滤系统性能计算与设计，选取两级过滤器完成新风过滤；在化学污染防控方面，通过对建筑装饰装修拟选用建材、家具进行比选，选择低散发建材、家具产品。

在施工阶段，对外窗安装、穿墙管线安装气密性进行控制，减少建筑室外 $PM_{2.5}$ 渗透污染；竣工验收时，对室内空气中氡、甲醛、苯、氨、TVOC进行检测，确保项目建成后IAQ合格，人员可放心入住。

在运营管理阶段，该保障房首次搭建室内空气质量综合监控信息平台系统。平台通过对室内特征污染物（CO_2 浓度）以及建筑暖通系统能耗在线监测数据的系统分析，研究室内空气质量控制、暖通系统能耗规律，为室内空气质量的运营管理提供参数化依据。

6.3.2.3　控制与改善策略

（1）IAQ控制设计保障

1）$PM_{2.5}$ 新风过滤系统性能设计

① $PM_{2.5}$ 室外设计浓度

由于缺乏项目所在城市湖州的室外 $PM_{2.5}$ 浓度历年统计结果，研究组以距离湖州市最近的上海市的日均 $PM_{2.5}$ 环境浓度统计值作为参考，如图6-68所示。根据2012年7月～2013年7月一个周期年统计结果，全年日均浓度大于150$\mu g/m^3$ 的有12d，大于200$\mu g/m^3$ 的有3d。由于近年来室外典型雾霾现象有加重趋势，为防范更严重的室外 $PM_{2.5}$ 污染渗透入建筑室内的风险，本项目设定室外 $PM_{2.5}$ 设计浓度为300$\mu g/m^3$，以实现严重雾霾日污染天气下室内 $PM_{2.5}$ 防控的高保障性。

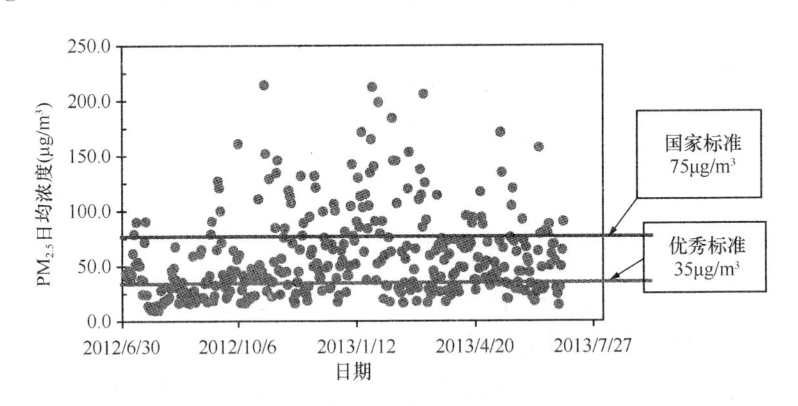

图6-68　上海市大气 $PM_{2.5}$ 统计（2012年7月～2013年7月）

② $PM_{2.5}$ 室内设计浓度

参考《环境空气质量标准》GB 3095—2012[21]，日均 $PM_{2.5}$ 浓度的一级限值为35$\mu g/m^3$，二级限值为75$\mu g/m^3$。本项目以室内 $PM_{2.5}$ 浓度为优、良、及格3个水平，设为 35μg/m³、50μg/m³和 75μg/m³，分别计算新风过滤系统的过滤效率。

③ 围护结构气密性

本项目作为实验保障房设计，对门窗的气密性设计做如下具体规定：

(a) 建筑物外门窗的气密性等级不应低于《建筑外门窗气密、水密、抗风压性能分级及检测方法》GB/T 7106—2008[22]中规定的 6 级。幕墙的气密性等级不应低于《建筑幕墙》GB/T 21086—2007[23]中规定的 4 级。

(b) 为提高门窗、幕墙的气密性能，门窗、幕墙的面板缝隙应采取良好的密封措施。玻璃或非透明面板四周应采用弹性好、耐久的密封条密封或注密封胶密封。

(c) 开启扇应采用双道或多道密封，并采用弹性好、耐久的密封条。推拉窗开启扇四周应采用中间带胶片毛条或橡胶密封条密封。

④ 新风过滤系统

本项目实行集中送新风系统，新风统一经过机房处理后，输送至各房间，通过各房间吊顶的条缝式风口输送新风。由于本项目要求高舒适性，新风换气次数选为 $2h^{-1}$。根据已有调研数据，房间静态下 $PM_{2.5}$ 的 I/O 为 0.6～0.7，设计中选为 0.65。

通过以上各设计参数的选取，根据质量守恒方程，可得到新风过滤器的综合设计效率[24-26]。具体参数和效率结果如表 6-34 所示。

室内 PM2.5 计算参数和过滤器设计效率 **表 6-34**

设计过滤器效率 η_f	设计新风换气次数 G_f/V (h^{-1})	室外浓度 C_0 (μg/m³)	室内浓度 C_{in} (μg/m³)	I/O
95.0%	2	300	35	0.65
89.4%	2	300	50	0.65
80.0%	2	300	75	0.65

根据以上计算，选取新风过滤应用两级过滤器，包括预过滤器 G4 级和 F7 级，其中 G4 效率对粒径≥5.0μm 的颗粒物，过滤效率 90%>E≥70%（对应美国标准 L6），F7 效率对粒径≥1.0μm 的颗粒物，过滤效率 99%>E≥70%（对应美国标准 H13）。

2）室内建材测试比选

本项目对布鲁克项目样板房中所采用的几类主要建材，包括涂料、地板、橱柜、胶粘剂等建材的甲醛、TVOC的散发率进行测试。根据测试分析结果，项目设计中优选污染物散发率小的建材、家具产品。

① 测试条件

实验室测试条件见表6-35。

测试条件 表6-35

参数	数值	误差范围
温度	23℃	±0.2
相对湿度	50%	±3%
换气次数	$1h^{-1}$	≤±1%
测试舱体积	60L、$1m^3$	
测试舱背景浓度	甲醛浓度：$0.002mg/m^3$ TVOC浓度：$0.01 mg/m^3$	
采样分析方法	甲醛分析方法：AHMT分光光度法、酚试剂分光光度法； TVOC分析方法：GB/T 18883附录B气相色谱法	
样品保存方法	用聚乙烯密封包装或用废木板包装或用以上两种方式包装的送检	

② 涂料的污染物散发率

研究组对项目方提供的三种涂料样品进行测试

(a) 涂料甲醛和TVOC散发率曲线

三种涂料的甲醛和TVOC散发率曲线分别如图6-69和图6-70所示。

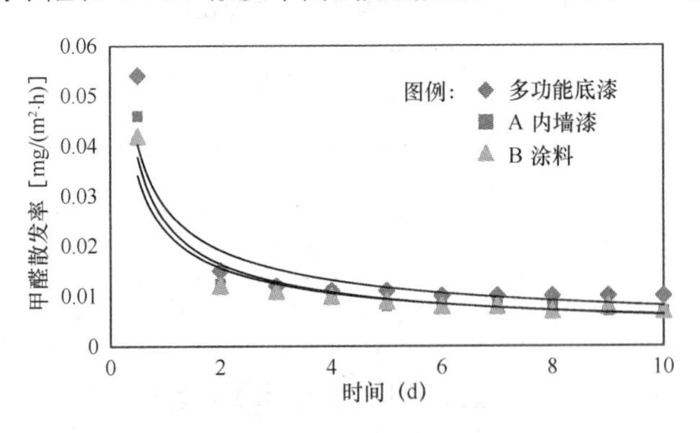

图6-69 三种涂料的甲醛散发率曲线

(b) 涂料比选

由图6-80和图6-81可知，涂料作为湿建材，其释放衰减速率较快，3d之后，

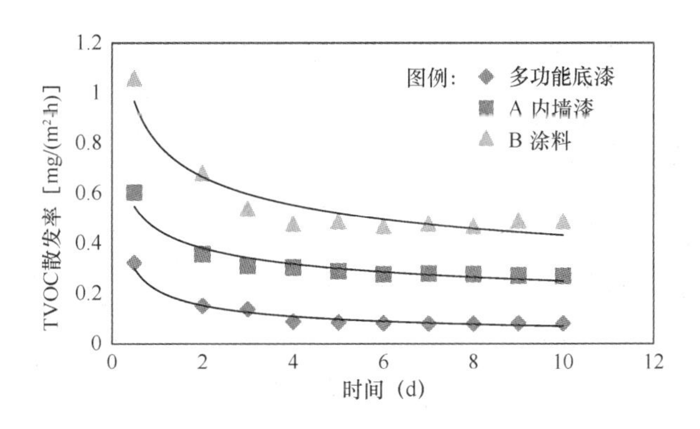

图 6-70 三种涂料的 TVOC 散发率曲线

污染物散发基本稳定，故以第 3 天的数据作为其稳定散发率值，见表 6-36。可见，三种涂料的甲醛释放率都非常低，差别较小。但 TVOC 散发率差别明显。比选时，主要考虑 TVOC 指标作为参考，因此优选多功能底漆应用涂料。

三类涂料稳定散发率值 **表 6-36**

	TVOC 稳定散发率 [mg/(m^2·h)]	甲醛稳定散发率 [mg/(m^2·h)]
A 内墙漆	0.23	0.007
多功能底漆	0.08	0.007
B 涂料	0.48	0.010

③ 地板的污染物散发率

对项目方提供的 3 种地板样品散发率进行测试。

(a) 甲醛、TVOC 散发率曲线

3 种地板样品的甲醛、TVOC 散发率曲线分别如图 6-71 和图 6-72 所示。

(b) 地板比选

由图 6-71 和图 6-72 可知，地板达到散发稳定需要的时间稍长，5～7d 之后，污染物散发基本稳定。故以第 7 天的数据作为其稳定散发率值，见表 6-37。

三种地板稳定散发率值 **表 6-37**

	TVOC 稳定散发率 [mg/(m^2·h)]	甲醛稳定散发率 [mg/(m^2·h)]
A 地板（单面）	0.15	0.016
B 地板（单面）	0.14	0.021
C 地板（单面）	0.13	

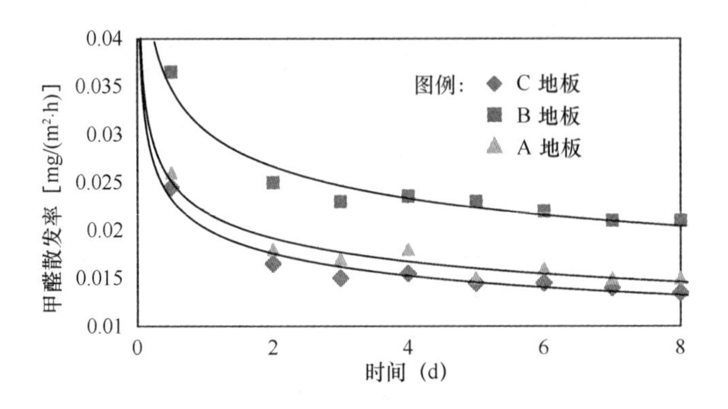

图 6-71 三种木地板的甲醛散发率曲线

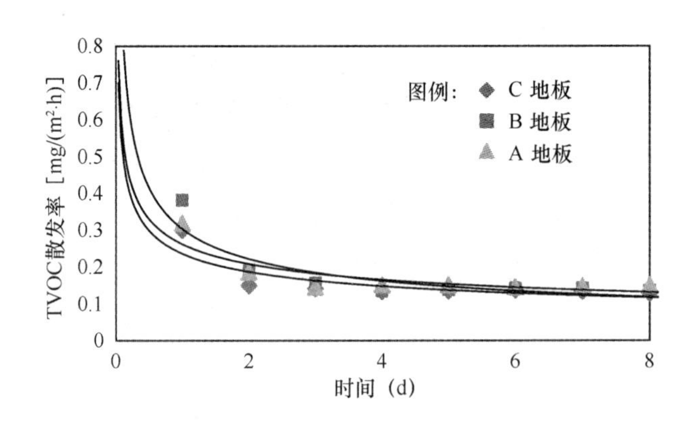

图 6-72 三种木地板的 TVOC 散发率曲线

④ 胶粘剂的污染物散发率

委托方提供了木工胶、内墙腻子胶、墙纸胶 3 种胶粘剂产品。

(a) 甲醛、TVOC 散发率曲线

三种胶粘剂的甲醛和 TVOC 散发率曲线分别如图 6-74 和图 6-75 所示。

(b) 胶粘剂散发规律分析

由图 6-73 和图 6-74 可知，在胶粘剂使用初期，三种胶粘剂的甲醛散发率都很高，均大于 0.08mg/(m^2・h)，但随着胶粘剂表面逐渐干燥，胶粘剂散发率迅速降低，由于胶粘剂质地黏稠，涂层较厚，因此达到稳定散发所需的时间比涂料等湿材略长，4～5d 后基本达到散发稳定。甲醛稳定散发率均低于 0.01mg/(m^2・h)，见表 6-38。胶粘剂散发的 TVOC 散发率水平较低，稳定散发率均在 0.1mg/(m^2・h) 左右。

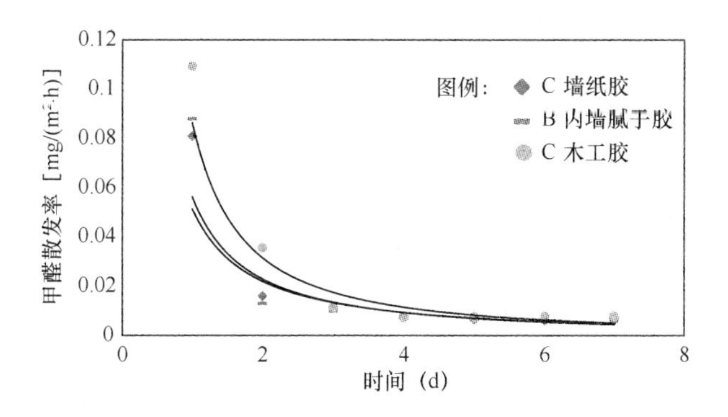

图 6-73　三种胶粘剂的甲醛散发率曲线

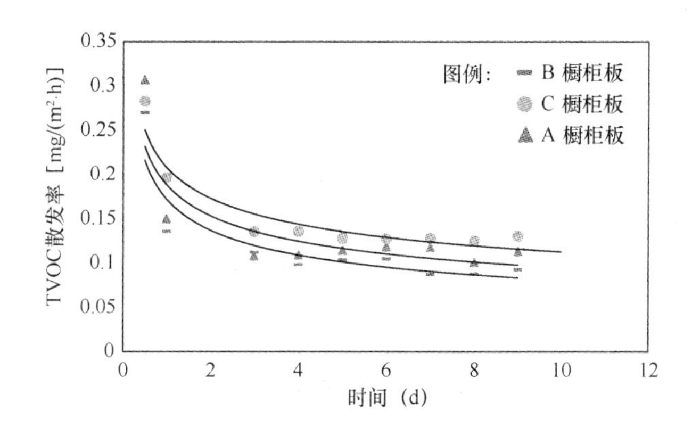

图 6-74　三种胶粘剂的 TVOC 散发率曲线

三种胶粘剂的稳定散发率值　　**表 6-38**

	TVOC 稳定散发率 mg/(m^2·h)	甲醛稳定散发 [mg/(m^2·h)]
A 木工胶	0.13	0.008
B 内墙腻子胶	0.09	0.006
C 墙纸胶	0.11	

⑤ 橱柜板的污染物散发率

对委托方送检的 3 种品牌的橱柜板散发率进行测试。

(a) 甲醛、TVOC 散发率曲线

3 种品牌的橱柜板的甲醛、TVOC 散发率曲线分别如图 6-75 和图 6-76 所示。

(b) 橱柜板比选

由图 6-75 和图 6-76 可知，橱柜板达到散发稳定需要的时间稍长，5～7d 之后，

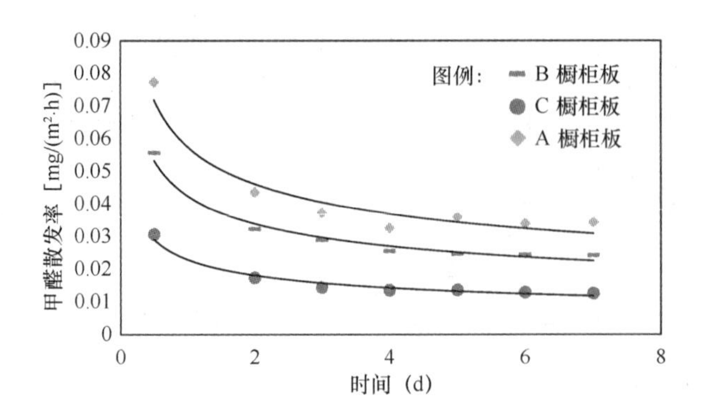

图 6-75 三种品牌的橱柜板的甲醛散发率曲线

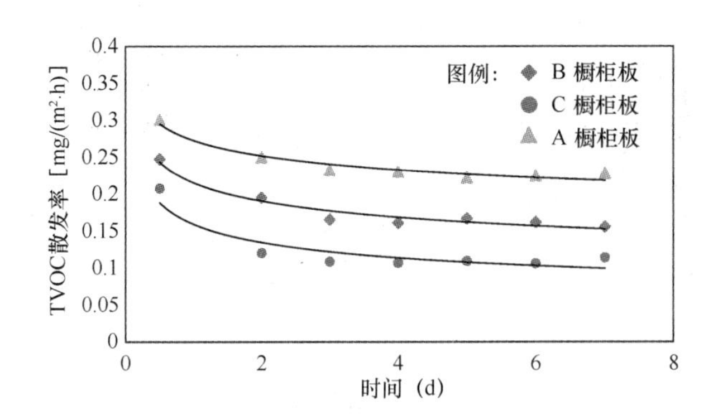

图 6-76 三种品牌的橱柜板的 TVOC 散发率曲线

污染物散发基本稳定。以第 7 天的数据作为其稳定散发率值，见表 6-39。可见，A 橱柜板无论从甲醛散发率还是 TVOC 散发率都比其他两个地板更好。

橱柜板的稳定散发率值 **表 6-39**

	TVOC 稳定散发率［mg/(m² · h)］	甲醛稳定散发［mg/(m² · h)］
A 橱柜板	0.11	0.013
B 橱柜板	0.16	0.024
C 橱柜板	0.34	0.031

⑥ 木门材料的污染物散发率

对委托方送检的三种木门污染物散发进行测试。

(a) 甲醛、TVOC 散发率曲线

三种木门的甲醛、TVOC 散发率曲线分别如图 6-77 和图 6-78 所示。

(b) 门板比选

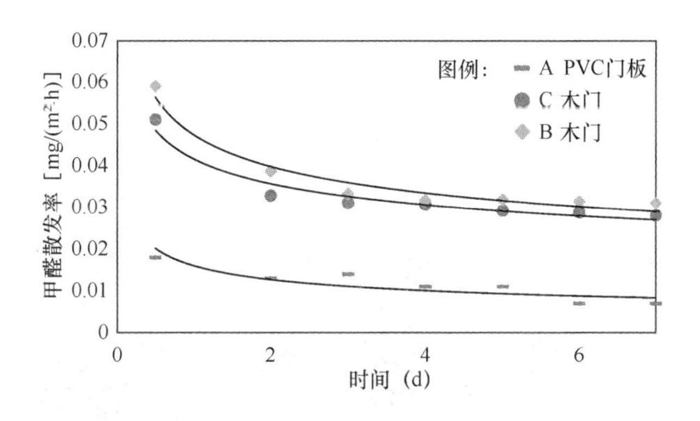

图 6-77 门板的甲醛散发率曲线

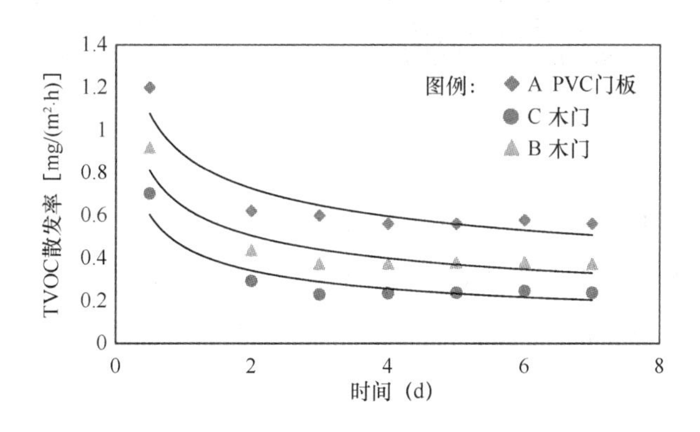

图 6-78 门板的 TVOC 散发率曲线

由图 6-77 和图 6-78 可知，开始测试 5～7d 之后，污染物散发率基本稳定。其稳定散发率值见表 6-40。由于门板用量较少，因此，选材时可根据甲醛和 TVOC 预评估的结果和项目定位需求，确定是以甲醛散发率指标还是 TVOC 散发率指标作为主导，进行比选。

三种门板的稳定散发率值 **表 6-40**

	TVOC 稳定散发率 [mg/(m² · h)]	甲醛稳定散发率 [mg/(m² · h)]
A PVC 门板	0.56	0.007
B 木门	0.37	0.031
C 木门	0.24	0.028

(2) 建筑施工 IAQ 保障

1) 施工 IAQ 保障要点

① 外窗气密性安装

外窗气密性安装要点包括：

(a) 将气密不防水密封带a粘贴在窗框内侧，如图6-79所示；

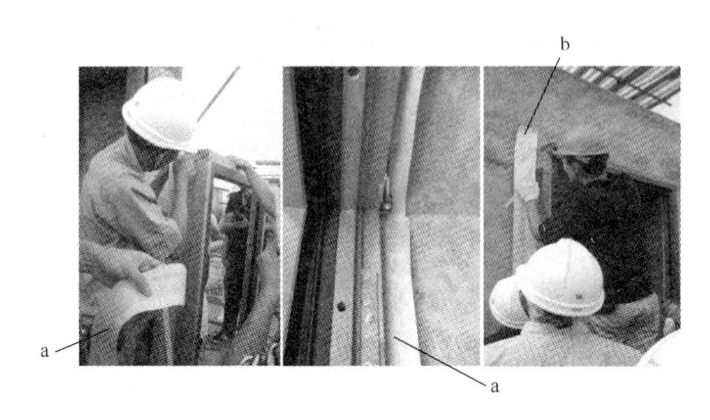

图6-79　外窗的气密性安装

(b) 气密带a上涂抹（石膏抹灰/水泥抹灰）进行处理粘贴；

(c) 将密封条，预压膨胀胶条粘贴在窗洞口边缘墙体上；

(d) 安装时，将窗框四周的红色气密带越过膨胀条拉入内侧，便于将气密带紧贴窗内侧并抹灰；

(e) 将透气防水密封带b粘贴于窗框外侧，实现气密性。

② 穿墙管线安装

外墙管线的密封安装示意图如图6-80所示。安装注意要点如下：

图6-80　外墙管线的密封安装示意图

(a) 内侧墙应使用适合管道直径的密封套环，套环周围有气密性粘贴面，用气密粘贴或使用抹灰将其与气密层相连。外侧保温层或屋顶防水层区域的管道也用套环或使用防风、防雨水的密封带（如预压密封带）。

（b）管线穿墙时，只允许一支相应厚度的管线穿过套环，同时需在管道/线周围填充保温材料（岩棉），穿孔点周围应预留足够空间，以完成套管的气密粘贴。

2）竣工检测测试

项目竣工期间，按照 GB 50325 的要求，对室内化学污染物，包括氡、甲醛、苯、氨、TVOC 进行检测。

按照项目竣工验收要求的环境参数指标，分别测试布鲁克项目楼内的 1 楼大厅（n=4）、典型功能房间，包括功能套间内的卧室、客厅、餐厅、书房等（n=27）、一～五层走廊间（n=4）和典型卫生间（n=4），共设置测试布点 39 个。

甲醛竣工测试统计结果如图 6-81 所示，大厅、功能房间、走廊、卫生间的甲醛测试平均浓度分别为标准限值浓度的 30%、32.5%，28.8%和 33.8%。

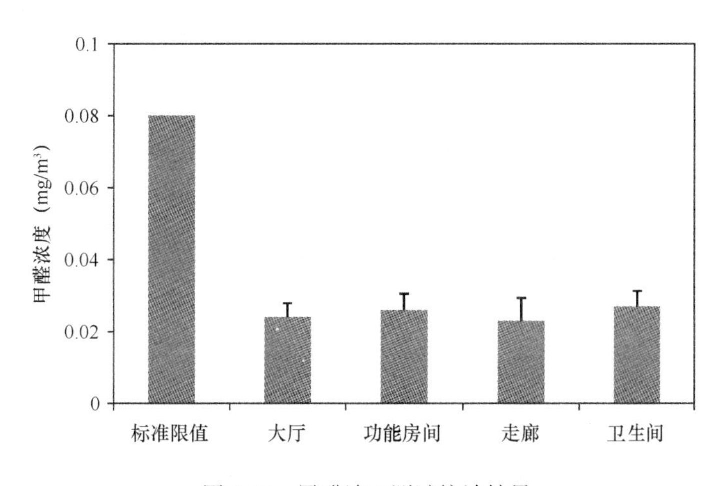

图 6-81 甲醛竣工测试统计结果

TVOC 竣工测试统计结果见图 6-82，大厅、功能房间、走廊、卫生间的 TVOC 测试平均浓度分别为标准限值浓度的 36%、35.5%，38.5%和 32%。

氡竣工测试统计结果见图 6-83，大厅、功能房间、走廊、卫生间的氡测试平均浓度分别为标准限值浓度的 26.6%、8.6%，8.7%和 17.4%。

氨竣工测试统计结果见图 6-84，大厅、功能房间、走廊、卫生间的氨测试平均浓度分别为标准限值浓度的 35%、50%，42.5%和 45%。

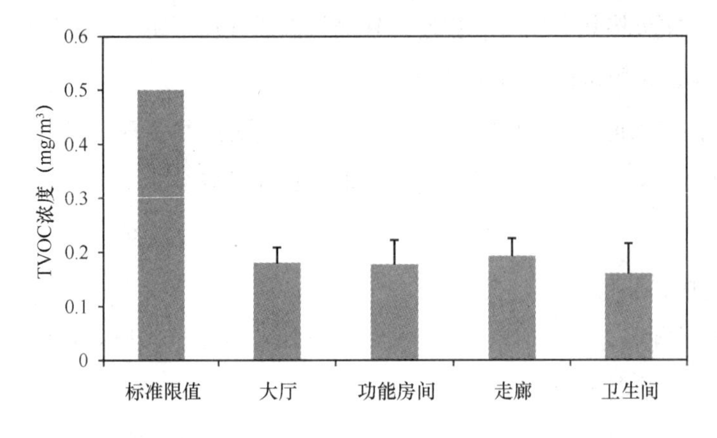

图 6-82 TVOC 竣工测试统计结果

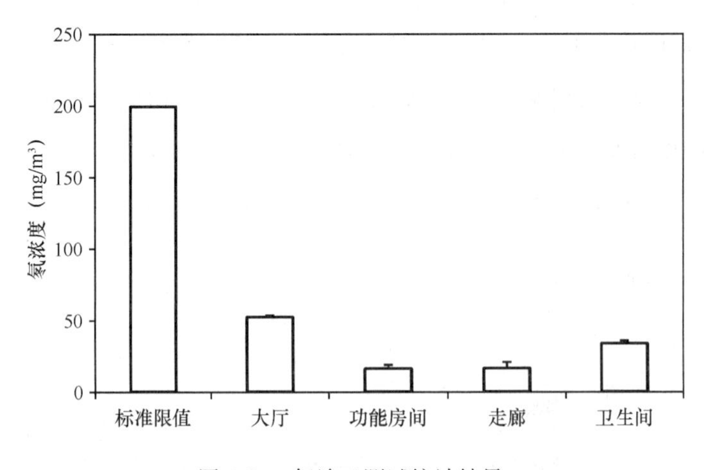

图 6-83 氡竣工测试统计结果

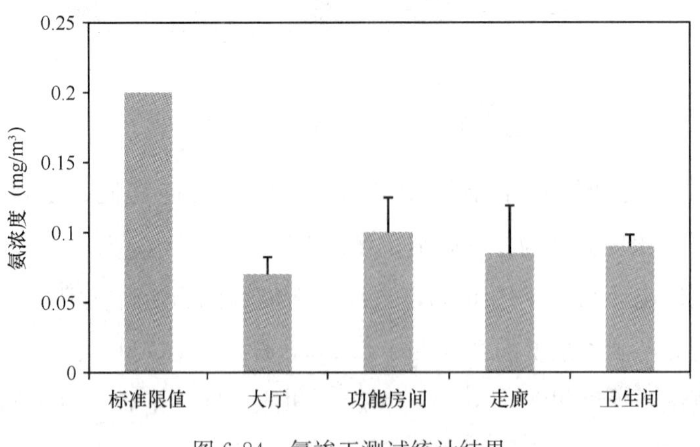

图 6-84 氨竣工测试统计结果

苯竣工测试统计结果见图 6-85，大厅、功能房间、走廊、卫生间的苯测试平均浓度分别为标准限值浓度的 14.4%、18.1%，20.6%和 15.8%。

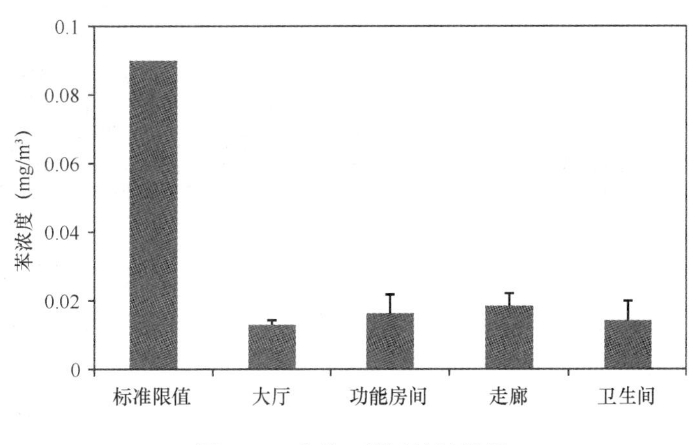

图 6-85 苯竣工测试统计结果

可见，对布鲁克实验保障房内所有采样房间的所有测点进行室内环境污染物浓度的抽样检测，各指标结果均大幅度低于 GB 50325—2010（2013 版）规定的Ⅰ类民用建筑工程的标准要求。

（3）建筑运营 IAQ 保障

1）运营 IAQ 保障要点

① 考虑建筑新风系统全年连续运行，空气过滤器会随使用时间的增加而效率递减，要求物业管理人员定期对 G4+F7 两级空气过滤器进行至少 1 月周期的清洗和更换（G4 过滤器可清洗，F7 过滤器更换）。在室外连续污染天气下，应 2 周对 F7 过滤器进行更换。

② 空气过滤器进场时，应定期（如 3 个月）按批次抽样，找第三方送检，检查过滤器性能效果。

③ 每周由物业管理人员例行检查新风过滤系统的密封性，同时检查新风过滤系统的工作状况。

④ 建筑通风系统参考《空调通风系统清洗规范》GB 19210—2003[27]，以 1～2 年为周期，进行通风管道的清洗/清扫工作。

2）室内环境监测平台运行效果测评

① 长期运行效果

本工程能耗与环境监测系统经过安装调试，于 2014 年 11 月开始进行正常运营。截至目前止系统使用正常，监控数据均满足设计与标准要求，CO_2与 VOC 监测指标均未出现报警。如 2014 年 12 月 CO_2监测数据见图 6-86。

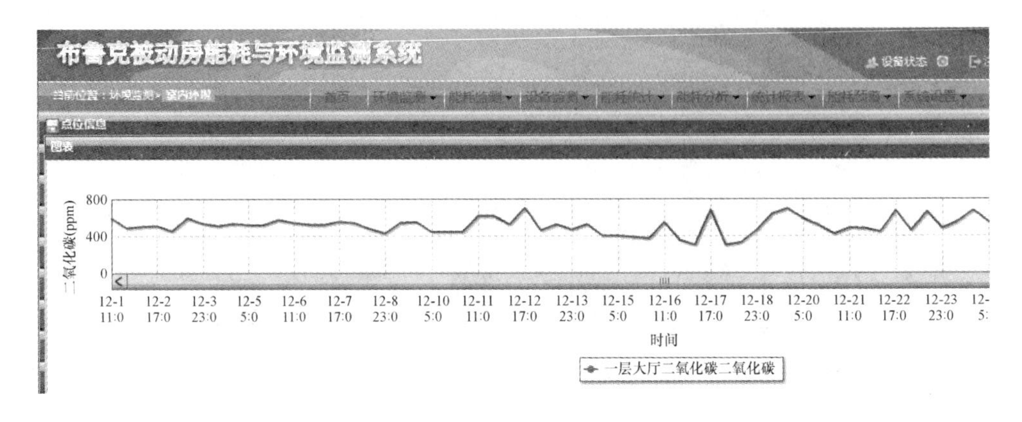

图 6-86　布鲁克 2014 年 12 月 CO_2监测数据（1F）

为讨论室内新风质量，研究组统计了布鲁克项目环境能耗监测平台的 CO_2监测结果，图 6-87 所示为 214 房间 2015 年 7 月的全月 CO_2数据。图中可见，多数时段室内 CO_2浓度稳定在 400～500ppm，表明房间内无人员状态。图中曲线有显著波形条件下，表明房间内有人员入驻。图中可见，室内有人员条件下，室内房间基本可保证 CO_2浓度在 1000ppm 以下，极个别时间段房间 CO_2浓度大于 1000ppm 时，在新风系统变频作用下，房间内迅速 CO_2浓度迅速回落到限值浓度以下。可见，布鲁克项目新风系统具有良好的新风保障作用，可保证室内新风环境的新鲜度。

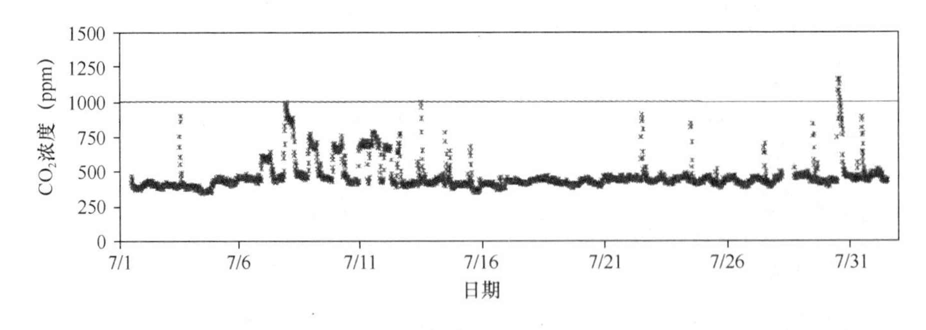

图 6-87　室内 CO_2浓度曲线（214 房间，2015 年 7 月）

② 系统控制功能验证

为确认该集中新风系统能满足设计要求，对该能耗与环境监测系统的控制效果进行实验验证：

（a）空气质量较好时

研究组将 CO_2 浓度限值设置在 730ppm，验证当室内 CO_2 浓度低于要求时，新风机是否能按要求进行降频工作，减少新风与空调能耗。

测试结果如图 6-88 所示，新风机频率随着 CO_2 浓度一直进行自我调节，将 CO_2 浓度一直保持在 730ppm 以下。当 CO_2 浓度逐渐减小，离限值相差较远时，新风机将频率降低到了最小值 20Hz。

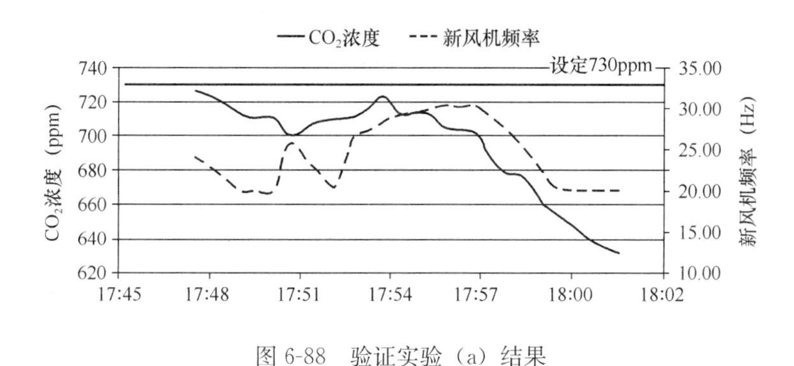

图 6-88 验证实验（a）结果

（b）空气质量较差时

研究组将 CO_2 浓度限值设置在 700ppm，验证当室内 CO_2 浓度高于要求时，新风机是否能按要求进行自我调节，将 CO_2 浓度维持在设定值左右。

测试结果如图 6-89 所示，新风机频率仍然随着 CO_2 浓度一直进行自我调节，当 CO_2 浓度高于设定值时，新风机一直以最大频率运行。直至 CO_2 浓度降至 720ppm 以下，新风机随之开始降低频率，减少新风量及能耗。一旦 CO_2 浓度升高，新风机立即升频，增大新风量，以保证 CO_2 浓度处于设定值左右。

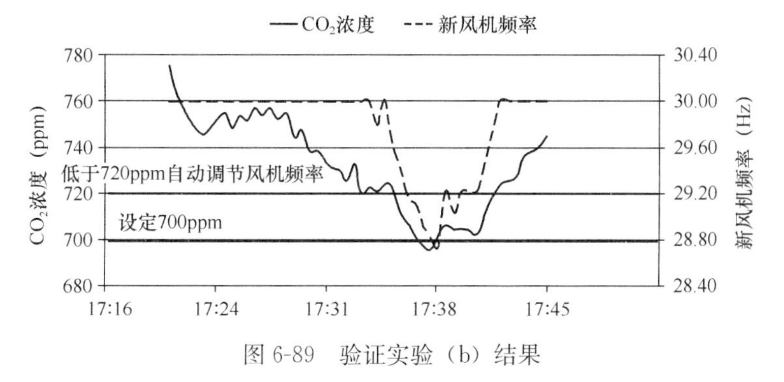

图 6-89 验证实验（b）结果

可见，该能耗与环境监测系统的运行效果可满足设计需求。

6.3.2.4 IAQ运营效果后评估

（1）测试工况

2015年7～8月，选取项目典型布局房间213、214室两个对称房型房间，对运营期内室内IAQ进行测试，如图6-90所示。房间面积16.52m^2（不含卫生间面积），高度2.7m^2。测试工况和指标见表6-41。

图6-90 典型房间现场测试图

测试工况和指标 表6-41

测试日期	测试工况	测试指标
2015年8月17日	新风系统关闭	$PM_{2.5}$、甲醛、TVOC、漏风量
2015年8月18日	开启新风净化系统	$PM_{2.5}$、甲醛、TVOC、新风量

（2）测试指标与结果

1）换气次数/漏风量

利用SF_6示踪气体，对213、214房间进行换气次数测试。保持房间门窗关闭，开启集中新风系统。测得213、214房间的新风换气次数分别为1.93h^{-1}和2.0h^{-1}（见图6-91）。平均换气次数1.96h^{-1}，与房间设计换气次数2h^{-1}相吻合（相差仅2%）。

关闭集中新风系统，并保持房间门窗关系。分别测得213、214房间的漏风量为0.25h^{-1}和0.24h^{-1}（见图6-92）。可见，房间的平均漏气量为0.25h^{-1}。

2）$PM_{2.5}$浓度

新风系统开启时，分别连续测试室内、室外$PM_{2.5}$浓度1h，如图6-93所示。

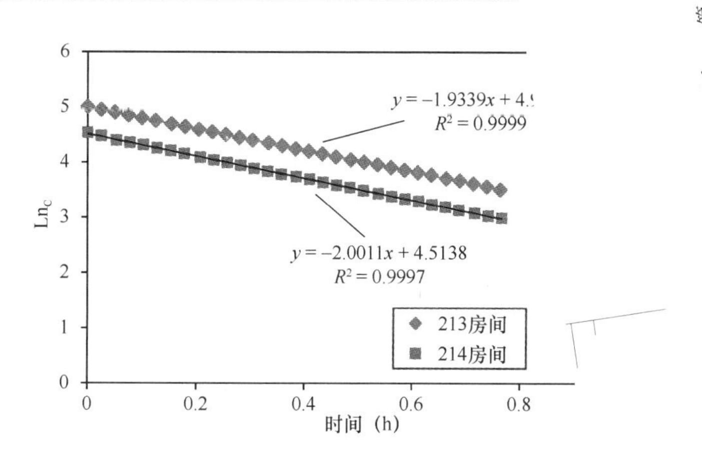

图 6-91 示踪气体法测试新风换气次数曲线

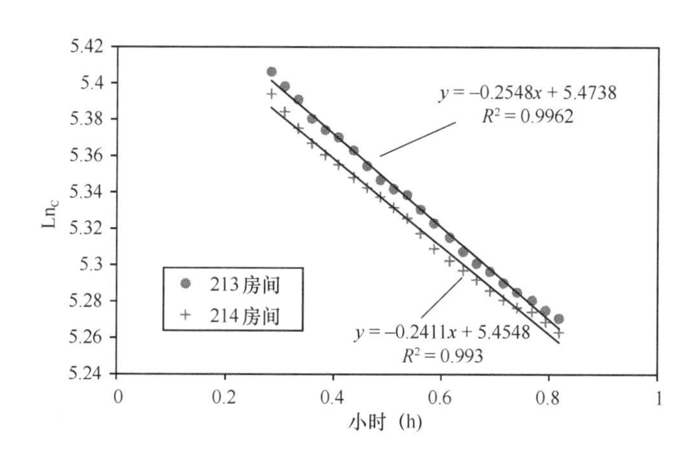

图 6-92 示踪气体法测试漏风曲线

测得室内 $PM_{2.5}$浓度为（38.1±1.4）$\mu g/m^3$，对应室外 $PM_{2.5}$浓度为（171.9±1.4）$\mu g/m^3$。可见，根据环境空气质量表述，室外 $PM_{2.5}$在中度污染（≥150$\mu g/m^3$）条件下，在新风过滤系统作用下，室内可接近优秀浓度水平（35$\mu g/m^3$）；室内环境 $PM_{2.5}$浓度仅为室外环境浓度的 22.2%。根据室内、室外 $PM_{2.5}$浓度推算，该新风系统的过滤效率为 83%，符合 F7 过滤性能要求。

关闭新风系统，分别连续测试室内、室外 $PM_{2.5}$浓度近 2h，如图 6-94 所示。测得室内 $PM_{2.5}$浓度为（18.1±0.7）$\mu g/m^3$，对应室外 $PM_{2.5}$浓度为（30.3±2.7）$\mu g/m^3$。可见细颗粒物 I/O 为 0.6，可见该围护结构密封性能好于一般围护结构（一般 I/O 为 0.7），并优于于设计 I/O 取值为 0.65 的要求。

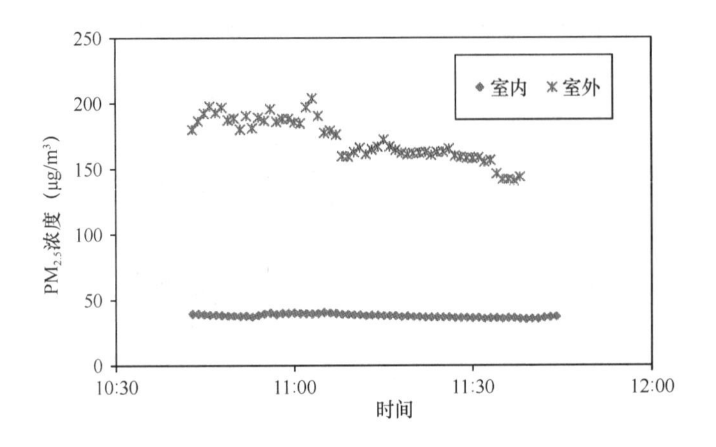

图 6-93 新风系统开启，室内外 $PM_{2.5}$ 浓度

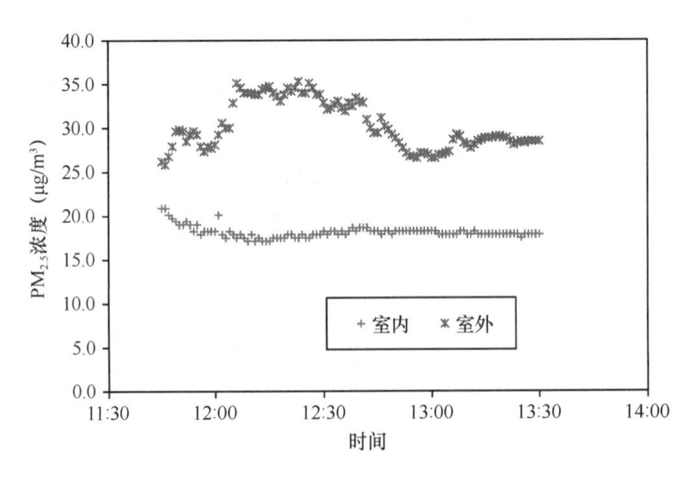

图 6-94 新风系统关闭，室内外 $PM_{2.5}$ 浓度

3）化学污染物浓度

经测试得到 213、214 房间的甲醛浓度分别为 0.06mg/m^3 和 0.05mg/m^3，TVOC 浓度分别为 0.51mg/m^3 和 0.45mg/m^3。

综合设计、竣工和运营阶段典型室内化学污染物（即甲醛、TVOC）的结果，各数据比较如图 6-95 所示。从图中可以看出，该项目的化学污染物设计目标值均小于国家标准要求污染物限值，甲醛设计目标为标准限值的 80%，TVOC 设计目标为标准限值的 83.3%。在项目竣工阶段，布鲁克示范项目的室内竣工测试均值均小于竣工设计目标值，甲醛竣工测试均值为竣工设计目标的 65%，TVOC 甲醛

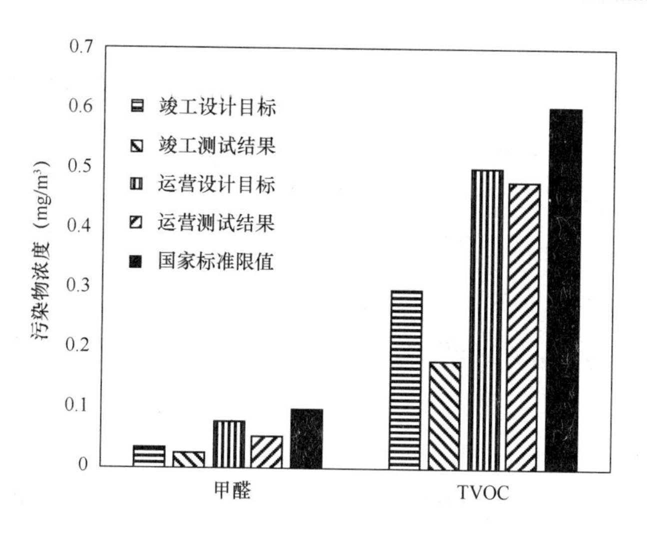

图 6-95　室内甲醛、TVOC 浓度结果比较

竣工测试均值为竣工设计目标的 60%；在项目运营阶段，甲醛竣工测试均值为运营设计目标的 68.8%，TVOC 甲醛竣工测试均值为运营设计目标的 96%。以上结果说明，该示范工程在设计、施工、运营全周期阶段实现了有效的室内空气质量良好保障。

6.4　小　　结

室内空气质量的控制是一个复杂的系统工程，需要综合考虑建筑全寿命周期内污染因素，从污染源控制、通风改善、空气净化和运营监控等方面多管齐下，充分利用不同学科和行业的先进技术手段，在建筑工程的规划设计、施工安装、运营管理等各个环节和阶段应用系统解决方案，以实现“工程化、规模化”的室内健康环境综合保障。

本章以保障建筑室内空气质量为目标，从建筑的全寿命周期污染控制出发，在建筑室内空气质量控制设计技术、监控及运营管理技术以及综合控制示范工程三方面展开，对“十二五”期间我国科研工作者在建筑室内空气质量综合控制方面取得的研究进展和成果进行介绍。

（1）IAQ 设计规范

通过研究污染物在建筑中的分布规律、暴露水平以及建筑材料污染物释放规律等重点问题，系统考虑建筑材料标准、验收标准（GB 50325）和卫生标准（GB/T 18883）及我国施工技术规范等多个与室内空气质量相关的监管环节，提出室内空气质量控制设计流程、颗粒物及化学污染物控制设计方法，进而编制了住房和城乡建设部立项的《公共建筑室内空气质量控制设计规范》（建标［2013］169号），解决目前建筑室内空气质量“设计中不能避免污染”这一难题。同时作为参编单位，参与编制了《住宅建筑室内装修污染控制技术规程》。通过IAQ设计规范的有效实施，力求保障广大人民的身心健康，并且实质性推动建筑业及建筑材料业的可持续发展。

（2）IAQ预评估设计软件

编制完成室内空气质量设计软件（SRIBS IAQ Professional 1.0），用于在建筑设计阶段实现对室内空气质量的参数化工程设计与控制。通过对建筑几何参数、建材用量、通风参数设定，并且调用上海市建筑科学研究院对大量建材污染物散发数据库模块（主要指TVOC、甲醛），实现软件自动计算评估室内化学污染物水平；同时通过对室外细颗粒物（$PM_{2.5}$）浓度、房间颗粒物渗透率参数设定，评估室内颗粒物浓度水平。此外，软件按层次目标，可设定室内化学污染物阶段目标（运营阶段、竣工阶段）、颗粒物室内浓度分级目标，并依据建材化学污染物散发的等级，给出建筑IAQ优选设计方案。对不符合室内空气质量设定目标的工况，可给出过滤、净化组件的选型设计方案。

（3）公共建筑室内环境质量和运行能耗综合在线监测运行管理平台

通过对全国各地区典型城市公共建筑室内空气质量进行了周期性现场测试，探索了室内空气质量污染物指标变化特征，建立了不同类型公共建筑室内空气质量数据库，开发建筑室内空气质量在线监测数据网络管理与共享系统平台，建立不同功能公共建筑的室内环境质量评价体系，编制公共建筑室内空气质量保障运行管理技术规程，集成开发公共建筑室内空气质量与运行能耗综合在线监测运行管理平台，并实现其工程化应用

（4）IAQ综合保障示范工程

依托上海、成都、武汉、南京等长江流域城市规模化住宅示范工程，在建筑设计、施工、竣工、运营各阶段，以控制室内甲醛、VOC等化学污染物为目标，兼顾室内细颗粒物$PM_{2.5}$，建立并全面实践了建筑室内空气质量综合保障技术体系，

共完成室内空气质量综合保障示范工程 66.84 万 m^2，包括上海绿色街区、虹桥绿郡、未来树、武汉绿色街区、成都绿色街区、南京钟山绿郡、长兴布鲁克示范工程项目。同时在浙江长兴完成布鲁克 IAQ 实验保障房 1 处。通过应用 IAQ 测试后评估技术以及实施 IAQ 主观问卷全面调查分析，成功验证了示范工程中 IAQ 综合保障技术与管理体系的可靠性、有效性，有效促进了建筑室内空气质量技术保障体系规模化、系统化推广应用，整体推动了我国建筑行业水平和相关产业的可持续发展，切实保障广大人民群众的身体健康。

本章参考文献

[1] 张寅平. 中国室内环境与健康研究进展报告 2012. 北京：中国建筑工业出版社，2012.

[2] 郭春梅，范卫军，李岩. 有关室内空气品质的研究现状及进展．天津城市建设学院学报，2002，8(3)：217-219.

[3] 李先庭，杨建荣，王欣. 室内空气品质研究现状与发展. 暖通空调，2000. 30(3)：36-40.

[4] 李景广. 我国室内空气质量标准体系建设的思考．建筑科学，2010，26 (4)：1～7.

[5] 潘小川. 室内空气污染与健康危害. 中国预防医学杂志. 2002，3(3)：167～169.

[6] 邱桂红. 室内环境化学污染及其对人体健康的危害. 现代农业科技，2010. 11.

[7] 张国强，宋春玲，陈建隆，等. 挥发性有机化合物对室内空气品质影响研究进展. 暖通空调，2001. 31(6)：25-31.

[8] 王秋莲，孟海涛，孙国兼. 室内环境空气主要污染因子污染特征及监测结果分析. 中国环境科学学会学术年会论文集，2012.

[9] 沈学优，罗晓璐，朱利中. 空气中挥发性有机化合物的研究进展．浙江大学学报(理学版)，2011. 28(5)：547-556.

[10] 刘晓途，闫美霖，段恒轶等．我国城市住宅室内空气挥发性有机物污染特征．环境科学研究，2012.(5)：1077-1084.

[11] Hartog J. J. d.，Hoek G.，Peters A.，et al. Effects of Fine and Ultrafine Particles on Cardiorespiratory Symptoms in Elderly Subjects with Coronary Heart Disease. American Journal of Epidemiology. 2002，157(7)：613-623.

[12] 田利伟，张国强，于靖华等. 颗粒物在建筑围护结构缝隙中穿透机理的数学模型. 湖南大学学报(自然科学版)，2008，35(10)：11-15.

[13] 戴树桂，张林. 论城市室内环境中气溶胶污染问题. 城市环境与城市生态，1998，11(1)：

55-58.

[14] 朱春，李旻雯，缪盈盈，等. 城市烹饪油烟颗粒物排放特性分析. 绿色建筑，2014(5)：57-60.

[15] 司鹏飞，戎向阳，樊越胜等. 室内颗粒物的健康效应及控制标准. 制冷与空调，2012，12(5)：8-12.

[16] 南开大学环境科学与工程学院等. GB 50325—2010. 北京：中国计划出版社，2011.

[17] 中国疾病预防控制中心等．室内空气质量标准 GB 18883—2002. 北京：中国标准出版社，2003.

[18] ISO 16000-9. Determination of the emission of volatile organic compounds from building products and furnishing-Emission test chamber method. International Organization for Standardization，2006.

[19] 中国建筑科学研究院. 民用建筑供暖通风与空气调节设计规范 GB 50736—2012. 北京：中国建筑工业出版社，2012.

[20] ISO 16814：2008. Building environment design—Indoor air quality—Methods of expressing the quality of indoor air for human occupancy，2008.

[21] 中国环境科学研究院等. 环境空气质量标准 GB 3095—2012. 北京：中国环境科学出版社，2016.

[22] 中国建筑科学研究院等. 建筑外门窗气密、水密、抗风压性能分级及检测方法 GB/T 7106—2008. 北京：中国标准出版社，2009.

[23] 中国建筑科学研究院等. 建筑幕墙 GB/T 21086—2007. 北京：中国标准出版社，2008.

[24] 朱晖. 环境空气中颗粒过滤材料性能的实验研究[学位论文]. 上海：华东大学，2005.

[25] 李文迪，朱春，佘建，等．空气净化器对室内空气净化效果实测分析. 绿色建筑，2015(1)：58-60.

[26] 朱春，李景广，樊娜，等．住宅新风机对建筑细颗粒物控制实测分析. 绿色建筑(增刊)，2014：163-165.

[27] 中国标准化研究院．空调通风系统清洗规范 GB 19210—2003. 北京：中国标准出版社，2003.

附录 1

“中国环境科学学会室内环境与健康分会”简介

学会名称：本学会的名称为“中国环境科学学会室内环境与健康分会”。英文译名为“Indoor Environment and Health Branch，Chinese Society for Environment Sciences”，英文缩写为 IEHB。

学会性质：“中国环境科学学会室内环境与健康分会”是中国环境科学学会的分支机构，2008 年正式得到民政部批准成立。是由致力或关心室内环境与健康的个人或团体组成的群众性学术团体。主要支持单位是中国科学技术协会、环境保护部及中国环境科学学会。

学会宗旨：

（1）推动室内环境科学及工程的开展、科研、产品研发，促进室内环境与健康多学科的创新性发展，协助制定和宣传有关室内环境的政策和法规，重视对政府机构和会员的咨询和信息交流。

（2）推广室内环境控制科技成果的应用，开展室内环境治理及控制技术的学术交流和培训，普及并宣传室内环境污染控制知识。

（3）加强与国际组织的合作，促进国际与地区性室内环境学术组织的联系和交往。

历史沿革：

20 世纪 90 年代初，随着我国经济的快速发展，新建建筑大量涌现，建筑装饰装修材料和人造板家具造成的室内空气污染对人体健康造成严重危害。为深入了解室内环境污染与公众健康安全状况，推动我国室内环境与健康事业的发展，2001 年 5 月，在昆明召开了首届“室内环境质量学术研讨会”，会上来自全国不同机构的 88 位学者成立了“中国科学技术委员会工程联合会室内环境专业委员会”，现在的“中国环境科学学会室内环境与健康分会”就是在此基础上发展起来的。

分会成员来自高校、研究机构、管理机构、企业等单位（包括中国台湾、中国香港的相关单位），是我国室内环境与健康领域各方面人才最广泛的交流平台。分会建立以来逐年扩大，会员中现有顾问院士8名，特聘专家6名，委员83名。

为充分发挥青年工作者在我国室内环境与健康领域的重要作用，2012年分会成立了青年委员会；2017年设立了“何兴舟青年学术奖”，以奖励为室内环境与健康研究以及分会发展做出突出贡献的青年学者。分会成立以来，积极开展了国内外学术交流与研讨，受到了领导、学界、企业和市民的欢迎与好评：除每年度举办学术沙龙外，每两年举办召开一次综合性学术年会，以推进学科交叉，活跃新思想，推进多方合作；分会与中央电视台举办室内空气污染咨询节目，与北京电视台合作举办了“关注室内环境，健康从空气开始”大型公益活动；相继在全国开展多城市的室内空气质量与健康调查；出版了系列科普书籍和学术专著；积极开展了室内环境与健康科技咨询与科普宣传活动，举办家装大讲堂，接受媒体专访，解答公众关心的热点问题，为相关企业进行业务培训与指导。

分会出版物：

为了推动我国室内环境与健康事业的发展，分会组织多名专家共同编著的《中国室内环境与健康研究进展报告2012》和《中国室内环境与健康研究进展报告2013～2014》已正式出版。为保持本研究报告的连续性，分会将不定期地相继出版此系列报告，以供读者参考。

中国环境科学学会室内环境与健康分会敞开大门，面向社会，真诚欢迎企业和各方人士加入到我们的队伍中来，共同为推动中国室内环境与健康事业的发展做出贡献！

秘书处：清华大学建筑技术科学系

通讯地址：北京市海淀区清华大学建筑技术科学系旧土木工程馆223室（100084）

联系电话：010-62773417

联系人：刘馨悦

邮箱：chinaiehb2012@gmail.com

网址：http://www.chinacses.org/cn/chinaiehb/iehb.html

附录 2

我国建筑室内空气质量现行和在编主要标准

我国建筑室内空气质量现行主要标准 **附表 2-1**

施工、验收标准		
1	住宅装饰装修工程施工规范	GB 50327—2001
2	民用建筑工程室内环境污染控制规范（2013 版）	GB 50325—2010
运营、评价标准		
1	室内空气质量标准	GB/T 18883—2002
2	室内氡及其子体控制要求	GB/T 16146—2015
3	旅店业卫生标准	GB 9663—1996
4	文化娱乐场所卫生标准	GB 9664—1996
5	公共浴室卫生标准	GB 9665—1996
6	理发店、美容店卫生标准	GB 9666—1996
7	游泳场所卫生标准	GB 9667—1996
8	体育馆卫生标准	GB 9668—1996
9	图书馆、博物馆、美术馆、展览馆卫生标准	GB 9669—1996
10	商场（店）、书店卫生标准	GB 9670—1996
11	医院候诊室卫生标准	GB 9671—1996
12	公共交通等候室卫生标准	GB 9672—1996
13	公共交通工具卫生标准	GB 9673—1996
14	饭馆（餐厅）卫生标准	GB 16153—1996
15	居室空气中甲醛的卫生标准	GB/T 16127—1995
16	室内空气中可吸入颗粒物卫生标准	GB/T 17095—1997
17	空调通风系统清洗规范	GB 19210—2003
18	空调通风系统运行管理规范	GB 50365—2005
测试方法标准		
1	公共场所卫生检验方法　第 1 部分：物理因素	GB/T 18204.1—2013
2	公共场所卫生检验方法　第 2 部分：化学污染物	GB/T 18204.2—2014
3	室内装饰装修材料挥发性有机化合物散发率测试系统技术要求	DB31/T 1027—2017
4	高效空气过滤器性能试验方法　效率和阻力	GB/T 6165—2008

续表

测试方法标准		
5	空气质量 一氧化碳的测定 非分散红外法	GB 9801—88
6	环境空气中氡的标准测量方法	GB/T 14582—1993
7	环境空气 二氧化硫的测定 甲醛吸收-副玫瑰苯胺分光光度法	HJ 482—2009
8	环境空气 二氧化氮的测定 Saltzman 法	GB/T 15435—1995
9	环境空气 苯并[a]芘的测定 高效液相色谱法	GB/T 15439—1995
10	环境空气 总烃的测定 气相色谱法	HJ 604—2011
11	环境空气 总悬浮颗粒物的测定 重量法	GB/T 15432—1995
材料、部品、设备标准		
1	空气净化器	GB/T 18801—2015
2	空气过滤器	GB/T 14295—2008
3	高效空气过滤器	GB/T 13554—2008
4	建筑工程室内环境测试舱	JG/T 344—2011
5	建筑室内空气污染简便取样仪器检测方法	JG/T 498—2016
6	建筑工程室内环境现场检测仪器	JG/T 345—2011
7	室内装饰装修材米 人造板及其制品中甲醛释放限量	GB 18580—2017
8	室内装饰装修材米 溶剂型木器涂料中有害物质限量	GB 18581—2009
9	室内装饰装修材米 内墙涂料中有害物质限量	GB 18582—2008
10	室内装饰装修材米 胶粘剂中有害物质限量	GB 18583—2008
11	室内装饰装修材米 木家具中有害物质限量	GB 18584—2001
12	室内装饰装修材米 壁纸中有害物质限量	GB 18585—2001
13	室内装饰装修材米 聚氯乙烯卷材地板中有害物质限量	GB 18586—2001
14	室内装饰装修材米 地毯、地毯衬垫及地毯胶粘剂有害物质释放限量	GB 18587—2001
15	混凝土外加剂中释放氨的限量	GB 18588—2001
16	室内装饰装修材料 水性木器涂料中有害物质限量	GB 24410—2009
17	低挥发性有机化合物（VOC）水性内墙涂覆材料	JG/T 481—2015
18	空气净化器污染物净化性能测定	JG/T 294—2010
19	室内空气净化功能涂覆材料净化性能	JC/T 1074—2008
20	室内空气净化产品净化效果测定方法	QB/T 2761—2006

我国建筑室内空气质量在编主要标准　　附表 2-2

综合标准		
1	住宅新风系统技术规程	行业标准
规划、设计标准		
1	公共建筑室内空气质量控制设计标准	行业标准
2	住宅建筑室内装修污染控制技术规程	行业标准
运营、评价标准		
1	健康建筑评价标准	行业标准
测试方法标准		
1	木制品甲醛和挥发性有机物释放率测试方法——大型测试舱法	行业标准
2	建筑装饰装修材料挥发性有机物释放率测试方法——测试舱法	行业标准
3	木质复合材料中有机化合物散发特性的快速检测方法	行业标准
4	木家具挥发性有机化合物散发特性的快速检测方法	国家标准
材料、部品、设备标准		
1	室内装饰装修材料有机污染物散发率测试及评价方法	地方标准
2	通风系统用空气净化装置	国家标准

附录 3

江苏中科睿赛污染控制工程有限公司简介

江苏中科睿赛污染控制工程有限公司是中国科学院过程工程研究所与中国盐城环保科技城投资建设的集研发、设计、制造、工程、技术服务为一体的综合性国家高新技术企业，公司成立于 2012 年 9 月，注册资本 1100 万元，占地 50 亩，建有 $7000m^2$ 综合研发楼和 $20000m^2$ 标准化厂房，主要从事工业废气治理、室内空气净化的技术研发、材料生产、设备制造、销售、工程设计及施工。

公司承担了国家重点研发计划“VOCs 污染防治技术集成及产业化”、“建筑室内空气质量关键标准研究及工程示范”、“超细颗粒可再生过滤材料研制及产业化”等课题；中央引导地方科技发展专项“VOCs 污染控制技术与装备研发”，2016 年挥发性有机污染物控制技术与装备国家工程实验室项目；环境保护部“大气污染防治新技术新模式的示范及推广应用潜力研究”中“工业 VOCs 控制新技术”课题；江苏省“双创团队”项目；江苏省生态建材与环保装备协同创新中心“挥发性有机废气治理关键技术及成套设备”项目；省级创新能力建设重大载体“中科院过程所江苏环境工程研发中心”项目；2015 年江苏省战略性新兴产业发展专项“VOCs 污染控制设备研发及制造项目”；中国科学院战略先导专项“大气灰霾追因与控制”课题“餐饮油烟净化设备与示范工程”等重大项目。是国家大气污染防治知识产权联盟理事长单位、中国空气净化行业联盟副秘书长单位、中国质检协会空气净化设备专业委员会副理事长单位、中国环境保护产业协会室内环境控制与健康分会常务委员单位、江苏省级创新能力建设重大载体项目建设单位、江苏省高层次创新创业人才引进计划承担单位；是盐城市“十三五”科技发展规划重点支持省级制造业创新中心试点、盐城市“十三五”重点技术创新服务平台；具备环境污染治理工程（大气污染治理）甲级设计资质、环保工程三级承包资质、ISO 9001、ISO 14001、ISO 18001 管理体系认证资质；获 2015 年中国新风系统十大品牌、2016 年十佳中央新风推荐优品、2016 年中国家电协会 AWE 环保奖，获中国清洁空气联盟“创蓝奖”3 项，获 2016 年中国创新创业大赛“新能源及节能环保行业”优秀企业奖，

“蓄热催化燃烧（RCO）技术”入选《国家鼓励发展的环境保护技术目录（VOCs污染防治）》。具备“中科睿赛”、“中科”、“CASRS”商标，共申请专利 75 项，获授权专利 39 项，参与制定《新风净化机》、《商用空气净化器》、《新风净化系统施工质量验收规范》、《中小学教室空气质量测试方法》、《中小学教室空气质量规范》等标准。

企业网址：www. casrs. cn. com

企业地址：江苏省盐城市环保科技城蓝宝路 208 号

联系电话：0515-68773666

传真：0515-68773366

电子邮箱：jszkrs@126. com

附录 4

上海市建筑科学研究院（集团）有限公司环境研究所简介

上海市建筑科学研究院（集团）有限公司始建于1958年，2001年由事业单位转制为国有独资科技型企业，是一家具有综合技术研发能力的大型现代咨询企业。集团设有“国家绿色建筑监督检验中心”和“国家建筑工程材料监督检验中心”，是全国建筑行业综合性权威研究和检测机构，为城市建设、管理和运营领域提供技术服务和系统服务，包括咨询、评估、技术研发、设计、检测、监理以及工程系统服务等。

环境研究所（以下简称研究所）隶属于上海市建筑科学研究院（集团）有限公司环境技术研究中心，长期致力于开展健康建筑环境领域（空气、声、光等）的科学研究和技术服务。以建筑环境相关科研成果和技术服务产品为核心，依托上海市建筑科学研究院权威资质和技术平台，在建筑室内外环境领域形成综合服务能力，可为客户提供包括工程现场环境检测、实验室检测、技术咨询及工程治理在内的建筑环境综合解决方案，保障人员与环境健康。经过十多年持续投入和积淀，已成为国内建筑环境科学研究和工程实践的引领者之一。

科研项目成果：

近年来，研究所承担了多项国家、上海市重大攻关项目，取得了丰硕的成果，荣获上海市科技进步奖和华夏奖等多项奖项。主持了国家“十一五”科技支撑计划项目“城镇人居环境改善与保障关键技术研究”、“十二五”科技支撑计划项目“建筑室内健康环境控制与改善关键技术研究与示范”，牵头“建筑室内环境综合评估技术与智能监控系统”、“建筑室内化学污染控制与改善关键技术研究”、“建筑材料、家具典型污染物散发标识及控制关键技术研究”、“建筑室内健康环境综合保障与示范工程”等多项课题研究；参与国家“863”计划课题“室内空气污染检测技术研究与设备研制”；承担了上海市科委“建筑物室内环境综合评估技术研究”、“建筑室内空气质量控制关键标准研究”、“上海城区学校绿色建筑设计指标体系与关键保障技术研究”等多项课题研究。积极参与了上海市多项重点工程和大型项目，如上海中心大厦、上海市世博专项、虹桥枢纽工程、虹桥商务核心区、上海国际旅游度假区等。主编、参编了《绿色建筑评价标准》GB/T 50378—2014、《绿色办公建筑评价标准》GB/T 50908、《健康建筑评价标准》T/ASC 02—2016、《公共建筑室内空气质量控制设计规范》、《室内装饰装修材料挥发性有机化合物散发率测试系统技术要求》DB/T 1027—2017 等二十余项国家、行业及地方标准。

资质及实验室：

具有上海市质量技术监督局 CMA 计量资质认证证书、中国合格评定国家认可委员会的国际互证实验室认可 CNAS）证书、上海市建筑工程检测行业协会 AT 评估认可证书等。研究所下设室内空气质量实验室、建筑产品与材料环保性能测试实验室，建筑环境与建筑声学、环境微生物等专业实验室；自主研发了超净大型空气质量测试舱、大型室内环境测试舱、系列小型空气质量测试舱等国际先进的专业测试设备，同时拥有大量国内外一流的分析仪器和测试设备。围绕建筑室内外空气污染，建筑材料污染释放，材料和产品环保性能等提供专业检测与评估，可系统开展建筑环境领域相关研究和服务。

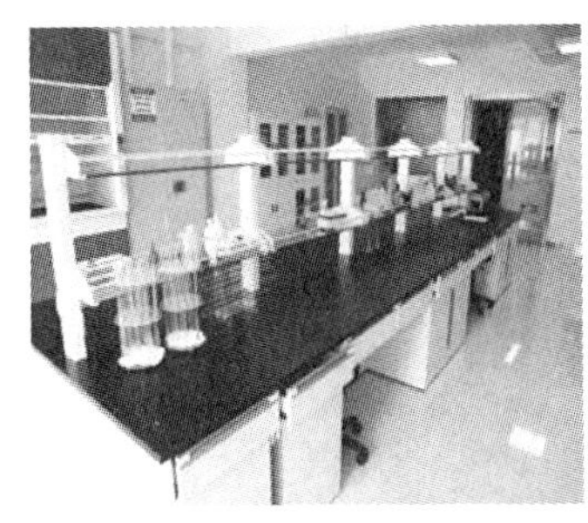

室内空气质量实验室

超净大型空气质量测试舱

材料、产品环保性能测试舱